人工智能科学与技术丛书

IMAGE PROCESSING AND MACHINE LEARNING

DEEP ANALYSIS OF ALGORITHMS AND PRACTICAL APPLICATION

U0255527

# 图像处理
# 与机器学习

## 算法深度解析与应用实践

任涵文 著

机械工业出版社

CHINA MACHINE PRESS

图像处理作为一门发展迅速的学科，涵盖内容极其广泛。本书力求在有限的篇幅内尽可能覆盖图像处理的基础知识以及各重要分支。本书共分4部分：第1部分（第1~6章）介绍图像处理基础知识；第2部分（第7~10章）介绍图像分割、区域分析、边缘检测与尺寸测量、图像匹配等图像处理的各重要分支；第3部分（第11章）介绍机器学习知识；第4部分（第12章）介绍图像处理中的数学基础。从第2部分开始，各章节相对比较独立，读者可根据需要选择阅读。

本书在介绍理论的同时，也给出了大量实用性极强的算法代码以及应用示例。本书所有示例都给出了详尽参数，以便读者能够在相应的图像处理平台上复现这些示例的处理过程，加深对理论的理解。

本书可作为高等院校计算机、自动化及相关专业本科生或研究生的参考用书，也可供相关领域的研究人员和工程技术人员阅读参考。

图书在版编目（CIP）数据

图像处理与机器学习：算法深度解析与应用实践／任涵文著 . -- 北京：机械工业出版社，2024.11.
（人工智能科学与技术丛书）. -- ISBN 978-7-111-77020-6

Ⅰ. TN911.73；TP181

中国国家版本馆 CIP 数据核字第 2024RF8032 号

机械工业出版社（北京市百万庄大街22号　邮政编码100037）
策划编辑：李晓波　　　　　责任编辑：李晓波
责任校对：贾海霞　李　婷　责任印制：刘　媛
北京中科印刷有限公司印刷
2025 年 1 月第 1 版第 1 次印刷
184mm×240mm · 25.5 印张 · 565 千字
标准书号：ISBN 978-7-111-77020-6
定价：129.00 元

电话服务　　　　　　　　　网络服务
客服电话：010-88361066　　机　工　官　网：www.cmpbook.com
　　　　　010-88379833　　机　工　官　博：weibo.com/cmp1952
　　　　　010-68326294　　金　书　网：www.golden-book.com
封底无防伪标均为盗版　　　机工教育服务网：www.cmpedu.com

# 前　言

在人类所感知的外界信息中，至少有80%来自视觉，足见视觉对人类的重要性。而用计算机对数字图像进行分析处理则是对人类视觉的辅助和替代，例如基于视觉方案的自动驾驶系统。通常学者们将这种对数字图像的分析处理划分为三个层次：图像处理、图像分析和计算机视觉。图像处理是低层处理，定义为输入和输出都是图像的处理，如图像滤波、图像增强、几何变换等；图像分析是中层处理，定义为输入是图像，而输出是从这些图像中提取的特征，如边缘、数量、位置等；计算机视觉是高层处理，定义为用计算机来模拟人类的视觉，包括学习并根据视觉输入进行智能推断和采取行动等，属于机器学习范畴。但这种划分有其不合理的地方，例如，简单的图像均值属于中层的图像分析，而远比其复杂的频率域滤波却属于低层的图像处理。另外，直方图均衡化属于图像处理，但其中用到的直方图又属于图像分析。鉴于此，有学者将图像分析划归到图像处理中。

事实上，人类对图像信息的处理是连续的，并没有层次的划分。基于这种考虑，笔者将图像处理和图像分析统称为图像处理。在图像处理这个大的框架下又细分为基本图像处理（第1~6章）和高级图像处理（第7~10章）。基本图像处理包括：从图像到图像的处理，如算术和逻辑运算、形态学、图像滤波、几何变换等；直接从图像提取的特征，如均值、方差、直方图、熵等。噪声估计虽然不是直接从图像提取的特征，但由于与图像滤波联系紧密，因此放到图像滤波这一章（第4章）。高级图像处理定义为复杂特征提取，包括图像分割、区域分析、边缘检测、尺寸测量、图像匹配等。机器学习发展极为迅速，目前已成为一个广袤的学科，本书仅涉及极小一部分（第11章）。图像处理涉及大量的数学知识，为了减少读者对数学工具书的查阅，最后（第12章）附上了本书用到的数学内容，如集合、线性代数、概率论等。对于数学基础比较薄弱的读者，建议在阅读本书前先大致浏览一下第12章的内容。至此，本书的整体框架就形成了。

国内外已有不少图像处理方面的经典著作。偏重理论的著作往往对算法实现以及应用讲述得不够，而偏重应用的著作往往又对理论讲述得不够。因此，笔者编写这本书的目标就是在理论、算法和应用这三方面取得平衡，使读者能够做到学以致用。

有时候，比如形态学中的腐蚀算法，理论十分简单，但按其理论写出的算法却因效率太低而无法在实际中应用。面对这种情况，书中会给出理论和实际两种算法，理论算法有助于读者加深对理论的理解，而实际算法则用于解决实际问题。作为底层算法，C++无疑是编程语言的不二选择，因此本书的算法大部分以类 C++的伪代码形式给出。

从实用的角度出发，本书尽量给出来自实际应用的示例，这些示例都附有详尽的参数，以便读者能够在相应的图像处理平台上复现示例的处理过程。本书绝大部分示例都是在 RSIL 平台上实现的，读者可以下载试用版，在图形界面中或以编程的方式实现这些示例的处理过程。

对于笔者认为不够准确的个别名词术语，在书中都做了更正。例如，直方图匹配（又称为直方图规定化）与"匹配"（参见图像匹配）一词没有任何关系，而将其称为直方图规定化也不够准确，因为直方图规定化还包含指数分布、瑞利分布等。因此笔者将其归类到直方图规定化下，命名为指定直方图。

本书试图将工业图像处理涉及的内容都纳入进来，但限于篇幅和时间，条码读取、标定、立体视觉等重要内容未能纳入，希望在下一版能加入这些内容。

本书在立项以及内容编排方面得到了机械工业出版社李晓波老师的很多帮助，笔者借此机会表示衷心的感谢！

图像处理作为一门发展迅速的学科，涵盖内容极其广泛。笔者自认才疏学浅，书中错谬之处在所难免，若蒙读者不吝告知，将不胜感谢。笔者联系方式如下。

电子邮箱：hw_ren@ 163. com。

微信号：hanwen_ren。

任涵文

2024 年 7 月于深圳

http://www. jqsj. com. cn/ImageProcessing

配套网站包括：

- 本书所有示例的原图。
- 本书绝大部分示例使用的图像处理平台：RSIL 试用版。

CONTENTS 目录

V

**第10章**
CHAPTER.10

# 图像匹配 / 275

**第11章**
CHAPTER.11

# 机器学习 / 315

# 第1章

# 绪 论

## 1.1 引言

数字图像是与物理图像相对应的概念，物理图像是指存在于自然界中的图像，这类图像在空间和灰度（亮度）上是连续的，不能用计算机进行处理。通过采样和量化，将物理图像在空间和灰度上离散化，转换为可被计算机处理的、用有限数字表示的图像，即数字图像。数字图像处理是指用计算机对数字图像进行处理。很多时候，数字图像简称为图像，数字图像处理简称为图像处理。

数字图像技术最早出现在20世纪20年代，最早应用于报纸行业。当时人们利用海底电缆将图片从伦敦传送到纽约，从而实现第一次数字图像的传送。传送一幅图片所需的时间从一个多星期降到了不足3h，极大地提高了信息传送速度。使用电缆传输图片时，首先使用特殊的打印设备对图片进行编码，然后在接收端重建这些图片。

20世纪60年代，历史上第一台能够处理图像的计算机被研发出来，标志着图像处理技术进入快速发展阶段。20世纪70年代，图像处理技术在不少领域得到了广泛应用[Rosenfeld, 1987]，如根据气象卫星图像绘制气象图，以及根据地球资源飞机或卫星所拍摄的图像绘制国土利用开发图；根据对医学X射线或显微镜载片图像的分析，诊断病理状况；在核粒子研究中，通过对基本粒子高能相互作用的气泡室照片的分析，寻找新的基本粒子；识别手写或印刷的文件，如信封上的邮政编码、拍卖广告上的信用卡号码等。20世纪80年代，随着图像处理技术的引入，贴片机的贴片速度和精度得到大幅度提高，对电子产品迅速普及起到了至关重要的作用。图像处理技术在贴片机上的使用是人类社会第一次将图像处理技术引入到大规模工业自动化生产中，开创了工业自动化的一个新时代。

时至今日，从指纹识别、人脸识别、车牌识别到自动驾驶，图像处理技术更是无处不在，已彻底地融入了人们的日常生活中。

## 1.2 图像采集

### ▶▶ 1.2.1 CCD 和 CMOS 图像传感器

　　1839 年，法国人达盖尔发明了照相机，使人类得以记录下美好的瞬间。1970 年，贝尔实验室的 Boyle 和 Smith 发明了电荷耦合器件（Charge Coupled Device，CCD）[王，2000]，开启了数字摄影时代，并因此于 2009 年获得诺贝尔物理学奖。

　　CCD 图像传感器相当于摄影用的胶片。物体发出或反射的光由 CCD 阵列接收并进行光电转换，所得到的电信号经模/数转换就可形成在空间和灰度上均离散化的数字图像。空间上的离散化称为空间取样（采样），而灰度上的离散化称为灰度量化，这两种离散化的过程合称为图像数字化。

　　一个光敏单元所能接收的光子数量是有限的，如果一个光敏单元接收到过多的光子，多余的光子就会泄露到相邻的光敏单元而产生图像浮散（blooming）现象。为了避免浮散现象，CCD 阵列中各相邻光敏单元是用对光不敏感的区域分隔开的。如图 1.1a 所示，图中白色正方形为光敏单元，灰色部分为不敏感区域。每个光敏单元对应数字图像的一个像素，相邻光敏单元中心距为采样间隔。

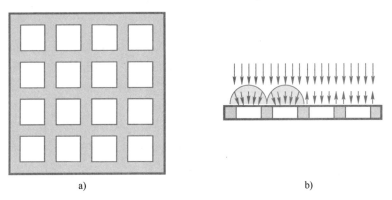

a)　　　　　　　　　　　　　　　　　b)

● 图 1.1　CCD 结构示意图

a）CCD 传感器阵列　b）微透镜法示意图

　　填充因子定义为光敏面积与像敏面积之比，即图 1.1a 中白色区域面积之和与整个矩形面积之比，是一个衡量像素灵敏度的尺度。为了追求更大的填充因子，一般采用微透镜法，所谓的微透镜法就是在每个光敏元件前安装一个微透镜。如图 1.1b 所示，该图为图 1.1a 的剖面图，图中左侧两个微透镜将全部光线会聚到光敏元件表面，因此可获得很高的填充因子。

早期的 CCD 相机都是模拟相机，输出信号为标准的模拟量视频信号，需要配备专门的图像采集卡才能转换为数字图像。常用的视频制式有两种：

1）PAL（黑白为 CCIR）图像分辨率为 768×576。

2）NTSC（黑白为 EIA）图像分辨率为 640×480。

在 2000 年前后出现了工业用数字相机。数字相机是在内部集成了 A/D 转换电路，可以直接将模拟量的图像信号转换为数字信息，不仅有效地避免了图像传输线路中的干扰问题，而且由于摆脱了标准视频制式的制约，信号输出使用更加高速和灵活的数字信号传输协议，可以传输各种分辨率的图像。常见的数字相机图像输出标准有：IEEE1394、USB2.0、USB3.0、GigE 等。

除了 CCD 外，另一种重要的传感器就是互补金属氧化物半导体（Complementary Metal Oxide Semiconductor，CMOS）图像传感器。CMOS 图像传感器是一种用 CMOS 工艺将光敏元件、放大器、A/D 转换器、存储器、数字信号处理器和计算机接口电路等集成在一块硅片上的图像传感器件。CMOS 最早出现于 1969 年，比 CCD 还早一年。但由于 CMOS 的驱动、放大和处理电路会占据一定的表面面积，降低了器件的填充因子（填充因子只有 10%~20%），导致在相当长的时间内，CMOS 只能用于图像质量要求较低的应用场合。1989 年以后，随着"有源像敏单元"和微透镜等新技术的出现，提高了光电灵敏度、减小了噪声、扩大了动态范围[⊖]，使得 CMOS 的一些性能参数与 CCD 相接近，而在功能、功耗、尺寸和价格等方面要优于 CCD。目前，绝大部分工业相机都采用 CMOS 图像传感器。

## ▶▶ 1.2.2 图像分辨率

采集到的图像的清晰度取决于图像的空间分辨率和灰度分辨率。空间分辨率由图像传感器的光敏单元数量所决定，而灰度分辨率由对电信号进行量化所使用的级数所决定。

空间分辨率是图像中最小可分辨细节的测度。有多种方法来定量地描述空间分辨率，其中最常用的就是 dpi（点数/英寸），例如报纸的印刷分辨率为 75 dpi，产品外包装盒的印刷分辨率为 136 dpi。但是 dpi 在图像处理领域并不常用，图像处理领域的分辨率更多是与图像尺寸联系在一起的。如图 1.2 所示，图 1.2a 为一幅 256×256（256 级灰度）的具有较多细节的图像，如果保持灰度级数不变，仅将其空间分辨率减为 128×128，如图 1.2b 所示，图像右侧的一些纹理已经模糊不清了，并且出现像素颗粒变粗的现象。如果将分辨率进一步降低到 64×64，如图 1.2c 所示，钟表上的数字也变得模糊不清了。实际上，这种将分辨率与图像尺寸联系在一起的说法并不准确，因为图像尺寸并不包含分辨率的信息。只有针对图 1.2 这种同一场景，不同尺寸的图像才能与分辨率联系在一起。

---

⊖ 动态范围是指图像中最暗和最亮像素之间的亮度差异范围。

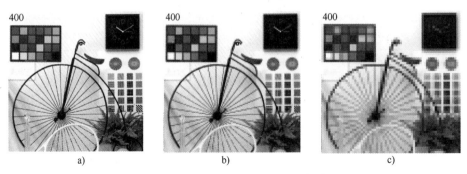

● 图 1.2　不同空间分辨率下的图像质量

a）256×256　b）128×128　c）64×64

有时我们拍摄的照片虽然空间分辨率很高，但灰蒙蒙一片，很不清晰，造成这种情况的原因可能就是灰度分辨率过低。现在仍借助图 1.2a 的 256 级灰度的图像，考虑减小图像灰度分辨率所产生的效果。如图 1.3 所示，图 1.3a 为在保持空间分辨率不变的情况下将灰度级数减小为 16 后的效果，与图 1.2a 相比，区别并不大。如果将灰度级数进一步减小为 4，如图 1.3b 所示，背景层次感已经消失，调色板颜色数量也减少了。如果将灰度级数进一步减小为 2，如图 1.3c 所示，这时的图像就变成了二值图像了。

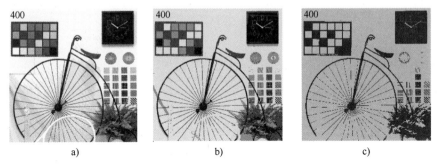

● 图 1.3　不同灰度级数的图像效果

a）16 级　b）4 级　c）2 级

图像数字化需要确定尺寸 $w$（宽）、$h$（高）和每个像素的离散灰度级数 $L$。一般将 $L$ 取为 2 的整数幂

$$L=2^k \tag{1.1}$$

其中，$k$ 称为位数（或图像深度），多取 1、8、16、32。一幅数字化图像占用的比特（bit）数 $b$ 为

$$b=whk \tag{1.2}$$

例如，图 1.2a 的图像占用的空间为 256×256×8 = 524288（bit），8 比特为一个字节（byte，

简写 B），单位换算成字节，则为 65536（B），而图 1.2b 和图 1.2c 的图像占用的空间分别为 16384（B）和 4096（B）。图 1.3a 的图像占用的空间为 $256×256×4=262144$（bit），换算成字节则为 32768（B），而图 1.3b 和图 1.3c 的图像占用的空间分别为 16384（B）和 8192（B）。上面讨论的是灰度图像，而对于相同尺寸的 RGB 彩色图像（见 2.2 节）来说，需要 3 倍的灰度图像的空间。图像处理一般多采用 8 位或 16 位整数类型的图像，但在处理过程中，也会出现 32 位或 64 位的浮点数类型的图像。虽然图 1.3c 这类二值图像每个像素只占一位，但由于在图像处理中按位操作并不方便，所以大部分二值图像还是采用 8 位图像。

从上面讨论可知，图像清晰程度与空间分辨率和灰度分辨率这两个参数紧密相关。从理论上讲，这两个参数越大，离散数据与原始图像就越接近，图像就越清晰。但从实际出发，式（1.2）明确指出图像占用的空间将随 $w$、$h$ 和 $k$ 的增加而迅速增加，所以采样量和灰度级数也不能太大。事实上，在很多图像处理算法中，往往会通过缩小图像尺寸来提高运算速度。

## 1.3 图像存储

本节讨论的存储是指将图像以一定的格式保存到硬盘这类介质中。常用的图像格式有：

1）BMP（Bitmap）最初由微软在 20 世纪 80 年代初期开发，主要用在 Windows 操作系统中。

2）GIF（Graphics Interchange Format）是 CompuServe 公司在 1987 年开发的图像文件格式。

3）PNG（Portable Network Graphics）最初由非官方的 "PNG's Not GIF" 口号提出，旨在取代 GIF 格式，同时增加一些 GIF 所不具备的特性。

4）JPEG（Joint Photographic Expert Group）是由联合图片专家组制定的一种格式，是一种广泛使用的图像文件格式，通常以 ".jpg" 或 ".jpeg" 为文件扩展名。

根据是否压缩，图像格式可分为非压缩和压缩两类，其中 BMP 为非压缩格式，其余为压缩格式。而压缩格式又分为无损压缩和有损压缩两类，其中 GIF 和 PNG 为无损压缩，JPEG 为有损压缩。

实际上，图像压缩非常重要，Gonzalez[2020] 将其定义为图像处理领域最有用、商业上最成功的技术之一。例如，现在有的手机拍摄的照片高达一亿六千万像素，如果采用非压缩格式保存，其大小超过 400 MB，不要说传输了，即便是存储，也是个大问题，而采用 JPEG 格式，大小仅为 40 MB 左右。图像之所以可以被压缩，是因为图像数据中通常包含数量可观的冗余（redundancy）信息和不相关（irrelevancy）信息。无损压缩算法删除的仅是冗余信息，因此可以在解压时精确恢复原图像。有损压缩算法除了删除冗余信息外，还把不相关信息也删除掉了，因此只能对原图像进行近似重构，而不是精确复原。

无损压缩算法可分为基于字典和基于统计的两大类算法[Castleman, 1998]。基于字典的算法采用的是定长码，通常是 12~16 位，每个码代表原图像数据中的一个特定序列；基于统计的算法是通过用较短代码代表频繁出现的字符，用较长代码代表不常出现的字符，从而实现数据压缩。常用的无损压缩算法有：

**1. 行程编码**

行程编码（Run Length Encoding，RLE）是一种基于字典的简单编码技术。图像一般会包含一些由相同灰度或颜色的相邻像素组成的区域，其中那些在同一行并具有相同灰度值的连续像素组成的序列，称为一个行程（见 8.1.1 节）。我们可以只存储一个代表那个灰度值的码，后面跟着行程的长度，而不是将同样的灰度值存储很多次，这就是行程码。如果图像中有大块的具有相同灰度值的区域，RLE 可以达到很高的压缩比。但是，如果图像中每个像素的灰度值都与相邻像素的不同，RLE 会将文件大小加倍。

**2. LZW 编码**

LZW 编码也是基于字典的一种编码算法。LZW 编码是由 Lemple 和 Ziv 最早提出的无损压缩技术，然后由 Welch 加以充实而形成了有专利保护的 LZW 算法。同 RLE 类似，LZW 也是通过对字符串编码而实现压缩。与 RLE 不同的是，LZW 在对文件编码的同时，生成特定字符序列的表以及它们对应的代码。例如，一幅 8 位的图像可以被编成 12 位代码，12 位代码共有 $2^{12} = 4096$ 个代码，其中 0~255 共 256 个代码分配给灰度 0，1，…，255，剩下的 3840 个代码分配给在压缩过程中出现的"像素对"，如果图像前两个像素是灰度值为 255 的白色像素，那么序列"255-255"就分配到位置 256，下次再遇到两个白色像素时，就用代码 256 来表示。这样，最初用于表示这两个像素的 8+8=16 比特（bit）就由一个 12 比特的代码取代，从而压缩了数据。

**3. 哈夫曼编码**

哈夫曼编码（Huffman Coding）是一种可变字长的统计编码算法，于 1952 年由哈夫曼提出[Huffman，1952]。哈夫曼编码的核心思想是构造一棵权值最小的二叉树，也称为哈夫曼树，然后根据字符在文件中的使用频率作为叶子节点的权值，对字符进行编码。使用哈夫曼编码可以使每个字符的平均编码长度最短，从而实现数据的无损压缩。

GIF 采用的是 LZW 压缩技术。正如 PNG 的口号那样，PNG 格式是为了绕过 LZW 专利许可而产生的。PNG 首先进行差分编码，即计算相邻像素的灰度差值。差分编码的结果是一系列重复的数值，这使得数据更容易被压缩。然后使用 Deflate 压缩算法对数据进行压缩。Deflate 算法结合了 LZ77 算法[Ziv，1977]和哈夫曼编码算法，能够标记并压缩数据中的重复值，从而进一步减少文件大小。

与无损压缩算法相比，有损压缩算法更加复杂。作为最常用的有损压缩算法，JPEG 编码主要有以下几个步骤：

1）原始图像被分割成 8 像素×8 像素的块，每个块进行离散余弦变换（Discrete Cosine Transform，DCT）。DCT 是一种无损变换，用于将图像从时域转换到频域。

2）每个像素块的频率系数被量化。量化过程涉及将每个频率系数除以一个量化因子（通常是 2 的幂次），并四舍五入取整。由于人眼对高频细节的敏感度较低，它们被量化后会变得更小，从而减少数据量。

3）采用 RLE 和哈夫曼编码对数据进一步压缩。

图 1.2c 的图像大小为 4096（B），保存为 BMP、GIF、PNG、JPEG 格式后的图像文件大小见表 1.1。从表中可以看到，JPEG 压缩比最高，PNG 次之。GIF 非但没有压缩，反而增大了文件尺寸，主要是图像太小，LZW 编码没有充分发挥压缩效果。

表 1.1　不同格式的图像文件大小 （单位：B）

| BMP | GIF | PNG | JPEG |
| --- | --- | --- | --- |
| 5174 | 5281 | 4513 | 1990 |

在这几种图像格式中，BMP 格式最为简单。一个 BMP 格式文件由文件头、位图信息、索引色、图像数据共 4 个区块组成，其中前 3 个区块大小为 14+40+1024 = 1078（B）。对于图 1.2c 的图像，加上图像数据，BMP 文件大小为 1078+4096 = 5174（B）。即便是编写简单的 BMP 文件存取函数，代码也是相当烦琐，更不用说其他格式的文件了。幸运的是，我们并不需要动手来编写这些底层代码，开发平台一般都提供了相关的库函数，比如 Visual C++就提供 CImage 类供我们调用。

## 1.4　图像的视觉感知

我们在设计或者使用图像处理算法或设备时，应该考虑人的图像感知原理。如果一幅图像要由人来分析的话，信息应该用人容易感知的变量来表达，这些是心理物理参数，包括对比度、边界、形状、纹理、色彩等。只有当目标能够毫不费力地从背景中区分出来时，人才能从图像中发现它们。例如一些医学图像，就可以通过适当的图像处理，让医生更容易辨别病灶。人的图像感知会产生很多错觉，了解这些现象对于理解视觉机理有帮助。

### ▶▶ 1.4.1　亮度和对比度

对比度是亮度的局部变化，定义为物体亮度的平均值与背景亮度的比值。以下两个例子可以表明人所感受到的亮度并不是强度的简单函数，而与对比度有着明显的关联。第一个例子是基于视觉系统有趋向于过高或过低估计不同亮度区域边界值的现象，如图 1.4 所示。图

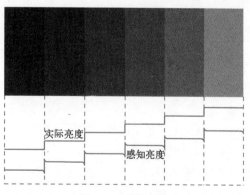

● 图 1.4　马赫带效应

中有 6 个内部亮度恒等的条带，其实际亮度如图中的折线所示，但实际上我们观察到每个条带的亮度并非恒等，带有强烈的边缘效应的亮度模式，特别在条带的边界区域尤为明显，如图中感知亮度曲线所示。这种现象称为马赫（Mach）带效应。

第二个例子如图 1.5 所示，图中给出了包围在不同亮度方块中的 4 个亮度相同的小方块，但我们感知到的小方块亮度是不同的，背景越暗，小方块越亮。这种现象称为同时对比，即一个区域的感知亮度并不只是取决于其灰度。

●图 1.5　同时对比

## ▶▶ 1.4.2　敏锐度

敏锐度是察觉图像细节的能力［Sonka，2016］。人的眼睛对于图像平面中的亮度的缓慢和快速变化敏感度差一些，而对于其间的中等变化较为敏感。敏感度也随着离光轴的距离增加而降低。

图像的分辨率受制于人眼的分辨能力，用比观察者所具有的更高的分辨率来表达视觉信息是没有意义的。光学中的分辨率定义为如下的最大视角的倒数：观察者与两个最近的他所能够区分的点之间的视角。这两个点再近的话，就会被当作一个点。

人对物体的视觉分辨率在物体位于眼睛前 250 mm 处，照明度在 50 lx 的情况下最好，这样的照明是由 400 mm 远的 60 W 灯泡提供的。在这种情况下，可以区分的两点之间的距离大约是0.16 mm。

## ▶▶ 1.4.3　视觉错觉

人对图像的视觉感知有很多错觉。物体边界对人而言携带了大量的信息。物体和简单模式的边界，比如斑点或线条，能引起适应性影响（adaptation effects），类似于前面讲过的同时对比。

图 1.6 给出了几个这样的例子。图 1.6a 被称为 Ebbinghaus 错觉，图像中心的两个相同直径的圆看起来直径不同。对于主体形状的视觉感知可能会被附近的形状欺骗，如图 1.6b 和图 1.6c 所示。图 1.6b 含有的黑白方块都是平行的，但是纵向锯齿状排列的方块干扰了人们的水平感知；图 1.6c 中的斜线都是平行的，但是斜线上的鱼刺状线条干扰了人们的感知，造成不是平行线的感觉。

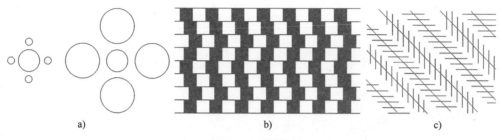

● 图 1.6 视觉错觉

a）Ebbinghaus 错觉 b）产生错觉的平行的水平线 c）被干扰的平行的斜线

## 1.5 图像处理应用

从日常生活到工业自动化，从医疗诊断到资源普查，图像处理已经渗透到几乎所有的领域，其中渗透率最高也是最成功的领域当属工业自动化。接下来我们以表面贴装技术（Surface Mount Technology，SMT）生产线为例来说明图像处理对工业自动化的重要性。

如图 1.7 所示，典型的 SMT 流水线由图示的 9 个工位组成，其中用到图像处理的工位如下。

1）**SPI**（Solder Paste Inspection）：检测锡膏缺陷，如位置、高度、体积、形状。

2）**贴片机**：检测元件极性、角度、位置。

3）**回流焊前 AOI**（Automatic Optic Inspection）：检查元件错误、缺失、移位。

4）**回流焊后 AOI**：进行更全面的检测，如元件缺失、移位、歪斜、极性以及焊锡不足、短路等缺陷。

5）**X 射线检测**：对 BGA 等芯片封装的不可见缺陷进行无损检测，如焊锡过量、焊锡不足、无效、错位等。

除了上述工位，图像处理也可用于丝印机钢网清洗后的自动检测。此外，图像处理还广泛用于 SMT 上游工序，如菲林检测以及 PCB 钻孔后的孔位检测等。

● 图 1.7 SMT 生产线示意图

从上述讨论中可以看出图像处理技术对 SMT 生产线的重要性。得益于图像处理技术，我们才会拥有如此物美价廉的电子产品，而这些电子产品（如计算机）又反过来促进图像处理技术的发展。

**第2章**

▶▶▶▶▶▶

# 图像处理基础

本章是整本书的基础，介绍图像处理的一些基本概念以及最简单的算术和逻辑运算。此外，图像处理经常遇到的直方图等统计量也放入这一章。

## 2.1 基本概念

### ▶▶ 2.1.1 图像坐标系

数字图像是以二维数组（矩阵）形式表示的图像，其数字单元为像素。每个像素具有整数行（高）和列（宽）位置坐标，同时每个像素都具有灰度值或颜色值。此外，像素是有大小和形状的，如无特殊说明，本书中的像素都是 1×1 的矩形。为了便于对像素的操作，还需要建立图像坐标系。如图 2.1 所示，我们将图像的左上角定义为原点，横轴为 $x$ 轴，纵轴为 $y$ 轴。这种坐标系与屏幕坐标系是一致的。在编程时使用一些系统函数需要注意，因为 $y$ 轴与笛卡儿坐标系的 $y$ 轴方向不同。有了坐标系，就可以通过坐标来描述像素了，在坐标 $(x, y)$ 处的像素灰度值记为 $f(x, y)$ 或 $I(x, y)$，此外，$f(x, y)$ 和 $I(x, y)$ 也用于表示图像。显然，这样一幅矩形图像可以用矩阵来描述，其中每个元素对应一个像素。实际上，著名软件 MATLAB[2024] 和 OpenCV[2012] 就是用矩阵来描述图像的。

● 图 2.1 图像坐标系

在进行图像处理时，图像在计算机内存中是按线性方式连续存储的，即从左到右，从上到

下连续存放。对于最常用的 8 位灰度图像来说，坐标$(x,y)$处的像素在内存中相对于图像数据起始点的地址偏移量为

$$\text{offset}(x,y) = w \times y + x \tag{2.1}$$

式中，$w$ 为图像宽度。但也有例外，设备无关位图（Device Independent Bitmap，DIB）在内存中是上下颠倒存放的，并且要求 4 字节对齐，即每一行的字节数都要取为 4 的整数倍。因此，对于 8 位灰度 DIB，坐标$(x,y)$处的像素的地址偏移量则为

$$\text{offset}(x,y) = B_l \times (h-y-1) + x \tag{2.2}$$

式中，$h$ 为图像高度；$B_l$ 为每一行的字节数，计算公式为

$$B_l = \text{floor}\left(\frac{w \times 8 + 31}{32}\right) \times 4 \tag{2.3}$$

式中，$w$ 为图像宽度，floor 表示向下取整。对于不能满足 4 字节对齐的 DIB，则在每行最后进行比特填充（以 0 填充），以保证 4 字节对齐。在这种情况下，图像数据在内存中就不是连续存放的。此外，在运行某些硬件加速函数时，比如 Intel 的 SSE2 指令集，需要数据在内存中的起始地址 16 字节对齐，对于非 16 字节对齐的起始地址，则可通过移位来保证起始地址 16 字节对齐，这种情况也会造成数据非连续存放。

## ▶▶ 2.1.2　距离测度

参考 12.3.5 节，图像上两个像素点 $p_1(x_1,y_1)$、$p_2(x_2,y_2)$ 之间的距离 $L_p$ 定义为

$$L_p(p_1,p_2) = \left(\left|x_1-x_2\right|^p + \left|y_1-y_2\right|^p\right)^{1/p}, \quad p \geqslant 1 \tag{2.4}$$

当 $p=2$ 时，就是经典几何学和日常经验中的欧几里得距离（简称欧氏距离）

$$L_2(p_1,p_2) = \sqrt{\left(x_1-x_2\right)^2 + \left(y_1-y_2\right)^2} \tag{2.5}$$

欧氏距离的优点是它在事实上是直观且显然的，缺点是平方根的计算费时且其数值不是整数。

当 $p=1$ 时，称为曼哈顿距离或城市街区距离

$$L_1(p_1,p_2) = \left|x_1-x_2\right| + \left|y_1-y_2\right| \tag{2.6}$$

之所以称为城市街区距离，是因为它类似于具有栅格状街道和封闭房子块的城市里的两个位置的距离，只允许横向和纵向的移动。

当 $p=\infty$ 时，称为棋盘距离

$$L_\infty(p_1,p_2) = \max\left(\left|x_1-x_2\right|, \left|y_1-y_2\right|\right) \tag{2.7}$$

该距离等于国际象棋中国王在棋盘上从一处移动到另一处所需的步数。

图 2.2 给出了这些距离的图示。

## ▶▶ 2.1.3　邻域

如图 2.3a 所示，每个方格代表一个像素，像素 $p$ 共有 8 个与之相邻的像素，其中 4 个水平

和垂直的邻近像素（用 $r$ 表示）组成 $p$ 的 4 邻域，记为 $N_4(p)$。4 邻域像素之间的城市街区距离 $L_1 = 1$；像素 $p$ 的 4 个对角邻近像素（用 $s$ 表示）记为 $N_D(p)$，如图 2.3b 所示；$N_4(p)$ 加上 $N_D(p)$ 合称为 $p$ 的 8 邻域，记为 $N_8(p)$，如图 2.3c 所示。8 邻域像素之间的棋盘距离 $L_\infty = 1$

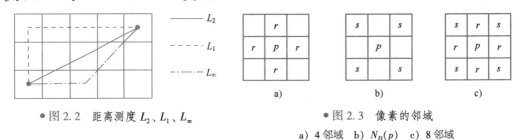

● 图 2.2　距离测度 $L_2$、$L_1$、$L_\infty$

● 图 2.3　像素的邻域

a）4 邻域　b）$N_D(p)$　c）8 邻域

### ▶▶ 2.1.4　连通性

像素间的连通性在确定图像中目标的组成元素时是一个重要的概念，例如第 8 章的区域分析就是以连通性为基础的。虽然连通性适用于灰度图像，但是更多时候是在二值图像下讨论具有相同灰度值的像素之间的连通性，所以这里仅讨论二值图像的连通性。常用的连通种类有 4 连通和 8 连通两种：

1）4 连通：两个像素 $p$ 和 $r$ 的灰度值相同且 $r$ 在 $N_4(p)$ 中，则它们为 4 连通。

2）8 连通：两个像素 $p$ 和 $r$ 的灰度值相同且 $r$ 在 $N_8(p)$ 中，则它们为 8 连通。

如图 2.4 所示，图 2.4a 中的像素分为白色和灰色两种。当考虑灰色像素的 4 连通时，$p_3$ 是 $p_0$ 的 4 连通像素；当考虑 8 连通时，$p_3$、$p_2$、$p_6$ 是 $p_0$ 的 8 连通像素。

在图像处理中，经常会遇到提取 8 连通单像素边缘的情况，但实际提取的边缘经常存在多余像素，出现多路连通问题。如图 2.4b 所示，中心像素 $p_0$ 和右上角像素 $p_2$ 之间产生两条连线，分别是 $p_0p_3p_2$ 和 $p_0p_2$。解决办法就是删除 $p_0$ 和 $p_2$ 共享的 4 连通像素 $p_3$，如图 2.4c 所示。

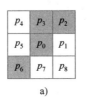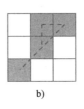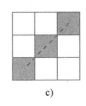

a）

● 图 2.4　图像的连通和区域

a）二值图像　b）多路连通　c）m 连通

图 2.4c 这种连通称为 m 连通（或称为混合连通）[章，1999]。

### ▶▶ 2.1.5　连通区域

由一些彼此连通的像素组成的集合，我们称之为区域（region）。区域又被称为连通区域、连通分量或 blob，在本书不同章节可能使用不同的称谓。如图 2.4a 所示，当考虑 4 连通时，灰色像素 $p_0p_2p_3$ 组成一个区域，虽然 $p_2$ 不是 $p_0$ 的 4 邻域，但它是 $p_3$ 的 4 邻域，而 $p_3$ 是 $p_0$ 的 4 邻域；

当考虑 8 连通时，$p_0 p_2 p_3 p_6$ 组成一个区域，这时将白色像素分成了两个区域：$p_4 p_5$ 和 $p_1 p_7 p_8$。但是，在 8 连通下，所有的白色像素又是连通在一起的，因此造成矛盾。为了解决同时处理两种灰度像素时产生的矛盾，必须采用不同的连通准则，即如果一种灰度像素采用 8 连通，另外一种就必须采用 4 连通。

## ▶▶ 2.1.6　感兴趣区域

在图像处理中，我们可能会对图像的某一个特定区域感兴趣，该区域被称为感兴趣区域（Region Of Interest，ROI）。ROI 可以是矩形，也可以是任意形状。矩形 ROI 通过 4 个顶点确定，而任意形状 ROI 就需要根据掩膜（mask）来确定。掩膜通常是一个与原图像大小相同的二值图像，其中选定区域被标记为 1，其余区域被标记为 0。在对图像进行处理时，根据掩膜像素值来判断原图像上对应点是否属于 ROI。ROI 在图像处理中随处可见，例如，在图像匹配中（见第 10 章），相比整幅图像搜索，在小范围的 ROI 内搜索目标的好处有：提高搜索速度，因为搜索面积变小；提高搜索稳定性，因为在 ROI 内更不容易匹配到错误目标。

与 ROI 相对应的就是不感兴趣（Don't Care）区域，顾名思义，就是该区域的像素不参与计算。不感兴趣区域也是通过掩膜实现的，通常用来对图像匹配中的模板进行设置（见 10.1.3.5 节），使得模板部分区域不参与图像匹配，改进匹配效果。

## ▶▶ 2.1.7　点运算与邻域运算

在图像处理中，点运算是简单却很重要的一类运算。对于一幅输入图像，经过点运算将产生一幅输出图像，后者的每一个像素点的灰度值仅由相应输入像素点的灰度值决定。这种方法与邻域运算的差别在于，后者每个输出像素的灰度值由相应输入像素的一个邻域内几个或十几个像素的灰度值决定。

若输入图像为 $f(x,y)$，输出图像为 $g(x,y)$，则点运算可表示为

$$g(x,y) = H[f(x,y)] \tag{2.8}$$

点运算可完全由灰度变换函数 $H(\cdot)$ 确定，后者描述了输入像素的灰度值和与对应的输出像素的灰度值之间的映射关系。例如，一幅图像乘以常数 $C$，即图像中的每个像素都乘以 $C$，输出图像的每个像素的灰度值仅与输入图像的对应像素的灰度值及 $C$ 有关。

与点运算对应的则是邻域运算。令 $S_{xy}$ 代表图像 $f$ 中以任意一点 $(x,y)$ 为中心的一个邻域的坐标集。邻域运算在输出图像 $g$ 中的相同坐标处生成一个对应的像素，这个像素的值由输入图像中邻域像素的规定运算和集合 $S_{xy}$ 中的坐标确定。例如，假设规定的运算是计算大小为 $m \times n$、中心为 $(x,y)$ 的矩形邻域中的像素的平均值。这个区域中的像素坐标是集合 $S_{xy}$ 的元素。我们用公式将这一平均运算表示为

$$g(x,y) = \frac{1}{m \times n} \sum_{(c,r) \in S_{xy}} f(c,r) \tag{2.9}$$

式中，$c$ 和 $r$ 是像素的列坐标和行坐标，这些坐标属于集合 $S_{xy}$。

在做邻域运算时，一定要分配两块内存，分别存放输入图像和输出图像，否则会造成处理完的像素又放回输入图像，接着又参与下一像素的处理，造成错误。

## ▶▶ 2.1.8　线性运算与非线性运算

除了点运算和邻域运算分类外，图像处理算法还有另外一种分类：线性运算和非线性运算。考虑一般算子$^{\ominus}$$H$，该算子对给定的一幅输入图像 $f(x,y)$ 产生一幅输出图像 $g(x,y)$

$$H[f(x,y)]=g(x,y) \tag{2.10}$$

给定两个任意常数 $a$ 和 $b$，以及两幅任意图像 $f_1(x,y)$ 和 $f_2(x,y)$，若

$$H[af_1(x,y)+bf_2(x,y)]=aH[f_1(x,y)]+bH[f_2(x,y)]=ag_1(x,y)+bg_2(x,y) \tag{2.11}$$

则称 $H$ 是一个线性算子。这个公式表明，两个输入求和的线性运算的输出，与分别对输入进行运算并求和得到的结果相同；另外，输入乘以常数的线性运算的输出，与对输入进行运算并乘以常数的输出相同。按照定义，不满足式（2.11）的运算就称为非线性运算。

很显然，图像乘以常数以及图像之间的加减运算属于线性运算。而中值（median）滤波则为非线性运算（见 4.1.2.4 节）。设有两幅图像

$$f_1=\begin{bmatrix}0&2\\2&3\end{bmatrix}\text{和}f_2=\begin{bmatrix}6&5\\4&7\end{bmatrix}$$

并假设 $a=1$ 和 $b=2$。将上面图像代入式（2.11）的等号左边

$$\text{median}\left\{(1)\begin{bmatrix}0&2\\2&3\end{bmatrix}+(2)\begin{bmatrix}6&5\\4&7\end{bmatrix}\right\}=\text{median}\left\{\begin{bmatrix}12&12\\10&17\end{bmatrix}\right\}=12$$

由于数量是偶数，中值滤波取中间两个数的均值。将图像代入式（2.11）的等号右边

$$(1)\text{median}\begin{bmatrix}0&2\\2&3\end{bmatrix}+(2)\text{median}\begin{bmatrix}6&5\\4&7\end{bmatrix}=2+(2)\times5.5=13$$

此时，式（2.11）的等号左边和右边不相等，证得中值滤波是非线性的。

## ▶▶ 2.1.9　边缘扩展

在 2.1.7 节我们讲到邻域运算的输出像素的灰度值由输入像素邻域内几个或十几个像素的灰度值决定。如图 2.5 左图所示，这是一幅 8×8 的图像，每个方格代表一个像素。假设邻域为图中的 3×3 的彩色窗口，当处理边缘像素时，会发现窗口有部分区域没有覆盖到像素，无法进行邻域计算，导致输出图像边缘像素没有值。对于 3×3 邻域来说，影响的边缘宽度只有一个像素，但是对于 25×25 邻域来说，无法处理的边缘宽度就是 12 个像素。在实际图像处理中，如果不进行

---

$\ominus$　算子（operator）的定义相当宽泛，对图像的任何操作都可以认为是一个算子，例如，对图像的加减乘除操作可以认为是算子，但是算子更多还是用于对滤波器的称呼，如 Sobel 算子、Canny 算子等。

边缘扩展而强行进行邻域计算，会造成数组越界等不可预料的结果。因此在使用大尺寸邻域时，必须对图像边缘进行扩展。常用的扩展部分的像素填充方式有如下几种[OpenCV，2012]。

1）边缘像素复制扩展：aaa│abcdefgh│hhh。

2）边缘像素镜像扩展：cba│abcdefgh│hgf。

3）边缘像素镜像扩展 1：dcb│abcdefgh│gfe。

4）常量扩展：iii│abcdefgh│iii。

其中，"abcdefgh"为原图像数据，"│"为边界，其外侧的数据为填充值。第 1）、2）、3）种扩展方式在实际中使用比较多。

图 2.5 右图给出了第 3）种扩展方式的示例，每个边缘向外扩展了 3 个像素。如图所示，经过边缘扩展，已经可以处理边缘像素了，在图示的情况下，最大支持 7×7 的邻域。在本书后面的讨论中，都假设根据需要对图像边缘进行了扩展。

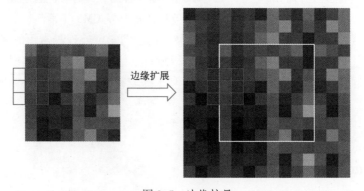

● 图 2.5　边缘扩展

## 2.2　彩色图像

### ▶▶ 2.2.1　彩色基础

根据人眼结构，所有颜色都可看作是三个基本颜色——红（Red）、绿（Green）和蓝（Blue）的不同组合。为了建立标准，国际照度委员会（CIE）早在 1931 年就规定三种基本色的波长为"R：700 nm、G：546.1 nm、B：435.8 nm"。利用三基色叠加可产生光的三补色（二次色）：青色（Cyan，绿加蓝）、品红色（Magenta，红加蓝）、黄（Yellow，红加绿）。按一定比例混合三基色或将一个补色与相对的基色混合就可以产生白色。

以上讲的是光的三基色，除此之外还有颜料的三基色。颜料的基色是指吸收一种光基色并让其他两种光基色反射的颜色，所以颜料的三基色正是光的三补色，而颜料的三补色正是光的三基色。如果以一定的比例混合颜料的三基色或者将一个补色与相对的基色混合就可以得到黑色。

区分不同颜色的特性通常是亮度、色调和饱和度。颜色中掺入白色越多就越明亮，掺入黑色越多亮度就越小。色调是与混合光谱中主要波长相联系的，是被观察者感知的主导色。饱和度与一定色调的纯度有关，纯光谱色是完全饱和的，随着白光的加入饱和度逐渐减小。

## ▶▶ 2.2.2　颜色模型

为了正确地使用颜色，需要建立颜色模型。上面提到，一种颜色可用三个基本量来描述，所以建立颜色模型就是建立一个 3D 坐标系，其中每个空间点都代表某一种颜色。

目前常用的颜色模型可分为两类，一类面向诸如彩色显示器或者打印机之类的硬件设备；另一类面向以彩色处理为目的的应用，如为动画创建的彩图。针对彩色显示器和彩色摄像机开发的 RGB（红色、绿色、蓝色）模型；针对彩色打印机开发 CMY（青色、品红色、黄色）模型和 CMYK（青色、品红色、黄色、黑色）模型。而面向彩色处理最常用的模型是 HSV 模型（色调、饱和度、亮度）。在图像处理中，HSV 模型有一优点，即能够独立出图像中的颜色和灰度信息，消除两者在 RGB 模型中的关联，有利于提取有用的信息。此外，还有一种与 HSV 类似的 HSI 模型。

限于篇幅，本书仅介绍 RGB 模型和 HSV 模型，对其他模型感兴趣的读者可以参考[Gonzalez，2020][OpenCV，2012]。

### 2.2.2.1　RGB 模型

RGB 是常用的一种彩色信息表达方式，它使用红、绿、蓝三基色的亮度来定量表示颜色。该模型也称为加色混色模型，是以 RGB 三色光互相叠加来实现混色的方法，因而适合于显示器等发光体的显示。

RGB 可以看作三维直角坐标颜色系统中的一个单位正方体，3 个轴分别为 $R$、$G$、$B$，如图 2.6 所示（扫码查看彩图）。任何一种颜色在 RGB 颜色空间中都可以用三维空间中的一个点来表示，其中 RGB 的原色位于 3 个角上；三补色（青色、品红色和黄色）位于另外 3 个角上；原点对应黑色；当三种基色都达到最高亮度时，就表现为白色，位于离原点最远的角上；在连接黑色与白色的对角线上，是亮度相同的三基色混合而成的灰色，该线称为灰色线。为了方便，我们将立方体归一化为单位立方体，这样所有的 RGB 值都在区间[0，1]中。

RGB 模型中的各分量又称为通道，如红色通道、绿色通道等。在图像处理中，常用的是 24 位 RGB 图像，即 3 个字节代表一个像素，每个通道占用 8 位（一个字节），灰度等级为 256。各个通道的排列方式有：$RR\cdots GG\cdots BB\cdots$、$RGBRGB\cdots$、$BB\cdots GG\cdots RR\cdots$、$BGRBGR\cdots$。

图 2.7 给出了 RGB 图像各分量的示例（扫码查看彩图）。图 2.7a 是彩铅原图，图 2.7b~图 2.7d 为红、绿、蓝各分量，在这里我们暂不考虑最接近白色的第 3 根彩铅。从图 2.7b 中可

以看出，接近红色的第 1、7、8 根彩铅以及背景亮度更高，图 2.7c 中的接近绿色的第 2、4 根彩铅亮度更高，而图 2.7d 中的含蓝色成分的第 7、9 根彩铅亮度更高。显然，在 RGB 颜色空间中可以实现对彩色图像的分割，具体示例见 7.5.2 节。

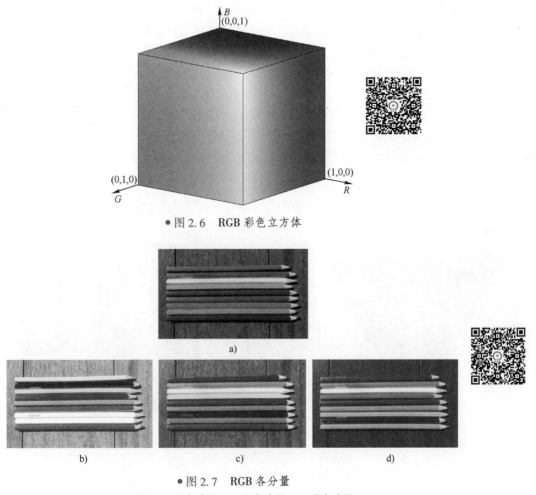

● 图 2.6　RGB 彩色立方体

● 图 2.7　RGB 各分量

a）原图　b）红色分量　c）绿色分量　d）蓝色分量

### 2.2.2.2　HSV 模型

在彩色图像处理中，除了 RGB 模型外，最常用的模型就是 HSV 模型。HSV 模型用 Hue、Saturation、Value 三个参数描述颜色特性。其中 H 定义颜色的波长，称为色调；S 表示颜色的深浅程度，称为饱和度；V 表示明度或亮度。HSV 颜色模型反映了人的视觉对色彩的感觉。HSV 颜色模型常用一个倒圆锥体来描述，如图 2.8a 所示（扫码查看彩图）。圆锥体的横截面可以看作是一个极坐标系，H 用极坐标的极角表示，取值区间[0°，360°]；S 用极坐标的极轴长度表示，取值区间[0,1]；$V$ 用锥体中轴的高度表示，取值区间[0,1]。在 HSV 颜色模型中，色调 $H$ 和饱和度 $S$ 包含了颜色信息，而亮度 $V$ 则与颜色信息无关。色调 $H$ 反映了颜色最接近哪种光谱波长，即光的不同颜色，如红、蓝、绿等。通常假定 0° 表示的颜色为红色，120° 的为绿色，240° 的为蓝色。0°~360° 的色相覆盖了所有可见光谱的彩色，如图 2.8b 所示。饱和度 $S$ 表征颜色的深浅程度，饱和度越高，颜色越深，如深红、深绿。由图 2.8b 可以看出，在圆的边界上的颜色饱和度最高，其饱和度值为 1；在中心的则是中性（灰色）色调，其饱和度为 0。亮度 $V$ 是指光波作用于物体所发生的效应，其大小由物体反射系数来决定。反射系数越大，物体的亮度越大，反之越小。沿着图 2.8a 轴线自下而上亮度逐渐增大，由底部的黑渐变成顶部的白。圆锥顶部的圆周上的颜色具有最高亮度和最大饱和度。

这个模型有两个特点：$V$ 分量与图像的颜色信息无关；$H$ 和 $S$ 分量与人感受颜色的方式是紧密相连的，非常直观地表达颜色的色调和鲜艳程度，方便进行颜色对比。这些特点使得 HSV 模型非常适合于借助人的视觉系统来感知彩色特性的图像处理算法，比如分割指定颜色的目标，具体示例见 7.5.1 节。

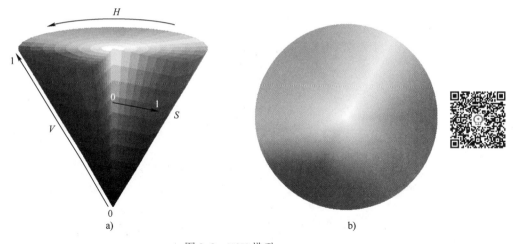

● 图 2.8  HSV 模型

a）倒圆锥体 HSV 模型  b）图 a 剖面

HSV 色彩空间颜色的划分一般为：330°≤$H$<30°（红色）、30°≤$H$<90°（黄色）、90°≤$H$<150°（绿色）、150°≤$H$<210°（青色）、210°≤$H$<270°（蓝色）、270°≤$H$<330°（品红色）。

HSV 图像一般用于图像处理，不能直接显示。

## ▶▶ 2.2.3  颜色空间变换

### 2.2.3.1  RGB 到灰度

在图像处理中，经常需要将 RGB 彩色图像转换成灰度图像后再进行处理。转换方法有多种：

**1. 平均法**

平均法是最简单的方法，即将同一个像素位置 3 个通道 $R$、$G$、$B$ 的值进行平均

$$I = \frac{R+G+B}{3} \qquad (2.12)$$

**2. 最大最小平均法**

取同一个像素位置的 $R$、$G$、$B$ 中亮度最大的和最小的进行平均

$$I = \frac{\max(R,G,B) + \min(R,G,B)}{2} \qquad (2.13)$$

**3. 加权平均法**

$$I = 0.299R + 0.587G + 0.114B \qquad (2.14)$$

上式是最常用的公式，0.299、0.587、0.114 是根据人的亮度感知系统调节出来的加权系数，是广泛使用的标准化参数。

不同的转换公式造成转换后的灰度图像有一定的差异，相对于加权平均法，最大最小平均法转换的图像边缘亮度噪声少、平滑，但对比度稍差。

图 2.9 给出了 RGB 图像转灰度图像的示例。图 2.9a～c 分别为用平均法、最大最小平均法、加权平均法将图 2.7a 转换为灰度图像。可以看出，图 2.9c 的对比度最大，视觉效果最好。

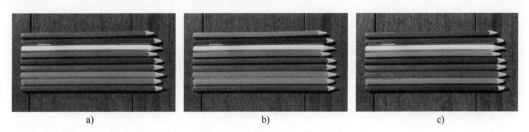

● 图 2.9 RGB 转灰度

a）平均法　b）最大最小平均法　c）加权平均法

### 2.2.3.2 RGB 到 HSV

首先，将 $R$、$G$、$B$ 的值归一化到区间 $[0,1]$，得到分量的最大值和最小值：

$$Min = \min(R,G,B) \qquad (2.15)$$

$$Max = \max(R,G,B) \qquad (2.16)$$

HSV 各分量为

$$V = Max \qquad (2.17)$$

$$S = \begin{cases} 0, & Max = 0 \\ (Max-Min)/Max, & Max \neq 0 \end{cases} \qquad (2.18)$$

$$H = \begin{cases} 0, & Max = Min \\ 60\times(G-B)/(Max-Min), & Max = R \\ 120+60\times(B-R)/(Max-Min), & Max = G \\ 240+60\times(R-G)/(Max-Min), & Max = B \end{cases} \quad (2.19)$$

如果计算得到的 $H$ 值小于 0，将该值再加上 360，得到最终的 $H$ 值：

$$H = H+360 \quad (2.20)$$

HSV 各分量取值区间：$H \in [0,360]$，$S \in [0,1]$，$V \in [0,1]$。

### 2.2.3.3 HSV 到 RGB

设 HSV 的 $H$、$S$、$V$ 值的区间分别为 $[0,360]$、$[0,1]$、$[0,1]$，转 RGB 的计算公式如下

$$H_i = \text{integer}(H/60) \quad (2.21)$$

$$H_f = \text{fraction}(H/60) \quad (2.22)$$

$$p = V(1-S) \quad (2.23)$$

$$q = V(1-H_f S) \quad (2.24)$$

$$t = V(1-(1-H_f)S) \quad (2.25)$$

$$(R,G,B) = \begin{cases} (V,t,p), & H_i = 0 \\ (q,V,p), & H_i = 1 \\ (p,V,t), & H_i = 2 \\ (p,q,V), & H_i = 3 \\ (t,p,V), & H_i = 4 \\ (V,p,q), & H_i = 5 \end{cases} \quad (2.26)$$

式中，integer 表示取整数部分，fraction 表示取小数部分。变换后 RGB 值的区间为 $[0,1]$。

## 2.3 算术和逻辑运算

### ▶▶ 2.3.1 算术运算

两幅图像 $f(x,y)$ 和 $g(x,y)$ 之间的算术运算表示为

$$\begin{cases} s(x,y)=f(x,y)+g(x,y), & d(x,y)=f(x,y)-g(x,y), \\ p(x,y)=f(x,y)\times g(x,y), & v(x,y)=f(x,y)\div g(x,y) \end{cases} \quad (2.27)$$

这些运算都是点运算，即这些运算都是 $f$ 和 $g$ 中对应像素对之间的加减乘除。与一般的算术运算不同之处有：两幅图像需要相同的尺寸和数据类型；防止溢出。比如对于 8 位图像来说，灰度区间为 $[0,255]$，因此在计算时必须考虑像素灰度值超出该区间时的取值，否则会产

生不可预期的结果。

除了两幅图像之间的算术运算外，还有一幅图像 $f(x,y)$ 与常数 $C$ 的算术运算：

$$\begin{cases} s(x,y)=f(x,y)+C, & d(x,y)=f(x,y)-C \\ p(x,y)=f(x,y)\times C, & v(x,y)=f(x,y)\div C \end{cases} \tag{2.28}$$

这些运算都是图像 $f(x,y)$ 的每个像素与 $C$ 之间的算术运算。同样，这些运算也需要考虑溢出的问题。除了式（2.28）的图像在运算符之前，$C$ 在运算符之后的运算之外，还有 $C$ 在运算符之前，图像在运算符之后的算术运算。

除了上述这些算术运算类型外，还有一种运算也归到算术运算中，那就是取绝对值运算。在进行算术运算过程中往往会产生负值，但是由于数字图像不支持负值，这时就需要对结果取绝对值。比如比较两幅图像的差异，就是两幅图像先相减再求绝对值。

算术运算虽然简单，但在图像处理中的应用却十分广泛。其中加法运算的一个重要应用就是降低图像噪声。在相机采集到的图像中，往往会存在一定的噪声。对于一幅相机采集到的图像 $g(x,y)$，可以表示为无噪声图像 $f(x,y)$ 和加性噪声 $n(x,y)$ 的组成（见 4.3 节），即

$$g(x,y)=f(x,y)+n(x,y) \tag{2.29}$$

并假设加性噪声是均值为零的高斯分布。在同一个场景拍摄 $k$ 幅图像并取平均，平均图像的噪声 $\overline{n}(x,y)$ 的方差为单幅图像的 $1/k$ [浙，1979]，即

$$\sigma^2_{\overline{n}(x,y)}=\frac{1}{k}\sigma^2_{n(x,y)} \tag{2.30}$$

从式（2.30）中我们不难发现，通过增大 $k$ 值，即增加平均图像的数量，可减少噪声。但同时我们也发现：$\sigma_{\overline{n}}\propto 1/\sqrt{k}$，$\partial\sigma_{\overline{n}}/\partial k\propto -1/(2\sqrt{k^3})$，随着 $k$ 值的增大，$\sigma_{\overline{n}}$ 的变化越来越小，即当图像达到一定数量时，图像平均法去噪的效果越来越差。下面通过一个例子来说明这一现象。

**例 2.1** 使用多图像平均法降低噪声示例一

如图 2.10 所示，图 2.10a 是一幅 8 位的灰度图像，图 2.10b 为加入了高斯噪声的图像（见 4.3.3 节）。图 2.10c 和图 2.10d 分别显示了对 10 幅、100 幅添加了噪声的图像取平均的结果。从图中可知，取 10 幅图像的平均就得到了明显的视觉改善，进一步增加图像数量，虽然图像质量得到进一步改善，但改善效果不明显。

接下来举一个多图像平均法用于实际应用的案例。

**例 2.2** 使用多图像平均法降低噪声示例二

如图 2.11 所示，图 2.11a 和图 2.11b 是用 X 光拍摄的同一产品内部的 10 幅图像中的两幅，需要识别其中的点阵 DM（Data Matrix）码。图像噪声信号明显，点阵模糊不清。通过对 10 幅图像平均，图像质量得到明显改善，如图 2.11c 所示。后续可通过动态阈值分割实现二维码的读取（见例 7.1）。

a)　　　　　　　　b)　　　　　　　　c)　　　　　　　　d)

● 图 2.10　多幅图像平均示例一

a）原图　b）添加了高斯噪声的图像（均值 0，标准差 30）

c）10 幅图像平均的结果　d）100 幅图像平均的结果

a)　　　　　　　　　　b)　　　　　　　　　　c)

● 图 2.11　多幅图像平均示例二

a）~b）10 幅 X 光图像中的两幅　c）10 幅图像平均的结果

与加法运算相比，减法运算在图像处理中的应用更加广泛，无论是复杂背景下目标提取还是动态阈值分割（见 7.1.3 节）都用到了减法运算。下面通过两个例子来介绍减法的应用。

**例 2.3**　使用图像减法实现颜色取反

在图像处理中，很多时候需要对颜色（灰度）进行取反。取反运算可以通过常数减去图像实现，对于 256 级灰度图像，取反公式如下

$$g(x,y) = 255 - f(x,y) \qquad (2.31)$$

取反示例如图 2.12 所示。除了通过减法取反外，2.3.2 节还会介绍如何通过逻辑运算取反。

**例 2.4**　使用图像减法进行图像比对

a)　　　　　　　　b)

● 图 2.12　图像取反示例

a）原图　b）取反

这是一个印刷检测的实际案例。如图 2.13 所示，图 2.13a 是设计出的电子文档，图 2.13b 是印刷出来后再扫描的图片。粗略一看，扫描图与设计图并无区别，但是通过图 2.13b 减去

图 2.13a，可以发现有 3 处错误。当然，实际检测不是简单的相减运算，需要对原图的灰度设置公差范围，位置校准后再相减，并根据条件对结果进行筛选，得到图 2.13c 所示的结果。虽然过程复杂，但基本思想就是图像相减。通过图像相减实现图像比对是印刷行业广泛采用的一种检测技术。

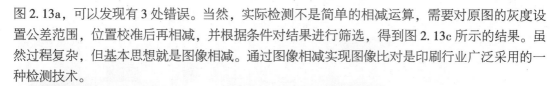

● 图 2.13　印刷检测
a) 设计图　b) 扫描图　c) 相减结果

图像乘除法的一个重要应用就是阴影校正，相关的例子见 6.5 节。

## ▶▶ 2.3.2　逻辑运算

逻辑运算处理 TRUE（通常用 1 表示）和 FALSE（通常用 0 表示）变量与表达式。虽然逻辑运算多用于二值图像，但也可用于灰度图像。实际上图像处理中的逻辑运算是按位计算的，因此与像素灰度值（一个或者几个字节）是否为二值无关，仅与字节中的每一位有关。

图像处理中常用的逻辑运算有 NOT（非）、AND（与）、NAND（与非）、OR（或）、XOR（异或）、NOR（或非）、XNOR（同或），其中 NOT 是单幅图像运算，其余的运算可以是两幅图像之间，也可以是常数与图像之间的运算。

逻辑运算可以根据真值表来定义，表 2.1 是两个逻辑变量 $a$ 和 $b$ 的真值表。其中 AND 运算为：两个变量值都为 1 时，结果才为 1，其他情况均为 0。其余运算以此类推。

表 2.1　逻辑运算符的真值表

| $a$ | $b$ | $a$ AND $b$ | $a$ OR $b$ | NOT $a$ | $a$ NAND $b$ | $a$ XOR $b$ | $a$ NOR $b$ | $a$ XNOR $b$ |
| --- | --- | --- | --- | --- | --- | --- | --- | --- |
| 0 | 0 | 0 | 0 | 1 | 1 | 0 | 1 | 1 |
| 0 | 1 | 0 | 1 | 1 | 1 | 1 | 0 | 0 |
| 1 | 0 | 0 | 1 | 0 | 1 | 1 | 0 | 0 |
| 1 | 1 | 1 | 1 | 0 | 0 | 0 | 0 | 1 |

图 2.14 给出了各种逻辑运算的示意图。图中黑色代表 1，白色代表 0。

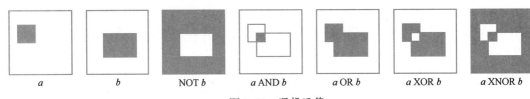

| $a$ | $b$ | NOT $b$ | $a$ AND $b$ | $a$ OR $b$ | $a$ XOR $b$ | $a$ XNOR $b$ |

● 图 2.14 逻辑运算

**例 2.5** 使用图像逻辑运算实现颜色取反

例 2.3 介绍了用减法实现颜色取反，但更快捷的方法是用 NOT 运算。例如对于 8 位灰度图像，一个字节表示一个像素的灰度值，二进制数 1111 1111 代表灰度值为 255，NOT 后，该字节变为 0000 0000，灰度值变为 0，同样 0011 0011（51）NOT 后为 1100 1100（204），实现了颜色取反。

## 2.4 图像统计

广义的图像统计涵盖范围很广，本书涉及的很多内容都可归类为图像统计，包括后面讲到的机器学习。在这里我们将图像统计限制在一个很窄的范围内：对整幅图像或者某个区域甚至是一条线上的像素灰度值的统计。统计数据多用于给接下来的操作提供数据支持，比如找到整幅图像的灰度最大值和最小值后，就可以通过灰度映射，将原本比较小的动态范围扩大到整个范围，让图像看起来对比度更大，层次感更强。与上一节不同的是，图像统计不会对图像做任何改变，仅仅是提取数据。我们在进行图像统计时，多将图像灰度处理为随机变量。

本节讨论的内容为均值、方差、直方图、积分图像、熵以及投影。

### ▶▶ 2.4.1 均值和方差

除了图像灰度极值外，最基本的统计量就是图像均值和方差。整幅图像的均值反映了图像的明暗，对于大小为 $w \times h$ 的图像 $f(x,y)$，其均值为

$$\mu = \frac{1}{wh} \sum_{x=0}^{w-1} \sum_{y=0}^{h-1} f(x,y) \tag{2.32}$$

方差反映了像素间灰度离散程度，其计算公式为

$$\sigma^2 = \frac{1}{wh} \sum_{x=0}^{w-1} \sum_{y=0}^{h-1} (f(x,y) - \mu)^2 \tag{2.33}$$

方差的一个直接应用就是用于聚焦评价（见 4.1.4 节），因为聚焦良好的图像的像素间灰度离散程度更大。

## ▶▶ 2.4.2 直方图

在图像处理中，一个简单而有用的工具就是直方图。直方图概括了一幅图像的灰度级内容。直方图是灰度级的函数，描述的是图像中具有该灰度级的像素数量：其横坐标是灰度级，纵坐标是该灰度级像素数量，如图 2.15d 所示。直方图是一个一维的离散函数

$$h(r_k) = n_k, \quad k = 0, 1, \cdots, L-1 \tag{2.34}$$

式中，$r_k$ 为图像的第 $k$ 级灰度值，一般来说 $r_k = k$；$n_k$ 是图像中灰度值为 $r_k$ 的像素数量；$L$ 是图像的灰度级，比如 8 位图像，其灰度级就是 256。另外一种直方图就是归一化直方图

$$p(r_k) = n_k/n \tag{2.35}$$

式中，$n$ 是图像像素总数，$n_k/n$ 为图像中灰度值为 $r_k$ 的像素出现的频率。如果在整个灰度范围内对 $p(r_k)$ 求和，其值为 1。归一化的好处就是直方图与图像尺寸无关，比如缩小一半的图像具有与原图相同的归一化直方图。从上面两个公式可以看出，直方图计算极为简便，而且内存开销也极小。

图 2.15 给出了 3 幅亮度不同的图像的直方图，图 2.15a ~ 2.15c 为原图，图 2.15d ~ 2.15f 为对应的直方图。从图中可以看出：高亮和低亮图像的直方图集中在一端，占据的灰度范围比较小；而对比度高的清晰图像的直方图分布在大部分灰度范围上。这种特性使直方图成为图像增强的有力工具（见 6.2 节）。

当一幅图像压缩为直方图后，所有的空间信息都丢失了。直方图描述了每个灰度级具有的像素的个数，但不能为这些像素在图像中的位置提供任何线索。因此，任一特定的图像有唯一的直方图，但反过来并不成立，可能有完全不同的图像具有相同直方图的情况存在。

直方图的算法如下。

```
算法 2.1  直方图算法
输入: 图像 f, 尺寸 w×h, 灰度等级 L
输出: 直方图 H[L]
1:   H[L]=0;            //直方图清零
2:   for(i=0; i<w*h; i++)
3:       H[f[i]]++;   //f[i]为第 i 个像素灰度值
```

除了一维直方图外，还有二维直方图。二维直方图是对两幅尺寸相同的图像在两个维度上的直方图联合统计的结果。如图 2.16d 所示，直方图尺寸为 $L×L$，$x$、$y$ 坐标分别为两幅图像的灰度级，图中的某点 $p(x,y)$ 的值为两幅图像对应点的灰度值组合 $(x,y)$ 的出现次数。

一般来说，二维直方图都是由 RGB 图像中的两个通道构成的。如图 2.16 所示（扫码查看彩图），图 2.16a 是一幅 PCB 图像，图 2.16b 和图 2.16c 分别是图 2.16a 的红色和蓝色通道。通过对图 2.16b 和图 2.16c 对应点的遍历，在其灰度组合构成的坐标点上累加计数，最后形成了图 2.16d 所示的直方图。整幅图像很暗，为了改善视觉效果，通过幂次变换（见 6.3 节）对低亮度部分进行拉伸，结果如图 2.16e 所示。

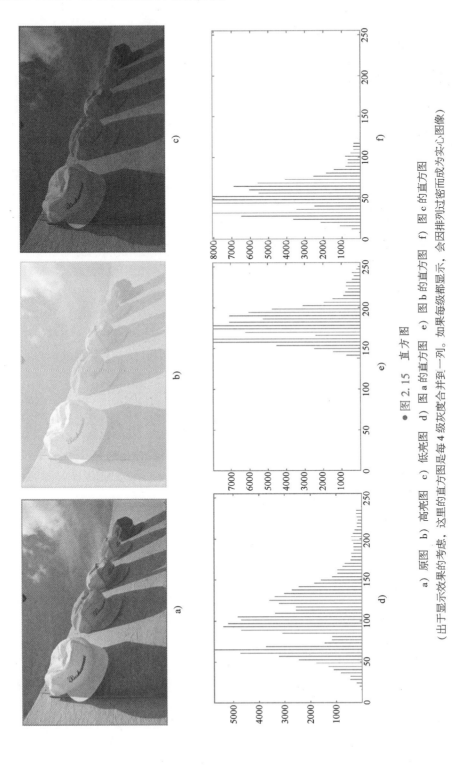

● 图 2.15 直方图

a）原图 b）高亮图 c）低亮图 d）图 a 的直方图 e）图 b 的直方图 f）图 c 的直方图
（出于显示效果的考虑，这里的直方图是每 4 级灰度都显示。如果每级灰度都合并到一列，会因排列过密而成为实心图像）

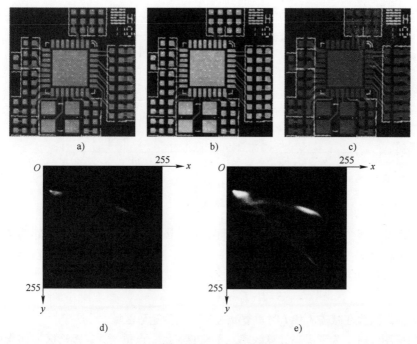

• 图 2.16  二维直方图

.a）PCB 图像  b）红色通道  c）蓝色通道  d）图 b 和图 c 构成的二维直方图（为了便于
显示，将原图的 32 位整型数映射到[0,255]）  e）对图 d 进行幂次变换的结果（γ=0.1）
注：本书经常会涉及显示 32 位整型或浮点数图像，除非特殊说明，
一般都是将原图映射到区间[0,255]后显示。

二维直方图的算法如下。

算法 2.2  二维直方图算法
输入：图像 f1 和 f2，尺寸 w×h，灰度等级 L
输出：二维直方图 H[L][L]
1:  H[L][L]=0;                    //清零
2:  for (i=0; i<w＊h; i++)
3:      H[f1[i]][f2[i]]++;        //f1[i]和 f2[i]分别表示 f1 和 f2 的第 i 个像素的灰度值

二维直方图可用于彩色图像分割，详见 7.5.2 节。

## ▶▶2.4.3  积分图像

对于图像 $f(x,y)$，其积分图像（Integral Image）的定义为

$$I(x,y) = \sum_{i=0}^{x} \sum_{j=0}^{y} f(i,j) \tag{2.36}$$

即图像中点$(x,y)$的积分为图像左上角和点$(x,y)$围成的矩形中包含的所有像素灰度值之

和，如图 2.17a 所示。需要注意的是：求和是包括点 $(x,y)$ 的。

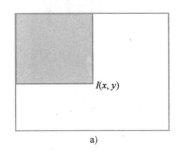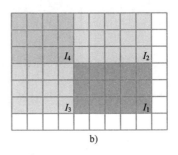

a) b)

● 图 2.17 积分图像

a）图像积分 b）区域求和

当需要对一幅图像上多个区域求和或计算均值时，积分图像就能发挥作用了。它的核心思想就是对图像建立起积分图查找表（Look-Up-Table，LUT），在求和时通过查表快速得到结果。如图 2.17b 所示，计算图中深灰色区域的像素灰度之和的公式为

$$S = I_1 - I_2 - I_3 + I_4 \qquad (2.37)$$

式中之所以加上 $I_4$，是因为在减去 $I_2$ 和 $I_3$ 时重复减去了左上角矩形区域。

在实际计算积分图像时，为了提高计算效率，不需要对每一点重新计算矩形区域包含的所有像素值之和，而是利用相邻点的积分值实现快速计算。另外，需要注意的就是积分图像的数据类型，因为计算到左下角时，数值往往很大。对于 32 位无符号整型来说，最大可以支持大小为 4104×4104 的 8 位灰度图像 [日,2024]。

▶▶ **2.4.4 熵**

熵（Entropy）的概念来源于热力学和统计力学，热力学中的热熵是表示分子状态混乱程度的物理量。直到很多年后才与信息联系起来，熵的信息论的形成源于 C. E. 香浓，常称作信息熵（Information Entropy）。在很多图像处理中，需要判别图像的清晰度，或图像分割结果的优劣，于是就引出了信息熵的概念。绝大多数时候，它都被用来作为评价图像的一个量化标准，是图像信息量的估计值。熵指的是体系的混乱程度，熵越大包含的信息量越多。例如聚焦良好的图像的熵大于没有清晰聚焦的图像，因此可以用熵作为一种聚焦评价标准。

对于一幅灰度级为 $L$ 的灰度图像，计算图像指定区域的熵值的公式为

$$H = - \sum_{i=0}^{L-1} p_i \log_2 p_i \qquad (2.38)$$

式中，$p_i$ 为该区域图像的第 $i$ 级灰度级出现的概率，也就是该区域的归一化直方图，并且规定 $\log_2(0) = 0$。

图 2.18 给出了熵值计算的示例，图 2.18a 为原图，整幅图像的熵值为 7.423；图 2.18b 为

用 9×9 大小的窗口计算出的熵值赋值给窗口中心像素后的图像，由于熵值较小，为了显示清晰，这里对熵值乘以了 32。可以发现在边缘等灰度变化大的区域的熵值高于灰度变化平缓的区域。图 2.18c 为模糊后的图像，该图的熵值为 7.285，明显小于图 2.18a 的熵值。

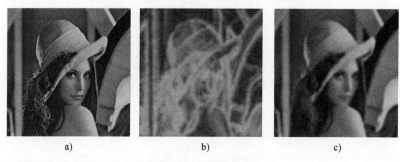

a)　　　　　　　　　b)　　　　　　　　　c)

● 图 2.18　熵值计算示例

a）原图　b）熵值　c）模糊后的图像

## ▶▶ 2.4.5　投影

所谓的投影是指图像中指定角度的每条斜线上的所有像素值投影相加，是一种二维到一维的变换，其中最常用的是将像素值水平或垂直投影相加。水平方向投影称为列剖面（Column Profile），垂直方向投影称为行剖面（Row Profile）。

例 2.6　投影应用

如图 2.19 所示，图 2.19a 是被污染的 EAN13 条码，用普通的条码读取技术无法读出。图 2.19b 为图 2.19a 的行剖面图，所谓的行剖面就是将图像每一列的像素值累加起来。图 2.19c 为图 2.19a 的列剖面图，所谓的列剖面就是将图像每一行的像素值累加起来。从图 2.19b ~ 2.19c 中很容易判断出条码的水平位置 $X$ 和垂直位置 $Y$，将 $X$ 和 $Y$ 结合起来就是图 2.19a 中虚线标识的条码位置。另外，通过取图 2.19b 中虚线位置的阈值，能比较准确地分割开"空"和"条"，用于随后的条码读取。除此之外，投影在光学字符识别（OCR）中可用于分割粘连字符（见 11.3.4 节）。

除了行剖面和列剖面外，还有一种线剖面。所谓的线剖面就是一条线上每个像素灰度值组成的剖面图，或者说是一个像素的投影，如图 2.20 所示。图 2.20a 为添加了画线的原图，图 2.20b 为这条线上的像素值组成的剖面。如果将图像理解成由 $x$、$y$ 和 $f(x,y)$ 组成的三维图像，那么图 2.20b 就相当于在图 2.20a 画线处切下一刀后的剖面。

在离散的数字图像处理中，确定一条线的剖面实际上就是确定该直线由哪些像素组成，如图 2.21a 所示。这里我们用 Bresenham 算法来确定组成直线的像素点，或者说绘制直线。

a)

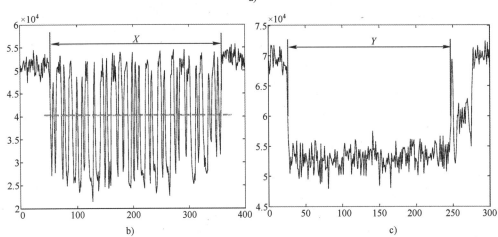

b)                                    c)

● 图 2.19  行剖面和列剖面

a) EAN13 条码（尺寸 400×300 像素）  b) 行剖面  c) 列剖面

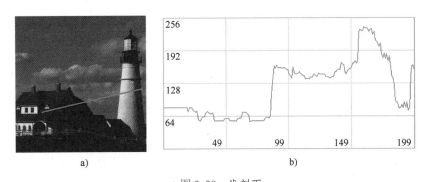

a)                                    b)

● 图 2.20  线剖面

a) 添加了画线的原图  b) 线剖面

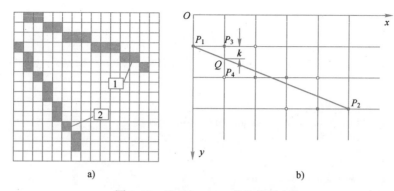

● 图 2.21　用 Bresenham 算法绘制直线

a）绘制直线　b）Bresenham 算法

　　设直线方程为 $y=kx+b$，对于图 2.21a 中的直线 1，其倾角小于 45°，$k$ 值小于 1。仔细观察该直线可以发现：直线上的像素点坐标 $x$ 每次都固定增加 1 个像素，而 $y$ 却不一定，可能几个像素 $y$ 值保持不变。而对于直线 2，其 $k$ 值大于 1，$y$ 每次都固定增加 1 个像素，而 $x$ 却不一定。这里先讨论 $k$ 小于 1 的情况，如图 2.21b 所示，图中的像素位于网格的节点上，像素中心距为 1，直线的两个端点为 $P_1$ 和 $P_2$。在连续的情况下，当 $P_1$ 在 $x$ 方向增加 1，直线与 $P_3$ 和 $P_4$ 的连线交于 $Q$ 点，这时 $y$ 坐标增加了 $k$。显然，$Q$ 点的 $y$ 坐标不是整数，离散后，需要选择离 $Q$ 点最近的像素点作为直线上的点。$y$ 是增加 1 落到 $P_4$，还是保持原坐标不变落到 $P_3$，这取决于 $Q$ 点离 $P_3$ 和 $P_4$ 哪一个更近。在图中，$Q$ 明显离 $P_3$ 更近，$|QP_3|<0.5$，因此 $y$ 值保持不变，其余的像素以此类推。根据上述讨论，$k$ 小于 1 时的绘制直线算法可总结如下。

```
算法 2.3　绘制直线算法
输入：直线两个端点的坐标(x1,y1)，(x2,y2)，直线的斜率 k，k<1
输出：落在直线上的像素点
1:　d=-0.5；//初始值，-0.5 是为了在后面通过 d 的正负值做判断，而不是通过是否大于 0.5 来判断
2:　i=y1；
3:　for(j=x1; j<x2+1; j++){
4:　　　AddPoint(j,i);　//添加该点到直线
5:　　　d+=k;
6:　　　if (d>0){
7:　　　　　i++; d--;　　//减去 2 倍 d 的初始值
8:　　　}
9:　}
```

　　该算法并不完美，因为涉及浮点数运算，接下来我们尝试消除算法中的浮点数。代码中 "d+=k；" 这一句写成公式就是

$$d_{j+1}=d_j+k \tag{2.39}$$

设 $\Delta x=x_2-x_1$，$\Delta y=y_2-y_1$，则有 $k=\Delta y/\Delta x$，将其代入上式得

$$d_{j+1}=d_j+\Delta y/\Delta x \tag{2.40}$$

对上式两端同乘以 $2\Delta x$，并令 $D_j = 2\Delta x d_j$，则有

$$D_{j+1} = D_j + 2\Delta y \tag{2.41}$$

对比式（2.39），可以发现式（2.41）已经不含有浮点数了。根据式（2.41），算法 2.3 可改进如下。

```
算法 2.4   改进的绘制直线算法
输入：直线两个端点的坐标(x1,y1),(x2,y2),直线的斜率 k,k<1
输出：落在直线上的像素点
1:    dx = x2-x1;
2:    dy = y2-y1;
3:    D = -dx; //初始值,D = 2Δxd = 2×Δx×(-0.5) = -Δx
4:    i = y1;
5:    for (j = x1; j<x2+1; j++){
6:        AddPoint(j,i);             //添加该点到直线
7:        D += 2 * dy;
8:        if (D>0){
9:            i++; D -= 2 * dx;      //2 倍 D 的初始值
10:       }
11:   }
```

对于 $k$ 大于 1 的情况，依然可以用以上算法，只是需要先将 $x$、$y$ 坐标对调，计算完毕后将 $x$、$y$ 再次对调存储即可。除此之外还有 $k$ 为负值的情况，算法依然相同，所不同的只是 $y$ 的增量为负值。

第3章

▶▶▶▶▶▶

# 形 态 学

数学形态学（Mathematical Morphology）诞生于 1964 年，是由法国巴黎矿业学院博士生 Serra 和他的导师 Matheron，在从事铁矿核的研究中，在理论层面上第一次引入了形态学的表达式，建立了颗粒分析方法，奠定了这门学科的理论基础。形态学用于从图像中提取表达和描绘区域形状的有用图像信息，是图像处理中应用最为广泛的技术之一，本书的很多示例中都涉及形态学运算。

形态学能够处理二值图像和灰度图像。本章首先介绍形态学基础知识，然后讨论二值图像形态学（区域形态学），最后再讨论灰度图像形态学。

## 3.1 形态学基础

形态学的语言是集合论（见 12.1 节），形态学中的集合表示图像中的目标或背景。除了集合论，形态学还涉及以下两种基础的几何变换。

**1. 平移**

$A$ 相对于点 $\boldsymbol{x}=(x_1,x_2)$ 的平移，记为 $(A)_x$，定义为

$$(A)_x=\{\boldsymbol{y}\,|\,\boldsymbol{y}=\boldsymbol{a}+\boldsymbol{x},\boldsymbol{a}\in A\} \tag{3.1}$$

平移可以理解为一包含 $A$ 的窗口在图像上平移。

**2. 反射**

$A$ 相对于原点的反射，记为 $\hat{A}$，定义为

$$\hat{A}=\{\boldsymbol{x}\,|\,\boldsymbol{x}=-\boldsymbol{a},\boldsymbol{a}\in A\} \tag{3.2}$$

反射也称为转置[Steger，2019]或者映像[章，1999]。

图 3.1 给出了平移和反射运算的示意图，图 3.1a 中灰色区域是集合 $A$，图 3.1b 是平移运

算，图 3.1c 是反射运算。反射运算可以通过两种方法实现：$A$ 围绕原点旋转 180°；$A$ 沿水平轴翻转再沿垂直轴翻转。可以看到，反射运算是需要挑选特殊点（原点）的运算，而平移运算不依赖于坐标系的原点，也就是说，平移运算是平移不变的。

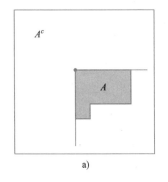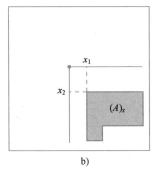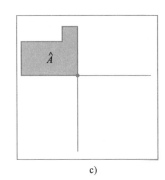

• 图 3.1　平移和反射

a）集合　b）平移　c）反射

形态学的基本思想是用具有一定形状的结构元（Structuring Element，SE）去量度和提取图像中的对应形状以达到对图像分析和识别的目的。结构元实际上是一个像素集合。对每个结构元，我们指定一个原点，它是结构元参与形态学运算的参考点。注意，原点可以在结构元内部，也可以在结构元外部。图 3.2 给出了结构元及其反射的示例。图中每个方格代表一个元素，深色代表值为 1 的元素，白色代表值为 0 的元素，黑点为结构元的原点，"×"为"不关心"（don't care）元素，表示不参与集合运算。可以看出，反射是将结构元绕原点旋转 180°，包括背景和不关心点在内的所有元素都被旋转。

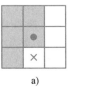

• 图 3.2　结构元及其反射的示例

a）结构元　b）相对于原点的反射

## 3.2 腐蚀和膨胀

腐蚀和膨胀运算是形态学处理的基础，很多形态学算法都是以这两个运算为基础的。

### 3.2.1 腐蚀

腐蚀（erosion）运算源自闵可夫斯基（Minkowski）减法。如图 3.3 所示，图 3.3a 是包含前景像素集合 $A$ 的图像 $I$，图 3.3b 是结构元 $B$，黑点为原点，图 3.3c 是 $B$ 的反射 $\hat{B}$。闵可夫斯基减法的定义为[Soille, 2003][Steger, 2019]

$$A \ominus B = \{a \mid \forall b \in B : a - b \in A\} = \{z \mid (\hat{B})_z \subseteq A\} \tag{3.3}$$

式中，$a$ 是图像 $I$ 中的像素，即 $a \in I$；$z$ 也是图像 $I$ 中的像素；$(\hat{B})_z$ 表示 $B$ 的反射 $\hat{B}$ 相对于点 $z = (z_1, z_2)$ 的平移。第一个公式（第一个等号后）可以从向量的角度理解：对于图像 $I$ 中的像素 $a$，如果减去（向量减法）结构元 $B$ 中的任何像素 $b$ 后，属于集合 $A$，则 $a$ 属于 $A \ominus B$；第二个公式（第二个等号后）可以理解为：在图像 $I$ 内移动反射后的结构元 $\hat{B}$，如果 $\hat{B}$ 被完全包含在 $A$ 内，则此时 $\hat{B}$ 的原点位置属于 $A \ominus B$。这两个公式的计算结果如图 3.3d 所示，灰色部分为 $A \ominus B$ 后的结果，而黑色部分为 $A$ 被减去的部分。

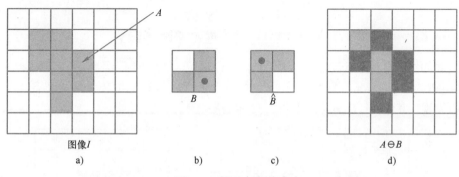

图像 $I$

a)                    B                    $\hat{B}$                    $A \ominus B$

b)                    c)                    d)

● 图 3.3    闵可夫斯基减法

a) 包含前景像素集合 $A$ 的图像 $I$    b) 结构元 $B$    c) $B$ 的反射 $\hat{B}$    d) $A \ominus B$

虽然式（3.3）并不复杂，但涉及结构元反射。根据反射的定义可知，结构元反射的反射为原结构元，因此，为了避免在运算中对结构元的反射，仅需对式（3.3）两端取结构元的反射即可。我们称该操作为腐蚀，运算符仍然使用"$\ominus$"，$\hat{B}$ 对 $A$ 的腐蚀定义为

$$A \ominus \hat{B} = \{z \mid (B)_z \subseteq A\} \tag{3.4}$$

式中，$A$ 是前景像素集合；$B$ 是结构元；$\hat{B}$ 是 $B$ 的反射；$z$ 是图像 $I$ 中的像素；$(B)_z$ 表示 $B$ 相对于点 $z = (z_1, z_2)$ 的平移。式（3.4）表明 $A$ 用 $\hat{B}$ 腐蚀的结果是所有 $z$ 的集合，其中 $B$ 相对于点 $z$ 平移后仍在 $A$ 中。换句话说，用 $\hat{B}$ 来腐蚀 $A$ 得到的集合是 $B$ 完全包括在 $A$ 内时 $B$ 的原点位置的集合。从上式可以看到，等号右边已经不包含结构元的反射了。腐蚀可以看作一包含结构元的窗口在图像上移动而实现的算法，操作上类似卷积运算（见 12.6.3 节）。

图 3.4 给出了一个腐蚀运算的简单示例。图 3.4a ~ 3.4b 与图 3.3a ~ 3.3b 完全相同。图 3.4c 中的灰色部分为腐蚀后的结果，而黑色部分为 $A$ 被腐蚀掉的部分。虽然集合、结构元与图 3.3 相同，但腐蚀与闵可夫斯基减法的结果并不相同，只有当结构元是关于原点对称时，二者结果才相同。另外，从图 3.4c 中可以看出，只有将 $B$ 的原点放到灰色的 2 个位置上，$B$

才能完全位于 $A$ 的内部。显然，正如其名字一样，腐蚀是一种对目标收缩或细化的算法。

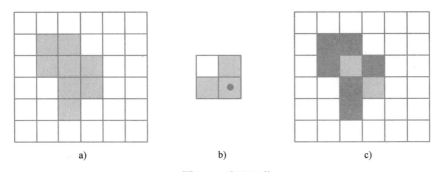

● 图 3.4　腐蚀运算
a）集合 $A$　b）结构元 $B$　c）腐蚀结果

在上面的例子中，原点包含在结构元中，总有 $A\ominus B\subseteq A$。当原点不包含在结构元中时，可能会有 $A\ominus B\not\subset A$ 这种情况，图 3.5 给出了这样一个示例。图 3.5c 中灰色及斜线部分为腐蚀结果。可以发现，其中斜线部分不属于图 3.5a 中的集合 $A$。

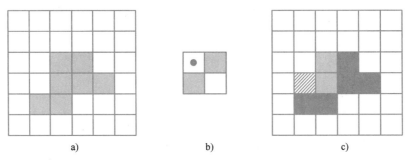

● 图 3.5　原点不包含在结构元中时的腐蚀运算
a）集合 $A$　b）结构元 $B$　c）腐蚀结果

观察以上两个例子，可以发现图 3.5a 有部分边缘像素无法参与运算。对于这类邻域运算，需要进行边缘扩展（见 2.1.9 节）才能对整幅图像进行处理。

在图像处理中，我们经常希望改变目标的形状以便于后续处理，而通过使用不同形状的结构元进行腐蚀可以实现这一目标。图 3.6 给出这样一个示例，从图中可以看到，用图 3.6b 中的条状结构元，将图 3.6a 中矩形集合 $A$ 腐蚀成图 3.6c 中的一条竖线（灰色部分），如果使用 4 个像素的竖直方向的结构元，则会腐蚀出一条水平线。

虽然结构元可以选任何形状，但大多数情况下还是选矩形、菱形或八边形，并且原点定在中心像素点上。另外，结构元的尺寸一般选奇数，比如 3×3、5×5 等，这样能够保证原点在结构元的中心像素点上。在实际应用中，结构元一般都是关于原点对称的，有 $B=\hat{B}$，所以

式 (3.4) 可以改写为

$$A \ominus B = \{z \mid (B)_z \subseteq A\} \tag{3.5}$$

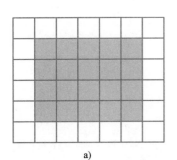 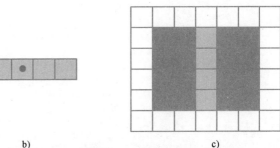

a)                                b)                                c)

● 图 3.6 特殊形状结构元的腐蚀

a) 集合 $A$   b) 结构元 $B$   c) 腐蚀结果

根据上述讨论，我们可以给出如下常规的腐蚀算法。

算法 3.1 腐蚀算法
**输入:** 图像 f(x,y); 前景像素集合 A; 结构元 S
**输出:** 腐蚀后图像 g(x,y)
1: 复制 f(x,y) 到 g(x,y);
2: 将包含 S 的窗口在 f(x,y) 上移动, S 的原点遍历 f(x,y) 的每个像素;
3: 判断 S 是否在 A 内部, 如果不是, 则将与 S 的原点对应的 g(x,y) 像素置为 0; //0 表示背景

算法并不复杂，对于尺寸为 $w×h$ 的图像以及 $m×n$ 大小的结构元来说，算法的复杂度为 $O(whmn)$。如果结构元较大，比如 25×25 或者更大，这时的计算效率是不能接受的（很慢），需要改进算法，提高效率。改进后的算法如下。

算法 3.2 高效的腐蚀算法
**输入:** 图像 f(x,y), 尺寸 w×h, 背景灰度 0, 前景灰度 255; 矩形结构元 S, 尺寸为奇数 m×n, 原点为矩形中心
**输出:** 腐蚀后图像 g(x,y)
1:  cx=m/2; cy=n/2;                        //结构元中心
2:  g(x,y)=f(x,y);                         //复制 f(x,y) 到 g(x,y)
3:  flg[w]=0;                              //上一行标记
4:  for(i=0; i<h; i++){                    //y
5:     Connect=false;                      //连续两个边缘点
6:     for(j=0; j<w; j++){                 //x
7:        if (f(j,i)=0 and N4(j,i)=255){ //f(j,i)为(j,i)点的像素值, N4(j,i)为(j,i)点的 4
           //邻域像素值, 等于 255, 表明这是一个边缘点
8:           if (Connect=false){
9:              Connect=true;
10:             if (flg[j]=0){ //未标记
11:                flg[j]=1;
12:                for (u=-cy; u<=cy; u++){
13:                   for (v=-cx; v<=cx; v++)
14:                      g(j+v,i+u)=0; //如果是第一个边缘点, 并且上一行同一位置没有腐
           //蚀, 将目标图像在窗口内的像素赋值为 0

```
15:                              }
16:                          }
17:                      else {
18:                          for (v =-cx; v<=cx; v++)
19:                              g(j+v,i+cy)=0; //如果是第一个边缘点，并且上一行同一位置有腐蚀，
    //将目标图像在窗口内的最下一行像素赋值为0
20:                          }
21:                      }
22:                  else {
23:                      if (flg[j]=0){
24:                          flg[j]=1;
25:                          for (u=-cy; u<=cy; u++)
26:                              g(j+cx,i+u)=0; //如果不是第一个边缘点，并且上一行同一位置没有腐
    //蚀，将目标图像在窗口内的最右一列像素赋值为0
27:                          }
28:                      else
29:                          g(j+cx,i+cy)=0; //如果不是第一个边缘点，并且上一行同一位置有腐蚀，将
    //目标图像在窗口内的右下一个像素赋值为0
30:                      }
31:                  }
32:              else {
33:                  Connect=false; flg[j]=0;
34:                  }
35:          }
36: }
```

算法 3.2 计算复杂度与具体图像有关，该算法仅在检测到前景像素集合 *A* 的边缘点时才进行集合运算，因此极大地缩短了计算时间。对于一幅普通的图像来说，在使用 9×9 的结构元时，计算时间是算法 3.1 的 1/5，如果结构元的尺寸更大，效果会更好。

**例 3.1** 使用腐蚀算法去除噪声信号

图 3.7 给出了一个用腐蚀去除噪声信号的示例。图 3.7a 是 7.5.1 节中的图 7.29g，图的右侧和下侧有一些噪声信号。图 3.7b 是用 3×3 结构元对图 3.7a 腐蚀的结果，可以发现这些噪声已经去除。但是随之而来的问题就是因为腐蚀造成目标变小，并且目标内部的一些小的缺陷（黑点、细线以及缺口）被放大了。在 3.3 节的讨论中将给出这个问题的解决方案。

a)                                          b)

● 图 3.7  使用腐蚀算法去除噪声信号

a）图 7.29g  b）用 3×3 结构元腐蚀

除特殊说明外，本书中所有二值形态学的示例都是默认白色为前景目标，黑色为背景。

例 3.2　使用腐蚀算法进行图像匹配

如图 3.8 所示，图 3.8a 为丝印机（见 1.5 节）上用于锡膏印刷的钢网（stencil）的局部二值化图像，现需要确定右侧 16 个方孔的位置。由于腐蚀运算返回的是结构元完全包括在前景目标内时的原点位置的集合，因此腐蚀运算可用于图像匹配。图 3.8b 中白色方形区域为结构元，原点设在结构元的中心。由于目标孔尺寸有差异，因此在设置结构元时，尺寸要略小于图 3.8a 中的目标孔。用图 3.8b 的结构元腐蚀图 3.8a，结果如图 3.8c 所示。可以看到，那些更小的孔已经腐蚀掉，准确识别出 16 个方孔。但同时，左侧的两个更大矩形孔也被识别出来，这是因为大的矩形孔完全可以把结构元包括进去。显然，用腐蚀算法进行图像匹配，往往会发生误匹配，将那些比目标更大的前景区域匹配成目标。

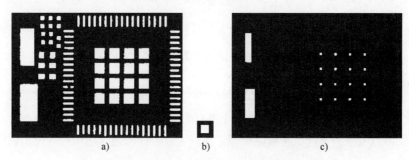

●图 3.8　使用腐蚀算法进行图像匹配

a）钢网的局部二值化图像　b）17×17 结构元　c）腐蚀结果

## ▶▶ 3.2.2　膨胀

膨胀（dilation）运算源自闵可夫斯基加法。如图 3.9 所示，图 3.9a 是包含前景像素集合 $A$ 的图像 $I$，图 3.9b 是结构元 $B$，图 3.9c 是 $B$ 的反射 $\hat{B}$。闵可夫斯基加法的定义为[Soille，2003][Steger，2019]

$$A \oplus B = \{a+b \,|\, a \in A, b \in B\} = \{z \,|\, (\hat{B})_z \cap A \neq \varnothing\} \tag{3.6}$$

式中，$z$ 是图像 $I$ 中的像素，$(\hat{B})_z$ 表示 $B$ 的反射 $\hat{B}$ 相对于点 $z=(z_1,z_2)$ 的平移。第一个公式（第一个等号后）可以这样理解：拿出 $A$ 中每个点 $a$ 以及 $B$ 中的每个点 $b$，然后计算这些点的向量和，得到的点的集合就是 $A \oplus B$；第二个公式（第二个等号后）可以理解为：在图像 $I$ 内移动反射后的结构元 $\hat{B}$，如果 $\hat{B}$ 与 $A$ 存在至少一个公共点，则此时 $\hat{B}$ 的原点位置属于 $A \oplus B$。这两个公式的计算结果如图 3.9d 所示，图中的黑色部分为 $A \oplus B$ 后扩大的部分，灰色部分与黑色部分合起来就是 $A \oplus B$ 的结果。

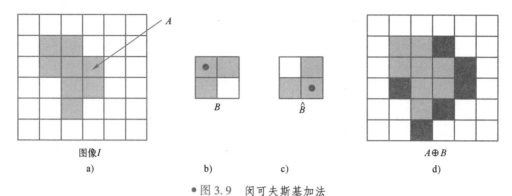

● 图 3.9　闵可夫斯基加法

a）包含集合 A 的图像 I　b）结构元 B　c）B 的反射 $\hat{B}$　d）$A \oplus B$

与腐蚀一样，为了避免在运算中对结构元的反射，仅需在闵可夫斯基加法中使用反射后的结构元即可。我们称该操作为膨胀，运算符仍然使用"$\oplus$"，$\hat{B}$ 对 A 的膨胀定义为

$$A \oplus \hat{B} = \{ z \mid (B)_z \cap A \neq \varnothing \} \tag{3.7}$$

我们可以这样理解该公式：用 $\hat{B}$ 来膨胀 A 得到的集合就是 B 的移位与 A 至少有一个非零元素相交时 B 的原点位置的集合。与腐蚀相同，膨胀可以看作一包含结构元的窗口在图像上移动而实现的算法。

图 3.10 给出了一个膨胀运算的简单示例。图 3.10a ~ 3.10b 与图 3.9a ~ 3.9b 完全相同。而图 3.10c 中的黑色部分为膨胀后扩大的部分，灰色部分与黑色部分合起来就是 $A \oplus B$ 膨胀后的结果。显然，膨胀是一种对目标扩大或粗化的算法。同样，膨胀与闵可夫斯基加法的结果并不相同。

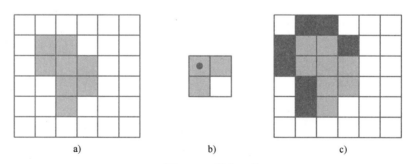

● 图 3.10　膨胀运算

a）集合 A　b）结构元 B　c）膨胀结果

与腐蚀一样，原点位于结构元之外同样适用于膨胀。图 3.11 给出了这样一个示例，图 3.11a 为集合 A，图 3.11b 为结构元 B，原点位于结构元之外，图 3.11c 中的黑色部分为膨胀

出来的部分，与灰色部分合在一起就是膨胀结果。而斜线部分不属于膨胀结果，但属于原集合 $A$。可以得出结论：对于膨胀来说，当原点不包含在结构元中时，$A \not\subset A \oplus B$[章，1999]。

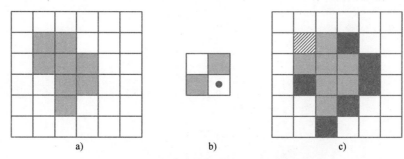

● 图 3.11　原点不包含在结构元中时的腐蚀运算

a）集合 $A$　b）结构元 $B$　c）膨胀结果

与腐蚀一样，改变结构元的形状可以改变膨胀结果的形状。图 3.12 给出这样一个示例，图 3.12a 中灰色部分为集合 $A$，图 3.12b 为结构元 $B$，而图 3.12c 中的黑色部分为膨胀后扩大的部分。从图中可以看到，用图 3.12b 中的条状结构元，将图 3.12a 中的线条膨胀成图 3.12c 中的矩形。

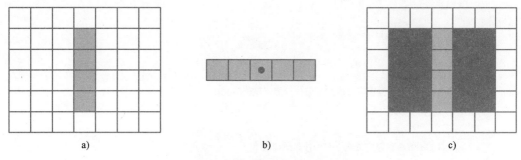

● 图 3.12　特殊形状结构元的膨胀

a）集合 $A$　b）结构元 $B$　c）膨胀结果

在实际应用中，结构元一般都是关于原点对称的，有 $B = \hat{B}$，所以式（3.7）可以改写为

$$A \oplus B = \{z \mid (B)_z \cap A \neq \varnothing\} \tag{3.8}$$

在接下来的讨论中，腐蚀和膨胀公式分别使用式（3.5）和式（3.8）。

膨胀算法并不复杂，与腐蚀算法一样，对于尺寸为 $w \times h$ 的二值图像以及尺寸为 $m \times n$ 的结构元来说，算法的复杂度为 $O(whmn)$。很显然，在实际应用中，这种计算效率是不能接受的（很慢），需要改进算法，提高效率。改进后的算法如下。

算法3.3 高效的膨胀算法
**输入：** 图像 f(x,y)，尺寸 w×h，背景灰度 0，前景灰度 255；矩形结构元 S，奇数尺寸 m×n，原点为矩形中心
**输出：** 膨胀后图像 g(x,y)

```
1:   cx=m/2; cy=n/2                    //结构元中心
2:   g(x,y)=f(x,y);                    //复制 f(x,y)到 g(x,y)
3:   flg[w]=0;                         //上一行标记
4:   for (i=0; i<h; i++){
5:       Connect=false;               //连续两个边缘点
6:       for (j=0; j<w; j++){
7:           if (f(j,i)=255){         //f(j,i)为(j,i)点的像素值，等于 255 表明这是一个前景像素
8:               if (Connect=false){
9:                   Connect=true;
10:                  if (flg[j]=0){   //未标记
11:                      flg[j]=1;
12:                      for (u=-cy; u<=cy; u++){
13:                          for (v=-cx; v<=cx; v++)
14:                              g(j+v,i+u)=255; //如果是第一个边缘点，并且上一行同一位置没有
          //膨胀，将目标图像在窗口内的像素赋值为 255
15:                      }
16:                  }
17:                  else {
18:                      for (v=-cx; v<=cx; v++)
19:                          g(j+v,i+cy)=255; //如果是第一个边缘点，并且上一行同一位置有膨胀，
          //将目标图像在窗口内的最下一行像素赋值为 255
20:                      }
21:                  }
22:              else {
23:                  if (flg[j]=0){
24:                      flg[j]=1;
25:                      for (u=-cy; u<=cy; u++)
26:                          g(j+cx,i+u)=255; //如果不是第一个边缘点，并且上一行同一位置没有
          //膨胀，将目标图像在窗口内的最右一行像素赋值为 255
27:                      }
28:                  else
29:                      g(j+cx,i+cy)=255; //如果不是第一个边缘点，并且上一行同一位置有膨胀，
          //将目标图像在窗口内的右下一个像素赋值为 255
30:                  }
31:              }
32:          else {
33:              Connect=false; flg[j]=0;
34:              }
35:      }
36: }
```

很显然，该算法对每一个前景像素点（255）都会进行处理，占用处理器资源。因此，对于一幅黑色（背景）占优的图像来说，该算法速度更快，好在大多数实际情况恰恰是这样。

**例 3.3** 使用膨胀修复图像中的断裂字符

图 3.13 给出了通过膨胀来修复断裂字符的例子。用 3×3 的结构元对图 3.13a 膨胀的结果

如图 3.13b 所示。膨胀前后的"见"字见图 3.13c。除了连接断裂字符外，膨胀还加粗并平滑了线条，使文字更便于识别。

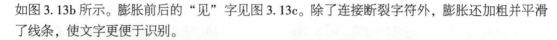

a)                        b)              c)

● 图 3.13　通过膨胀来修复断裂字符

a) 字符断裂文本　b) 用 3×3 结构元膨胀　c) 膨胀前后的"见"字

### ▶▶ 3.2.3　腐蚀和膨胀的性质

腐蚀和膨胀运算有很多性质，其中比较重要就是对偶性（duality）和组合性（composition）[Soille，2003]。

**1. 对偶性**

腐蚀和膨胀这两种运算是紧密联系在一起的，一个运算对图像前景的操作等于另一个运算对图像背景的操作。假设结构元是关于原点对称的，根据腐蚀的定义有

$$(A\ominus B)^c = \{z \mid (B)_z \subseteq A\}^c \tag{3.9}$$

如果 $(B)_z \subseteq A$，则 $(B)_z \cap A^c = \varnothing$，这时上式变为

$$(A\ominus B)^c = \{z \mid (B)_z \cap A^c = \varnothing\}^c \tag{3.10}$$

然而，满足 $(B)_z \cap A^c = \varnothing$ 的 $z$ 的集合的补集等于满足 $(B)_z \cap A^c \neq \varnothing$ 的 $z$ 的集合，即

$$(A\ominus B)^c = \{z \mid (B)_z \cap A^c \neq \varnothing\}$$

根据膨胀的定义，可以发现 $\{z \mid (B)_z \cap A^c \neq \varnothing\}$ 就是 $B$ 对 $A^c$ 的膨胀，所以

$$(A\ominus B)^c = A^c \oplus B \tag{3.11}$$

同理可证

$$(A\oplus B)^c = A^c \ominus B \tag{3.12}$$

以上两式表明：腐蚀和膨胀相对于补集彼此对偶。式（3.11）指出，$B$ 对 $A$ 的腐蚀是 $B$ 对 $A^c$ 的膨胀的补集，反之亦然。因此，使用一个相同的结构元膨胀 $A$ 的背景（即膨胀 $A^c$），然后求结果的补集，即可得到这个结构元对 $A$ 的腐蚀。类似的说明也适用于式（3.12）。腐蚀和膨胀的对偶性同样适用于非原点对称结构元。

图 3.14 演示了腐蚀和膨胀的对偶性。图 3.14a 和图 3.14b 为集合 $A$ 和结构元 $B$，图 3.14c 和图 3.14d 为 $A\ominus B$ 和 $A\oplus B$ 的结果，图 3.14e 为 $A^c$，图 3.14f 和图 3.14g 为 $A^c\oplus B$ 和 $A^c\ominus B$ 的结果，其中黑色区域为腐蚀掉或膨胀出的区域，比较图 3.14c 和图 3.14f 可验证式（3.11），比较图 3.14d 和图 3.14g 可验证式（3.12）。

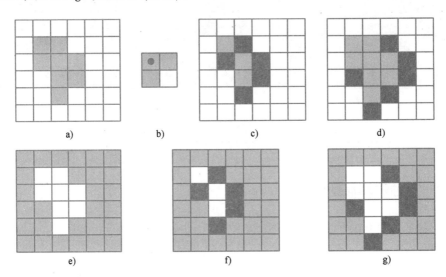

● 图 3.14　腐蚀和膨胀的对偶性

a）集合 $A$　b）结构元 $B$　c）$A\ominus B$　d）$A\oplus B$　e）$A^c$　f）$A^c\oplus B$　g）$A^c\ominus B$

**2. 组合性**

腐蚀和膨胀的组合性可分别表示为

$$(A\ominus B)\ominus C=A\ominus(B\oplus C) \tag{3.13}$$

$$(A\oplus B)\oplus C=A\oplus(B\oplus C) \tag{3.14}$$

式中，$A$ 是前景像素集合，$B$ 和 $C$ 是结构元。

这个性质非常有用，因为它允许我们将大尺寸结构元的形态学操作分解为一系列小尺寸结构元的操作。如图 3.15 所示，图 3.15a 中灰色部分为集合 $A$，图 3.15b 为结构元 $D$，等于 $B\oplus C$，图 3.15c 中的灰色部分为 $A\ominus D$ 腐蚀后的剩余部分。图 3.15d 为结构元 $B$，图 3.15e 中的灰色部分为 $A\ominus B$ 腐蚀后的剩余部分。图 3.15f 为结构元 $C$，图 3.15g 中的灰色部分为 $C$ 腐蚀 3.15e 的剩余部分。显然，图 3.15c 和图 3.15g 的腐蚀结果相同，也就是说，大尺寸结构元的腐蚀可以通过小尺寸结构元的多次腐蚀来实现。对于尺寸为 $n\times n$ 的结构元，通过分解为 $n\times 1$ 和 $1\times n$ 两个结构元，一个像素点的计算次数由 $n^2-1$ 降为 $2(n-1)$，即计算复杂度由 $O(n^2)$ 降到 $O(n)$。

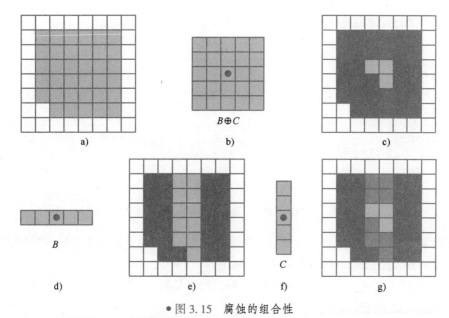

● 图 3.15　腐蚀的组合性

a）集合 $A$　b）5×5 结构元 $D(=B \oplus C)$　c）$D$ 对 $A$ 的腐蚀　d）5×1 结构元 $B$

e）$B$ 对 $A$ 的腐蚀　f）1×5 结构元 $C$　g）$C$ 对图 e 的腐蚀

## 3.3　开运算和闭运算

腐蚀和膨胀并不是互为逆运算的，所以它们可以结合在一起使用。例如，可以使用同一结构元对图像腐蚀后再膨胀，或者先膨胀再腐蚀。前一种运算称为开（open）运算，后一种运算称为闭（close）运算，是形态学的另外两个重要运算。开运算通常用来断开细小的粘连、扩大小孔、平滑轮廓等；闭运算通常用来修补细小的裂痕、闭合小孔、平滑轮廓等。这里谈的扩大或闭合小孔指的是背景孔，而对前景孔来说正好相反。如果前景定义为白色，则前景孔指的是在黑色背景中的白色小孔，背景孔指的是白色前景中的黑色小孔。

开运算的运算符为"∘"，结构元 $B$ 对集合 $A$ 的开运算定义为

$$A \circ B = (A \ominus B) \oplus B \tag{3.15}$$

闭运算的运算符为"·"，结构元 $B$ 对集合 $A$ 的闭运算定义为

$$A \cdot B = (A \oplus B) \ominus B \tag{3.16}$$

图 3.16 显示了开运算的过程和性质。图 3.16a 中灰色部分为集合 $A$，图 3.16b 为结构元 $B$，图 3.16c 中的灰色部分为 $B$ 对 $A$ 腐蚀的结果，图 3.16d 中的灰色部分为 $B$ 对图 3.16c 膨胀的结果。对比图 3.16a 和图 3.16d，经过开运算后，图像主体形状和尺寸没有发生变化，但是图 3.16a 中小的突刺 R1 被过滤掉了，而 3 个像素宽度的 R2 依然保留。因此，删除比结构元更

窄区域的能力是开运算的关键特征之一。

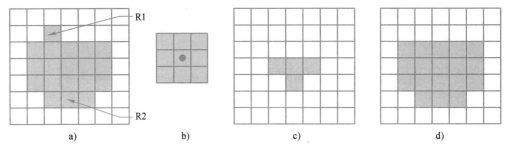

● 图 3.16　开运算的过程和性质

a）集合 $A$　b）结构元 $B$　c）$B$ 对 $A$ 的腐蚀　d）$B$ 对图 c 的膨胀

参照图 3.16a 和 3.16d，开运算有一个简单的几何解释：包含在 $A$ 内部的 $B$ 的所有平移的并集，写成公式为 [Soille，2003] [Gonzalez，2020]

$$A \circ B = \cup \{(B)_z \mid (B)_z \subseteq A\} \tag{3.17}$$

式中，$\cup$ 表示大括号内所有集合的并集。

图 3.17 显示了闭运算的过程和性质。图 3.17a 中灰色部分为集合 $A$，图 3.17b 为结构元 $B$，图 3.17c 中的灰色部分为 $B$ 对 $A$ 膨胀的结果，图 3.17d 中的灰色部分为 $B$ 对图 3.17c 腐蚀的结果。对比图 3.17a 和图 3.17d，经过闭运算后，图像主体形状和尺寸没有发生变化，但是图 3.17a 中小的缺口 R1 被过滤掉了，而 3 个像素宽度的缺口 R2 依然保留。因此，填充比结构元更窄区域的能力是闭运算的关键特征之一。

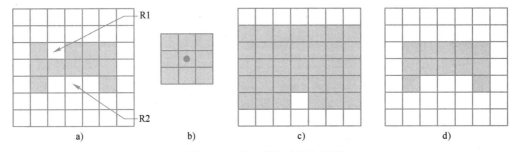

● 图 3.17　闭运算的过程和性质

a）集合 $A$　b）结构元 $B$　c）$B$ 对 $A$ 的膨胀　d）$B$ 对图 c 的腐蚀

参照图 3.17a 和 3.17d，闭运算的集合解释：$B$ 的所有不与 $A$ 重叠的平移的并集的补集。写成公式为 [Soille，2003] [Gonzalez，2020]

$$A \cdot B = [\cup \{(B)_z \mid (B)_z \cap A = \varnothing\}]^c \tag{3.18}$$

与腐蚀和膨胀一样，开运算和闭运算相对于补集彼此对偶，即

$$(A \circ B)^c = A^c \cdot B \tag{3.19}$$

$$(A \cdot B)^c = A^c \circ B \tag{3.20}$$

式（3.19）的证明如下，根据开运算的定义以及腐蚀和膨胀的对偶性公式（3.11）和式（3.12），有

$$(A \circ B)^c = [(A \ominus B) \oplus B]^c = (A^c \oplus B) \ominus B \tag{3.21}$$

根据闭运算的定义，有

$$A^c \cdot B = (A^c \oplus B) \ominus B \tag{3.22}$$

因此，式（3.19）成立。同理可证，式（3.20）成立。

重复使用开运算或闭运算，其结果是等幂（idempotent）的，也就是说反复进行开运算或闭运算，结果并不改变，写成公式为

$$(A \circ B) \circ B = A \circ B \tag{3.23}$$

$$(A \cdot B) \cdot B = A \cdot B \tag{3.24}$$

幂等性通常被认为是滤波器的一个重要性质，因为它保证了图像不会被迭代变换进一步修改。它非常符合筛分过程的特性，一旦物料被筛过，它们就不会再通过同一个筛子进行筛分。

**例 3.4** 使用开运算和闭运算去除噪声

前面的例 3.1 通过腐蚀操作去除了噪声，却带来了目标尺寸缩小等问题。为了解决这些问题，我们首先尝试用 3×3 结构元对图 3.7a 进行开运算，结果如图 3.18a 所示。与图 3.7b 相比，目标的尺寸没有缩小，但是目标中细线和缺口问题依然没有解决。接下来我们换个思路，看看闭运算的效果如何。图 3.18b 是用 3×3 结构元对图 3.7a 进行闭运算的结果，解决了目标中的小孔、细线和缺口的问题，但是背景中的噪声依然存在。如果这时我们再对图 3.18b 进行一次开运算，结果如图 3.18c 所示，就会发现不但消除了目标中的小孔、细线及缺口缺陷，同时也消除了背景噪声，效果几近完美。

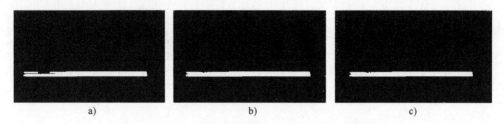

a)                              b)                              c)

● 图 3.18  使用开运算和闭运算去除噪声

a) 对图 3.7a 开运算  b) 对图 3.7a 闭运算  c) 对图 b 再进行一次开运算

从上述例子可以发现，图像处理技术相当灵活，通过对不同算法的灵活组合，往往会收到意想不到的效果。

## 3.4 击中-击不中变换

在例 3.2 中，我们看到腐蚀算法能用于图像匹配，但它的选择性不够，有时会返回太多的匹配目标。之所以产生这个问题，是因为腐蚀运算只考虑了前景，没有考虑背景。同时对前景和背景进行腐蚀运算的算法称之为击中-击不中变换（Hit-or-Miss Transform，HMT），是一种基本的形状检测工具。如图 3.19 所示，图 3.19a 中一大一小的灰色正方形组成了集合 $A$，我们的目的是找到小正方形的中心。图 3.19b 定义了两个结构元：$B_f$ 与图 3.19a 中的小正方形完全一样；$B_b$ 是由一个像素宽的前景元素的矩形框组成，见图中灰色部分，而中间的白色区域与 $B_f$ 的尺寸一致。图 3.19c 中灰色部分为 $A$ 的补集 $A^c$。图 3.19d 为 $B_f$ 对 $A$ 的腐蚀，灰色区域为腐蚀结果。图 3.19e 为 $B_b$ 对图 3.19c（$A$ 的补集 $A^c$）的腐蚀，图中灰色区域为腐蚀的结果。图 3.19f 为图 3.19d 与图 3.19e 的交集，也就是我们要找的小正方形的中心。我们可以发现，如图 3.19d 所示，如果只对前景腐蚀，除了识别到小正方形中心外，还会识别到更大的正方形的部分区域，这一点与例 3.2 是一致的。

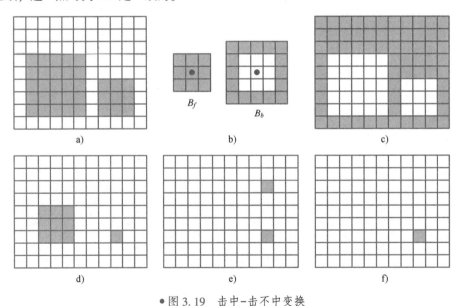

● 图 3.19　击中-击不中变换

a）灰色前景组成的集合 $A$　b）定义的两个结构元：$B_f$ 和 $B_b$　c）$A$ 的补集 $A^c$

d）$B_f$ 对 $A$ 的腐蚀　e）$B_b$ 对图 c 的腐蚀　f）图 d 与图 e 的交集

与前几节讨论的形态学方法不同的是，HMT 使用了两个结构元，$B = (B_f, B_b)$，其中 $B_f$ 和 $B_b$ 分别为在前景和背景中检测形状的结构元，共享同一个原点并且 $B_f \cap B_b = \varnothing$。HMT 定义为

[Soille，2003]

$$A \circledast B = \{z \mid (B_f)_z \subseteq A, (B_b)_z \subseteq A^c\} = (A \ominus B_f) \cap (A^c \ominus B_b) \tag{3.25}$$

第二式是根据腐蚀的定义得到的。第一式可以理解为：在图像 $I$ 内移动结构元 $B_f$ 和 $B_b$，如果 $B_f$ 被完全包含在 $A$ 内，而 $B_b$ 被完全包含在 $A^c$ 内，则此时 $B_f$ 或 $B_b$ 的原点位置属于 $A \circledast B$。第二式可以理解为：得到的集合包含同时满足下列条件的所有点：$B_f$ 在 $A$ 中找到一个匹配（击中）；$B_b$ 在 $A$ 的补集 $A^c$ 中找到一个匹配（对 $A$ 击不中）。这也是击中–击不中名称的由来。

接下来我们用 HMT 对例 3.2 做进一步讨论。

**例 3.5** 使用 HMT 进行图像匹配

如图 3.20 所示，图 3.20a 和图 3.20b 为例 3.2 中的图 3.8b 和图 3.8c，分别为结构元 $B_f$ 和腐蚀结果。图 3.20c 为对图 3.8a 取反，相当于前景集合 $A$ 的补集 $A^c$。图 3.20d 为结构元 $B_b$，白色的单像素方框为结构元，原点设在结构元的中心。同样，我们也将结构元 $B_b$ 取得比目标更大一些。图 3.20e 为用 $B_b$ 腐蚀图 3.20c 的结果。最后将图 3.20b 和图 3.20e 进行逻辑"与"运算，相当于求交集，结果如图 3.20f 所示，所有目标都正确识别出，并且没有误匹配。

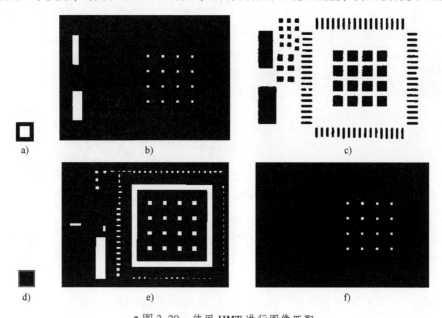

● 图 3.20  使用 HMT 进行图像匹配

a）17×17 结构元 $B_f$  b）$B_f$ 对原图的腐蚀  c）原图取反  d）32×32 结构元 $B_b$

e）$B_b$ 对图 c 的腐蚀  f）图 b 与图 e 逻辑"与"

在这里需要注意一点：在前面的理论讨论中，$B_f$ 与目标尺寸完全一样，$B_b$ 往外扩了一个像素。但在这个实例中，由于目标尺寸有差异，因此我们取 $B_f$ 的尺寸略小于目标平均尺寸，$B_b$ 尺寸略大于目标平均尺寸。

从上述讨论可知，HMT 比较复杂，需要两个结构元并对图像扫描两次，那么能不能用一个结构元扫描一次实现 HMT 呢？答案是肯定的。在之前的讨论中，结构元只考虑了前景，如果我们构造一个同时包含前景和背景的结构元，如图 3.21a 所示，就可以用一个结构元完成图 3.19 的 HMT。在用图 3.21a 结构元扫描图 3.19a 时，能够满足结构元的前景和背景都落入图像中相同区域的只有图 3.19a 的小正方形。

使用上述形式的结构元，我们可以重新定义 HMT

$$A \circledast B = \{z \mid (B)_z \subseteq I\} \tag{3.26}$$

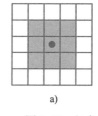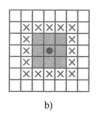

● 图 3.21　包含前景和背景的结构元
a）用于图 3.19 的结构元
b）用于例 3.5 的结构元

式中，$I$ 为整幅图像。我们可以这样理解该式：在图像 $I$ 内移动复合结构元 $B$，如果 $B$ 的前景被完全包含在 $A$ 内，而 $B$ 的背景被完全包含在 $A^c$ 内，则此时 $B$ 的原点位置属于 $A \circledast B$。对于例 3.5，结合使用的两个结构元，我们可以定义图 3.21b 所示的结构元，前景和背景之间有一圈不关心元素。

参照 10.1 节的灰度匹配，我们会发现 HMT 与灰度匹配很相似，只不过这里处理的是二值图像，而灰度匹配处理的是灰度图像。

## 3.5　细化、粗化和裁剪

### 3.5.1　细化

细化的效果类似于腐蚀，但细化不会缩短或断开前景，细化可形象地比喻为"瘦身"。结构元 $B$ 对前景像素集合 $A$ 的细化定义为[Soille，2003][Gonzalez，2020]

$$A \otimes B = A - (A \circledast B) \tag{3.27}$$

此外，为了对称地细化 $A$，我们定义一个结构元系列 $\{B\} = \{B_1, B_2, \cdots, B_n\}$，其中 $B_{i+1}$ 为 $B_i$ 的旋转，细化也可以定义为

$$A \otimes \{B\} = ((\cdots((A \otimes B_1) \otimes B_2) \cdots) \otimes B_n) \tag{3.28}$$

也就是说，首先用 $B_1$ 对 $A$ 细化一次，再用 $B_2$ 对前面的结果细化一次，以此类推，直到用 $B_n$ 细化一次。该过程是可以重复的，如果一直重复到没有变化产生为止，就是细化到骨架。

图 3.22 给出了一个细化示例。图 3.22a 是一组常用于细化的结构元，原点都在中心元素上，"×"代表"不关心"点，可以发现，每个结构元都是上一个结构元顺时针旋转 45°得到的。图 3.22b 是待细化的集合 $A$。图 3.22c 为 $B_1$ 对 $A$ 细化的结果。图 3.22d 为 $B_2$ 对上一步细化结果的细化……图 3.22e 为 $B_8$ 对上一步细化结果的细化，到这里就完成一个细化周期。如果想进一步细化，重复上面步骤即可，细化到最后的结果就是骨架，骨架是无法进一步细化的，如

图 3.22f 所示，但图 3.22f 中的各拐角处仍存在造成多路连通问题的多余像素（见 2.1.4 节）。
图 3.22g 为消除图 3.22f 中多路连通问题后的图像。

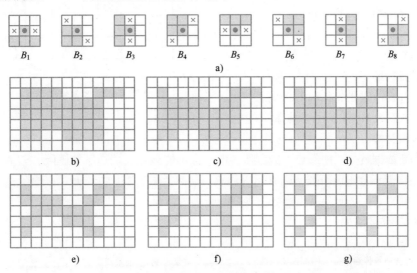

●图 3.22　用结构元序列进行细化

a）结构元　b）集合 A　c）$B_1$ 细化 A　d）$B_2$ 细化图 c　e）使用 $B_8$ 继续细化

f）细化到骨架　g）消除图 f 中的多路连通

　　根据图 3.22 的示例，细化一次的计算量为 $w \times h \times 9 \times 8$（$w$ 和 $h$ 是图像的长宽），并且在重复细化时计算量没有变化。显然，该算法并不实用，下面我们给出更实用的 Hilditch 细化算法 [崔，1997]。Hilditch 算法是判断图像像素属于边界点还是连通点，如为边界点则可以去掉此点。通过遍历图像像素，根据规则判断像素是否删除，从而达到细化图像的目的。该过程也是可以重复的，直到最后细化到骨架。由于不使用集合运算，因此严格意义上该算法不属于形态学范畴。

　　首先我们介绍一个概念：8 邻域联结数。8 邻域联结数就是在 8 邻域 $N_8(p)$（见 2.1.3 节）中由背景像素组成的相互分离的 4 连通集合的数量。如图 3.23 所示，灰色为前景，白色为背景。在图 3.23a 中，$P_0 \sim P_3$ 组成一个 4 连通集合，因此联结数是 1。在图 3.23b 中，$P_0 \sim P_2$ 组成一个 4 连接集合，$P_4$ 和 $P_5$ 组成另外一个 4 连通集合，所以联结数是 2。在图 3.23c 中，联结数也是 2。8 邻域联结数 $N_c$ 的计算公式为

$$N_c = g_6 - g_6 g_7 g_0 + \sum (g_k - g_k g_{k+1} g_{k+2}), \quad k \in \{0,2,4\} \tag{3.29}$$

式中，$g_k$ 为 $P_k$ 的灰度值，前景像素为 0，背景像素为 1。

　　在进行细化时，当某个像素满足以下 6 个条件时即被标记删除。

1）$P$ 为前景点。

2）$P_0$、$P_2$、$P_4$、$P_6$ 不全为前景点。即 $P$ 为边界点。

3）$P_0 \sim P_7$中至少有 2 个前景点。表示 $P$ 不是端点或孤立点，端点和孤立点不能删除。

4）$P$ 的 8 邻域联结数为 1。保证细化后的骨架不会出现断裂的情况。

5）若 $P_2$ 被标记删除，$P_2$ 改为背景时，$P$ 的联结数依然为 1。保证两个像素宽的水平条不会被腐蚀掉。

6）若 $P_4$ 被标记删除，$P_4$ 改为背景时，$P$ 的联结数依然为 1。保证两个像素宽的垂直条不会被腐蚀掉。

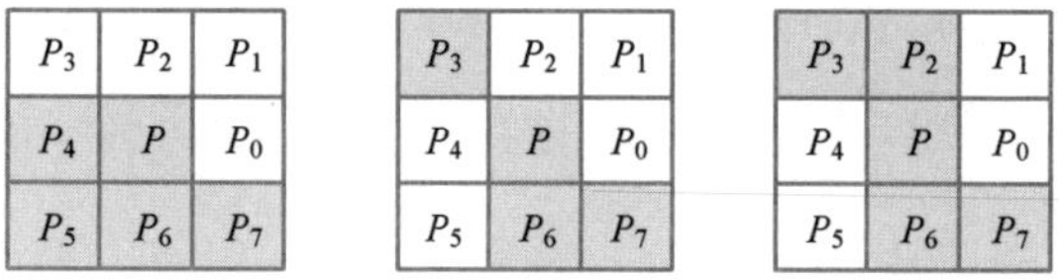

● 图 3.23　8 邻域联结数

a) 联结数为 1　b) 联结数为 2　c) 联结数为 2

以上判断依据就是：内部点不能删除；孤立点不能删除；端点不能删除；若 $P$ 是边界点，去掉 $P$ 后，骨架不会出现断裂，则 $P$ 可以删除。显然，图 3.23a 中的 $P$ 可以删除，而图 3.23b 和图 3.23c 中的 $P$ 不能删除，否则会出现骨架断裂的情况。

Hilditch 细化算法如下。

算法 3.4　Hilditch 细化算法
**输入：**包含前景像素集合 A 的图像 f(x,y)，尺寸 w×h，背景灰度 0，前景灰度 255
**输出：**细化后图像 g(x,y)，尺寸 w×h

```
1:    N[8];                                 //8 邻域像素值，排列顺序见图3.23
2:    mask[w*h]=0;                          //用于标记
3:    g(x,y)=f(x,y);                        //复制原图像到目标图像
4:    for(i=1; i<h-1; i++){
5:        for(j=1; j<w-1; j++){
      //条件1:P 必须是前景点
6:            if (f(j,i)≠255)continue;      //f(j,i)为(j,i)点的像素值
7:            for (k=0; k<8; k++){
8:                if (N8(j,i,k)=255)        //N8(j,i,k)为(j,i)点的8邻域中第k个像素值
9:                    N[k]=0;
10:               else
11:                   N[k]=1;
12:           }
      //条件2:P₀,P₂,P₄,P₆不皆为前景点
13:           if (N[0]=0 and N[2]=0 and N[4]=0 and N[6]=0)continue;
      //条件3:P₀ ~ P₇至少有两个是前景点
14:           Count=0;                      //计数
15:           for (m=0; m<8; m++)
16:               Count+=N[m];
17:           if (Count>6)continue;
      //条件4:联结数等于1
18:           Nc=根据式(3.29)计算 P 的联结数;
19:           if (Nc≠1)continue;
      //条件5:假设 p₂已标记删除，则令 P₂为背景，不改变 P 的联结数
20:           if (N[2]=0){
21:               if (mask(j,i-1)=1){
22:                   N[2]=1;
```

```
23:            Nc = 计算 P 的联结数；
24:            if (Nc≠1)continue;
25:            N[2] = 0;
26:          }
27:        }
      //条件 6 : 假设 P₄ 已标记删除，则令 P₄ 为背景，不改变 P 的联结数
28:        if (N[4] = 0){
29:          if (mask(j-1,i) = 1){
30:            N[4] = 1;
31:            Nc = 计算 P 的联结数；
32:            if (Nc≠1)continue;
33:            N[4] = 0;
34:          }
35:        }
36:        mask(j,i) = 1;              //设置标记
37:      }
38: }
39: for(i = 1; i<h-1; i++){
40:    for(j = 1; j<w-1; j++){
41:        if (mask(j,i) = 1)g(j,i) = 0;
42:      }
43: }
```

Hilditch 算法只需要对图像扫描一次即可完成一个周期的细化，并且仅对前景像素进行处理，因此计算复杂度远低于基于 HMT 的细化算法。除了 Hilditch 细化算法外，还有一些其他的细化算法，如 zhang 快速并行细化算法、Deutsch 细化算法[崔，1997]等，本书不再做介绍，感兴趣的读者可以自行查阅相关资料。

图 3.24 给出了 Hilditch 细化算法的示例。图 3.24a 为图 3.22b，图 3.24b 是细化一次的结果，图 3.24c 是细化到骨架。从该示例可以看出，Hilditch 细化算法效率很高，但前景尺寸缩小了，因此并不是严格意义上的细化算法，不过对于大尺寸目标来说，这种尺寸缩小的影响微乎其微。

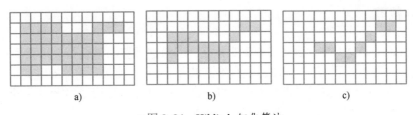

a)                          b)                          c)

• 图 3.24　Hilditch 细化算法

a）原图　b）细化一次　c）细化到骨架

图 3.25 给出了使用 Hilditch 算法细化到骨架的示例。从图 3.25b 的结果来看，细化效果很好，线条光滑，没有毛刺。

细化算法是形态学中的一种重要算法，在图像处理中使用频率相当高，比如通过细化到骨

架来简化图像，提高图像处理速度。另外，Canny 等算子（9.1 节）提取的单像素边缘一般存在多余像素，需要细化一次才能得到 8 连通单像素边缘。

### ▶▶ 3.5.2 粗化

粗化是细化的形态学对偶，用结构元 $B$ 粗化集合 $A$ 的定义为 [Soille, 2003]

$$A \odot B = A + (A \circledast B) \qquad (3.30)$$

与细化类似，粗化也可定义为一系列运算

$$A \odot \{B\} = ((\cdots((A \odot B_1) \odot B_2) \cdots) \odot B_n) \qquad (3.31)$$

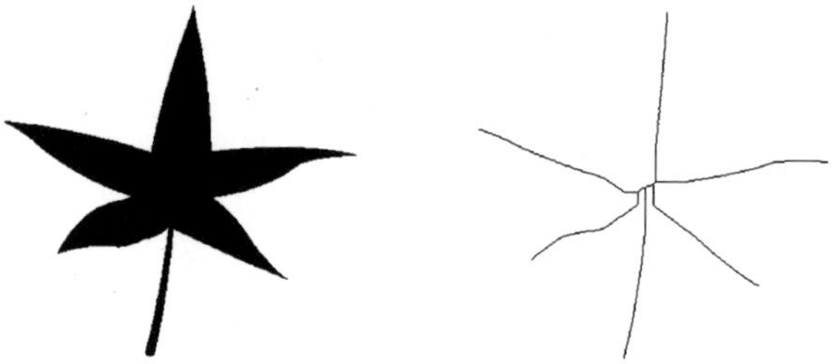

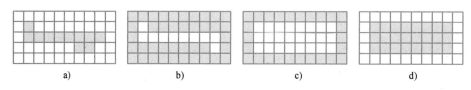

● 图 3.25　细化到骨架
a）原图，黑色为前景　b）细化到骨架

粗化用到的结构元与图 3.22 中的细化结构元类似，只是将其中的 1 和 0 互换。但在实际应用中很少使用该算法，取而代之的是先细化集合 $A$ 的背景，然后求补来得到粗化的结果。换句话说，先构造 $C = A^c$，然后细化 $C$，最后求 $C^c$ 就得到 $A$ 的粗化。

图 3.26 给出了一个粗化的示例，流程就是先求补，再细化，然后再求补。

● 图 3.26　通过求补进行粗化
a）集合 $A$　b）$A$ 的补集 $A^c$　c）细化 $A^c$　d）对图 c 求补集

与细化相比，粗化在实际中用得少一些，因为它不是精简图像信息，而是增加信息。

### ▶▶ 3.5.3 裁剪

裁剪（pruning）是对细化到骨架的重要补充，因为这类算法常会留下需要后处理去除的多余寄生分支，另外在用滤波等算法提取的单像素边缘往往也有需要去除的毛刺。还有一类就是单纯地希望轮廓更加平整而需要去除的一些小的凸起，这就需要用裁剪算法去除这些多余的部分。裁剪可借助前述几种形态学算法的组合来完成。

图 3.27 给出了一个裁剪示例。图 3.27b 灰色部分是细化后的一段骨架（集合 $A$），上部有两个像素长度的待去除的寄生分支。解决方案就是设计出如图 3.27a 所示的端点检测结构元，通过对 $A$ 连续细化来去除它的端点。这里的寄生分支为两个像素，所以我们只需要细化两次，当然这个过程也会缩短其他线段。这个过程写成公式就是 [Gonzalez, 2020]

$$X_1 = A \otimes \{B\} \qquad (3.32)$$

式中，$\{B\}$ 代表图 3.27a 中端点检测结构元序列。这个结构元序列有两种结构，每种结构有 4 个结构元，都是旋转 90° 得来的。这 8 个结构元就代表了所有可能的端点模式。

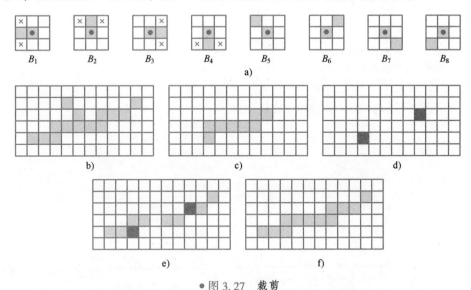

● 图 3.27　裁剪

a）端点检测结构元　b）集合 $A$　c）细化两次的结果 $X_1$　d）图 c 的端点 $X_2$

e）图 d 端点膨胀两次的结果 $X_3$　f）裁剪后的图像 $X_4$

连续对 $A$ 应用式（3.32）细化两次就得到了图 3.27c 中的集合 $X_1$。从图中可见，虽然去除了寄生分支，但是整个骨架也缩短了。因此接下来就是找回端部像素，复原去除了寄生分支的骨架原本形状。为此，先构造一个包含 $X_1$ 中所有端点的集合 $X_2$（见图 3.27d 中黑色部分）

$$X_2 = \bigcup_{k=1}^{8} (X_1 \circledast B_k) \tag{3.33}$$

式中，$B_k$ 为图 3.27a 中的结构元。接下来就是用 $A$ 作为约束，对端点进行膨胀，膨胀次数与前面的细化次数相等，写成公式就是

$$X_3 = (X_2 \oplus H) \cap A \tag{3.34}$$

式中，$H$ 是一个全部为前景元素（值为 1）的 3×3 结构元。本示例对图 3.27d 膨胀两次，结果见图 3.27e 中的灰色部分，黑色部分为图 3.27d 中的端点。显然，这样的条件膨胀的结果中包含了原图中被去除的端部。最后将 $X_1$ 和 $X_3$ 并集可得到如图 3.27f 所示的最终结果，写成公式为

$$X_4 = X_1 \cup X_3 \tag{3.35}$$

以上是理论上的裁剪算法，但实际的裁剪算法与理论算法有很大的不同。理论上是通过多次遍历整幅图像来删除端点，然后再找回有用的端点，但实际中是逐个搜索端点，搜索

到一个端点就顺着该端点连续删除并保存删除点，最后根据条件判断是否取回相应的删除点即可。这样可缩短运算时间。设 8 邻域 $N_8(P)$ 像素排列顺序如图 3.28 所示，实际的裁剪算法如下。

---

**算法 3.5　裁剪算法**

**输入：** 包含前景像素集合 A 的图像 f(x,y)，尺寸 w×h，背景灰度 0，前景灰度 255；裁剪的毛刺长度 Length

**输出：** 裁剪后图像 g(x,y)，尺寸 w×h

```
1:  offsets[][2]={{0,1}, {1,1}, {1,0}, {1,-1}, {0,-1}, {-1,-1}, {-1,0}, {-1,1}}; //8 邻域坐
    //标偏移量
2:  N[8];  //8 邻域像素值，排列顺序见图 3.28
3:  FValue=255, BValue=0;                    //前景和背景灰度值
4:  ptRestore[Lenght];                       //删除点，供恢复用
5:  ptNow;                                   //当前点坐标
6:  g(x,y)=f(x,y);                           //复制原图像到目标图像
7:  for(i=1; i<h-1; i++){
8:      for(j=1; j<w-1; j++){
9:          ptNow=(j,i);                     //将当前坐标赋给 ptNow
10:         if (f(j,i)=FValue){
11:             RIndex=0;                     //删除点的数量
12:             Restore=false;                //是否恢复
13:             for (L=0; L<Lenght+1; L++){   //最后一点用于判断是否恢复
14:                 Count=0;                  //计数
15:                 Index;                    //8 邻域索引
16:                 for (k=0; k<8; k++){
17:                     N[k]=N8(j,i)          //将 (j,i) 的 8 邻域像素值赋给 N[k]，便于计算
18:                     if (N[k]=FValue){
19:                         Count+=1; Index=k;
20:                     }
21:                 }
22:                 End=false;                //是否是端点
23:                 if (Count=1){             //是端点
24:                     if (L<Length){        //先认为是毛刺，删除
25:                         g(ptNow)=BValue;          //删除当前点
26:                         ptRestore[RIndex]=ptNow;  //当前坐标点
27:                         ptNow+=offsets[Index];    //指向与端点相连的下一点坐标
28:                         RIndex++;
29:                     }
30:                     else{
31:                         Restore=true;     //超过毛刺的长度，需要恢复
32:                     }
33:                     End=true;             //是端点
34:                 }
35:                 else {                    //超过一个像素或者没有前景像素与之相连
36:                     if (N[0]=FValue){
37:                         V=0;
38:                         for(k=2; k<7; k++)
39:                             V+=N[k];
40:                         if (V=0){
41:                             End=true;     //这种情况也是端点
42:                             Index=0;
```

```
43:                              }
44:                          }
45:                      else if (N[2]=FValue){
46:                          V=N[4]+N[5]+N[6]+N[7]+N[0];
47:                          if (V=0){
48:                              End=true;          //这种情况也是端点
49:                              Index=2;
50:                          }
51:                      }
52:                      else if (N[4]=FValue){
53:                          V=N[6]+N[7]+N[0]+N[1]+N[2];
54:                          if (V=0){
55:                              End=true;          //这种情况也是端点
56:                              Index=4;
57:                          }
58:                      }
59:                      else if (N[6]=FValue){
60:                          V=0;
61:                          for(k=0; k<5; k++)
62:                              V+=N[k];
63:                          if (V=0){
64:                              End=true;          //这种情况也是端点
65:                              Index=6;
66:                          }
67:                      }
68:                      if (End=true){              //处理以上这些种类端点
69:                          if (L<Length){          //先认为是毛刺, 删除
70:                              g(ptNow)=BValue;             //删除该点
71:                              ptRestore[RIndex]=ptNow;     //当前坐标点
72:                              ptNow=ptNow+offsets[Index];  //指向与端点相连的下一点坐标
73:                              RIndex++;
74:                          }
75:                          else
76:                              Restore=true;   //否则不是毛刺, 需要恢复
77:                      }
78:                  }
79:                  if (End=false)break;        //不是端点, 跳出循环
80:                  if (Restore=ture){          //不是毛刺, 恢复
81:                      for(k=0; k<RIndex; k++)
82:                          g(ptRestore[k])=FValue;
83:                      break;                   //跳出循环
84:              }
85:          }
86:      }
87:  }
88: }
```

该算法并没有考虑边缘问题, 当边缘有前景像素时, 会产生内存越界问题。解决该问题的方法就是扩展一个像素宽的边缘, 并且边缘像素值设为 0（背景像素）。

图 3.29 给出了该算法的裁剪效果。图 3.29a 为细化不好的骨架, 带有毛刺。图 3.29b 是裁

剪掉长度小于 10 个像素的毛刺的结果。图 3.29c 是裁剪掉长度小于 20 个像素的毛刺的结果。从处理结果可以看出，主干部分并没有被裁短。

● 图 3.28　8 邻域

$N_8(P)$ 像素排列

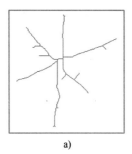 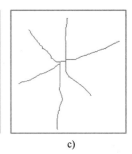

a)　　　　　　　　　　b)　　　　　　　　　　c)

● 图 3.29　图像裁剪

a）带毛刺的原图，黑色为前景（尺寸 320×240）　b）裁剪掉长度小于 10 个像素的毛刺　c）裁剪掉长度小于 20 个像素的毛刺

## 3.6　距离变换

距离变换（distance transform）返回的不是一个集合，而是一幅图像。图像中的每个像素灰度值为距离，这些距离代表的是前景内每个点到背景的距离的最小值。图 3.30 给出了一个距离变换的简单示例。图 3.30a 中灰色部分为集合 $A$，图 3.30b 为变换后的结果，图中的数字代表距离。可以看到，离背景越远数值越大。

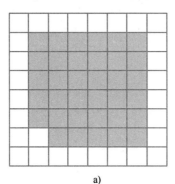

a)　　　　　　　　　　b)

● 图 3.30　距离变换示例

a）集合 $A$　b）距离变换

距离变换算法[OpenCV, 2012]并不复杂。首先是对图像进行初始化，令背景为 0，前景为 1。然后对图像进行扫描，有两种扫描方式：从上到下再从下到上扫描两遍；从左到右再从右

到左扫描两遍。类似卷积操作，距离变换也有核，不过不是相乘，而是相加，并取最大值作为当前点的值。距离变换核如图 3.31 所示，其中 "0" 为原点，$d_1$ 为水平和垂直距离，$d_2$ 为对角线距离。第一遍扫描用图 3.31a 的核，对于前景点，将核的原点与当前点重合，其余点与图像中对应点相加，取最大值赋值给当前点；第二遍扫描用图 3.31b 的核，与第一遍不同的就是将最小值赋值给当前点。

图 3.31 中 $d_1$、$d_2$ 的取值取决于距离的定义（见 2.1.2 节），图 3.32 给出了 3 种不同的核值，并将两遍扫描的核合并在一起。图 3.32a 是城区核，其中 ∞ 表示该像素不参与计算，$d_1 = 1$；图 3.32b 是棋盘格核，$d_1 = d_2 = 1$；图 3.32c 是 chamfer-3-4 核，$d_1 = 3$，$d_2 = 4$［Borgefors，1984］。如果该距离图像除以 3，则变为 $d_1 = 1$，$d_2 = 4/3 = 1.333$，而欧氏距离的这两个值分别为 $d_1 = 1$，$d_2 = \sqrt{2} = 1.414$，二者相当接近，因此，chamfer-3-4 距离是对欧氏距离的一个近似。

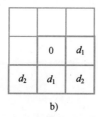
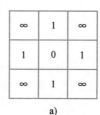
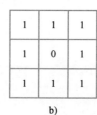
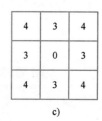

• 图 3.31　距离变换核

a）用于从上到下或从左到右扫描

b）用于从下到上或从右到左扫描

• 图 3.32　几种距离变换核值

a）城区核　b）棋盘格核　c）chamfer-3-4 核

城区距离变换的算法如下。

```
算法 3.6　城区距离变换算法
输入：图像 f(x,y)，尺寸 w×h，背景灰度 0，前景灰度 255
输出：距离变换后 8 位灰度图像 g(x,y)，尺寸 w×h
1:   HV_DIST=1;                    //水平和垂直距离
     //准备图像
2:   tmp[w*h];                     //临时内存，一般为 16 位或 32 位整型数
3:   for(i=0; i<w*h; i++){
4:       if (f[i]=0)tmp[i]=0;
5:       elsetmp[i]=1;
6:   }
7:   MaxValue=0;                   //最大距离
     //从上到下扫描，采用最大值
8:   for(i=1; i<h-1; i++){
9:       for(j=1; j<w-1; j++){
10:          if (tmp(j,i)>0){       //tmp(j,i)表示图像在(j,i)点的像素灰度值
11:              t0=tmp(j,i-1)+HV_DIST;
12:              t=tmp(j-1,i)+HV_DIST;
```

```
13:              if (t0>t)t0=t;
14:              tmp(j,i)=t0;
15:            }
16:        }
17:    }
     //从下到上扫描，采用最小值
18: for(i=h-2; i>0; i--){
19:     for(j=w - 2; j>0; j--){
20:         t0=tmp(j,i);
21:         if (t0>HV_DIST){
22:             t=tmp(j,i+1)+HV_DIST;
23:             if (t0>t)t0=t;
24:             t=tmp(j+1,i)+HV_DIST;
25:             if (t0>t)t0=t;
26:             tmp(j,i)=t0;
27:             if (t0>MaxValue)MaxValue=t0;
28:         }
29:     }
30: }
     //规范化
31: Scale=1;                    //比例系数
32: if (MaxValue>0)Scale=255.0/MaxValue;
33: for(i=0; i<w * h; i++)
34:     g[i]=tmp[i] * Scale;
```

参照以上算法，读者可自行编写棋盘格和 chamfer-3-4 距离变换算法，所不同的就是增加了两个对角线距离。对于 chamfer-3-4 距离变换，如果临时内存采用 8 位整型数（最大 255），最大距离只能到 85 个像素，如果采用 16 位整型数（最大 65535），最大距离可到 21845 个像素[Matrox，2003]，所以一般推荐采用 16 位或以上整型数。

图 3.33 给出了距离变换的示例。图 3.33a 是原图，前景为白色。图 3.33b 是 chamfer-3-4 变换后的结果。分析图 3.33b 不难发现，圆心处的距离值是圆的半径的一个度量值，而矩形水平中心线上的距离值则是矩形宽度的一个度量值。

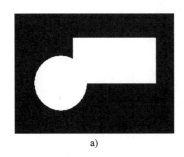
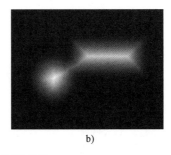

a)　　　　　　　　　　　　　　b)

● 图 3.33　距离变换

a）原图　b）chamfer-3-4 变换

## 3.7 灰度形态学

前面讲的都是二值图像形态学，本节介绍灰度形态学。灰度形态学的基本运算也是腐蚀和膨胀，腐蚀和膨胀又可组合成开运算和闭运算。

灰度形态学的结构元的功能与二值形态学中的结构元基本一致，都是检测图像中指定特性的"探测器"。灰度形态学的结构元分为两类：非平坦结构元和平坦结构元，如图 3.34 所示，图中的数字代表元素的灰度值，❹和❶为原点。图 3.34a 为非平坦结构元，各元素的灰度值不等。图 3.34b 为平坦结构元，其中各元素的灰度值相同。由于在实际中很少使用非平坦结构元，因此本书仅讨论图 3.34b 这种平坦结构元：各元素灰度值为 0、对称结构、原点位于中心。

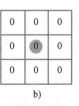

● 图 3.34 灰度结构元

a）非平坦结构元 b）平坦结构元

### ▶▶ 3.7.1 灰度腐蚀和膨胀

当结构元 $b(s,t)$ 的原点位于图像 $f$ 的 $(x,y)$ 处时，$b$ 在 $(x,y)$ 处对 $f$ 的灰度闵可夫斯基减法定义为[Soille, 2003][Steger, 2019]

$$[f \ominus b](x,y) = \min_{(s,t) \in b} \{f(x-s, y-t) - b(s,t)\} \tag{3.36}$$

与二值图像相同，通过结构元的反射实现灰度腐蚀运算。这就产生了如下的定义

$$[f \ominus \hat{b}](x,y) = \min_{(s,t) \in b} \{f(x+s, y+t) - b(s,t)\} \tag{3.37}$$

由于我们只考虑图 3.34b 这种平坦结构元，因此有 $\hat{b} = b$，并且对于 $(s,t) \in b$，有 $b(s,t) = 0$，于是式（3.37）可改写为

$$[f \ominus b](x,y) = \min_{(s,t) \in b} \{f(x+s, y+t)\} \tag{3.38}$$

我们可以这样理解该式：当结构元 $b$ 的原点位于图像 $f$ 的 $(x,y)$ 处时，$b$ 在 $(x,y)$ 处对 $f$ 的灰度腐蚀为图像 $f$ 与 $b$ 重合区域的最小值。

为了便于理解，图 3.35 给出了一个灰度腐蚀示例。图 3.35a 是待腐蚀的 5×5 大小的原图像，其中的数字为像素灰度值，图 3.35b 是用图 3.34b 结构元对图 3.35a 腐蚀的结果。如图 3.35a 中的灰色部分所示，当结构元窗口移到该位置时，结构元原点位于灰度值为 8 的像素点上，这时窗口内的最小值为 3，所以在图 3.35b 中该位置的腐蚀结果为 3，当窗口在整幅图像上移动完毕后即完成了对整幅图像的腐蚀。由于未对边缘进行扩展，因此边缘像素没有处理。

通过图 3.35 可以发现，在进行灰度腐蚀时，原点位置的灰度值是整个窗口内最暗的点的值，因此腐蚀后的图像要比原图像更暗。

当结构元 $b(s,t)$ 的原点位于图像 $f$ 的 $(x,y)$ 处时，$b$ 在 $(x,y)$ 处对 $f$ 的灰度闵可夫斯基加法定义为 [Soille, 2003] [Steger, 2019]

$$[f \oplus b](x,y) = \max_{(s,t) \in b} \{f(x-s, y-t) + b(s,t)\} \tag{3.39}$$

参照腐蚀算法的推导，考虑图 3.34b 的平坦结构元，灰度膨胀定义为

$$[f \oplus b](x,y) = \max_{(s,t) \in b} \{f(x+s, y+t)\} \tag{3.40}$$

我们可以这样理解该式：当结构元 $b$ 的原点位于图像 $f$ 的 $(x,y)$ 处时，$b$ 在 $(x,y)$ 处对 $f$ 的灰度膨胀为图像 $f$ 与 $b$ 重合区域的最大值。

图 3.36 给出了一个灰度膨胀示例。图 3.36a 是与图 3.35a 相同的图片，图 3.36b 是用图 3.34b 结构元对图 3.36a 的膨胀结果。如图 3.36a 中灰色部分所示，当结构元窗口移到该位置时，结构元原点位于灰度值为 3 的像素点上，这时该窗口内的最大值为 8，所以在图 3.36b 中该位置的膨胀结果为 8，当窗口在整幅图像上移动完毕后即完成了对整幅图像的膨胀。与图 3.35 例子相同，图像边缘像素没有处理。

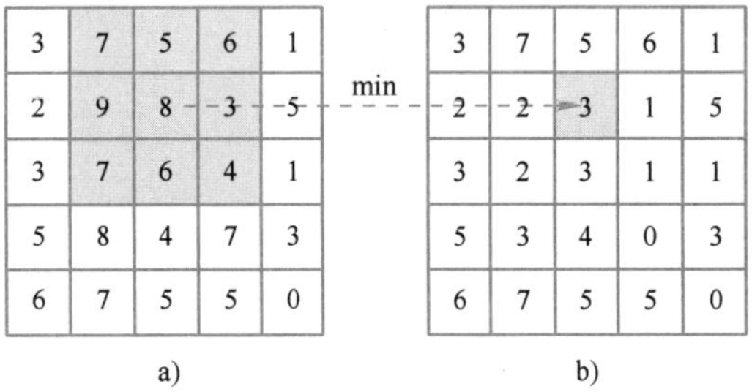

● 图 3.35　灰度腐蚀
a）原图像　b）腐蚀结果

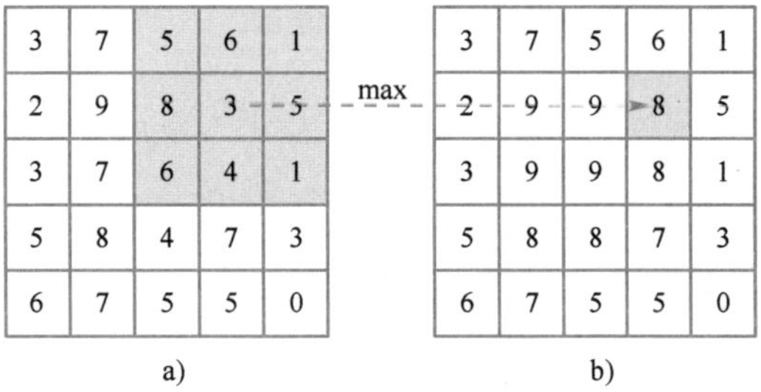

● 图 3.36　灰度膨胀
a）原图像　b）膨胀结果

同样，通过图 3.36 可以发现，在进行灰度膨胀时，原点位置的灰度值是整个窗口内最亮点的值，因此膨胀后的图像要比原图像更明亮。

如同二值腐蚀和膨胀一样，灰度腐蚀和膨胀相对于补集是对偶的，即

$$(f \ominus b)^c = f^c \oplus b \tag{3.41}$$

$$(f \oplus b)^c = f^c \ominus b \tag{3.42}$$

式中，图像的补集定义为 $f(x,y)^c = L - 1 - f(x,y)$，$L$ 是图像的灰度等级，对于 8 位灰度图像，$L = 256$。

对于尺寸为 $w \times h$ 的图像以及 $m \times n$ 大小的结构元来说，灰度腐蚀和膨胀算法的复杂度为 $O(whmn)$，对大尺寸结构元来说，运算速度显然是不可接受的。仔细观察可以发现，这类窗口平移的算法在处理左右或者上下相邻两个像素时，窗口大部分是重叠的。利用这一特性，可以在对

新像素处理时，只对窗口中更新部分进行计算，这样就可以提高运算速度。改进后的算法如下。

**算法 3.7　高效的灰度腐蚀算法**
**输入**：8 位灰度图像 f(x,y)，尺寸 w×h；矩形结构元 S，奇数尺寸 m×n，原点为矩形中心
**输出**：灰度腐蚀后图像 g(x,y)，尺寸 w×h

```
1:   cx=m/2;                                //结构元中心 x 坐标
2:   cy=n/2;                                //结构元中心 y 坐标
3:   for(i=cy; i<h-cy; i++){                //h: 图像高度
     //第一点
4:       Min=255;                           //最小值
5:       col_index;                         //最小值指向的列
6:       j=cx;
7:       for(m=-cy; m<cy+1; m++){
8:           for (n=-cx; n<cx+1; n++){
9:               if (f(j+n,i+m)<Min){
10:                  Min=f(j+n,i+m); col_index=n;
11:              }
12:          }
13:      }
14:      g(j,i)=Min;                         //赋值给目标图像
     //其余像素点
15:      for(j=cx+1; j<w-cx; j++){           //w: 图像宽度
16:          if (col_index=-cx){            //如果指向第一列，窗口重新计算
17:              Min=255;
18:              for (m=-cy; m<cy+1; m++){
19:                  for (n=-cx; n<cx+1; n++){
20:                      if (f(j+n,i+m)<Min){
21:                          Min=f(j+n,i+m); col_index=n;
22:                      }
23:                  }
24:              }
25:              g(j,i)=Min;
26:          }
27:          else {                          //否则只需要计算最后一列
28:              blast=false;
29:              for (m=-cy; m<cy+1; m++){
30:                  if (f(j+cx,i+m)<Min){
31:                      Min=f(j+cx,i+m); col_index=cx; blast=true;
32:                  }
33:              }
34:              g(j,i)=Min;
35:              if (blast=false)col_index=col_index-1; //如果指向最后一列，索引-1
36:          }
37:      }
38: }
```

该算法的计算复杂度接近 $O(wh(m+n))$，对于一幅 512×512 的图像，在使用 5×5 的结构元时，计算时间由 24 ms 缩短到 16 ms[⊖]，使用 9×9 的结构元时，计算时间由 66 ms 缩短到 29 ms。

---

⊖　CPU 型号为 Intel i5-4260U。如未特别注明，本书算法测试都使用该型号 CPU。

可见，结构元尺寸越大效果越好。高效的膨胀算法与腐蚀算法类似，感兴趣的读者可以参照算法 3.7 自行编写。

### ▶▶ 3.7.2 灰度开运算和闭运算

灰度开运算和闭运算的公式与二值开运算和闭运算的公式在形式上是相同的。结构元 $b$ 对图像 $f$ 的开运算记为 $f \circ b$，其定义为

$$f \circ b = (f \ominus b) \oplus b \tag{3.43}$$

$b$ 对 $f$ 的闭运算记为 $f \cdot b$，其定义为

$$f \cdot b = (f \oplus b) \ominus b \tag{3.44}$$

灰度开运算和闭运算相对于补集是对偶的

$$(f \circ b)^c = f^c \cdot b \tag{3.45}$$

$$(f \cdot b)^c = f^c \circ b \tag{3.46}$$

式中，图像的补集的定义与式（3.41）相同。

## 3.8 形态学应用

### ▶▶ 3.8.1 二值形态学应用

除了通过膨胀修复断裂的线条（例 3.3）以及通过开运算和闭运算的组合去除噪声提取目标（例 3.4）外，二值形态学的应用还有很多，以下给出几种常用的应用。

**1. 边界提取**

二值形态学一个常用的应用就是边界提取，如图 3.37 所示。图 3.37a 是一个零件的二值原图像。图 3.37b 是用 3×3 结构元对图 3.37a 膨胀的结果。图 3.37c 是通过图 3.37b 减去图 3.37a 得到的轮廓。用结构元 $B$ 膨胀集合 $A$，得到边界 $C$，写成公式就是

$$C = (A \oplus B) - A \tag{3.47}$$

需要注意的是：这里得到的边界位于目标之外。如果要得到位于目标之内的边界，如图 3.37d 所示，可以通过以下公式得到

$$C = A - (A \ominus B) \tag{3.48}$$

**2. 分离粘连目标**

计数是图像处理经常遇到的应用，但目标有时会粘连在一起，这时就要用到腐蚀运算或距离变换。图 3.38 给出了这样一个示例。图 3.38a 是一堆药片的二值原图像，需要对其统计数量。但现在药片有粘连现象，无法进行数量统计。面对这种情况，我们可以通过腐蚀运算将药片分开，这里用到的结构元如图 3.38b 所示，是一个 15×15 的八边形结构元。腐蚀后的结果如

图 3.38c 所示，药片完全分开了，接着用区域分析（见第 8 章）即可完成计数。相比矩形结构元，这种八边形结构元更接近圆，适合对圆形目标进行形态学运算。图 3.38d 是用 15×15 矩形结构元腐蚀的结果，对比图 3.38c 和图 3.38d，可以发现图 3.38c 的药片形状更接近原图。

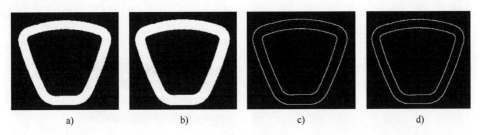

● 图 3.37　边界提取

a）二值原图像　b）膨胀结果　c）图 b 减图 a　d）腐蚀后相减的结果

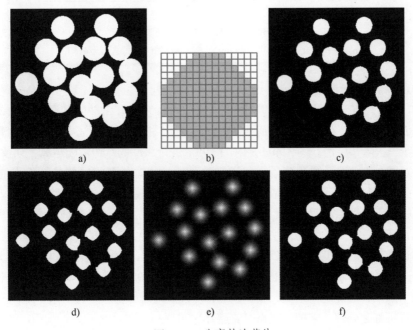

● 图 3.38　分离粘连药片

a）粘连的药片二值原图像　b）15×15 八边形结构元　c）八边形结构元腐蚀的结果

d）矩形结构元腐蚀的结果　e）距离变换　f）二值化（阈值 90）

　　另外，还可以通过距离变换实现目标分割。对图 3.38a 进行距离变换，结果如图 3.38e 所示。由于药片边缘灰度值变小，因此可以通过二值化实现分割（见第 7 章）。二值化后的结果如图 3.38f 所示，同样实现完美分割

　　在 OCR 中，腐蚀运算也常用于粘连字符的分离，具体示例见图 11.9。

**3. 定位**

图 3.39 给出了通过形态学辅助定位的例子。图 3.39a 是带有倾角的文字的图像，现需要定位每行文字的位置和角度，以便于后续的 OCR。图 3.39b 是用 41×1 的结构元腐蚀的结果，通过这种特殊形状的结构元腐蚀，每行文字已经连到一起。之后通过区域分析（见第 8 章），很容易确定每行文字的位置和角度。

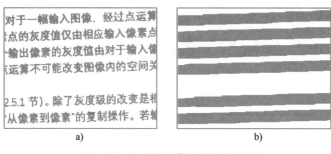

● 图 3.39　通过形态学辅助定位的例子

a）倾斜的文字（尺寸 312×239）　b）腐蚀的结果（结构元 41×1）

**4. PCB 菲林开路检测**

图 3.40 给出了 PCB 菲林开路检测的例子。图 3.40a 为有开路缺陷的原图。图 3.40b 为对图 3.40a 二值化的结果，但是可以看到图中有脏污，所以接下来进行了 3×3 的闭运算，结果如图 3.40c 所示，去除了脏污。图 3.40d 是对图 3.40c 进行 9×9 的八边形闭运算，只留下了节点。图 3.40e 是对图 3.40c 进行细化到骨架并进行裁剪的结果。裁剪的目的是消除可能的寄生分支。至此，我们已经提取了节点和单像素宽的线路，接下来就可以进行开路判断了。首先是搜索图 3.40e 中的所有端点，通过搜索所有黑色像素的 8 邻域，如果仅有一个像素是黑色的，即为端点（可参考算法 3.5 的裁剪算法中的端点确认部分）。接下来就是判断这些端点是否落在图 3.40d 的这些节点内，没有落到节点内的端点就是开路点。为了清晰起见，这里对图 3.40d 和图 3.40e 进行了逻辑同或（XNOR）运算，结果如图 3.40f 所示。图中虚线框起来的两个端点没有落在节点内，因此是开路点。由于在细化时没有对边缘部分进行扩展，所以有一个像素宽的边缘未进行细化处理，在搜索端点时要避开这部分。

**5. PCB 菲林线路宽度缺陷检测**

图 3.33 的示例指出，矩形中心线处的距离值是矩形宽度的度量值，因此，可以用该距离值来检测 PCB 菲林线路是否过宽或者过窄。图 3.41 给出了用距离变换检测 PCB 菲林线路宽度缺陷的示例。图 3.41a 是一幅有 4 个线路缺陷的菲林图像，左边两个缺口导致线路过窄，右边两个凸起导致的线路过宽。图 3.41b 是对图 3.41a 二值化后又进行了闭运算，闭运算的目的是去除小的毛刺。图 3.41c 是对图 3.41b 进行距离变换的结果，距离值越大亮度越高，可以看到线路过窄处偏暗，而线路过宽处偏亮。要度量线路的宽度，就必须知道线路中心线处的距离

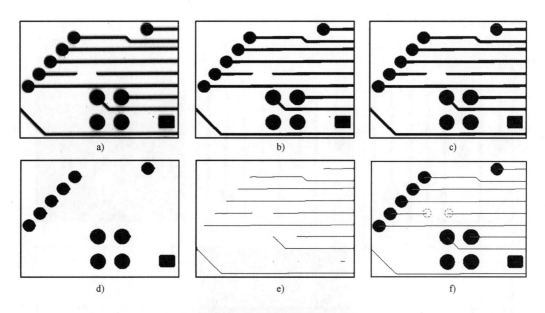

● 图 3.40    PCB 菲林开路检测

a) 有开路缺陷的原图（尺寸 390×280 像素）  b) 二值化（大津法，见 7.1.2 节）   c) 对图 b 进行 3×3 的
闭运算    d) 对图 c 进行 9×9 的八边形闭运算    e) 对图 c 细化到骨架并进行裁剪（由于我们规定前景是白色，
因此这里对图 c 取反后进行细化，然后进行 3 像素的裁剪，最后再次取反）   f) 对图 d 和图 e 进行逻辑同或运算

值，而骨架恰恰是线路的中心线，对图 3.41b 细化到骨架，结果如图 3.41d 所示。为了减少误
判，这里对结果进行了裁剪，去掉可能的寄生分支。接下来就是得到骨架处的距离值，有两种
方法：遍历图 3.41d，对骨架上的每一点在图 3.41c 上找到对应点的距离值；通过图 3.41c 减
去图 3.41d 得到。这里我们用的是第二种算法。由于图 3.41d 是只有灰度值为 0 和 255 的二值
图像（假设是一幅 8 位灰度图像），由于骨架的灰度值为 0，所以图 3.41c 减去图 3.41d，
图 3.41c 在骨架处的距离值得以保留，而对于其他位置，减去的都是 255。在考虑溢出的情况
下，这些像素都为 0，结果如图 3.41e 所示。接下来就是对图 3.41e 二值化，提取缺陷位置，
由于过宽和过窄在距离表现上是相反的，所以这里需要进行两次二值化，分别用来提取过宽和
过窄缺陷。首先对图 3.41e 二值化，阈值下限为 0，上限为 35，然后进行一次 3×3 的膨胀，然
后再取反，如图 3.41f 所示。图中的黑线为线路过窄的缺陷，但是在图像边缘处有些并非缺陷
的 blob（见第 8 章）。膨胀的目的是为了缺陷位置看起来更明显。接着再次对图 3.41e 二值化，
阈值下限为 65，上限为 255，然后膨胀并取反，如图 3.41g 所示。图 3.41g 中除了显示出线路
过宽缺陷外，还将节点显示为缺陷，因此我们必须知道节点的位置才能将这些黑线排除在缺陷
之外。图 3.41h 是对图 3.41b 进行 19×19 的八边形闭运算后的结果，只留下了节点。对
图 3.41f~3.41h 连续进行逻辑"同或"运算，并对结果进行区域重构（见 8.2 节）剔除边缘

的 blob，结果如图 3.41i 所示。如果剔除那些节点处的黑线，剩余的就是全部 4 个缺陷。在对图 3.41i 实际处理时，可以通过区域分析剔除面积过大的 blob（节点），剩下的就是缺陷，如图中蓝色区域所示。

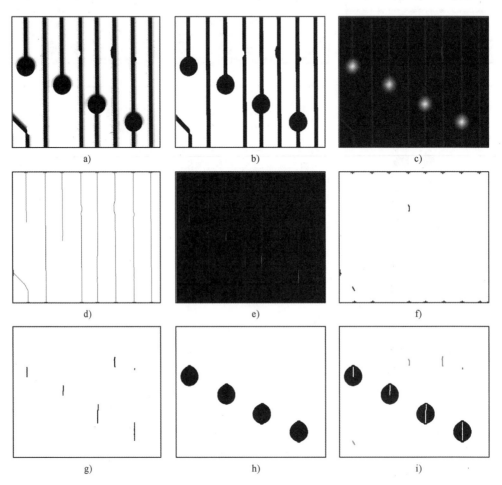

• 图 3.41　PCB 菲林线路宽度缺陷检测

a）有缺陷的原图（尺寸 490×418 像素）　b）二值化并进行 3×3 的闭运算　c）对图 b 进行 chamfer-3-4 距离变换

d）对图 b 细化到骨架并进行裁剪（由于我们规定前景是白色，因此这里对图 b 取反后进行细化，然后进行 3
像素的裁剪，最后再次取反）　e）图 c 减去图 d　f）对图 e 二值化并膨胀取反（阈值：下限 0，
上限 35；结构元：3×3）　g）对图 e 二值化并膨胀取反（阈值：下限 65，上限 255；结构元：3×3）

h）对图 b 进行 19×19 的八边形闭运算　i）对图 f~图 h 进行逻辑"同或"运算，并对结果进行区域重构，
剔除边缘的 blob（面积阈值：下限 10，上限 200）

## 3.8.2 灰度形态学应用

**1. 微小缺陷检测**

用灰度形态学对 PCB 菲林微小缺陷进行检测的案例如图 3.42 所示。图 3.42a 是有缺陷的菲林图像，缺陷包括开路、短路及毛刺等。图 3.42b 是对图 3.42a 闭运算的结果，通过闭运算可将毛刺、短路等缺陷去除掉。图 3.42c 是对图 3.42a 开运算的结果，通过开运算可将开路、缺口等缺陷补上。图 3.42b 减去图 3.42c，如图 3.42d 所示，可以看到缺陷都明显地标识出来了。接着对图 3.42d 二值化，并做一次膨胀运算，这样缺陷就更加明显，如图 3.42e 所示。最后将图 3.42e 叠加到图 3.42a 上，如图 3.42f 所示，可以看到全部的缺陷都准确检测出来了。设原图像为 $f$，结构元为 $b$，缺陷为 $g$，整个过程写成公式就是

$$g = (f \cdot b) - (f \circ b) \tag{3.49}$$

事实上，该算法不仅仅对 PCB 菲林微小缺陷检测有效，对其他类似微小缺陷检测同样有效。

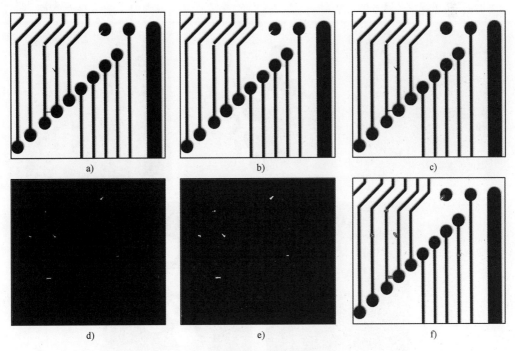

● 图 3.42 缺陷检测

a) 有缺陷的 PCB 菲林图像（尺寸 760×700 像素）  b) 用 7×7 八边形结构元对图 a 闭运算

c) 用 7×7 八边形结构元对图 a 开运算   d) 图 b 减去图 c

e) 二值化后膨胀（阈值 150）  f) 将图 e 叠加到图 a 上

## 2. 顶帽变换和低帽变换

原图经过开运算或闭运算，再与原图相减，可以得到顶帽变换或底帽变换。灰度图像 $f$ 的顶帽变换定义为 $f$ 减去其开运算

$$T_{hat}(f) = f - (f \circ b) \tag{3.50}$$

而 $f$ 的底帽变换定义为 $f$ 的闭运算减去 $f$

$$B_{hat}(f) = (f \cdot b) - f \tag{3.51}$$

这两个变换的主要应用之一就是在开运算和闭运算中用一个结构元从图像中删除目标，而不是拟合目标。然后通过差运算得到一幅仅保留目标的图像。顶帽变换用于暗背景上的亮目标，而底帽变换则用于亮背景上的暗目标。

图 3.43 给出了一个使用底帽变换提取目标的例子。图 3.43a 是需要计数的药片，但由于光照的不均匀，直接二值化的效果如图 3.43b 所示。图 3.43c 是对图 3.43a 使用 101×101 八边形结构元进行闭运算的结果。由于结构元尺寸远大于药片尺寸，所以不会拟合任何药片，而是将这些药片去除，只留下一个近似的背景，也就是阴影模式（详见 6.5 节）。图 3.43d 是用图 3.43c 减去图 3.43a，也就是式（3.51）的底帽变换，这时的背景已经变得均匀。接下来对图像进行二

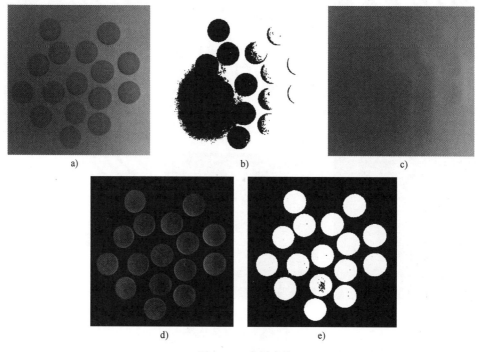

a)        b)        c)

d)        e)

● 图 3.43　底帽变换

a）原图（尺寸 300×300 像素）　b）直接二值化　c）用 101×101 八边形结构元对
图 a 进行闭运算　d）图 c 减去图 a　e）二值化（阈值 11）

值化，如图 3.43e 所示，可以看到药片已经能从背景分离出来。该算法的缺点就是用大尺寸结构元对灰度图像进行形态学运算相当耗时，在实时性要求高的场所不适合使用该算法。

**3. 形态学梯度**

膨胀与腐蚀相减，可得到灰度图像 $f$ 的形态学梯度 $g$

$$g = (f \oplus b) - (f \ominus b) \tag{3.52}$$

式中，$b$ 为结构元。膨胀粗化图像中的目标，腐蚀收缩图像中的目标，膨胀和腐蚀的差值强调了目标与背景之间的边界。平坦区域不受影响，因此相减运算会去除平坦区域。最终得到一幅类似于梯度的图像（见 4.1.3 节）。

图 3.44 给出了一个形态学梯度的例子。图 3.44a 是原图，图 3.44b 和 图 3.44c 分别为用 3×3 结构元对原图膨胀和腐蚀的结果，图 3.44d 为图 3.44b 减去图 3.44c 的结果，也就是形态学梯度。

a) b) c) d)

● 图 3.44 形态学梯度

a) 原图（尺寸 256×256 像素） b) 用 3×3 结构元膨胀 c) 腐蚀 d) 图 b 减去图 c

# 第4章

▶▶▶▶▶▶▶

# 图像滤波与噪声

图像滤波根据其处理进行的域的不同，可分为基于空间域和基于频率域两大滤波方法。空间域中图像滤波是直接对图像中的像素进行处理，而频率域中的图像滤波是先将图像变换到频率域，在频率域中进行滤波，然后再将结果变换回空间域。

本章首先讨论空间域滤波，然后再讨论频率域滤波。由于评估低通滤波器性能涉及噪声估计及添加，所以这部分内容放在了本章的最后。

## 4.1 空间域滤波

滤波器的工作原理可借助频率域进行分析，它们的基本特点都是在频率域中通过、修改或抑制图像的某些频率分量。例如，通过低频的滤波器称为低通滤波器，低通滤波器一般用于平滑图像、去除噪声。而通过高频的滤波器称为高通滤波器，高通滤波器用于提取边缘。

空间域滤波涉及卷积和相关知识（见 12.6 节），建议读者先浏览一下的相关内容再学习本节内容。

### ▶▶ 4.1.1 空间域滤波基础

空间域滤波通过把每个像素的值替换为该像素及其邻域的函数值来修改图像，因此空间域滤波属于邻域运算。此外，根据运算特点，空间域滤波器可分为线性和非线性两类。如果对图像像素执行的运算是线性的，则称该滤波器为线性滤波器，反之则称为非线性滤波器。下面介绍几个与空间域滤波有关的概念[Gonzalez，2020][章，1999]。

#### 4.1.1.1 线性空间滤波的原理

图 4.1 说明了线性空间滤波的工作原理。图 4.1a 是一幅图像的一部分，$P_0$ 到 $P_8$ 为像素灰

度值。图 4.1b 为一 3×3 的滤波器核（kernel），原点为核的中心，$k_0$ 到 $k_8$ 为核系数，滤波器核也可以称为滤波器掩码（mask）、模板或者窗口。滤波器的响应为核系数和核所覆盖的像素灰度值的乘积之和

$$g = k_0 P_0 + k_1 P_1 + \cdots + k_8 P_8 \tag{4.1}$$

然后将 $g$ 值赋给与核中心重叠的像素，如图 4.1c 所示。通过对整幅图像的遍历，即可完成对图像的滤波。整个运算过程类似于形态学运算，所不同的是：一个是结构元与图像之间的集合运算，另一个是核与图像之间的乘法运算。

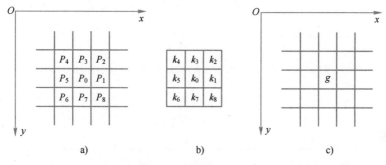

● 图 4.1　滤波器工作原理

a）原图像　b）滤波器核　c）目标图像

设核 $k$ 的尺寸为 $m×n$，其中 $m$、$n$ 为奇数，原点位于核的中心。对图像 $f(x,y)$ 的线性空间滤波可以表示为

$$g(x,y) = \sum_{u=-a}^{a} \sum_{v=-b}^{b} k(u,v) f(x+u, y+v) \tag{4.2}$$

式中，$a=(m-1)/2$，$b=(n-1)/2$。对比式（4.2）和 12.6.3.2 节的式（12.126），会发现二者很相似，只是将积分换成了求和。实际上，式（4.2）就是二维离散互相关函数的定义。显然，与其他邻域运算一样，需要对图像进行边缘扩展才能完成对边缘像素的滤波（见 2.1.9 节）。

根据式（4.2），可给出如下的线性空间滤波算法。

```
算法 4.1　线性空间滤波算法
输入：原图像 f(x,y)，尺寸 w×h；滤波器核 k(c,r)，奇数尺寸 m×n
输出：滤波后图像 g(x,y)
1:    sum=0;                          //用于归一化
2:    for(i=0; i<n; i++){
3:        for(j=0; j<m; j++)
4:            sum+=k(j,i);
5:    }
6:    for(i=0; i<=h-n; i++){          //h：图像高度
7:        for(j=0; j<=w-m; j++){      //w：图像宽度
8:            value=0;
```

```
9:                 for (u=0; u<n; u++){
10:                    for (v=0; v<m; v++)
11:                       value+=f(j+v,i+u)*k(v,u);
12:                }
13:             g(j+m/2,i+n/2)=value/sum;       //归一化并赋值
14:          }
15: }
```

以上算法采用了归一化处理，除了保证滤波后图像灰度均值不变外，还保证滤波后灰度值不溢出。

需要指出的是，线性滤波这个术语并不是指相关运算，而是指接下来讨论的卷积运算。参考 12.6.3.1 节中关于卷积的定义，我们很容易给出二维离散卷积的定义

$$k(x,y) * f(x,y) = \sum_{u=-a}^{a} \sum_{v=-b}^{b} k(u,v) f(x-u, y-v) \tag{4.3}$$

式中，减号表示 $f$ 旋转 180°（类似第 3 章中的结构元反射），其他参数的含义见式（4.2）。

由于卷积满足交换律，因此我们可以改旋转图像 $f$ 为旋转核 $k$。对于关于原点对称的核来说，旋转前后是一样的（类似关于原点对称的结构元反射），即 $k(x,y)=k(-x,-y)$，这时相关和卷积的运算结果相同（见 12.6.3.3 节）；对于非关于原点对称的核，我们用卷积进行滤波时就需要先将核旋转 180°。

### 4.1.1.2 可分离滤波器

线性空间滤波器核是一个矩阵，而可分离核是一个能够表示为列向量和行向量相乘（矩阵乘法）的矩阵，例如 3×3 核

$$k = \begin{bmatrix} 1 & 2 & 1 \\ 2 & 4 & 2 \\ 1 & 2 & 1 \end{bmatrix}$$

可分解为列向量 $k_y = (1 \quad 2 \quad 1)^{\mathrm{T}}$ 和行向量 $k_x = (1 \quad 2 \quad 1)$ 的乘积

$$k_y k_x = \begin{bmatrix} 1 \\ 2 \\ 1 \end{bmatrix} [1 \quad 2 \quad 1] = \begin{bmatrix} 1 & 2 & 1 \\ 2 & 4 & 2 \\ 1 & 2 & 1 \end{bmatrix} = k$$

由于 $k_y$ 和 $k_x$ 的矩阵乘积等于这两个向量的卷积[Gonzalez, 2020]，因此核 $k$ 可以分解为 $k = k_y * k_x$，则 $k$ 与图像 $f$ 的卷积可以表示为

$$k * f = (k_y * k_x) * f = (k_x * f) * k_y \tag{4.4}$$

该式表明，一个可分离核与一幅图像卷积等于图像先与 $k_x$ 卷积，再与 $k_y$ 卷积，这一点类似 3.2.3 节中的组合性。

可分离核在缩短运算时间方面优势明显，特别是在大尺寸核的情况下。对于尺寸为 $w \times h$ 的图像以及尺寸为 $m \times n$ 的核来说，计算复杂度为 $O(whmn)$，而对于可分离核来说，计算复杂

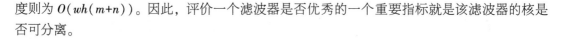

度则为 $O(wh(m+n))$。因此，评价一个滤波器是否优秀的一个重要指标就是该滤波器的核是否可分离。

## 4.1.2 低通滤波

低通滤波又称为图像平滑，多用于消除噪声或者某些算法的预处理。这节首先介绍最简单的均值滤波，接下来介绍最常用的高斯滤波，最后介绍整数型的二项式滤波及排序滤波。

### 4.1.2.1 均值滤波

均值滤波器（Mean Filter）是一种线性滤波器，也是最简单的滤波器。均值滤波就是用一个小的区域内的像素的平均值来赋值指定像素。另外该滤波器也叫盒式滤波器，是因为该滤波器在三维坐标系中看起来像个盒子。矩阵形式的 3×3 均值滤波器核为

$$k = \frac{1}{9} \begin{bmatrix} 1 & 1 & 1 \\ 1 & 1 & 1 \\ 1 & 1 & 1 \end{bmatrix} \tag{4.5}$$

核系数都为 1，除以 9 是对滤波进行归一化处理，作用是防止结果溢出，并且不会影响整幅图像的灰度均值。显然，该滤波器也是可分离的，可分解为列向量$(1 \quad 1 \quad 1)^{\mathrm{T}}$和行向量$(1 \quad 1 \quad 1)$的矩阵乘积。

图 4.2 为不同尺寸均值核的滤波效果，可以发现，核尺寸越大图像越模糊。

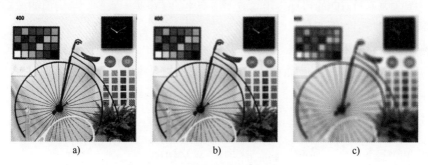

●图 4.2　不同尺寸均值核的滤波效果

a）原图　b）3×3 核的滤波结果　c）7×7 核的滤波结果

均值滤波十分简单，在多数情况下均值滤波器表现不错，但它还不是最好的平滑滤波器。图像平滑主要用于噪声抑制，噪声主要是以图像中灰度值高频波动的方式暴露出来的。如图 4.3 所示，图 4.3a 是间距为 2 个像素的单像素宽度噪声条纹（白色条纹），图 4.3b 是用 3×3 的均值滤波器对图 4.3a 进行滤波的结果，可以看到滤波效果很好，完全消除了这种频率的噪声。如果将线条间距进一步缩小到 1 个像素，如图 4.3c 所示，再对其进行滤波，结果如图 4.3d 所示，并没有得到我们所期望的效果，这种频率更高的噪声条纹并没有消除。同时我

们会发现条纹的明暗极性发生了反转，这种反转是由于均值滤波器的频率响应中的负值部分造成的。另外，均值滤波器不具有旋转不变性，是各向异性的，即倾斜方向上的目标与水平或垂直方向上的目标在应用同一滤波器时会产生不一样的结果。通过傅里叶变换将均值滤波器转换到频率域中，在频率域中分析滤波器对图像的某些频率的响应情况可以帮助我们理解产生这两个问题的原因[Steger，2019]。

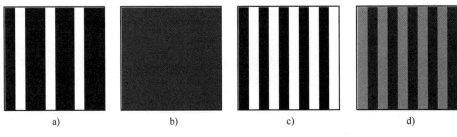

a)　　　　　　b)　　　　　　c)　　　　　　d)

● 图 4.3　均值滤波

a）间距为 2 个像素的单像素条纹　　b）用 3×3 的均值滤波器对图 a 滤波

c）间距为 1 个像素的单像素条纹　　d）用 3×3 的均值滤波器对图 c 滤波

### 4.1.2.2　高斯滤波

高斯滤波器（Gaussian Filter）也是一种可分离的线性滤波器，并且是各向同性的。各向同性保证了对图像中不同方向的目标应用滤波器后产生的结果是一致的。与均值滤波器相比，高斯滤波器更好地抑制了高频部分。

一维高斯滤波器由下式给出

$$G(x) = \frac{1}{\sqrt{2\pi}\,\sigma} e^{-\frac{x^2}{2\sigma^2}} \tag{4.6}$$

式中，$\sigma$ 为标准差。二维高斯滤波器由下式给出

$$G(x,y) = \frac{1}{2\pi\sigma^2} e^{-\frac{x^2+y^2}{2\sigma^2}} = \frac{1}{\sqrt{2\pi}\,\sigma} e^{-\frac{x^2}{2\sigma^2}} \frac{1}{\sqrt{2\pi}\,\sigma} e^{-\frac{y^2}{2\sigma^2}} = G(x)G(y) \tag{4.7}$$

显然，高斯滤波器是可分离滤波器。

图 4.4a 和 4.4b 分别是当 $\sigma = 1$ 时的一维和二维高斯函数。高斯滤波器核都是正方形的，3×3 离散形式的高斯滤波器核为

$$k = \frac{1}{0.7792} \begin{bmatrix} 0.0585 & 0.0965 & 0.0585 \\ 0.0965 & 0.1592 & 0.0965 \\ 0.0585 & 0.0965 & 0.0585 \end{bmatrix} \tag{4.8}$$

除以 0.7792 是对滤波进行归一化处理，0.7792 是核的全部元素之和。很显然，尺寸和 $\sigma$ 确定了一个高斯滤波器核。根据 $3\sigma$ 原则，高斯函数的取值几乎全部集中在区间 $[\mu-3\sigma, \mu+3\sigma]$ 内（$\mu$ 为均值，我们这里为 0），超出这个范围的值的总和仅占不到 0.3%。也就是说，核的最大尺寸

为 $6\sigma \times 6\sigma$，取更大尺寸的核对滤波没有什么意义。由于核的尺寸为奇数，所以尺寸都是在 $6\sigma$ 基础上向下取奇数，比如，$\sigma=1$ 时，核的大小为 5×5；$\sigma=1.5$ 时，核的大小为 9×9。但在实际应用中，为了提高滤波效率，核的尺寸可以取得更小，比如 $\sigma=1.5$ 时，核的大小取为 7×7。

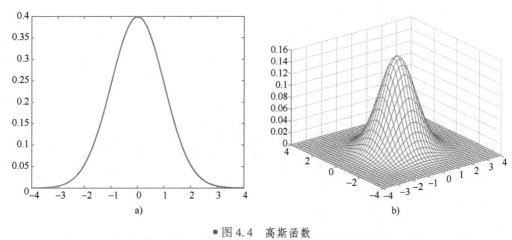

●图 4.4　高斯函数

a）$\sigma=1$ 时的一维高斯函数　b）$\sigma=1$ 时的二维高斯函数

图 4.5 所示为不同尺寸的高斯核的滤波效果，$\sigma$ 越大图像越模糊。

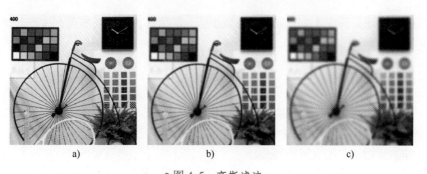

●图 4.5　高斯滤波

a）原图　b）$\sigma=1$，5×5 核的滤波结果　c）$\sigma=2$，9×9 核的滤波结果

可分离的高斯滤波算法如下。

```
算法 4.2　可分离高斯滤波算法
输入：8 位灰度原图像 f(x,y)，尺寸 w×h；滤波器核尺寸 m×m，m 取 3，5，7，…，标准差 σ
输出：滤波后图像 g(x,y)
1:  TempBuf[w*h];           //临时缓存，取浮点数类型
2:  kernel[m];             //核
3:  sum=0;                 //用于归一化
4:  center=(m-1)/2;        //核中心
```

```
        //生成核
5:   for (i=0; m<m; m++) {
6:       x=i-center;              //保证对称于 y 轴
7:       kernal[i]=式(4.6);        //计算一维高斯核，由于后面需要进行归一化，所以 1/√2πσ 的取值
     //不影响后面的计算，可以设为1
8:       sum+=kernal[i];
9:   }
10:  for (i=0; i<m; m++)          //归一化
11:      kernal[i]/=sum;
        //滤波
12:  for (i=0; i<h; i++) {        //x 向高斯滤波
13:      for (j=0; j<=w-m; j++) {
14:          value=0;              //滤波中间值
15:          for (k=0; k<m; k++)
16:              value+=f(j+k,i) * kx[k];
17:          TempBuf(j+center,i)=value;
18:      }
19:  }
20:  for (i=0; i<=w-m; i++) {     //y 向高斯滤波
21:      for (j=0; j<=h-n; j++) {
22:          value=0;
23:          for (k=0; k<n; k++)
24:              value+=TempBuf(i+center,j+k) * ky[k];
25:          g(i+center,j+center)=value;
26:      }
27:  }
```

与算法 4.1 相比，算法 4.2 的分离算法减少了一层循环，因此当核的尺寸比较大时，可分离滤波器可以极大地提高运算效率。

### 4.1.2.3 二项式滤波

高斯滤波器无疑是一个很好的平滑滤波器，但其系数都是浮点数，与整数运算相比，浮点数运算要慢很多，而且每次使用都需要先计算核的系数。二项式滤波器（Binomial Filter）是一个近似于高斯滤波器的整数型系数的滤波器，也是线性可分离滤波器。之所以叫二项式滤波器，是因为核的系数由二项式系数得来。

二项式 $(x+y)^n$ 的二项展开式共有 $n+1$ 项，其中各项的系数 $C_n^r (r \in 0,1,\cdots,n)$ 叫作二项式系数，计算公式为

$$C_n^r = \frac{n!}{(n-r)!\,r!} \qquad (4.9)$$

上式用于构造二项式滤波器的分离核系数。

图 4.6 是一张二项式系数表，二项式系数表在我国被称为贾宪三角或杨辉三角，一般认为是北宋数学家贾宪所首创。它记载于杨辉的《详解九章算法》（1261 年）之中。滤波器核用到的都是奇数

● 图 4.6　杨辉三角

项，比如图中的"1，2，1"和"1，4，6，4，1"。

除了用式（4.9）构造二项式滤波器的分离核系数外，还可以通过该式构造一个完整的核。大小为 $m×n$ 二项式滤波器的核系数 $k_{ij}$ 的计算公式如下

$$k_{ij}=\frac{C_{m-1}^{i}C_{n-1}^{j}}{2^{m+n-2}} \tag{4.10}$$

式中，$i=0,1,\cdots,m-1$，$j=0,1,\cdots,n-1$。

当 $m=n$ 时，二项式滤波器的平滑效果与 $\sigma=\sqrt{n-1}/2$ 的高斯滤波器大致相同。具体来说，$n$ 和 $\sigma$ 的对应关系见表4.1。

表 4.1　二项式核 $n$ 和高斯核 $\sigma$ 的对应关系

| $n$ | 3 | 5 | 7 | 9 | 11 | 13 | 15 | 17 | 19 | 21 | 23 |
|---|---|---|---|---|---|---|---|---|---|---|---|
| $\sigma$ | 0.752 | 1.032 | 1.251 | 1.437 | 1.601 | 1.750 | 1.888 | 2.016 | 2.136 | 2.250 | 2.359 |

图4.7 为 $n=3$ 的二项式核与 $\sigma=0.752$ 时的高斯核对比，可以发现二者的系数相差不大。为了便于对比，这里没有对二项式核做归一化处理，并对高斯核的系数进行了变换以保证二者的原点系数相同。

图4.8 为不同尺寸的二项式核的滤波效果。可以发现，图4.8b 的滤波效果与图4.5b 的滤波效果接近。

| 1 | 2 | 1 |
|---|---|---|
| 2 | 4 | 2 |
| 1 | 2 | 1 |

a)

| 0.68 | 1.65 | 0.68 |
|---|---|---|
| 1.65 | 4.00 | 1.65 |
| 0.68 | 1.65 | 0.68 |

b)

●图 4.7　二项式核与高斯核对比
a）二项式核　b）高斯核

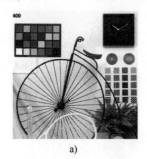 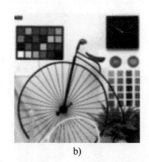 

a)　　　　　　　　b)　　　　　　　　c)

●图 4.8　二项式核的滤波
a）原图　b）5×5 核的滤波结果　c）13×13 核的滤波结果

由于二项式滤波与高斯滤波的差异仅在于核的不同，因此，下面我们仅给出二项式核的生成算法。

算法 4.3　二项式核的生成算法
输入：滤波器尺寸 n×n，n 取 3，5，7，…
输出：可分离核 kernal[n]，x 向和 y 向的核相同

```
1:    for (i=0; i<n; i++) {
2:        K=1, K1=1, KX=1;
3:        for (j=1; j<i+1; j++)
4:            K=K*j;
5:        for (j=1; j<n-i; j++)
6:            K1=K1*j;
7:        for (j=1; j<n; j++)
8:            KX=KX*j;
9:        kernel[i]=KX/(K*K1);      //见式 (4.9)
10:    }
11:   sum=1<<(n+n-2);               //2 的乘方, 系数和, 用于归一化
```

为了保证是整数运算，归一化处理会在卷积之后进行。当 $n$ 取值比较大时，核系数会很大，卷积后数值更大，所以在编程时需要考虑用恰当的数据类型来防止溢出。

### 4.1.2.4 排序滤波

前面讲的这些低通滤波器在消除噪声的同时会将图像中的一些细节模糊掉。有没有这样一种滤波器，在消除噪声的同时又能保持图像的细节呢？答案是有的，那就是大名鼎鼎的中值滤波器（Median Filter）。而中值滤波器实际上是广义排序滤波器（Rank Filer）[又被称为百分比滤波器（Percentile Filter）、统计排序滤波器（Order-Statistic Filter）] 的一种特例。排序滤波器是一种非线性空间滤波器，其操作过程是首先对滤波器窗口所覆盖区域的像素值进行排序，选择有代表性的像素值作为滤波器的响应值，赋值给窗口中心像素。它经常使用的代表值有最大值、最小值和中值，取中值的排序滤波器就是中值滤波器。中值滤波器对某些类型的随机噪声提供了优秀的降噪能力，与类似大小的线性平滑滤波器相比，中值滤波器对图像的模糊程度要小得多。特别是对椒盐噪声，中值滤波器极其有效。仔细观察就会发现，取最大值时的滤波器就是形态学中的灰度膨胀，而取最小值时就是灰度腐蚀。

图 4.9 为中值滤波与高斯滤波的效果对比。图 4.9a 是原图，图 4.9b 是添加了 5% 的椒盐噪声（见 4.3 节）的图像。图 4.9c 是对图 4.9b 进行中值滤波的效果，与原图相比，图像质量下降很少，但是完全滤掉了椒盐噪声。图 4.9d 是对图 4.9b 进行高斯滤波的效果，非但去噪效果不好，而且图像质量下降很大。

a)                    b)                    c)                    d)

● 图 4.9　中值滤波与高斯滤波的效果对比

a) 原图　b) 添加了 5% 的椒盐噪声的图像　c) 对图 b 中值滤波（核尺寸 3×3）　d) 对图 b 高斯滤波（$\sigma=1$，核尺寸 5×5）

排序滤波面对的最大挑战就是提高运算速度，因为排序是相当耗时的，因此有必要开发出针对排序滤波的高效排序算法。由于滤波窗口在相邻两个像素上移动时，大部分区域是重叠的，如图 4.10 所示，实线和虚线框是处理相邻像素的滤波器窗口，剖面线部分为重叠区域。而在计算上一个像素时已经对重叠区域进行了排序，如果能够利用重叠部分的排序，每次只需要处理图中的空白部分，则计算效率将极大地提高。一种通过区域直方图来利用重叠部分的高效排序滤波算法见算法 4.4[Kena_M,2015][靳,1999]。

高效的排序滤波算法如下。

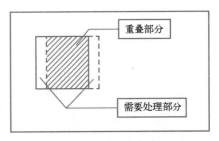

● 图 4.10　滤波器窗口重叠

算法 4.4　高效的排序滤波算法

**输入：** 8 位灰度图像 f(x,y)，尺寸 w×h；滤波器尺寸 n×n，n 取 3，5，7，…；Rank 为升序排列位置，比如 3×3 窗口，共 9 个像素，1 为最小值，5 为中值，9 为最大值

**输出：** 滤波后图像 g(x,y)，尺寸 w×h

```
1:   Hist[256];                          //直方图
2:   cx=cy=n/2;                          //滤波器中心
3:   for (i=cy; i<h-cy; i++) {
4:       Hist=用算法 2.1 获取以(cx,i)为中心点的滤波器窗口内像素的直方图;      //根据直方图获取
     //Rank 处的灰度值
5:       sum=0;
6:       v;                              //Rank 处的灰度值
7:       for(v=0; v<256; v++) {
8:           sum+=Hist[v];
9:           if (sum>=Rank) break;
10:      }
11:      MinCount=0;                      //小于等于 v 的像素数量
12:      for (j=0; j<v+1; j++)
13:          MinCount+=Hist[j];
14:      g(cx,i)=v;                       //赋值目标图像
15:      for (j=cx; j<w-cx-1; j++) {      //因为前面已经计算了第一个中值，所以这里-1
16:          for (k=0; k<n; k++) {
17:              Left=f(j,i+k);           //左边需要处理部分
18:              if (Left<=v) MinCount--;
19:              Right=f(j+n,i+k);        //右边需要处理部分
20:              if (Right<=v) MinCount++;
21:              Hist[Left]--; Hist[Right]++;
22:          }
23:          if (MinCount>Rank) {         //MinCount 过大，通过循环减小
24:              do {
25:                  MinCount-=Hist[v];
26:                  if (MinCount<Rank) {
27:                      MinCount+=Hist[v]; break;
28:                  }
29:                  else if (MinCount=Rank) {
30:                      for (k=g-1; k>-1; k--) {   //往下搜索
```

```
31:                    if (Hist[k]>0) {      //搜索直方图中像素数量不为0并且小于v的灰度值
32:                        v=k; break;
33:                    }
34:                }
35:                break;
36:            }
37:            v--;
38:        } while (true);
39:    }
40:    else if(MinCount<Rank) {    //MinCount 过小，通过循环增大
41:        do {
42:            v++; MinCount+=Hist[v];
43:        } while (MinCount<Rank);
44:    }
45:    else {
46:        if (Hist[g]=0) {          //如果直方图中没有该灰度的像素
47:            do {                  //v往下搜索，直到直方图中有g值的像素为止
48:                v--; MinCount-=Hist[v];
49:            } while (MinCount=Rank);
50:            MinCount=Rank;
51:        }
52:    }
53:    g(j+1,i)=v;                   //赋值目标图像
54:    }
55: }
```

同样，该算法没有考虑边缘问题，需要通过边缘扩展来处理边缘像素。该算法的计算复杂度为 $O(whn)$。

## ▶▶ 4.1.3　高通滤波

高通滤波用于对图像边缘等高频部分的提取或图像增强。高通滤波器一般是基于一阶和二阶导数。在离散的数字图像处理中，导数是用差分来表示的。离散形式的一维函数 $f(x)$ 的一阶导数可用向前差分表示

$$\frac{\mathrm{d}f}{\mathrm{d}x}=f(x+1)-f(x) \tag{4.11}$$

或用向后差分表示

$$\frac{\mathrm{d}f}{\mathrm{d}x}=f(x)-f(x-1) \tag{4.12}$$

以及用中心差分表示

$$\frac{\mathrm{d}f}{\mathrm{d}x}=\frac{f(x+1)-f(x-1)}{2} \tag{4.13}$$

二阶导数为

$$\frac{\mathrm{d}^2f}{\mathrm{d}x^2}=f(x+1)+f(x-1)-2f(x) \tag{4.14}$$

### 4.1.3.1　基于一阶导数的高通滤波

在图像处理中，一阶导数是用梯度幅值实现的。对于二维连续函数 $f(x,y)$，在点 $(x,y)$ 处的梯度是一个二维向量[Gonzalez, 2020]

$$\nabla f = \begin{pmatrix} g_x \\ g_y \end{pmatrix} = \begin{pmatrix} \partial f/\partial x \\ \partial f/\partial y \end{pmatrix} \tag{4.15}$$

这个向量在 $(x,y)$ 处指向 $f(x,y)$ 的最大变化率方向。向量 $\nabla f$ 的模 [$L_2$ 范数，对应欧氏距离（见 12.3.5 节）] 为

$$\|\nabla f\|_2 = \sqrt{g_x^2 + g_y^2} \tag{4.16}$$

也就是梯度幅值。梯度向量的分量是导数，所以是线性算子，但是再经过平方及开方运算，梯度幅值就不是线性算子了，但是具有旋转不变性。

在实际应用中，为了提高运算速度，经常采用近似值，如可以采用城区距离（$L_1$ 范数）

$$\|\nabla f\|_1 = |g_x| + |g_y| \tag{4.17}$$

或棋盘距离（$L_\infty$ 范数）

$$\|\nabla f\|_\infty = \max\{|g_x|, |g_y|\} \tag{4.18}$$

对应到二维离散图像，用差分来代替导数。参照式（4.11），式（4.16）~式（4.18）改写为

$$\|\nabla f\|_2 = \sqrt{[f(x+1,y)-f(x,y)]^2 + [f(x,y+1)-f(x,y)]^2} \tag{4.19}$$

$$\|\nabla f\|_1 = |f(x+1,y)-f(x,y)| + |f(x,y+1)-f(x,y)| \tag{4.20}$$

$$\|\nabla f\|_\infty = \max\{|f(x+1,y)-f(x,y)|, |f(x,y+1)-f(x,y)|\} \tag{4.21}$$

在实际应用中，经常采用与式（4.20）类似的罗伯茨（Roberts）交叉梯度算子，该算子的矩阵形式为

$$\|\nabla f\| = \left| \begin{bmatrix} -1 & 0 \\ 0 & 1 \end{bmatrix} \right| + \left| \begin{bmatrix} 0 & -1 \\ 1 & 0 \end{bmatrix} \right| \tag{4.22}$$

该算子可以理解为：矩阵中的每个元素与被覆盖的像素相乘后求和再取绝对值，最后再两部分相加。Roberts 算子存在结果溢出的风险，实际编程中需要判断结果是否溢出，事实上对这一类算子都需要判断是否溢出。

图 4.11 是用 Roberts 算子得到的梯度图像。图 4.11a 是用背光源拍摄的一个卡环的图像，图 4.11b 是 Roberts 算子对图 4.11a 卷积的结果。

观察式（4.22）可以发现，算子的系数之和为 0，这样就保证了在灰度恒定区域卷积结果为 0，图像显示为黑色，如图 4.11b 所示。

Roberts 算子简单，运算速度快，但其缺点也十分明显，由于仅使用了很少几个像素来近似梯度，因此对噪声的敏感度很高。显然，使用 3×3 奇数大小的算子不但能降低对噪声的敏感度，还能够保证算子的中心对称，因此更多的算子是 3×3 大小的。下面给出一些常用的 3×3 大小的算子。

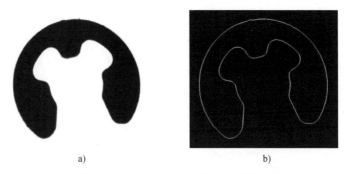

a)          b)

● 图 4.11　用 Roberts 算子得到的梯度图像

a）卡环原图　b）Roberts 算子梯度图像

### 1. Prewitt 算子

该算子为

$$\|\nabla f\| = \frac{1}{2}\left(\left\|\begin{bmatrix} -1 & -1 & -1 \\ 0 & 0 & 0 \\ 1 & 1 & 1 \end{bmatrix}\right\| + \left\|\begin{bmatrix} -1 & 0 & 1 \\ -1 & 0 & 1 \\ -1 & 0 & 1 \end{bmatrix}\right\|\right) \tag{4.23}$$

该算子也是用于边缘增强的，滤波效果如图 4.12a 所示。

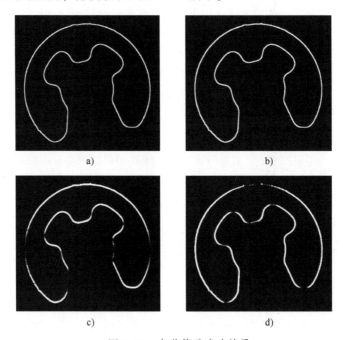

a)          b)

c)          d)

● 图 4.12　各种算子滤波效果

a）Prewitt　b）Sobel　c）水平边缘　d）垂直边缘

## 2. Sobel 算子

图 4.13 就是大名鼎鼎的 Sobel 算子。Sobel 算子是在 Prewitt 算子的基础上改进得来的，对像素位置的影响做了加权，可以降低边缘模糊程度，因此效果更好，写成矩阵形式为

$$\boldsymbol{g}_x = \begin{bmatrix} -1 & 0 & 1 \\ -2 & 0 & 2 \\ -1 & 0 & 1 \end{bmatrix}, \quad \boldsymbol{g}_y = \begin{bmatrix} -1 & -2 & -1 \\ 0 & 0 & 0 \\ 1 & 2 & 1 \end{bmatrix} \quad (4.24)$$

$$\|\nabla f\| = \sqrt{\boldsymbol{g}_x^2 + \boldsymbol{g}_y^2} \quad (4.25)$$

式中，$\boldsymbol{g}_y$ 实际上是 $\boldsymbol{g}_x$ 的转置矩阵。为了加快运算速度，Sobel 算子也可以写成如下形式

| −1 | 0 | 1 |
|---|---|---|
| −2 | 0 | 2 |
| −1 | 0 | 1 |

| −1 | −2 | −1 |
|---|---|---|
| 0 | 0 | 0 |
| 1 | 2 | 1 |

a)           b)

● 图 4.13　Sobel 算子
a) $\boldsymbol{g}_x$　b) $\boldsymbol{g}_y$

$$\|\nabla f\| = (\,|\boldsymbol{g}_x| + |\boldsymbol{g}_y|\,)/2 \quad (4.26)$$

式中除以 2 是为了防止结果溢出，但仍然存在溢出的风险，因为理论上需要除以 8 才能保证不溢出，但这样会降低精度。

Sobel 算子是可分离算子，式（4.24）中 $\boldsymbol{g}_x$ 和 $\boldsymbol{g}_y$ 可写成

$$\boldsymbol{g}_x = \begin{pmatrix} 1 \\ 2 \\ 1 \end{pmatrix}(-1 \quad 0 \quad 1) \quad \text{和} \quad \boldsymbol{g}_y = \begin{pmatrix} -1 \\ 0 \\ 1 \end{pmatrix}(1 \quad 2 \quad 1) \quad (4.27)$$

式中，[1　2　1]是二项式系数向量（见 4.1.2.3 节），用于平滑处理；[−1　0　1]是中心差分向量，用于边缘提取。因此，Sobel 算子可以理解为：先对图像进行平滑处理，再提取边缘。对于 3×3 算子来说，可分离算法将 9 次计算减为 6 次，不过多了一次对图像的遍历，所以对提高运算速度并没有什么帮助，但是对于后面讲到的大尺寸 Sobel 算子来说，将显著地提高运算速度。

Sobel 算子滤波效果如图 4.12b 所示。

## 3. 水平边缘和垂直边缘算子

水平边缘算子 $\|\nabla f\|_h$ 和垂直边缘算子 $\|\nabla f\|_v$ 分别为

$$\|\nabla f\|_h = \left\| \begin{bmatrix} -2 & -2 & -2 \\ 0 & 0 & 0 \\ 2 & 2 & 2 \end{bmatrix} \right\| \quad \text{和} \quad \|\nabla f\|_v = \left\| \begin{bmatrix} -2 & 0 & 2 \\ -2 & 0 & 2 \\ -2 & 0 & 2 \end{bmatrix} \right\| \quad (4.28)$$

该算子的滤波效果见图 4.12c ~ 4.12d。

## 4. Scharr 算子

Scharr 算子为[OpenCV, 2012]

$$\|\nabla f\| = \frac{1}{2}\left( \left\| \begin{bmatrix} -3 & 0 & 3 \\ -10 & 0 & 10 \\ -3 & 0 & 3 \end{bmatrix} \right\| + \left\| \begin{bmatrix} -3 & -10 & -3 \\ 0 & 0 & 0 \\ 3 & 10 & 3 \end{bmatrix} \right\| \right) \quad (4.29)$$

该算子是对 Sobel 算子的强化，能够提取出一些微小的细节。

#### 4.1.3.2 基于二阶导数的高通滤波

拉普拉斯（Laplace）算子是最简单的各向同性二阶微分算子，具有旋转不变性。对于二维的连续函数 $f(x,y)$，拉普拉斯算子的定义为[Gonzalez,2020]

$$\nabla^2 f = \frac{\partial^2 f}{\partial x^2} + \frac{\partial^2 f}{\partial y^2} \tag{4.30}$$

由于任意阶的导数都是线性算子，所以拉普拉斯是线性算子。对应到二维离散图像，将式（4.14）代入式（4.30）可得

$$\nabla^2 f = f(x+1,y) + f(x-1,y) + f(x,y+1) + f(x,y-1) - 4f(x,y) \tag{4.31}$$

如图 4.14 所示，图 4.14a 是一个 4 邻域的拉普拉斯核，从图中可以看到，在上下左右 4 个方向上是各向同性的，也就是说以 90°增量旋转时各向同性。为了让核在 45°方向上也具有各向同性，对核进行扩展，扩展成 8 邻域的核，如图 4.14b 所示，就变成了 45°增量旋转时各向同性的核。另外，在实际应用中，更常见的形式是对图 4.14a 和 4.14b 中的系数取反，如图 4.14c 和 4.14d 所示。拉普拉斯算子也要考虑溢出的问题，例如对于 8 位灰度图像，当值大于 255 时取 255，小于 0 时取 0。

| 0 | 1 | 0 |
|---|---|---|
| 1 | -4 | 1 |
| 0 | 1 | 0 |

a)

| 1 | 1 | 1 |
|---|---|---|
| 1 | 8 | 1 |
| 1 | 1 | 1 |

b)

| 0 | -1 | 0 |
|---|---|---|
| -1 | 4 | -1 |
| 0 | -1 | 0 |

c)

| -1 | -1 | -1 |
|---|---|---|
| -1 | 8 | -1 |
| -1 | -1 | -1 |

d)

● 图 4.14　拉普拉斯核

a）4 邻域拉普拉斯核　b）8 邻域拉普拉斯核　c）~d）实际中常用的核

图 4.15 是对图 4.11a 进行拉普拉斯滤波后的图像，其中图 4.15a 是用图 4.14c 的核，图 4.15b 是用图 4.14d 的核。除了亮度不同外，8 邻域核对于斜线的增强效果也更好。

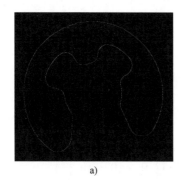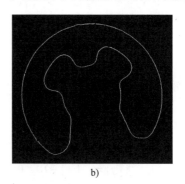

a)　　　　　　　　　　　　　　b)

● 图 4.15　拉普拉斯滤波

a）用图 4.14c 的 4 邻域核滤波　b）用图 4.14d 的 8 邻域核滤波

### 4.1.3.3　其他高通滤波算子

除了前面讲到的 3×3 一阶、二阶算子外，还有其他类型的算子，比如更大尺寸的算子以及多种运算结合在一起的算子。

#### 1. 扩展的 Sobel 算子

标准的 Sobel 算子如图 4.13 所示，是一个 3×3 算子，但是可以根据需要对其进行扩展，比如在尺寸上扩展到 5×5、7×7 等。尺寸扩展后的 Sobel 算子依然是可分离的，其中二项式系数向量生成见算法 4.3，中心差分向量生成算法 [OpenCV,2012] 如下：

```
算法 4.5  中心差分向量生成算法
输入：核尺寸 ksize, 可以取 5, 7, 9, …
输出：中心差分向量 kerI[ksize+1], 前 ksize 项为差分向量
1:   oldval, newval;          //临时变量
2:   kerI[ksize+1]=0;         //清零
3:   kerI[0]=1;
4:   for (i=0; i<ksize-2; k++) {
5:       oldval=kerI[0];
6:       for (j=1; j<ksize+1; j++) {
7:           newval=kerI[j]+kerI[j-1]; kerI[j-1]=oldval; oldval=newval;
8:       }
9:   }
10:  for (i=0; i<1; i++) {
11:      oldval=-kerI[0];
12:      for (j=1; j<ksize+1; j++) {
13:          newval=kerI[j-1]-kerI[j]; kerI[j-1]=oldval; oldval=newval;
14:      }
15:  }
```

对于 5×5 的核，$g_x$ 为

$$g_x=\begin{pmatrix}1\\4\\6\\4\\1\end{pmatrix}\begin{pmatrix}-1&-2&0&2&1\end{pmatrix}=\begin{bmatrix}-1&-2&0&2&1\\-4&-8&0&8&4\\-6&-12&0&12&6\\-4&-8&0&8&4\\-1&-2&0&2&1\end{bmatrix} \tag{4.32}$$

$g_y$ 可以通过 $g_x$ 转置得到。

除了直接生成大尺寸 Sobel 算子外，还可以通过高斯滤波或二项式滤波加 3×3 Sobel 算子来实现大尺寸 Sobel 算子 [MVTec,2010]。首先使用大小为 Sobel 核尺寸减去 2 的高斯滤波器或二项式滤波器平滑输入图像，再用 3×3 Sobel 算子对图像进行滤波。由于平滑减少了边缘振幅，在这种情况下，边缘振幅乘以因子 2，以防止信息丢失。具体算法如下。

```
算法 4.6  大尺寸 Sobel 算子滤波算法
输入：输入图像 f(x,y), 核尺寸 ksize, 可以取 5, 7, 9, …
输出：滤波后图像 g(x,y)
```

| 1: | 用式 (2.28) 第三个公式对输入图像 f(x,y) 乘以常数 2，得到图像 f1(x,y)；//必须考虑结果溢出的问 //题，如输入为 8 位灰度图像，输出建议用 16 位灰度图像.另外，该步骤并不是必需的 |
|---|---|
| 2: | 用 4.1.2 节的高斯滤波器或二项式滤波器对图像 f1(x,y) 进行平滑，核尺寸为 ksize-2，得到图像 f2(x,y)； |
| 3: | 用 3×3 的 Sobel 算子对图像 f2(x,y) 进行滤波，得到图像 g(x,y)； |

不同尺寸的 Sobel 算子的滤波（算法 4.6）效果对比如图 4.16 所示，图 4.16a 是加了 5% 的椒盐噪声的原图，图 4.16b 是用 3×3 大小的 Sobel 算子对图 4.16a 滤波的结果，图像质量很差，图 4.16c 是用 11×11 大小的 Sobel 算子对图 4.16a 滤波的结果，明显比图 4.16b 的质量好很多。

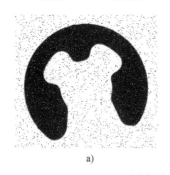 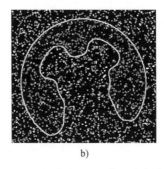 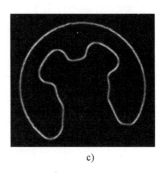

a)                                    b)                                    c)

● 图 4.16  不同尺寸的 Sobel 算子的滤波效果对比

a）加了 5% 的椒盐噪声的原图  b）3×3 Sobel 算子滤波  c）11×11 Sobel 算子滤波

Sobel 算子除了用于滤波外，还经常用于计算图像的一阶或二阶导数，不过用于计算二阶导数的 Sobel 算子的形式与上述讨论的 Sobel 算子并不相同，感兴趣的读者可以查阅 OpenCV [2012] 的相关代码。

**2. 图像锐化算子**

图 4.17 给出了两个图像锐化算子，图 4.17a 为 4 邻域锐化算子，图 4.17b 是 8 邻域锐化算子。这两个滤波器的特点就是核的系数之和不为零。

图 4.18 给出了用锐化算子对图像锐化的示例。图 4.18a 是模糊的月球表面，图 4.18c 是用图 4.17b 算子对图 4.18a 卷积的结果。经过锐化，图像对比度更高，更加清晰，立体感更强。

| 0 | −1 | 0 |
|---|---|---|
| −1 | 5 | −1 |
| 0 | −1 | 0 |

a)

| −1 | −1 | −1 |
|---|---|---|
| −1 | 9 | −1 |
| −1 | −1 | −1 |

b)

● 图 4.17  图像锐化算子

a）4 邻域锐化算子  b）8 邻域锐化算子

对比图 4.17 的两个锐化算子和图 4.14c ~ 4.14d 的两个拉普拉斯算子，会发现二者十分相似，只是中间元素相差 1，这个 "1" 可以看作是原图。拉普拉斯算子是导数算子，会突出图像中的灰度急剧变化区域，并且不强调灰度缓慢变化的区域。因此，将拉普拉斯图像与原图像相加，可以起到锐化图像的效果。所以，锐化算子的工作原理可以解释为：用拉普拉斯算子得到的高频分量加到原图上，从而达到对比度增强的目的。对于图 4.18 来说，图 4.18c 等于用图 4.18a 的原图加上图 4.18b 的拉普拉斯图像。

 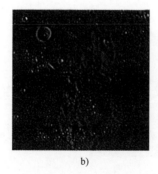 

a)                                   b)                                   c)

● 图 4.18    用锐化算子对图像锐化的示例

a) 模糊的月球表面图像    b) 用图 4.14d 的算子对图 a 滤波得到的拉普拉斯图像
c) 用图 4.17b 算子对图 a 滤波的结果

### 3. 圆点算子

圆点算子用于增强圆点，在点阵字符识别中十分有用。5×5 大小的算子如图 4.19 所示，用于增强直径为 3 的圆点，7×7 的用于增强直径为 5 的圆点，以此类推。圆点算子属于二阶算子。圆点算子系数排列规律：设核的尺寸为 $n×n$，则在以 $n/2$ 为半径的圆内（图中浅灰色部分）系数为正值，以 $n/2+1$ 为半径的圆周上（图中深灰色部分）系数为负值，其余部分为 0。浅灰色部分的值等于深灰色部分元素的数量 $M$（图中为 8），而深灰色部分的值的绝对值等于浅灰色部分元素的数量 $N$（图中为 5），这种系数排列方式满足了系数之和为 0 的准则，最后除以归一化系数：$M×N$（图中为 40）。根据这个规律就不难写出生成核系数的算法，具体算法如下。

| 0 | 0 | −5 | 0 | 0 |
|---|---|---|---|---|
| 0 | −5 | 8 | −5 | 0 |
| −5 | 8 | 8 | 8 | −5 |
| 0 | −5 | 8 | −5 | 0 |
| 0 | 0 | −5 | 0 | 0 |

$×\dfrac{1}{40}$

● 图 4.19    5×5 圆点算子

算法 4.7    圆点算子核系数生成算法
输入：核尺寸 ksize，可以取 5,7,9,…
输出：滤波器核系数
1:    对核进行清零；
2:    以核中心为圆心，对半径 r=ksize/2+1 的圆周上的元素（图 4.19 中深灰色部分）进行标识，并统计元素数量 M；    //在实际编程中 r 需要设定一定的变动范围，这样才能保证标识出来的元素形成一个 8 邻域
      //连通的封闭圆
3:    用 M 对圆内部的元素（图 4.19 中浅灰色部分）进行赋值，并统计元素数量 N；
4:    用-N 对圆周上的元素进行赋值；
5:    计算归一化系数 M×N.

图 4.20 所示为用圆点算子对点阵喷码增强的示例。图 4.20a 是易拉罐底部的喷码，需要对喷码进行识别，而常用的方法就是通过二值化（见 7.1 节）将喷码从背景中分离出来。如果直接二值化，如图 4.20b 所示，无论如何设置阈值，都不能将字符分离出来。图 4.20c 是对图 4.20a 进行圆点滤波的结果，核的大小为 5×5，用来对直径为 3 的圆点进行滤波。滤波后像素值往往很大，这里乘以 0.02，将像素值降到合理范围。接下来再对滤波后的图像进行二值化，如图 4.20d 所示，可以看出，字符已经清晰地从背景中分离出来了。因此，圆点滤波器对

喷码类的 OCR 十分有用。

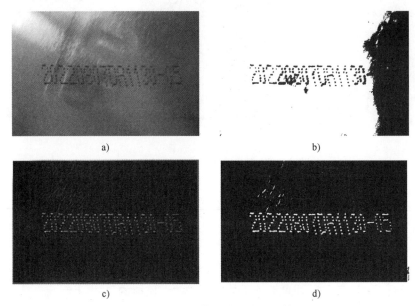

a)                          b)

c)                          d)

● 图 4.20  圆点算子对点阵喷码增强

a）易拉罐底部的喷码（尺寸 419×270 像素）  b）对图 a 二值化

c）圆点滤波（核尺寸 5×5，滤波后乘以 0.02）  d）对图 c 二值化

### 4. 灰度差算子

灰度差算子的算法很简单：搜索滤波器窗口所覆盖区域的最大像素值 $V_{max}$ 和最小像素值 $V_{min}$，然后用 $V_{max}-V_{min}$ 作为滤波器的响应值，替代窗口中心像素值。灰度差算子属于非线性算子。图 4.21 给出了灰度差算子滤波示例，图 4.21a~4.21b 分别为用 3×3 和 7×7 算子对图 4.11a 滤波的结果，算子尺寸越大，提取的边缘越宽。灰度差算子多用于缺陷检测中对微小瑕疵的增大增强（见例 4.2）。

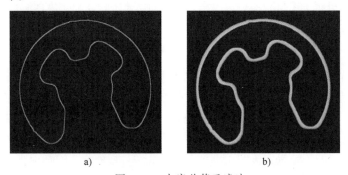

a)                          b)

● 图 4.21  灰度差算子滤波

a）用 3×3 算子对图 4.11a 滤波  b）用 7×7 算子对图 4.11a 滤波

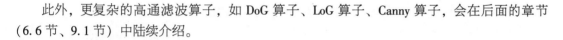

此外，更复杂的高通滤波算子，如 DoG 算子、LoG 算子、Canny 算子，会在后面的章节（6.6 节、9.1 节）中陆续介绍。

## ▶▶ 4.1.4 空间域滤波应用

从去除噪声到图像增强，空间域滤波的应用无处不在，贯穿本书大部分章节。本节不再重复这些应用，而是介绍空间域滤波算子的另外一个重要的应用——聚焦。

聚焦在图像处理应用中很重要，特别是在非接触精密测量领域。比如二维精密测量仪，在每一次的测量中都需要先聚焦再测量，否则工作距离（Working Distance，WD）（镜头前端到被测物体表面距离）不准确会严重影响测量精度。另外，随着镜头技术的进步，现在镜头的景深都比较大，在人工调节工作距离时往往不确定哪里才是最佳位置，这时也需要一个量化的聚焦指标来辅助调节工作距离。而在长线阵相机的安装调试中更是离不开聚焦指标的帮助。

在不同的工作距离下，对同一场景取一系列图像，图像灰度的离散度越大说明聚焦越好，包含的信息也越多，因此可以用式（2.33）的方差和式（2.38）的熵作为聚焦评价函数，在

$$F_0 = \max\{\sigma^2\} \tag{4.33}$$

或

$$F_0 = \max\{H\} \tag{4.34}$$

时对应的位置为聚焦位置。为了提高效率，一般取图像某一区域的方差或熵作为评价指标。除了这两个评价函数外，还有一些基于上一节高通滤波算子的评价函数：灰度差分绝对值之和（Sum Modulus Difference，SMD）函数、Roberts 算子、基于 Sobel 算子的 Tenengrad 函数以及拉普拉斯算子。

对于图像 $f(x,y)$，基于一阶和二阶导数算子的聚焦评价函数分别为

$$F = \sum_{x,y \in R} \|\nabla f(x,y)\| \quad \text{和} \quad F = \sum_{x,y \in R} |\nabla^2 f(x,y)| \tag{4.35}$$

式中，$R$ 为计算区域，$\|\nabla f(x,y)\|$ 和 $\nabla^2 f(x,y)$ 分别为一阶和二阶导数算子。当 $F$ 取最大值时，对应的位置为聚焦位置。其中，SMD 聚焦评价函数采用式（4.20）的城区距离，即

$$F_{\text{SMD}} = \sum_{x,y \in R} [|f(x+1,y) - f(x,y)| + |f(x,y+1) - f(x,y)|] \tag{4.36}$$

其他算法依此类推，将 Roberts 算子、Sobel 算子、拉普拉斯算子代入式（4.35）第一式或第二式即可得到对应的聚焦评价函数。

聚焦评价函数应该满足如下条件：单调性、无偏性、鲁棒性以及易求性。根据实验分析 [贾，2007]，熵算子和 Tenengrad 函数曲线变化平缓，单峰性差，而且处理速度较慢。SMD 算子和 Roberts 算子适用于简单的图像聚焦，对于复杂的图像容易受噪声影响而导致错误聚焦。此外，沿镜头的轴线方向可能有许多局部最大值，这也会导致错误聚焦。这两个算子的优点是函数简单，计算量小，因而速度快。方差算子由于对图像平均灰度变化的恒定不变性，曲线在整个区域都很平滑，具有抗亮度变化干扰和抗噪声干扰的能力，而且计算速度比较快。拉普拉

斯算子可以有效地抑制噪声干扰，得到比其他算法好的聚焦效果。

## 4.2 频率域滤波

前面讲到的低通滤波和高通滤波都是借助于频率域的概念，那么能不能将空间域的图像转换到频率域中，在频率域中进行滤波呢？答案是肯定的，也是本节将要讨论的内容。

频率域滤波涉及傅里叶变换、卷积和相关知识（见 12.6 节）。建议读者先浏览一下的相关内容再学习本节内容。

### ▶▶ 4.2.1 离散傅里叶变换

计算机处理的数字图像是离散信号，因此我们真正关注的是离散傅里叶变换。设离散信号 $f(x)$，$x = 0,1,2,\cdots,M-1$ 是通过冲激串从连续信号中等间隔采样获得的，可推导出一维离散傅里叶变换（Discrete Fourier Transform, DFT）[Gonzalez, 2020]

$$F(u) = \mathcal{F}[f(x)] = \sum_{x=0}^{M-1} f(x) e^{-j2\pi \frac{ux}{M}}, \quad u = 0,1,2,\cdots,M-1 \tag{4.37}$$

其离散傅里叶逆变换（Inverse Discrete Fourier Transform, IDFT）为

$$f(x) = \mathcal{F}^{-1}[F(u)] = \frac{1}{M} \sum_{u=0}^{M-1} F(u) e^{j2\pi \frac{ux}{M}}, \quad x = 0,1,2,\cdots,M-1 \tag{4.38}$$

二维离散傅里叶变换为

$$F(u,v) = \mathcal{F}[f(x,y)] = \sum_{x=0}^{M-1} \sum_{y=0}^{N-1} f(x,y) e^{-j2\pi \left( \frac{ux}{M} + \frac{vy}{N} \right)},$$
$$u = 0,1,2,\cdots,M-1, \quad v = 0,1,2,\cdots,N-1 \tag{4.39}$$

其离散傅里叶逆变换为

$$f(x,y) = \mathcal{F}^{-1}[F(u,v)] = \frac{1}{MN} \sum_{u=0}^{M-1} \sum_{v=0}^{N-1} F(u,v) e^{j2\pi \left( \frac{ux}{M} + \frac{vy}{N} \right)},$$
$$x = 0,1,2,\cdots,M-1, \quad y = 0,1,2,\cdots,N-1 \tag{4.40}$$

式中，我们可以认为 $f(x,y)$ 是大小为 $M \times N$ 的图像（在本节中，并没有沿用 $w \times h$ 表示图像尺寸，而是采用傅里叶变换惯用的 $M \times N$ 来表示）。

以下为二维离散傅里叶变换的一些有用的性质。

**1. 可分离性**

式（4.39）可以改写为

$$F(u,v) = \sum_{x=0}^{M-1} \left[ \sum_{y=0}^{N-1} f(x,y) e^{-j2\pi \frac{vy}{N}} \right] e^{-j2\pi \frac{ux}{M}} \tag{4.41}$$

对于每个 $x$ 值，方括号内的项是一个一维傅里叶变换，然后再对每一行求傅里叶变换。可见，二维离散傅里叶变换是可分离变换的。

**2. 平移和旋转**

根据式（4.39）和式（4.40），可得如下傅里叶变换对

$$f(x,y)\,\mathrm{e}^{\mathrm{j}2\pi\left(\frac{u_0x}{M}+\frac{v_0y}{N}\right)} \Leftrightarrow F(u-u_0,v-v_0) \tag{4.42}$$

$$f(x-x_0,y-y_0) \Leftrightarrow F(u,v)\,\mathrm{e}^{-\mathrm{j}2\pi\left(\frac{x_0u}{M}+\frac{y_0v}{N}\right)} \tag{4.43}$$

以上两式表明，$f(x,y)$ 与一指数项相乘等于把变换后原点移到点 $(u_0,v_0)$ 处。反之，$F(u,v)$ 与一负指数项相乘等于将使 $f(x,y)$ 的原点移到点 $(x_0,y_0)$ 处。

借助极坐标变换 $x=r\cos\theta$、$y=r\sin\theta$、$u=\omega\cos\varphi$、$v=\omega\sin\varphi$，将 $f(x,y)$ 和 $F(u,v)$ 转换为 $f(r,\theta)$ 和 $F(\omega,\varphi)$，可得如下变换对

$$f(r,\theta+\theta_0) \Leftrightarrow F(\omega,\varphi+\theta_0) \tag{4.44}$$

该式表明，如果 $f(x,y)$ 旋转 $\theta_0$ 角度，对应的傅里叶变换 $F(u,v)$ 也旋转同样的角度。反之，$F(u,v)$ 旋转 $\theta_0$ 角度，$f(x,y)$ 也旋转同样的角度。

**3. 周期性**

如果图像尺寸为 $M \times N$，则傅里叶变换和逆变换均以 $M$ 和 $N$ 为周期

$$F(u,v)=F(u+k_1M,v)=F(u,v+k_2N)=F(u+k_1M,v+k_2N) \tag{4.45}$$

$$f(x,y)=f(x+k_1M,y)=f(x,y+k_2N)=f(x+k_1M,y+k_2N) \tag{4.46}$$

式中，$k_1$ 和 $k_2$ 是整数。以上两式表明，傅里叶变换 $F(u,v)$ 在 $u$ 方向和 $v$ 方向是无限周期的，其逆变换 $f(x,y)$ 在 $x$ 方向和 $y$ 方向也是无限周期的。尽管 $F(u,v)$ 对无穷多个 $u$ 和 $v$ 的值重复出现，但在其中任何一个完整周期里就可以将 $F(u,v)$ 在频率域里完全确定。同样的结论对 $f(x,y)$ 在空间域里也成立。

**4. 线性**

傅里叶变换是线性变换（见 2.1.8 节）的。设 $F(u,v)=\mathcal{F}[f(x,y)]$、$G(u,v)=\mathcal{F}[g(x,y)]$，有

$$\mathcal{F}[af(x,y)+bg(x,y)]=aF(u,v)+bG(u,v) \tag{4.47}$$

**5. 卷积**

将式（4.3）的二维离散卷积表达式改写为

$$f(x,y)*g(x,y)=\sum_{m=0}^{M-1}\sum_{n=0}^{N-1}f(m,n)g(x-m,y-n),$$
$$x=0,1,2,\cdots,M-1, \quad y=0,1,2,\cdots,N-1 \tag{4.48}$$

在该式中，函数 $f(x,y)$ 和 $g(x,y)$ 是周期函数，所以它们的卷积也是周期函数。

参照连续函数的卷积定理（见 12.6.3.1 节），设 $F(u,v)=\mathcal{F}[f(x,y)]$、$G(u,v)=\mathcal{F}[g(x,y)]$，二维离散卷积定理为

$$\mathcal{F}[f(x,y)*g(x,y)]=F(u,v)\cdot G(u,v) \tag{4.49}$$

$$\mathcal{F}[f(x,y)\cdot g(x,y)]=\frac{1}{MN}F(u,v)*G(u,v) \tag{4.50}$$

式（4.49）中，$F(u,v) \cdot G(u,v)$ 表示 $F(u,v)$ 和 $G(u,v)$ 之间对应元素相乘，因此需要它们的尺寸相同。式（4.49）在空间域和频率域滤波之间建立了等价关系的纽带，将空间域的卷积通过 DFT 变换到频率域中的乘积，是频率域中线性滤波的基础。

图 4.22 给出了傅里叶变换的示例。图 4.22a 是一幅尺寸为 256×256 像素的图像，图 4.22b 是傅里叶变换后的频谱（见 12.6.2 节）。频谱的数值范围往往比较大，可能会上百万，为了便于显示，通常使用单调函数来降低其数值范围，这里用对数变换（见 6.3.2 节），然后再将其映射到 $[0,255]$，显示效果如图 4.22b 所示。

a)                                       b)

• 图 4.22    傅里叶变换

a）输入图像    b）傅里叶变换后的频谱

图 4.22b 除了代表低频部分的 4 个角亮度高些外，并没有给出更多的有用信息。这是因为图 4.22b 显示的图像并不是一个完整的 DFT 周期，而是四个周期的各 1/4，因此显示中心化就十分有必要了。所谓中心化就是将 $F(0,0)$ 从频谱图的左上角移至中心，在一幅频谱图内显示一个完整周期。由于傅里叶变换的周期性，所以可以对图 4.22b 的频谱图进行周期拓展。如图 4.23 所示，图 4.23a 中虚线部分为图 4.22b 的频谱图，而整幅图像是通过对虚线部分四周进行半个周期的拓展得到的。图 4.23 中十字线分割出来的是 4 个完整的周期，而虚线部分恰好位于 4 个周期的结合部。

一种实现中心化的方法是利用傅里叶变换的平移特性。令 $u_0 = M/2$，$v_0 = N/2$，代入式（4.42）得

$$f(x,y)\mathrm{e}^{\mathrm{j}\pi(x+y)} \Leftrightarrow F(u-M/2, v-N/2) \tag{4.51}$$

由于 $x+y$ 是整数，根据式（12.102）的欧拉公式，有

$$\mathrm{e}^{\mathrm{j}\pi(x+y)} = \cos(\pi(x+y)) + \mathrm{j}\sin(\pi(x+y)) = \cos(\pi(x+y)) = (-1)^{x+y} \tag{4.52}$$

将上式代入式（4.51），得

$$f(x,y)(-1)^{x+y} \Leftrightarrow F(u-M/2, v-N/2) \tag{4.53}$$

也就是说，用 $(-1)^{x+y}$ 乘以 $f(x,y)$ 等于 $F(u,v)$ 移动 $(M/2, N/2)$，即将图 4.23a 中左上这个完整周期的频谱移至虚线框内，从而实现中心化。

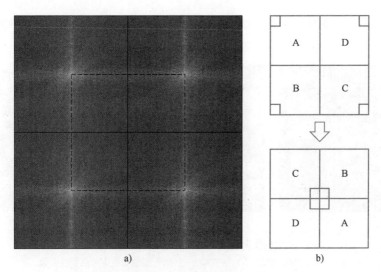

●图 4.23　傅里叶变换中心化

a）傅里叶变换周期拓展　b）通过平移实现中心化

　　另外一种实现中心化的方法如图 4.23b 所示，是在变换后进行的。图 4.23b 上图为图 4.23a 中虚线部分，包含了四个周期的各 1/4 部分。虽然不是一个完整周期，但由于傅里叶变换的周期性，显然这 4 部分已经包含我们所需要的完整信息。图 4.23b 上图分为 4 部分，也可以认为是 4 个象限，现将象限位置按对角互换，如图 4.23b 下图所示。显然，互换后的效果与第一种方法一样，保证了图像显示一个完整周期。

　　中心化前后坐标原点的变化如图 4.24 所示，坐标原点由左图的左上角变到右图的中心。我们在之后的讨论中，频率域都采用右图的坐标系，横轴为 $u$ 轴，纵轴为 $v$ 轴，原点位于频率矩形的中心。

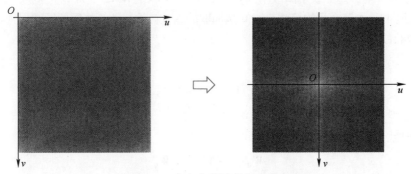

●图 4.24　中心化前后坐标原点变化

　　中心化后的频谱图如图 4.25a 所示。通过中心化后，低频信息位于图像的中心区域，而高频信息位于图像的 4 个角附近。在图 4.25a 中可以看到一个明显的十字，这个十字是由假设图像周期性时其边界处不连续造成的，如图 4.25c 所示。图 4.25b 为逆变换后的图像，与原图差别很小。

a)　　　　　　　　　　　b)　　　　　　　　　　　c)

● 图 4.25　中心化处理及逆变换

a) 中心化后的频谱　b) 逆变换　c) 输入图像被假定为周期性图像

## ▶▶ 4.2.2　快速傅里叶变换

观察式（4.39）和式（4.40）可以发现，对于 $M×N$ 个离散采样点的情况，DFT 的计算复杂度为 $O((MN)^2)$。对于实时性要求很高的工业图像处理来说，显然是不可接受的。所幸有快速傅里叶变换（Fast Fourier Transform，FFT）算法[Cooley,1965]，其计算复杂度为 $O(MN\log_2 MN)$，对于大尺寸图像来说，其计算速度优势十分明显。

式（4.41）表明二维 DFT 是可分离变换，可以通过逐次调用一维变换来实现，因此我们只需要推导一维的 FFT 算法。FFT 算法的基本原理是把长序列的 DFT 逐次分解为较短序列的 DFT。按照抽取方式的不同可分为时间域抽取和频率域抽取算法。按照对序列长度的要求不同可分为基 2、基 4 等，基 2 表示离散序列 $f(n)$ 的长度 $N$ 满足 $N=2^m$，$m$ 为正整数，而基 4 则为序列长度满足 $4^m$。本节介绍的算法为时间域抽取的基 2 算法，该算法需要图像尺寸是 2 的幂次方，比如 128、256、512 等。

首先将式（4.37）改写为

$$F(u) = \sum_{x=0}^{M-1} f(x) W_M^{ux}, \quad u = 0,1,2,\cdots,M-1 \qquad (4.54)$$

式中，$W_M^{ux} = e^{-j2\pi ux/M}$ 称为旋转因子，具有以下几个性质。

**1. 周期性**

$$W_M^{(u+M)x} = W_M^{u(x+M)} = W_M^{ux} \qquad (4.55)$$

**2. 对称性**

$$\left(W_M^{ux}\right)^* = W_M^{-ux} \qquad (4.56)$$

式中，$\left(W_M^{ux}\right)^*$ 是 $W_M^{ux}$ 的共轭复数（见 12.2 节）。

### 3. 可约性

$$W_{nM}^{nux} = W_M^{ux}, \qquad W_{M/n}^{ux/n} = W_M^{ux} \qquad (4.57)$$

式中，$n$ 为正整数。

另外还有

$$W_M^{M/2} = -1, \qquad W_M^{u+M/2} = -W_M^u \qquad (4.58)$$

设 $M$ 为 2 的正整数次幂

$$M = 2^n \qquad (4.59)$$

式中，$n$ 为正整数，于是，$M$ 可写成

$$M = 2K \qquad (4.60)$$

其中 $K$ 为正整数，将式（4.60）代入式（4.54）得

$$F(u) = \sum_{x=0}^{2K-1} f(x) W_{2K}^{ux} = \sum_{x=0}^{K-1} f(2x) W_{2K}^{u(2x)} + \sum_{x=0}^{K-1} f(2x+1) W_{2K}^{u(2x+1)} \qquad (4.61)$$

由式（4.57）可得 $W_{2K}^{2ux} = W_K^{ux}$，上式可改写为

$$F(u) = \sum_{x=0}^{K-1} f(2x) W_K^{ux} + \sum_{x=0}^{K-1} f(2x+1) W_K^{ux} W_{2K}^u \qquad (4.62)$$

现在定义

$$F_{\text{even}}(u) = \sum_{x=0}^{K-1} f(2x) W_K^{ux}, \quad u = 0, 1, \cdots, K-1 \qquad (4.63)$$

$$F_{\text{odd}}(u) = \sum_{x=0}^{K-1} f(2x+1) W_K^{ux}, \quad u = 0, 1, \cdots, K-1 \qquad (4.64)$$

即可将式（4.62）简化为

$$F(u) = F_{\text{even}}(u) + F_{\text{odd}}(u) W_{2K}^u \qquad (4.65)$$

根据式（4.55）和式（4.58）可得：$W_K^{(u+K)x} = W_K^{ux}$ 和 $W_{2K}^{u+K} = -W_{2K}^u$，于是有

$$F(u+K) = F_{\text{even}}(u) - F_{\text{odd}}(u) W_{2K}^u \qquad (4.66)$$

分析式（4.63）~ 式（4.66）可以发现这些表达式的一些重要性质。式（4.65）和式（4.66）表明一个 $M$ 点的 DFT 可通过将原始表达式分成两半来计算。对 $F(u)$ 前一半的计算需要根据式（4.63）和式（4.64）计算 2 个变换，每个变换有 $M/2$ 个采样点。然后，将 $F_{\text{even}}(u)$ 和 $F_{\text{odd}}(u)$ 的值代入式（4.65）得到 $F(u)$，$u = 0, 1, \cdots, M/2-1$。$F(u)$ 的后一半可由式（4.66）直接计算，不需要额外的变换计算。而且 $M/2$ 个采样点可以继续分解下去，直至每个变换只有一个采样点。为了进一步解释该算法，现假设有一个 4 个点的变换，图 4.26 给出了上述算法的流程。如图 4.26a 所示，首先将 4 个点按奇偶分解成两组 $\{f(0), f(2)\}$ 和 $\{f(1), f(3)\}$，再用式（4.63）和式（4.64）分别计算 $F_{\text{even}}$ 和 $F_{\text{odd}}$，最后代入式（4.65）和式（4.66）计算 $F(u)$ 和 $F(u+K)$。但是到这里分解并没有结束，因为现在每组两个点，是偶数，利用旋转因子的特性可以对其进一步分解，分解后每组一个点，例如偶数组 $\{f(0), f(2)\}$ 可分解为 $\{f(0)\}$ 和 $\{f(2)\}$，如图 4.26b 所示。接着用式（4.63）和式（4.64）计算这一步的 $F_{\text{even}}$ 和

$F_{\text{odd}}$，由于每组只有一个点，而单个点的 DFT 就是其本身，即 $F'_{\text{even}}=f(0)$，$F'_{\text{odd}}=f(2)$，因此图中并没有标出，然后再用式（4.65）和式（4.66）计算出 $F_{\text{even}}(0)$ 和 $F_{\text{even}}(1)$。对于奇数组 $\{f(1),f(3)\}$ 也是用同样的方法计算出 $F_{\text{odd}}(0)$ 和 $F_{\text{odd}}(1)$。有了所有的 $F_{\text{even}}$ 和 $F_{\text{odd}}$，就可代入式（4.65）和式（4.66）计算出 $F(0)$ 到 $F(3)$。因为形状类似蝴蝶，图 4.26 的算法也叫蝶形算法。

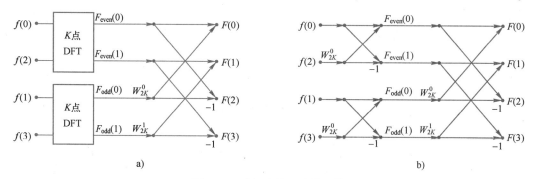

● 图 4.26 时间域抽取的基 2 算法

a）第一次奇偶分解 b）第二次奇偶分解

如果点数增加到 8 个点，需要进行 3 次分解。显然，输入数据并非顺序排列。为了让输入数据的排列符合要求，我们还需要对数据进行一次位逆序置换。方法是将数据的索引用二进制表示，即将 $[0,1,2,3,4,5,6,7]$ 用二进制序列 $[000,001,010,011,100,101,110,111]$ 表示，然后将其各位逆序，逆序后数据为 $[000,100,010,110,001,101,011,111]$，最后再将其转化成十进制 $[0,4,2,6,1,5,3,7]$，这就是我们需要的排列顺序。

除了正变换外，我们还需要逆变换。对式（4.40）的两边取共轭复数并乘以 $MN$，可得

$$MNf^*(x,y)=\sum_{u=0}^{M-1}\sum_{v=0}^{N-1}F^*(u,v)\,\text{e}^{-j2\pi\left(\frac{ux}{M}+\frac{vy}{N}\right)} \tag{4.67}$$

式中，$f^*(x,y)$ 和 $F^*(u,v)$ 分别为 $f(x,y)$ 和 $F(u,v)$ 的共轭复数。与式（4.39）对比可知，上式的右侧就是 $F^*(u,v)$ 的傅里叶变换。因此把 $F^*(u,v)$ 代入正变换算法将得到 $MNf^*(x,y)$，对此再求共轭复数并除以 $MN$，就得到所需的 $f(x,y)$。在图像处理中，$f(x,y)$ 是实函数，有 $f^*(x,y)=f(x,y)$，因此不需要计算最后的共轭复数。

FFT 算法相当复杂，我们并不建议读者自行开发。读者可以从互联网上下载成熟的软件包，其中比较优秀有 Frigo 和 Johnson 在 MIT 开发的 FFTW[Frigo,2022]。

### ▶▶ 4.2.3 频率域滤波原理和步骤

前面介绍的很多频率域的概念都是为接下来几节将要讨论的频率域滤波准备的。卷积定理告诉我们，空间域的卷积对应频率域的乘积，因此在空间域中需要通过卷积运算来完成的滤波，在频率域中通过乘积运算即可完成。

设图像函数 $f(x,y)$ 的傅里叶变换为 $F(u,v)$，频率域的滤波器函数为 $H(u,v)$ （又称为传递函数），则在频率域的滤波为

$$G(u,v)=H(u,v)F(u,v) \qquad (4.68)$$

由于 $F(u,v)$ 是复数，即 $F(u,v)=R(u,v)+jI(u,v)$，所以上式可表示为

$$G(u,v)=H(u,v)R(u,v)+jH(u,v)I(u,v) \qquad (4.69)$$

式中，$H$ 与 $R$ 及 $I$ 的相乘是对应元素之间的相乘，并不是矩阵乘法，因此要求 $H$ 的尺寸与 $R$ 和 $I$ 的尺寸相同。另外，使用中心对称的 $H$，可大大简化规定 $H$ 的任务。通过对 $G(u,v)$ 的傅里叶逆变换即可得到滤波后的图像 $g(x,y)$。

频率域滤波步骤如下。

1) 对图像 $f(x,y)$ 进行 FFT，得到 $F(u,v)$。

2) $F(u,v)$ 中心化，得到 $F_c(u,v)$。

3) 构造一个实对称滤波器传递函数 $H(u,v)$。

4) 应用式 (4.68) 进行滤波，得到 $G_c(u,v)$。

5) 对 $G_c(u,v)$ 逆中心化，得到 $G(u,v)$。

6) 对 $G(u,v)$ 进行 IFFT，得到滤波后的图像

$$g(x,y)=\text{real}[\,\mathcal{F}^{-1}[\,G(u,v)\,]\,] \qquad (4.70)$$

式中取实部是因为计算精度不足会在逆变换中出现寄生复数项。

另外，中心化也可以在第一步之前对图像 $f(x,y)$ 乘以 $(-1)^{x+y}$，傅里叶变换后得到中心化的 $F(u,v)$，并在最后再次乘以 $(-1)^{x+y}$ 得到滤波后的图像。

## 4.2.4 低通滤波

在这一节中，将介绍理想、巴特沃斯和高斯低通滤波器[章,1999][Gonzalez,2020]。

### 4.2.4.1 理想低通滤波器

中心化后的傅里叶变换的原点位于频率平面的中心，中间部分对应着低频部分，越往外频率越高。因此可以设计这样一个理想低通滤波器：在以原点为中心的一个圆内无衰减地通过所有频率，而在圆外"截止"所有频率的通过。它的传递函数可以写成如下形式

$$H(u,v)=\begin{cases}1, & D(u,v)\leqslant D_0 \\ 0, & D(u,v)>D_0\end{cases} \qquad (4.71)$$

式中，$D_0$ 是一个正常数；$D(u,v)$ 是点 $(u,v)$ 到频率平面原点的距离，$D(u,v)=(u^2+v^2)^{1/2}$。图 4.27 给出了传递函数的径向剖面图。小于 $D_0$ 的频率可以完全不受影响地通过滤波器，而大于 $D_0$ 的频率则完全通不过，所以 $D_0$ 也叫截止频率。

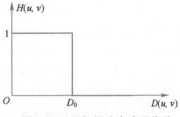

● 图 4.27 理想低通滤波器传递
函数径向剖面图

图4.28 给出了不同截止频率下的理想低通滤波器的滤波效果。图 4.28a 为原图，图 4.28b 为中心化后的频谱图，图 4.28c 为截止频率为 30 的频谱图，图 4.28d 为截止频率为 30 的滤波结果，图 4.28e 为截止频率为 60 的频谱图，图 4.28f 为截止频率为 60 的滤波结果。对比图 4.28d 和图 4.28f 可以发现，越小的截止频率图像越模糊，更多的细节信息被过滤掉了。

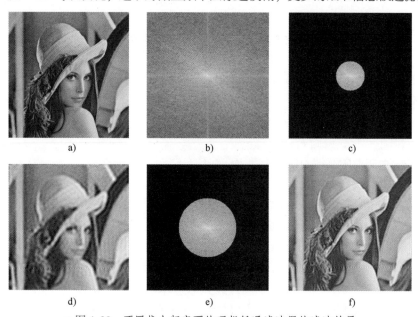

● 图 4.28　不同截止频率下的理想低通滤波器的滤波效果

a）原图（尺寸 256×256 像素）　b）频谱图　c）截止频率为 30 的频谱图　d）截止频率为 30 的滤波结果　
e）截止频率为 60 的频谱图　f）截止频率为 60 的滤波结果

观察图 4.28d 可以发现，在轮廓线条的两侧会有一些涟漪样的条纹，这个叫振铃效应，实际上图 4.28f 也有，只是不太明显。这种振铃效应是理想滤波器的固有特性，无法消除。振铃效应可以用图 4.29 来解释。图 4.29a 为频率域中理想低通滤波器传递函数的图像，截止频率为 15。图 4.29b 为传递函数变换到空间域的图像，正是这种从中间扩散开的涟漪造成了滤波后的振铃效应。

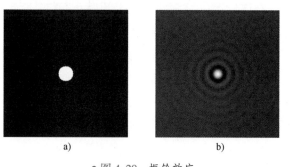

● 图 4.29　振铃效应

a）频率域中理想低通滤波器传递函数（尺寸 256×256 像素）
b）传递函数变换到空间域

### 4.2.4.2　巴特沃斯低通滤波器

为了减小或消除振铃效应，可以采用巴特沃斯（Butterworth）低通滤波器。巴特沃斯低通

滤波器的传递函数的定义为

$$H(u,v) = \frac{1}{1 + [D(u,v)/D_0]^{2n}} \quad (4.72)$$

式中，$D_0$ 为截止频率；$n$ 为滤波器阶数，取正整数，通常取阶数 $n=2$。为了增加对比性，图 4.30 给出了 1 阶和 6 阶传递函数的径向剖面图。从图中可以发现 1 阶巴特沃斯滤波器在整个频率上过渡很光滑，随着阶数的增加，在截止频率附近曲线变得更加陡峭。1 阶巴特沃斯滤波器没有振铃效应，从 2 阶开始会有振铃效应，随着阶数的增加，振铃效应会随之加强，但总体还是很弱。

图 4.31 给出了截止频率为 30 的不同阶数巴特沃斯低通滤波器的滤波效果。原图见图 4.28a，其频谱图见图 4.28b，图 4.31a 为与 6 阶传递函数相乘后的频谱图。图 4.31b 为 6 阶巴特沃斯低通滤波器的滤波结果，有微弱的振铃效应，但与图 4.28d 相比振铃效应要弱很多。图 4.31c 为与 1 阶传递函数相乘后的频谱图，与图 4.28b 相比变化不大，仅是由中心往外图像逐渐变暗。图 4.31d 为 1 阶巴特沃斯低通滤波器的滤波结果，显然没有振铃效应。

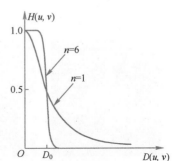

● 图 4.30 巴特沃斯低通滤波器
传递函数的径向剖面图

a)      b)      c)      d)

● 图 4.31 截止频率为 30 的巴特沃斯低通滤波效果

a）$n=6$ 的频谱 b）$n=6$ 的滤波结果 c）$n=1$ 的频谱 d）$n=1$ 的滤波结果

#### 4.2.4.3 高斯低通滤波器

另外一个有用的低通滤波器就是高斯低通滤波器。高斯低通滤波器的传递函数的定义为

$$H(u,v) = e^{-\frac{D^2(u,v)}{2D_0^2}} \quad (4.73)$$

式中，$D_0$ 为截止频率。当 $D(u,v) = D_0$ 时，传递函数的值为 0.607。图 4.32 给出了 $D_0=10$ 和 30 时的传递函数的径向剖面图。由于高斯函数的傅里叶逆变换也是高斯函数，所以高斯低通滤波器没有振铃效应。

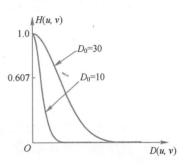

● 图 4.32 高斯低通滤波器传递
函数的径向剖面图

图 4.33 给出了不同截止频率的高斯低通滤波器的滤波效果。原图见图 4.28a，其频谱图见图 4.28b，图 4.33a 为与截止频率为 10 的传递函数相乘后的频谱图，图 4.33b 为截止频率为 10 的滤波结果，图 4.33c 为与截止频率为 30 的传递函数相乘后的频谱图，图 4.33d 为截止频率为 30 的滤波结果，从图 4.33b 和图 4.33d 可以看出高斯滤波器没有振铃效应。

a)　　　　　　　　b)　　　　　　　　c)　　　　　　　　d)

● 图 4.33　不同截止频率的高斯低通滤波器的滤波效果

a）截止频率为 10 的频谱图　b）截止频率为 10 的滤波结果

c）截止频率为 30 的频谱图　d）截止频率为 30 的滤波结果

### ▶▶ 4.2.5　高通滤波

用 1 减去低通滤波器传递函数，就会得到对应的高通滤波器传递函数。据此，可从式（4.71）的理想低通滤波器推导出理想高通滤波器的传递函数

$$H(u,v)=\begin{cases}0, & D(u,v)\leqslant D_0\\1, & D(u,v)>D_0\end{cases} \tag{4.74}$$

式中参数含义与式（4.71）相同。该式表明，在以原点为中心的一个圆内"截止"所有频率的通过，而在圆外无衰减地通过所有频率。

根据式（4.72）可推导出巴特沃斯高通滤波器的传递函数

$$H(u,v)=\frac{1}{1+[D_0/D(u,v)]^{2n}} \tag{4.75}$$

式中参数含义与式（4.72）相同。另外，高斯高通滤波器的传递函数也可从式（4.73）推导出

$$H(u,v)=1-e^{\frac{-D^2(u,v)}{2D_0^2}} \tag{4.76}$$

式中参数含义与式（4.73）相同。

图 4.34 给出了这 3 种滤波器传递函数的径向剖面图。图 4.34a 为理想高通滤波器，图 4.34b 为巴特沃斯高通滤波器，图 4.34c 为高斯高通滤波器。这几种高通滤波器与对应的低通滤波器的形状正好相反。

图 4.35 给出了截止频率为 10 的 3 种高通滤波器的滤波效果。原图见图 4.28a，其频谱图

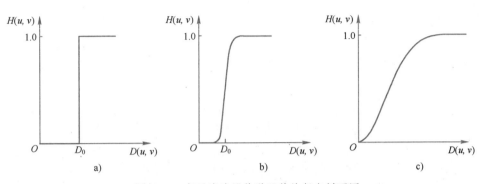

● 图 4.34　高通滤波器传递函数的径向剖面图

a) 理想高通滤波器　b) 巴特沃斯高通滤波器　c) 高斯高通滤波器

见图 4.28b。图 4.35a~4.35c 分别为与理想、6 阶巴特沃斯和高斯高通滤波器的传递函数相乘后的频谱图。图 4.35d~4.35f 为对应的滤波结果，从图中可以明显发现，理想滤波器有明显的振铃效应，6 阶巴特沃斯滤波器也有振铃效应，但比理想滤波器要弱，而高斯滤波器没有振铃效应。图 4.35a~4.35c 的亮度明显比图 4.28b 要高，这是因为图 4.28b 中心的高亮部分被图 4.35a~4.35c 中的黑色部分替代，造成图像最大灰度值下降，从而在映射到[0,255]时造成整体亮度增加。但这仅用于显示，对实际图像处理没有任何影响。

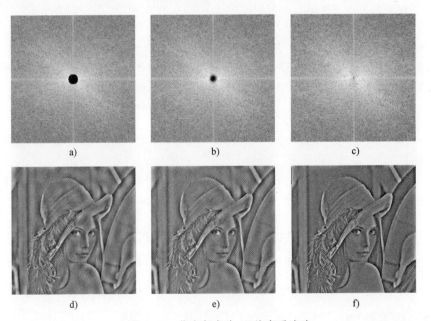

● 图 4.35　截止频率为 10 的高通滤波

a)~c) 理想、6 阶巴特沃斯和高斯滤波器传递函数相乘后的频谱图　d)~f) 图 a~图 c 滤波器的滤波结果

## ▶▶4.2.6 带阻和带通滤波

阻止特定频带内的信号通过而允许其余频带内的信号通过的滤波器称为带阻滤波器，反过来则是带通滤波器。

理想带阻滤波器可以通过组合低通和高通滤波器得来，其传递函数为

$$H(u,v)=\begin{cases} 0, & D_0-W/2\leq D(u,v)\leq D_0+W/2 \\ 1, & 其他 \end{cases} \tag{4.77}$$

式中，$D_0$ 为需要阻止的频率点与频率中心的距离，$W$ 为带阻滤波器的带宽。图 4.36 为理想带阻滤波器传递函数的径向剖面图。

巴特沃斯带阻滤波器和高斯带阻滤波器的传递函数分别为

$$H(u,v)=\cfrac{1}{1+\left[\cfrac{D(u,v)W}{D^2(u,v)-D_0^2}\right]^{2n}} \tag{4.78}$$

$$H(u,v)=1-e^{-\left[\frac{D^2(u,v)-D_0^2}{D(u,v)W}\right]^2} \tag{4.79}$$

带通滤波器则可通过 1 减去以上三个带阻滤波器 [式 (4.77) ~式 (4.79)] 实现，在这里我们不再赘述。另外一个有用的带通滤波器就是高斯差分（DoG）带通滤波器（空间域的 DoG 算子的详细介绍见 6.6 节）。顾名思义，DoG 带通滤波器的传递函数由两个高斯低通滤波器的传递函数之差构成

$$H(u,v)=e^{-\frac{D^2(u,v)}{2D_0^2}}-e^{-\frac{D^2(u,v)}{2D_1^2}} \tag{4.80}$$

式中，$D_0$ 和 $D_1$ 为截止频率。图 4.37 给出了 $D_0=20$，$D_1=10$ 时的传递函数的径向剖面图。该传递函数有个缺点，那就是函数最大值不到 1，不过这并不影响使用。

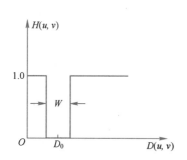

● 图 4.36 理想带阻滤波器传递函数的径向剖面图

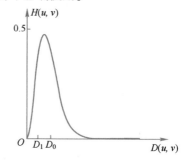

● 图 4.37 DoG 带通滤波器传递函数的径向剖面图

## ▶▶4.2.7 陷波滤波

陷波滤波器（Notch Filter）是指可以阻止或允许以某个频率为中心的邻域里的频率通过的

滤波器。陷波滤波器在本质上仍然是带阻滤波器或带通滤波器,并且可分别称为陷波带阻滤波器和陷波带通滤波器。考虑到傅里叶变换的对称性,为了阻止或允许不以原点为中心的邻域里的频率通过,陷波滤波器必须是关于原点对称的,因此中心为 $(u_0, v_0)$ 的陷波滤波器在 $(-u_0, -v_0)$ 位置必须有一个对应的陷波,也就是说陷波滤波器必须两两对称工作。陷波滤波器多用于消除周期性噪声。

一个用于消除以 $(u_0, v_0)$ 和 $(-u_0, -v_0)$ 为中心、$D_0$ 为半径的区域内所有频率的理想陷波带阻滤波器传递函数为

$$H(u,v) = \begin{cases} 0, & D_1(u,v) \leqslant D_0 \text{ 或 } D_2(u,v) \leqslant D_0 \\ 1, & \text{其他} \end{cases} \tag{4.81}$$

式中,

$$D_1(u,v) = \left[ (u-u_0)^2 + (v-v_0)^2 \right]^{1/2} \tag{4.82}$$

$$D_2(u,v) = \left[ (u+u_0)^2 + (v+v_0)^2 \right]^{1/2} \tag{4.83}$$

巴特沃斯和高斯陷波带阻滤波器可以用中心在 $(u_0, v_0)$ 和 $(-u_0, -v_0)$ 的一对高通滤波器传递函数的乘积来产生。$n$ 阶巴特沃斯陷波带阻滤波器的传递函数为

$$H(u,v) = \left[ \frac{1}{1 + \left[ \dfrac{D_0}{D_1(u,v)} \right]^n} \right] \left[ \frac{1}{1 + \left[ \dfrac{D_0}{D_2(u,v)} \right]^n} \right] \tag{4.84}$$

式中参数的含义与式(4.81)相同。高斯陷波带阻滤波器的传递函数为

$$H(u,v) = \left[ 1 - e^{\frac{-D_1(u,v)}{2D_0}} \right] \left[ 1 - e^{\frac{-D_2(u,v)}{2D_0}} \right] \tag{4.85}$$

式中参数的含义与式(4.81)相同。图 4.38 给出了上述两个传递函数的透视图。

图 4.39 给出了用陷波滤波器消除周期性噪声的示例。图 4.39a 为添加了正弦噪声信号的图像,图 4.39b 为其傅里叶变换的频谱。正弦函数的傅里叶变换是一对共轭对称的冲激点,在图 4.39b 中表现为箭头指示的两个亮点(为了便于显示,图中的亮点实际上已经扩大了 4 倍),在局部放大图可以发现亮点大小仅为一个像素。图 4.39c 是进行了理想陷波带阻滤波后的频谱,实际上就是将这两个点置 0。图 4.39d 为逆变换后的图像。

从图 4.39 的示例可以看出,陷波滤波的重要一步就是确定冲激点的位置。对于尺寸为 $M \times N$ 的图像,正弦函数的 DFT 对[Gonzalez, 2020]为

$$\sin\left( \frac{2\pi u_0 x}{M} \right) \Leftrightarrow \frac{jM}{2} \left[ \delta(u+u_0) - \delta(u-u_0) \right] \tag{4.86}$$

式中,$\delta(u+u_0)$ 和 $\delta(u-u_0)$ 为冲激函数。该式表明正弦函数的 DFT 是在 $\pm u_0$ 处的两个冲激点。因此确定冲激位置就是确定 $u_0$。由于正弦信号可表示为 $\sin((2\pi/T)x)$,其中 $T$ 为周期,因此,式(4.86)左端括号内的内容可表示为

$$2\pi u_0 x / M = 2\pi x / T \tag{4.87}$$

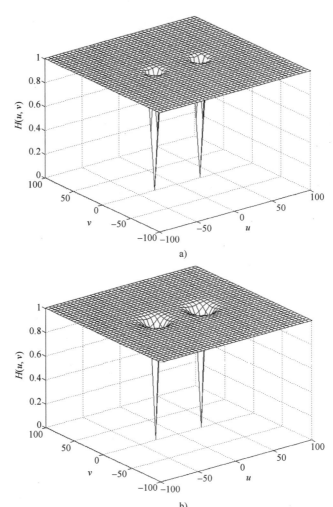

图 4.38 巴特沃斯陷波带阻滤波器与高斯陷波带阻滤波器的传递函数的透视图

a）巴特沃斯陷波带阻滤波器（$n=6, D_0=5$）　b）高斯陷波带阻滤波器（$D_0=2$）

a)　　　　　　b)　　　　　　c)　　　　　　d)

● 图 4.39　陷波滤波器

a）添加了正弦噪声信号的图像（正弦信号的周期 $T=8$）　b）傅里叶变换的频谱

c）陷波带阻滤波后的频谱　d）逆变换后的结果

可得

$$u_0 = M/T \tag{4.88}$$

**例 4.1**　计算图 4.39b 中的冲激位置

图 4.39a 的原图尺寸为 256×256 像素，添加的正弦信号的周期 $T=8$，表现在图像上就是每个周期为 8 个像素。根据式（4.88）可得 $u_0 = 256/8 = 32$，由于中心化频谱的原点位于图像的中心，并且是在 $x$ 轴方向添加的一维正弦信号，所以两个冲激点在频谱坐标上为 $(-32, 0)$ 和 $(32, 0)$。换算成左上角为原点的图像坐标就是 $(96, 128)$ 和 $(160, 128)$，如图 4.39b 所示。如果是在 $y$ 轴方向添加的正弦信号，根据傅里叶变换的旋转性质，则冲激为垂直方向的 2 个点。在实际应用中，遇到的不一定是纯正的正弦信号，计算出的位置不一定很准确，但是可以给出一个大致范围，便于仔细搜索准确位置。

## 4.2.8　频率域滤波应用

相比于空间域滤波，频率域滤波使用起来更加麻烦。下面给出一个用 DoG 带通滤波器检测表面缺陷的示例。

**例 4.2**　DoG 带通滤波器检测表面缺陷

如图 4.40 所示，图 4.40a 是破损的瑜伽垫图像，由于有明暗相间的条纹，直接对缺陷进行分割有一定的困难。我们将图像变换到频率域，在频率域中抑制这些周期性的条纹，然后再回到空间域继续进行处理。具体检测步骤如下。

1）用傅里叶变换将图 4.40a 变换到频率域，频谱图如图 4.40b 所示，周期性条纹表现为与条纹方向垂直的一系列亮点。虽然可以手动抑制这些点，但这种方式并不适合工业现场。

2）用式（4.80）的 DoG 滤波器对图 4.40b 滤波，结果如图 4.40c 所示。

3）通过傅里叶逆变换，将图 4.40c 变回空间域，如图 4.40d 所示。显然，周期性条纹得到了很好的抑制。

4）如果这时直接对图像进行阈值分割，效果并不理想。所以先用灰度差算子（见 4.1.3.3 节）对图像进行滤波，结果如图 4.40e 所示，相比图 4.40d，缺陷加大，与背景区分更加明显。

5）对图 4.40e 二值化（见 7.1 节），如图 4.40f 所示，缺陷已经分割出来，但边缘有些噪声信号。

6）对图 4.40f 进行区域分析，剔除面积过小的 blob，剩下的就是缺陷，将缺陷叠加到原图上，结果如图 4.40g 所示。

## 4.2.9　频率域滤波小结

频率域滤波包括低通滤波、高通滤波、带阻滤波、带通滤波、陷波滤波等。但是这些滤波

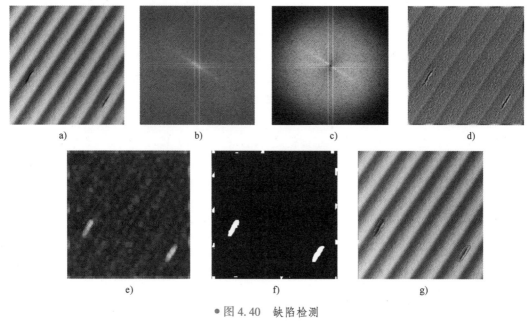

●图 4.40　缺陷检测

a）破损的瑜伽垫图像　b）傅里叶变换后的频谱　c）用 DoG 带通滤波器滤波后的频谱
（滤波器参数：$D_0 = 40$，$D_1 = 30$）　d）逆变换到空间域　e）用 7×7 灰度差算子对图像进行滤波
f）二值化（阈值 110）　g）区域分析结果叠加原图像（面积阈值 100）

功能中的大部分可以在空间域完成，是否有必要将图像转换到频率域进行滤波，然后再转换回空间域处理？因此有必要对比一下二者的运算速度。假设空间域采用可分离滤波器，频率域采用 FFT，对于大小为 2048×2048 像素的图像，当滤波器核的尺寸超过 27×27 时，频率域滤波的优势体现出来，当核的尺寸为 201×201 时，使用 FFT 的运算速度接近空间域滤波的 10 倍，但是当核的尺寸为 3×3 时，空间域滤波的运算速度是 FFT 的 10 倍。这也是为什么在工业图像处理中较少使用频率域滤波的原因，因为工业图像处理中用到滤波器核的尺寸往往比较小，并且对实时性要求比较高。

实际上频率域滤波的优势主要体现在使用大尺寸滤波器核和消除周期性噪声这两个方面。

## 4.3　噪声估计与添加

在模拟相机时代，采集的图像经常伴随着严重的噪声信号。进入数字相机时代，虽然噪声信号减弱了很多，但在低照度时依然存在。此外，在有些特殊拍摄条件下，比如 X 光相机拍摄一些产品内部图像时，仍存在严重噪声。对低通滤波器在抑制噪声方面进行定量分析时，也涉及噪声的添加和估计。因此对图像噪声的研究仍然有其必要性。

## ▶▶ 4.3.1　基本概念

实际的图像常受一些随机误差的影响而退化，我们通常称这个退化为噪声。在图像的捕获、传输或者处理过程中都可能出现噪声，噪声可能依赖于图像内容，也可能与其无关。

理想的噪声，称为白噪声（White Noise）。白噪声这个术语派生自白光的物理性质，即白光等比例地包含可见光谱中的所有频率。白噪声具有常量的功率谱，也就是说噪声在所有频率上出现且强度相同。例如，白噪声的强度并不随着频率的增加而衰减，这在现实中是典型的。

白噪声的一个特例是高斯噪声（Gaussian Noise）。高斯噪声是指概率密度函数（PDF）服从高斯分布的一类噪声。高斯噪声具有图像中各像素点上的噪声不相关，并且均值为零的特点。在很多实际情况下，噪声可以很好地用高斯噪声来近似。除此之外，还有 PDF 为瑞利分布、伽马分布、指数分布、均匀分布的噪声以及 4.2.7 节讲到的周期性噪声。

当图像通过信道传输时，噪声一般与出现的图像信号无关。这种独立于信号的噪声被称为加性噪声（Additive Noise）。可以用以下模型来表示

$$g = f + n \tag{4.89}$$

式中，噪声 $n$ 和输入图像 $f$ 是相互独立的变量。图 4.41a 为加了高斯噪声的图像。

a)　　　　　　　　　　　　b)

● 图 4.41　添加了噪声的图像

a）添加 $\mu = 0$、$\sigma = 15$ 的高斯噪声　b）添加 5% 的椒盐噪声

与加性噪声相对应的则是乘性噪声（Multiplicative Noise），噪声的幅值与信号本身的幅值有关，其模型为

$$g = fn \tag{4.90}$$

乘性噪声的一个例子就是老式的 CRT 电视因光栅退化而产生噪声，这种噪声与电视扫描线有关，在扫描线上最大，在两条扫描线之间最小。

冲击噪声（Impulsive Noise）是指一幅图像被个别噪声像素破坏，这些像素的亮度与其邻域的显著不同。椒盐噪声（Salt-and-Pepper Noise）是指饱和的冲击噪声，这时图像被一些白的或黑的像素所破坏，如图 4.41b 所示。图像上如同散落了一些白色的盐粒和黑色的胡椒粒，

椒盐噪声由此得名。作为离散型随机变量，椒盐噪声的概率分布为

$$P(z) = \begin{cases} P_s, & z = L-1 \\ P_p, & z = 0 \\ 0, & \text{其他} \end{cases} \tag{4.91}$$

式中，$z$ 为灰度值，$L$ 为图像灰度等级，$P_s$ 为像素为盐噪声的概率，$P_p$ 为像素为椒噪声的概率。像素被椒盐噪声污染的概率为 $P = P_s + P_p$，$P$ 称为噪声密度。例如，当添加 $P_s = P_p = 0.025$ 的噪声时，我们就说添加了 5% 的椒盐噪声，即整幅图像中 5% 的像素被噪声污染。

### ▶▶ 4.3.2 噪声估计

在图像处理中，噪声估计涉及评估图像质量、优化图像去噪算法等方面，因此十分重要。本节讨论图像中经常出现的高斯噪声和椒盐噪声的估计方法。

#### 4.3.2.1 高斯噪声

高斯噪声有多种评估方法，这里介绍的是 Immerkaer[1996]给出的方法。由于图像边缘这样的结构具有很强的二阶微分分量，因此噪声估计算子应该对图像的拉普拉斯量不敏感。如图 4.42 所示，图 4.42a 为拉普拉斯算子 $L_1$，图 4.42b 为类拉普拉斯算子 $L_2$，通过两者之差来构造噪声估计算子 $N$，如图 4.42c 所示，这是一个均值为 0 的算子。该算子只对孤立的噪声点敏感，对边缘并不敏感。

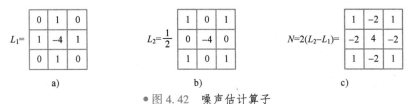

● 图 4.42　噪声估计算子

a) 拉普拉斯算子 $L_1$　b) 类拉普拉斯算子 $L_2$　c) 高斯噪声估计算子 $N$

用噪声估计算子 $N$ 对图 4.41a 滤波的结果如图 4.43 所示。从图中可以看到，边缘得到很好的抑制，噪声分量得到了保留。

假设每个像素处的噪声的标准差为 $\sigma_n$，则 $N$ 对图像卷积后一个像素点的方差为 $(4^2 + 4 \times (-2)^2 + 4 \times 1^2) \sigma_n^2 = 36\sigma_n^2$。通过对邻域或者整幅图像的计算，可以得到噪声方差的平均估计值。对于尺寸为 $w \times h$ 的图像 $g(x, y)$，其噪声方差的估计值为

$$\sigma_n^2 = \frac{1}{36(w-2)(h-2)} \sum_{x=1}^{w-2} \sum_{y=1}^{h-2} (g(x,y) * N)^2 \tag{4.92}$$

● 图 4.43　用噪声估计算子 $N$ 对图 4.41a 滤波的结果

式中，$g(x,y) * N$ 表示在 $(x,y)$ 点的卷积；由于卷积无法对边缘像素进行操作，所以参与计算的像素数量为 $(w-2)(h-2)$。

对于均值为 0 的高斯分布来说，方差可以用绝对偏差来表示。由式（4.92）可推导出噪声标准差的估计值

$$\sigma_n = \sqrt{\frac{\pi}{2}} \frac{1}{6(w-2)(h-2)} \sum_{x=1}^{w-2} \sum_{y=1}^{h-2} |g(x,y) * N| \qquad (4.93)$$

该式在求和时不需要乘法运算，因此计算效率更高。

实现式（4.93）的算法如下。

算法 4.8　高斯噪声估计算法
**输入：** 图像 f(x,y)，尺寸 w×h
**输出：** 噪声标准差 sigma
```
1:   m=0;
2:   for(i=1; i<h-1; i++) {
3:       for(j=1; j<w-1; j++)
4:           m+=abs(f(j-1,i-1)-2*f(j,i-1)+f(j+1,i-1)-2*f(j-1,i)+4*f(j,i)-
             2*f(j+1,i)+f(j-1,i+1)-2*f(j,i+1)+f(j+1,i+1)); //卷积累加, abs(): 取绝
     //对值
5:   }
6:   sigma=sqrt(π/2)/(6*(w-2)*(h-2))*m;     //式(4.93),sqrt(): 开方
```

最后通过一个例子来验证上述算法。

**例 4.3　高斯噪声估计**

用上述算法对图 4.41a 进行噪声估计，取 20% 面积时，$\sigma = 15.14$；取 100% 面积时，$\sigma = 15.09$，可见算法相当准确。

#### 4.3.2.2　椒盐噪声

椒盐噪声的估计包括对胡椒和盐两种噪声的估计。对于图 4.41b 这样的 8 位灰度图像，其原图的动态范围为 [27,238]，与灰度为 0 和 255 的噪声像素不重合，因此只要对噪声像素计数即可完成椒盐噪声的估计。但实际上，很多图像本身就有相当多的像素灰度值为 0 或 255，如图 4.44a 所示，这时统计灰度为 255 的盐噪声时只能统计灰色和黑色区域，因为白色区域盐噪

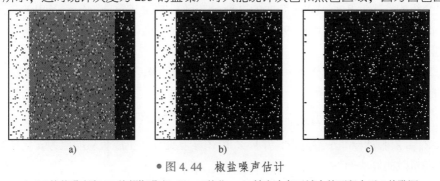

a)　　　　　　　　　　　b)　　　　　　　　　　　c)

● 图 4.44　椒盐噪声估计

a）5%的盐噪声和5%的胡椒噪声　b）二值化　c）填充白色区域中的面积小于 4 的孔洞

声与图像本身融为一体；另一种情况就是可能会出现 4 连通或 8 连通粘连在一起的噪声像素，我们称这几个粘连在一起的像素为一个区域（见第 8 章）。

基于以上两点考虑，我们设计出如下的盐噪声估计算法。

**算法 4.9　盐噪声估计算法**
**输入：** 图像 f(x,y)，尺寸 w×h
**输出：** 盐噪声占比
```
1:   n=w*h;                         //图像面积，也是像素数量
2:   Amin=3;                        //小于等于该面积的区域认为是噪声
3:   count=0;
4:   for (i=0; i<n; i++)
5:       if (f(i)<255) f(i)=0;      //二值化，如图 4.44b 所示
6:   如图 4.44c 所示，对 f 进行区域重构，填充面积≤Amin 的孔洞；  //区域重构见 8.2 节
7:   for (i=0; i<n; i++)
8:       if (f(i)==255) count++;    //统计全部白色像素数量
9:   对 f 进行区域分析，计算面积>Amin 的全部白色区域的面积之和 Aw；  //区域分析见第 8 章
10:  盐噪声占比=(count-Aw)/(n-Aw);
```

对于胡椒噪声，除了在二值化时将灰度值为 0 的像素赋值 255，其他像素赋值 0 外，其余步骤与算法 4.9 完全相同。

例 4.4　椒盐噪声估计

用算法 4.9 对图 4.41b 噪声估计的结果为：盐噪声为 2.45%，胡椒噪声为 2.5%，合计为 4.95%；对图 4.44a 噪声估计的结果为：盐噪声为 4.61%，胡椒噪声为 5.03%，合计为 9.64%。估计值还是比较准确的。

## ▶▶ 4.3.3　噪声添加

在前一小节讨论的噪声估计算法时，需要对图像添加定量的噪声，才能验证算法的有效性。另外在开发一些降噪滤波算法时，也要用到含有定量噪声的图像来检验算法的效果。本节还是针对高斯噪声和椒盐噪声来讨论噪声的添加。

添加高斯噪声最重要的一步就是生成高斯分布随机数。生成高斯分布随机数的方法有多种，这里介绍的是基于 Box-Muller 变换的高斯分布随机数生成算法。Box-Muller 变换最初由 Box 与 Muller 于 1958 年提出[Box,1958]，是一种通过服从均匀分布的随机变量来构建服从高斯分布的随机变量的算法。

Box-Muller 变换的具体描述为：假设变量 $U_1$ 和 $U_2$ 是（0，1）均匀分布的随机数，且 $U_1$ 和 $U_2$ 彼此独立，令

$$Z_0 = \sqrt{-2\ln U_1}\cos(2\pi U_2), \quad Z_1 = \sqrt{-2\ln U_1}\sin(2\pi U_2) \tag{4.94}$$

那么 $Z_0$ 和 $Z_1$ 服从标准正态分布，并且 $Z_0$ 和 $Z_1$ 相互独立。生成服从均值为 $\mu$、方差为 $\sigma^2$ 的高斯分布随机数的算法如下。

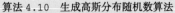

算法 4.10　生成高斯分布随机数算法

**输入:** 均值 $\mu$、标准差 $\sigma$

**输出:** 高斯分布随机数 $Z'_0$、$Z'_1$

1: 　生成 $(0,1)$ 均匀分布的随机数 $U_1$ 和 $U_2$；　//注意: $U_1$ 不能为 0，因为不能对 0 取对数

2: 　根据式 (4.94) 计算 $Z_0$ 和 $Z_1$；

3: 　$Z'_0 = Z_0 * \sigma + \mu$; $Z'_1 = Z_1 * \sigma + \mu$;　//$Z'_0$ 和 $Z'_1$ 为服从均值为 $\mu$、方差为 $\sigma^2$ 的高斯分布随机数

接着将随机数加到图像的每个像素上就完成高斯噪声的添加。做加法运算时需要注意溢出的问题。

添加椒盐噪声就很简单了:假设图像为 8 位灰度图像,首先根据要求确定需要添加的噪声像素数量,然后生成行和列的随机数,得到待添加的像素位置,最后对该像素置 0 或 255。需要注意的一点是,生成的像素位置不能重复,否则会造成添加的噪声数量不够。

# 第5章

▶▶▶▶▶▶

# 几 何 变 换

在图像处理中用到的旋转、缩放、形状校正等变换，都属于几何变换。几何变换可改变图像中各像素之间的位置关系，通常称为橡皮膜变换，因为类似在一块橡皮膜上画图，然后根据预定义的一组规则拉伸或者压缩橡皮膜。

一个几何变换需要两个独立的算法：一是需要一个算法来定义空间变换本身，用它描述每个像素如何从初始位置"移动"到终止位置，即每个像素的"运动"；二是还需要一个用于灰度插值的算法，这是因为在一般情况下，输入图像位于整数位置坐标的像素，经过空间变换后在输出图像的位置坐标为非整数。同样，在输出图像的整数坐标位置上的像素，在输入图像也位于非整数的位置坐标上，因此需要通过灰度插值来确定输出图像的像素灰度。

本章首先讨论空间变换，空间变换包括仿射变换、投影变换和极坐标变换；然后再讨论灰度插值，灰度插值包括最近邻插值、双线性插值和双三次插值；最后讨论图像金字塔。

## 5.1 空间变换

### ▶▶ 5.1.1 仿射变换

如果在使用图像处理系统的自动化设备上的物料的位置和角度不能保持恒定，我们就必须对拍摄的图像进行平移和旋转，以保证物料处于正确的位置。另外，当工作距离发生了变化，也需要对拍摄的图像进行尺度缩放，以保证图像中的物料尺寸保持一致。这些情况下使用的变换就是仿射变换（Affine Transformation）。仿射变换是最简单也是使用最多的空间变换，它包括平移、缩放、旋转、剪切和翻转变换，如图5.1所示。图5.1a是原图，图5.1b~5.1f分别为平移、缩放、翻转、旋转和剪切变换。从这些变换可以看出，仿射变换是二维平面变换。仿射变换可以看成从一个平行四边形到另一个平行四边形的变换，其变换特点为：变换前后的直线性保持不变，即变换前是直线，变换后还是直线；变换前后的平行关系保持不变；变换前后的线段长度比例关系保持不变。

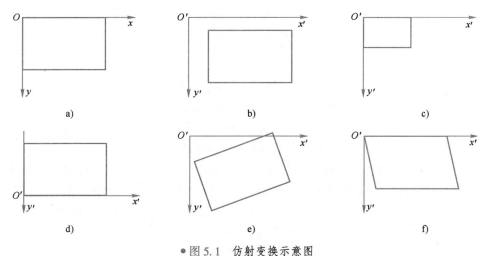

●图 5.1 仿射变换示意图

a）原图 b）平移 c）缩放 d）翻转 e）旋转 f）剪切

仿射变换可表示为一个由 2×2 矩阵给定的线性部分，再加上一个平移部分

$$\begin{pmatrix} x' \\ y' \end{pmatrix} = \begin{bmatrix} a_{11} & a_{12} \\ a_{21} & a_{22} \end{bmatrix} \begin{pmatrix} x \\ y \end{pmatrix} + \begin{pmatrix} a_{13} \\ a_{23} \end{pmatrix} \tag{5.1}$$

式中，$(x,y)$ 是原图像中像素的坐标，$(x',y')$ 是变换后图像中像素的坐标。由于需要将平移部分单独列出，因此上式的表述有些烦琐。为了解决这个问题，在原坐标基础上引入第三个数值为 1 的坐标，式（5.1）就可写成更简洁的形式

$$\begin{pmatrix} x' \\ y' \\ 1 \end{pmatrix} = A \begin{pmatrix} x \\ y \\ 1 \end{pmatrix} = \begin{bmatrix} a_{11} & a_{12} & a_{13} \\ a_{21} & a_{22} & a_{23} \\ 0 & 0 & 1 \end{bmatrix} \begin{pmatrix} x \\ y \\ 1 \end{pmatrix} \tag{5.2}$$

式中，$A$ 称为仿射矩阵。这种附加了多余的第三个坐标的表示方法称为齐次坐标，而式（5.1）中含有两个坐标的表示方法称为非齐次坐标。式（5.2）也可写成

$$\begin{cases} x' = a_{11}x + a_{12}y + a_{13} \\ y' = a_{21}x + a_{22}y + a_{23} \end{cases} \tag{5.3}$$

根据不同的仿射矩阵 $A$，实现平移、缩放、旋转、剪切和翻转变换，并且各种变换可以组合成更复杂的变换，其中平移加旋转的变换称为刚性变换，是在图像匹配（见第 10 章）中常用的一种变换。

由于仿射变换是从一个平行四边形到另一个平行四边形的变换，而一个平行四边形需要 3 个顶点来确定。因此，计算仿射矩阵 $A$ 需要 3 对不共线的点，这一点从式（5.2）也可看出。

根据式（5.3），用 3 对不共线的点构成如下形式的线性方程组[OpenCV, 2012]

$$
\begin{bmatrix}
x_1 & y_1 & 1 & 0 & 0 & 0 \\
x_2 & y_2 & 1 & 0 & 0 & 0 \\
x_3 & y_3 & 1 & 0 & 0 & 0 \\
0 & 0 & 0 & x_1 & y_1 & 1 \\
0 & 0 & 0 & x_2 & y_2 & 1 \\
0 & 0 & 0 & x_3 & y_3 & 1
\end{bmatrix}
\begin{pmatrix}
a_{11} \\ a_{12} \\ a_{13} \\ a_{21} \\ a_{22} \\ a_{23}
\end{pmatrix}
=
\begin{pmatrix}
x_1' \\ x_2' \\ x_3' \\ y_1' \\ y_2' \\ y_3'
\end{pmatrix}
\tag{5.4}
$$

式中，$(x_1, y_1) \sim (x_3, y_3)$ 和 $(x_1', y_1') \sim (x_3', y_3')$ 为变换前后的平行四边形的 3 对顶点。可以通过高斯消元法（见 12.3.3 节）求解该线性方程组得到仿射矩阵。

有两种方法来使用式（5.2）。第一种方法称为正向映射，对输入图像的每个像素坐标 $(x, y)$ 用式（5.2）直接计算输出图像中对应像素的坐标 $(x', y')$。由于变换后的坐标 $(x', y')$ 一般是非整数，需要圆整到最近的整数点位上，但这种圆整有时会造成输入图像两个或者多个像素变换到输出图像同一像素点上，或者造成输出图像某些像素点上没有赋值。如图 5.2 所示，图 5.2a 为标定板图像，图 5.2b 为正向映射的结果，可以发现图像中有很多没有赋值的黑点，占比接近 8%。第二种方法称为反向映射，对输出图像的每个像素坐标 $(x', y')$ 用式（5.2）的逆变换 $(x, y) = A^{-1}(x', y')$ 计算输入图像的相应位置 $(x, y)$，然后用插值的方法计算出 $(x, y)$ 处的灰度值，并赋值给输出图像的对应像素。图 5.2c 和图 5.2d 为反向映射的结果，分别采用了最近邻插值和双线性插值（见 5.2 节），变换效果明显好于正向映射。反向映射需要用到逆矩阵 $A^{-1}$，而计算 $A^{-1}$ 比较麻烦，这里给出计算 $A^{-1}$ 的简单方法：将式（5.4）中的 $(x, y)$ 和 $(x', y')$ 位置对调，求解出来的就是 $A^{-1}$。

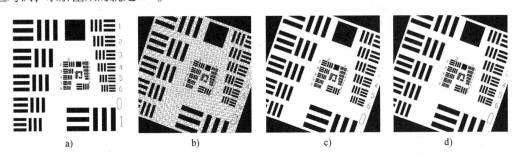

● 图 5.2　仿射变换（旋转 20°）

a）原图　b）正向映射　c）反向映射，最近邻插值　d）反向映射，双线性插值

虽然可以通过 3 对顶点求仿射矩阵，但在实际应用中根据缩放比例因子或旋转角度等可直接给出仿射矩阵或坐标变换公式，不需要先计算 3 个顶点。接下来将讨论各种变换的仿射矩阵和坐标变换公式。

### 5.1.1.1　平移

平移的仿射矩阵为

$$A = \begin{bmatrix} 1 & 0 & t_x \\ 0 & 1 & t_y \\ 0 & 0 & 1 \end{bmatrix} \tag{5.5}$$

坐标变换公式为

$$x' = x + t_x, \quad y' = y + t_y \tag{5.6}$$

式中，$t_x$ 和 $t_y$ 为平移量。在实际编程中，图像坐标都是以左上角为原点，因此平移后会截掉一部分图像，并在另外一边空出相应的区域，空出的区域可以保留原图或填充指定灰度的像素。

### 5.1.1.2　缩放

缩放的仿射矩阵为

$$A = \begin{bmatrix} c_x & 0 & 0 \\ 0 & c_y & 0 \\ 0 & 0 & 1 \end{bmatrix} \tag{5.7}$$

坐标变换公式为

$$x' = c_x x, \quad y' = c_y y \tag{5.8}$$

式中，$c_x > 0, c_y > 0$，为缩放比例因子。缩放变换中有一类特别常用的变换：$c_x = c_y = c$，$c = 2$，$4, 8 \cdots$ 或 $1/2, 1/4, 1/8 \cdots$，即两个方向的缩放比例因子相同，并且是 2 的幂次方或幂次方的倒数。

由于采用的是反向映射算法，需要求式（5.8）的逆变换。设 $s_x = 1/c_x$，$s_y = 1/c_y$，式（5.8）的逆变换为

$$x = s_x x', \quad y = s_y y' \tag{5.9}$$

如果在实际应用中直接用以上两式进行图像缩放是有问题的。例如，当缩小到原图的 1/2，即 $s_x = s_y = 2$ 时，用以上两式变换的结果如图 5.3a 所示。图 5.3a 的左图为原图，右图为缩小后的图像，像素位于节点上（将像素看成数学上的点）。右图的 $p_1'$ 和 $p_2'$ 分别映射到左图的 $p_1$ 和 $p_2$。由于 $p_1$ 和 $p_2$ 位于整数坐标上，如果这时采用 5.2.2 节的双线性插值，并不会进行 2×2 个点的双线性插值，而是直接将 $p_1$ 和 $p_2$ 的灰度值赋值给 $p_1'$ 和 $p_2'$。显然，这不是我们愿意看到的结果。正确的变换如图 5.3b 所示。当 $s = 2$ 时，相当于原图 2×2 像素变换为右图的一个像素，$p_1'$ 的反向映射 $p_1$ 应该位于图示的 2×2 像素的中心，这样才能通过双线性插值得到正确的灰度值。同样 $p_2'$ 的反向映射 $p_2$ 也应位于图示的位置。如图 2.1 所示，像素坐标位于像素的左上角，并非位于像素的中心，这在整像素运算中没有任何问题。但是，插值运算属于亚像素（Subpixel）运算，对于亚像素运算，必须将像素坐标移至像素中心，即对于 1×1 大小的像素，需要加上

偏移量$(0.5, 0.5)$，于是，对式（5.9）中的像素坐标加上偏移量，整理后可得正确的逆变换公式：

$$x = (x'+0.5)s_x - 0.5 \tag{5.10}$$

$$y = (y'+0.5)s_y - 0.5 \tag{5.11}$$

以上两式适用于任何缩放比例因子以及之后讨论的 3 种插值算法。

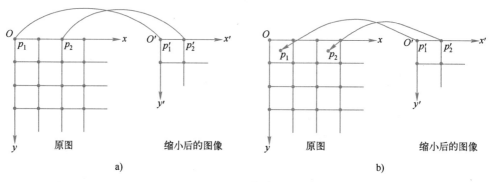

●图 5.3　图像缩小 1/2

a）错误变换　b）正确变换

采用最近邻插值（5.2.1 节）的图像缩放算法如下。

```
算法 5.1　采用最近邻插值的图像缩放算法
输入：图像 f(x,y)，尺寸 w×h；缩放比例因子 cx,cy
输出：缩放后图像 g(x,y)，尺寸 W×H
 1:   xtable[W];                                    //查找表
 2:   scale_x=1.0/cx;
 3:   scale_y=1.0/cy;
 4:   for (i=0; i<W; i++)
 5:       xtable[i]=floor((i+0.5)*scale_x-0.5);    //式 (5.10)
 6:   for (i=0; i<H; i++) {
 7:       iy=floor((i+0.5)*scale_y-0.5);           //式 (5.11)
 8:       if (iy>=h) continue;                      //判断是否越界
 9:       for (j=0; j<W; j++) {
10:           if (xtable[j]>=w) continue;
11:           g(j,i)=f(xtable[j],iy);
12:       }
13: }
```

算法中使用了查表法进行加速，查表法在图像处理算法中应用十分普遍，在本书后面的算法中会经常用到查表法。

### 5.1.1.3　翻转

翻转分为水平翻转和垂直翻转，当式（5.8）中的 $c_x = -1$、$c_y = 1$ 时为水平翻转，变换公式为

$$x' = -x, \quad y' = y \tag{5.12}$$

在实际编程中，通过对图像左右对应列的互换即可完成水平翻转，而上下对应行互换完成垂直翻转。

### 5.1.1.4 旋转

以原点为中心旋转的仿射矩阵为

$$A = \begin{bmatrix} \cos\theta & -\sin\theta & 0 \\ \sin\theta & \cos\theta & 0 \\ 0 & 0 & 1 \end{bmatrix} \tag{5.13}$$

坐标变换公式为

$$\begin{cases} x' = x\cos\theta - y\sin\theta \\ y' = x\sin\theta + y\cos\theta \end{cases} \tag{5.14}$$

式中，$\theta$ 为旋转角度，顺时针为正。在实际应用中，更多的情况是以图像中心为原点的旋转，这就需要先将原点变换到图像中心，变换完毕后再将原点变回到左上角。设图像中心的坐标为 $(x_c, y_c)$，以图像中心为原点的旋转变换公式为

$$\begin{cases} x' = (x - x_c)\cos\theta - (y - y_c)\sin\theta + x_c \\ y' = (x - x_c)\sin\theta + (y - y_c)\cos\theta + y_c \end{cases} \tag{5.15}$$

以上两式给出的是正向映射的变化公式，而实际算法使用的反向映射并不需要求逆矩阵 $A^{-1}$，只需要对公式中 $\theta$ 取反（因为输入图像相对于对输出图像是反向转动的），并将输入输出坐标对调即可。

图像旋转后的尺寸增大，这就涉及旋转的两种模式：裁剪和非裁剪。图 5.4 给出了这两种模式。图 5.4a 为原图，图 5.4b 是保持原图大小的裁剪模式，这样就造成图像的部分信息丢失。图 5.4c 为保持原图所有信息的非裁剪模式。

a)                    b)                    c)

● 图 5.4    图像旋转 20°

a) 原图    b) 裁剪    c) 非裁剪

对于非裁剪模式的图像尺寸的计算方法如下。

```
算法 5.2  图像旋转后尺寸计算方法
输入：图像尺寸 w×h，旋转角度 Angle
输出：旋转后图像尺寸 W×H
1:   pt[3];  //以图像左上角为旋转圆心，其余 3 个顶点 pt[3]围绕其转动
2:   pt[0].x=w*cos(Angle)-h*sin(Angle);  //计算旋转后的顶点位置
3:   pt[0].y=w*sin(Angle)+h*cos(Angle);
4:   pt[1].x=w*cos(Angle); pt[1].y=w*sin(Angle);
5:   pt[2].x=-h*sin(Angle); pt[2].y=h*cos(Angle);
6:   L=0, T=0, R=0, B=0;
7:   for (i=0; i<3; i++) {
8:       if (pt[i].x<L) L=pt[i].x;
9:       if (pt[i].x>R) R=pt[i].x;
10:      if (pt[i].y<T) T=pt[i].y;
11:      if (pt[i].y>B) B=pt[i].y;
12:  }
13:  W=R-L; H=B-T;
```

#### 5.1.1.5  剪切

水平方向剪切的仿射矩阵为

$$A = \begin{bmatrix} 1 & -\tan\theta & 0 \\ 0 & 1 & 0 \\ 0 & 0 & 1 \end{bmatrix} \tag{5.16}$$

坐标变换公式为

$$x'=x-y\tan\theta, \quad y'=y \tag{5.17}$$

式中，$\theta$ 为旋转角度，顺时针为正，取值范围：$-\pi/2<\theta<\pi/2$。剪切变换一般多用于图 5.5 这种斜体字符变换。字符识别的第一步就是分割字符，显然图 5.5a 这种斜体字不便于进行分割，一般都是先变换成正体字，如图 5.5b 所示。

a)                                                       b)

• 图 5.5  剪切变换

a）斜体字符  b）剪切变换结果（$\theta=-18°$）

垂直方向的剪切变换与水平方向的类似，有需要的读者可自行推导。

### ▶▶ 5.1.2  投影变换

如图 5.6 所示，图 5.6a 是一块标定板的图像，需要将其变换成图 5.6b 所示的正面图。由

于相机与标定板不垂直，图 5.6a 中的标定板并不是矩形或平行四边形，因此无法用仿射变换
对其变换，这时就需要用到投影变换（透视变换），投影变换结果如图 5.6b 所示。

 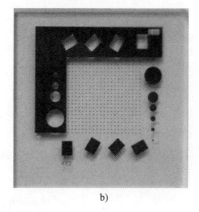

a) b)

•图 5.6　投影变换

a）原图　b）变换结果

仿射变换可以将矩形转换为平行四边形，而投影变换提供了更多的灵活性，可以将矩形变
换为任意四边形，如图 5.7 所示。

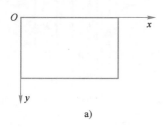 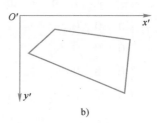

a) b)

•图 5.7　投影变换示意图

a）原图　b）变换为任意四边形

投影变换是通过单应（Homography）矩阵实现的，用齐次坐标可表示为

$$\begin{pmatrix} x'z \\ y'z \\ z \end{pmatrix} = \boldsymbol{H} \begin{pmatrix} x \\ y \\ 1 \end{pmatrix} = \begin{bmatrix} h_{11} & h_{12} & h_{13} \\ h_{21} & h_{22} & h_{23} \\ h_{31} & h_{33} & h_{33} \end{bmatrix} \begin{pmatrix} x \\ y \\ 1 \end{pmatrix} \tag{5.18}$$

式中，$(x,y)$ 是原图像中像素的坐标；$(x',y')$ 是变换后图像中像素的坐标；$\boldsymbol{H}$ 为单应矩阵。单
应矩阵与仿射矩阵有相似之处，只不过单应矩阵是一个完整的 3×3 矩阵，其中前两行实现线性
变换和平移，最后一行实现投影变换。式（5.18）也能被用来描述仿射变换，因为仿射变换是
特殊的投影变换，是投影变换的子集。式（5.18）也可写成

$$\begin{cases} x' = \dfrac{xh_{11}+yh_{12}+h_{13}}{xh_{31}+yh_{32}+h_{33}} \\[3mm] y' = \dfrac{xh_{21}+yh_{22}+h_{23}}{xh_{31}+yh_{32}+h_{33}} \end{cases} \tag{5.19}$$

结合式（5.18）~式（5.19），投影变换可以理解为：二维平面上的点$(x,y)$通过单应矩阵变换到三维空间中的点$(x'z,y'z,z)$，再除以$z$坐标，变回到二维平面上的点$(x',y')$。因此，投影变换属于三维空间变换。

投影变换是从一个四边形到另一个四边形的变换，而一个四边形需要4个顶点来确定。因此，计算单应矩阵$\boldsymbol{H}$需要4对不共线的点。设$h_{33}=1$（相当于对式（5.19）的分子分母同时除以$h_{33}$，并不会改变变换关系。$h_{33}$也称为比例因子），式（5.19）可改写成如下形式

$$\begin{cases} xh_{11}+yh_{12}+h_{13}-xx'h_{31}-yx'h_{32}=x' \\ xh_{21}+yh_{22}+h_{23}-xy'h_{31}-yy'h_{32}=y' \end{cases} \tag{5.20}$$

根据式（5.20），用4对不共线的点构成如下形式的线性方程组[OpenCV,2012]

$$\begin{bmatrix} x_1 & y_1 & 1 & 0 & 0 & 0 & -x_1x_1' & -y_1x_1' \\ x_2 & y_2 & 1 & 0 & 0 & 0 & -x_2x_2' & -y_2x_2' \\ x_3 & y_3 & 1 & 0 & 0 & 0 & -x_3x_3' & -y_3x_3' \\ x_4 & y_4 & 1 & 0 & 0 & 0 & -x_4x_4' & -y_4x_4' \\ 0 & 0 & 0 & x_1 & y_1 & 1 & -x_1y_1' & -y_1y_1' \\ 0 & 0 & 0 & x_2 & y_2 & 1 & -x_2y_2' & -y_2y_2' \\ 0 & 0 & 0 & x_3 & y_3 & 1 & -x_3y_3' & -y_3y_3' \\ 0 & 0 & 0 & x_4 & y_4 & 1 & -x_4y_4' & -y_4y_4' \end{bmatrix} \begin{pmatrix} h_{11} \\ h_{12} \\ h_{13} \\ h_{21} \\ h_{22} \\ h_{23} \\ h_{31} \\ h_{32} \end{pmatrix} = \begin{pmatrix} x_1' \\ x_2' \\ x_3' \\ x_4' \\ y_1' \\ y_2' \\ y_3' \\ y_4' \end{pmatrix} \tag{5.21}$$

式中，$(x_1,y_1)$ ~ $(x_4,y_4)$和$(x_1',y_1')$ ~ $(x_4',y_4')$为变换前后的四边形的4对顶点。可以通过高斯消去法求解该线性方程组得到$\boldsymbol{H}$矩阵，另外也可通过奇异值分解（SVD）求解。

式（5.18）给出的是正向映射的变换公式，实际中使用的反向映射的公式为

$$\begin{pmatrix} xq \\ yq \\ q \end{pmatrix} = \boldsymbol{H}^{-1} \begin{pmatrix} x' \\ y' \\ 1 \end{pmatrix} \tag{5.22}$$

与仿射变换一样，逆矩阵$\boldsymbol{H}^{-1}$有两种算法：一是直接对矩阵$\boldsymbol{H}$求逆；二是式（5.21）中的$(x,y)$和$(x',y')$位置对调，求解出来的就是$\boldsymbol{H}^{-1}$。

**例5.1** 投影变换应用

图5.8给出了投影变换的示例。图5.8a为一车牌照片，需要将车牌变成矩形。显然，图中的车牌不是矩形或平行四边形，因此不能用仿射变换，只能用投影变换。图5.8b是投影变换后的图像，车牌已变成标准的矩形。

a)                                                                                    b)

● 图 5.8　投影变换应用

a）车牌（尺寸 565×209，车牌四边形顶点坐标：（172,66），（186,204），（395,5），（386,88））

b）变换后的图像（尺寸 700×209）

## ▶▶ 5.1.3　极坐标变换

在图像处理中，特别是字符识别，经常会遇到图 5.9 所示的情况，字符串呈环形排列。这时就需要通过极坐标变换将环形排列的字符串变换成水平排列形式［黄,2010］。

极坐标变换如图 5.10 所示。变换前的环形区域如图 5.10a 所示，环形的 4 个顶点为 1、2、3、4。环形位于极坐标系中，环形圆心位于极点上。为了与图像坐标系统一，这里设极角顺时针为正，环形的起止极角分别为 $\theta_1$ 和 $\theta_2$，内外环的半径分别为 $R_1$ 和 $R_2$。变换后的矩形区域如图 5.10b 所示，1、2、3、4 为矩形区域的 4 个顶点，对应图 5.10a 的 4 个顶点。变换后的矩形尺寸需要满足：宽度为环形的外弧长，高度为内外半径之差，写成公式就是

● 图 5.9　环形排列字符串

$$M = \text{floor}\left[ (\theta_1 - \theta_2) R_2 \right] \tag{5.23}$$

$$N = R_2 - R_1 \tag{5.24}$$

式中，$M$ 为矩形宽度，$N$ 为矩形高度。由于弧度一般为浮点数，而 $M$ 为整数，所以式（5.23）对结果进行了取整。以外环的弧长展开的好处是变换后整幅图像是拉伸的，这样可避免变换后因目标拥挤在一起而不好分割的问题。

如图 5.10 所示，图 5.10b 中变换后的点 $A'(x',y')$ 对应图 5.10a 变换前的点 $A(R,\theta)$，$R$ 和 $\theta$ 为点 $A$ 的矢径和极角。图 5.10b 中的每个像素的宽度对应图 5.10a 中的角度 $\Delta\theta$ 为

$$\Delta\theta = \frac{\theta_1 - \theta_2}{M} \tag{5.25}$$

由此可得 $A'$ 到 $A$ 的变换

$$\theta = \theta_1 - \Delta\theta x' = \theta_1 - \frac{\theta_1 - \theta_2}{M} x' \tag{5.26}$$

$$R = R_1 + y' \tag{5.27}$$

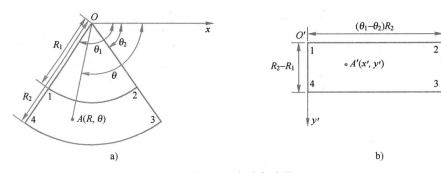

● 图 5.10　极坐标变换

a）环形区域　b）变换后的矩形区域

由于用极坐标无法对图像进行操作，因此需要将 $A$ 点的极坐标 $(R,\theta)$ 转换为图像坐标 $(x,y)$。根据极坐标系与直角坐标系的转换公式，可得极坐标变换公式

$$\begin{cases} x = x_0 + R\cos\theta = x_0 + (R_1 + y')\cos\left(\theta_1 - \dfrac{\theta_1 - \theta_2}{M}x'\right) \\ y = y_0 + R\sin\theta = y_0 + (R_1 + y')\sin\left(\theta_1 - \dfrac{\theta_1 - \theta_2}{M}x'\right) \end{cases} \tag{5.28}$$

式中，$(x_0, y_0)$ 为极点 $O$ 的坐标。以上两式就是反向映射的极坐标变换。

极坐标变换的算法如下。

```
算法5.3　极坐标变换算法
输入：极点 O 的坐标(x0,y0)；内外环半径 R1、R2，环形起止角 θ1、θ2，单位：弧度
输出：变换后矩形区域尺寸 M×N，与变换后的矩形区域坐标(j,i)对应的环形区域坐标(x,y)
1:  M=(θ1-θ2)*R2;
2:  N=R2-R1;
3:  SIN[M], COS[M];        //查找表
4:  for (i=0; i<M; i++) {
5:      SIN[i]=sin(θ1-(θ1-θ2)/M*i);
6:      COS[i]=cos(θ1-(θ1-θ2)/M*i);
7:  }
8:  for (i=0; i<N; i++) {
9:      for (j=0; j<M; j++) {
10:         x=COS[j]*(i+R1)+x0;
11:         y=SIN[j]*(i+R1)+y0;
12:     }
13: }
```

为了提高运算速度，算法中使用了查表法。

例 5.2　极坐标变换应用

如图 5.11 所示，这是一张 CD 的图像，需要识别图中的字符串。由于字符串呈环形排列，所以需要通过极坐标变换变成水平排列。参照算法 5.3，极坐标变换的第一步就是确定变换后矩形的尺寸，然后遍历输出图像，调用式（5.28）确定输出图像每个像素在输入图像上的对应

坐标。根据该坐标位置进行灰度插值，并将灰度值赋值给输出图像相应位置上的像素。变换结果见图的底部。参照图 5.10，本例中变换后的图像字符是上下颠倒的，需要通过翻转变成正向。

● 图 5.11　CD 和极坐标变换的结果 [尺寸 640×480；包含字符串的环形区域参数：圆心 (329,472)、外径 462、内径 426、起始角-60°、终止角-125°、坐标系见图 5.10a]

## 5.2　灰度插值

从 5.1.1 节的讨论可知，几何变换只能采用反向映射算法。当图像坐标从输出图像变换到输入图像时，在输入图像中的坐标通常不是整数坐标。如图 5.12 所示，图 5.12a 为输入图像，图 5.12b 为输出图像，像素位于节点处。输出图像的 $P'$ 点反向映射到输入图像的 $P$ 点，并没有落到像素上，而是在 4 个像素之间，其坐标 $(x,y)$ 为浮点数。因此需要通过插值得到该点的灰度值，并赋值给输出图像的对应像素。插值越简单，在几何和灰度值方面的精度损失就越大，但是考

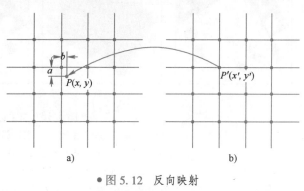

● 图 5.12　反向映射
a) 输入图像　b) 输出图像

虑到计算负担，插值邻域一般都相当小。常用的插值算法有三种：最近邻插值、双线性插值和双三次插值。接下来就讨论这几种插值算法。

### ▶▶ 5.2.1　最近邻插值

最简单的插值方法就是最近邻插值。所谓最近邻插值就是令输出像素的灰度值等于离它

所映射到的位置最近的输入像素的灰度值。在图 5.12 中，离 $P$ 点最近的像素就是其左上方的那个像素。最近邻插值计算十分简单，令 $f(x,y)$ 表示图像中任意点的灰度值，其插值公式为

$$f(x,y)=f[\,\mathrm{round}(x),\mathrm{round}(y)\,] \tag{5.29}$$

式中，$\mathrm{round}(\cdot)$ 返回距离参数最近的整数。

最近邻插值的最大定位误差是半个像素。这种误差在目标具有直线边缘时会显现出来，在变换后可能会呈现锯齿状。图 5.13 给出灰度插值的示例，图 5.13a 为用背光拍摄的标定板图像，图 5.13b 为图 5.13a 虚线框内图像的局部放大。图 5.13c 为采用最近邻插值算法的旋转结果，图 5.13d 为图 5.13c 虚线框内图像的局部放大，其边缘呈锯齿状。

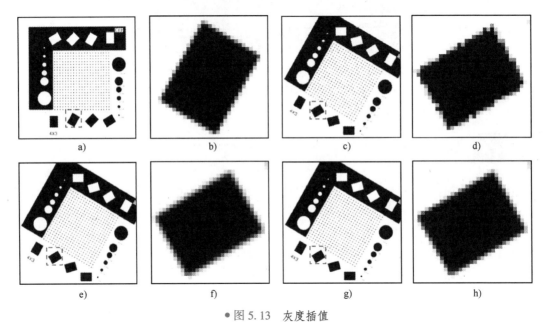

● 图 5.13 灰度插值

a）标定板　b）图 a 放大 8 倍的局部图像　c）最近邻插值（旋转 30°）　d）图 c 的局部放大
e）双线性插值　f）图 e 的局部放大　g）双三次插值　h）图 g 的局部放大

插值可以描述为一个亚像素位置的卷积（见 12.6.3 节），最近邻插值核为

$$k(x)=\begin{cases}1, & |x|<0.5 \\ 0, & |x|\geqslant 0.5\end{cases} \tag{5.30}$$

式中，$x$ 为以需要插值的亚像素点为原点的坐标系中各像素点的坐标值，例如，在图 5.12a 中，坐标原点位于 $P$ 点，$P$ 点左上方像素的 $x$ 值对应图 5.12a 中的坐标 $a$ 和 $b$。其图形如图 5.14a 所示。

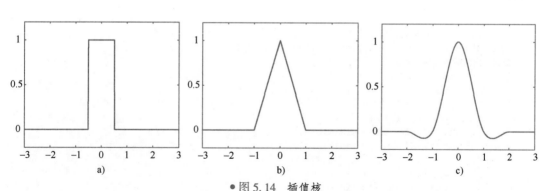

● 图 5.14 插值核

a) 最近邻 b) 双线性 c) 双三次 （$a = 0.5$）

## ▶▶ 5.2.2 双线性插值

为了得到更好的插值算法，我们应该在处理中使用更多的信息而不仅仅是使用最近像素的

灰度值。从图 5.12a 可以看出，反向映射后的 $P$
点位于 4 个像素组成的正方形内。因此我们可
以用适当的权重配合这 4 个像素的灰度值进行
插值运算。这样做的方法之一就是使用双线性插
值法。双线性插值与最近邻插值相比，可产生更
令人满意的效果。如图 5.15 所示，$f$ 为灰度，这
里考虑点 $(x, y)$ 的 4 个相邻点 $(0,0)$、$(1,0)$、
$(0,1)$ 和 $(1,1)$，假定灰度函数在这个邻域是线
性的。首先对上端两个点进行线性插值

$$f(x,0) = f(0,0) + x[f(1,0) - f(0,0)] \quad (5.31)$$

再对底端的两个点进行线性插值

$$f(x,1) = f(0,1) + x[f(1,1) - f(0,1)] \quad (5.32)$$

最后再做 $y$ 方向的插值

$$f(x,y) = f(x,0) + y[f(x,1) - f(x,0)] \quad (5.33)$$

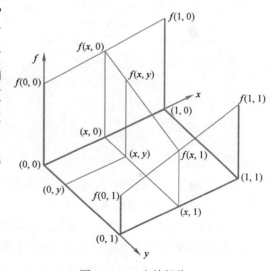

● 图 5.15 双线性插值

将式 （5.31） 和式 （5.32） 代入式 （5.33） 可得

$$f(x,y) = (1-x)(1-y)f(0,0) + x(1-y)f(1,0) + y(1-x)f(0,1) + xyf(1,1) \quad (5.34)$$

上式就是双线性插值公式。

双线性插值核为

$$k(x) = \begin{cases} 1 - |x|, & |x| \leq 1 \\ 0, & |x| > 1 \end{cases} \quad (5.35)$$

式中，$x$ 的含义与式 （5.30） 相同。其图形如图 5.14b 所示。

采用双线性插值的围绕图像中心旋转算法如下。

```
算法5.4   双线性插值的图像旋转算法
输入：图像 f(x,y)，尺寸 w×h；旋转角度 Alpha，单位：弧度
输出：插值后的图像 g(x,y)，尺寸 w×h
1:   CenX = w/2;                                    //图像中心
2:   CenY = h/2;
3:   ISin[h], ICos[h], JSin[w], JCos[w];            //映射表
4:   for (i=0; i<h; i++) {
5:       ISin[i] = (i-CenY) * sin(Alpha);
6:       ICos[i] = (i-CenY) * cos(Alpha);
7:   }
8:   for (i=0; i<w; i++) {
9:       JSin[i] = (i-CenX) * sin(Alpha);
10:      JCos[i] = (i-CenX) * cos(Alpha);
11:  }
12:  fX, fY;                                        //浮点数
13:  iX, iY;                                        //整数
14:  for (i=0; i<h; i++) {
15:      for (j=0; j<w; j++) {
16:          fX = JCos[j]-ISin[i]+CenX;
17:          iX = floor(fX);                        //取整数部分
18:          if (iX+1>=w or fX<0) continue;         //判断是否落入输入图像范围内
19:          fY = JSin[j]+ICos[i]+CenY;
20:          iY = floor(fY);
21:          if (iY+1>=h or fY<0) continue;
22:          fX = fX-iX;                            //取小数部分
23:          fY = fY-iY;
24:          g(j,i) = f(iX,iY) * (1-fX) * (1-fY)+f(iX+1,iY) * fX * (1-fY)+
                     f(iX,iY+1) * (1-fX) * fY+f(iX+1,iY+1) * fX * fY;
25:      }
26:  }
```

对于旋转变换，重要的一点就是判断反向映射得到的输入图像坐标是否落在图像范围内。另外，算法通过采用查表法来提高速度。

图 5.13e 和图 5.13f 为采用双线性插值算法的旋转结果和局部放大图。与最近邻插值相比，双线性插值抗锯齿效果很好，但是会在图像边缘附近产生轻微的模糊。对比图 5.13f 和图 5.13b，可以发现双线性插值后的矩形边缘更宽，没有原图锐利，产生这种问题的原因在于其平均化的本性。

## ▶▶ 5.2.3  双三次插值

为了避免双线性插值造成边缘模糊的问题，可以使用更高阶的插值算法。双线性插值之后的另一个自然插值法就是双三次插值[Steger,2019]。双三次插值核为

$$k(x) = \begin{cases} (a+2)|x|^3 - (a+3)|x|^2 + 1, & |x| \leq 1 \\ a|x|^3 - 5a|x|^2 + 8a|x| - 4a, & 1 < |x| \leq 2 \\ 0, & |x| > 2 \end{cases} \quad (5.36)$$

式中，$x$ 的含义与式（5.30）相同，$a$ 的推荐取值区间为 $[-0.5, -1.0]$。其图形如图 5.14c 所示。使用上式进行双三次插值的方法：如图 5.12a 所示，首先调用上式在水平方向上对 4 行（每行 4 个像素）像素进行 4 次双三次插值，得到 4 个数据；然后再对这 4 个数据执行一次垂直方向的双三次插值，得到的值就是 $P$ 点的灰度值。相比双线性插值使用 2×2 个像素，双三次插值使用了 4×4 个像素，插值核需要进行更多的算术运算。因此双三次插值一般用在对图像质量要求很高的场合。

双三次插值的图像旋转算法与算法 5.4 的双线性插值算法前半部分完全相同，所不同的仅是主循环体。双三次插值的图像旋转算法的主循环体部分如下。

---

**算法 5.5　双三次插值的图像旋转算法（主循环体部分）**

**输入：** 图像 f(x,y)，尺寸 w×h，灰度等级 L；旋转角度 Alpha，单位：弧度

**输出：** 差值后图像 g(x,y)，尺寸 w×h

```
1:   for (i=0; i<h; i++) {
2:       for (j=0; j<w; j++) {
3:           fX=JCos[j]-ISin[i]+CenX;
4:           iX=floor(fX);                      //取整数部分
5:           if (iX+2>=w or fX<1) continue;     //判断是否落入输入图像范围内
6:           fY=JSin[j]+ICos[i]+CenY;
7:           iY=floor(fY);
8:           if (iY+2>=h or fY<1) continue;
9:           fX=fX-iX; fY=fY-iY;                //取小数部分
10:          Wx[4], Wy[4];                      //插值核
11:          for (m=0; m<4; m++) {
12:              Vx=abs(m-1-fX); Vy=abs(m-1-fY);
13:              if (m=0 or m=3) {
14:                  Wx[m]=-0.5*Vx*Vx*Vx+2.5*Vx*Vx-4*Vx+2;  //式(5.36),a取-0.5
15:                  Wy[m]=-0.5*Vy*Vy*Vy+2.5*Vy*Vy-4*Vy+2;
16:              }
17:              else {
18:                  Wx[m]=1.5*Vx*Vx*Vx-2.5*Vx*Vx+1;
19:                  Wy[m]=1.5*Vy*Vy*Vy-2.5*Vy*Vy+1;
20:              }
21:          }
22:          Value=0;
23:          for (m=-1; m<3; m++) {
24:              V=0;
25:              for (n=-1; n<3; n++)
26:                  V+=S(iX+n, iY+m)*Wx[n+1];  //水平方向执行4次插值
27:              Value+=V*Wy[m+1];              //垂直方向执行1次插值
28:          }
29:          g(j,i)=max(min(L-1,Value),0);      //该算法结果可能溢出,所以必须判断是否超出
         //区间[0, L-1]
30:      }
31:  }
```

---

由于属于 4×4 的邻域运算，因此需要对图像进行边缘扩展才能处理整幅图像。

图 5.13g 和图 5.13h 为采用双三次插值算法的旋转结果和局部放大图。对比图 5.13f 和

图 5.13h，可以发现双三次插值后的矩形边缘更加锐利，接近原图的边缘。

## 5.3 图像金字塔

如果用比例因子 1/2 对一幅图像不断地进行缩小变换，就会得到一系列尺寸不断缩小的图像。如图 5.16 所示，将这些图像叠到一起，形似金字塔，因此得名图像金字塔（Image Pyramid）。图像金字塔有时又称为分辨率金字塔（Resolution Pyramid），因为金字塔由一系列分辨率不同的图像组成。另外，用比例因子为 2 对图像不断放大，得到的一系列图像也是图像金字塔。搭建金字塔相当于对图像进行抽样，根据是缩小还是放大分为向下抽样和向上抽样两类。另外，根据搭建金字塔的算法不同，又可分为两类金字塔：高斯金字塔和均值金字塔。

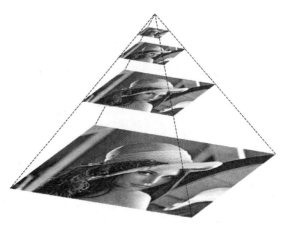

●图 5.16　图像金字塔

### ▶▶ 5.3.1　高斯金字塔

因为在对图像缩放中使用了高斯平滑算法，因此得名高斯金字塔。

**1. 向下抽样**

向下抽样很简单：对于尺寸为 $w \times h$ 的图像进行高斯平滑后，剔除偶数行和偶数列，剩下的像素组成一幅尺寸为 $(w+1)/2 \times (h+1)/2$ 的图像。图 5.17 给出了向下抽样的高斯金字塔示例。图 5.17a 为原图，是金字塔第 0 层，图 5.17b~5.17d 组成金字塔第 1~3 层。这里用的是近似高斯滤波器的二项式滤波器，核尺寸为 5×5。可以看到，随着尺寸的缩小，分辨率逐步降低，到了第 2 层，中部细小的标定点已经完全看不见了，十字线的形状也无法分辨了。而到了第 3 层，小些的圆已经粘连到一起了，十字线已经完全看不见了。

**2. 向上抽样**

向上抽样是一个不断放大图像的过程，生成一系列图像组成一个倒金字塔。向上抽样的过程为：首先生成一幅 $2w \times 2h$ 大小的图像，并将像素灰度值都置为 0。然后将原图的像素隔行隔列放入新图像内，再进行一次高斯平滑，并将结果乘以 4。图 5.18 给出了向上抽样的示意图。图 5.18a 是 2×2 大小的原图。图 5.18b 是生成的 4×4 大小并且灰度值为 0 的图像，然后将图 5.18a 的像素放到图中的指定位置上。图 5.18c 为对图 5.18b 进行核为 5×5 的二项式滤波结

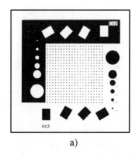 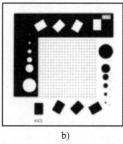 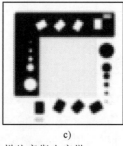 

a)　　　　　　　　　b)　　　　　　　　　c)　　　　　　　　　d)

● 图 5.17　向下抽样的高斯金字塔

a）原图，第 0 层（尺寸 256×256 像素）　b）第 1 层（尺寸 128×128 像素）

c）第 2 层（尺寸 64×64 像素）　d）第 3 层（尺寸 32×32 像素）

果。与原图相比，图 5.18c 很暗，这是因为图 5.18b 中 3/4 的像素灰度值为 0。因此需要对图 5.18c 乘以 4，结果如图 5.18d 所示。

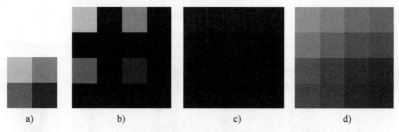

a)　　　　　　　b)　　　　　　　c)　　　　　　　d)

● 图 5.18　向上抽样示意图

a）2×2 的原图　b）隔行隔列将图 a 像素放到 4×4 背景为 0 的图像上

c）对图 b 进行 5×5 的二项式滤波　d）对图 c 灰度值乘以 4

图 5.19a、图 5.19b 给出了向上抽样的高斯金字塔示例。图 5.19a 是对图 5.17a 的放大，为金字塔第 1 层。图 5.19b 为金字塔第 2 层。可以看出，随着层数的加高，虽然图像越来越模糊，但是基本信息保留得很好。

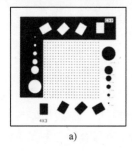 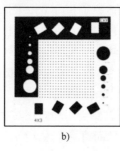 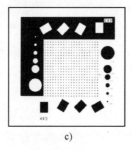 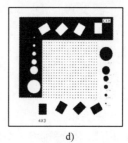

a)　　　　　　　　　b)　　　　　　　　　c)　　　　　　　　　d)

● 图 5.19　向上抽样的金字塔

a）高斯金字塔第 1 层（尺寸 512×512 像素）　b）高斯金字塔第 2 层（尺寸 1024×1025 像素）

c）均值金字塔第 1 层（尺寸 512×512 像素）　d）均值金字塔第 2 层（尺寸 1024×1025 像素）

由于高斯金字塔在生成过程中需要不断地进行滤波，而滤波是一种很耗时的运算，因此高斯金字塔并不适合用于图像匹配算法。

## ▶▶ 5.3.2　均值金字塔

顾名思义，均值金字塔就是通过对像素灰度值取均值实现抽样的。向下抽样采用的是 2×2 均值滤波器，即取 4 个相邻像素的灰度均值赋值给下一层图像，图像尺寸为 $w/2×h/2$（与高斯金字塔尺寸不同）。向上抽样是用一个像素灰度值赋值给 4 个相邻像素，图像尺寸为 $2w×2h$。

图 5.20 给出了向下抽样的示例。原图见图 5.17a，图 5.20a～5.20c 分别为第 1～3 层。为了对比高斯金字塔效果，这里专门将图 5.17d 复制过来，如图 5.20d 所示。对比图 5.20c 和图 5.20d 可以发现，均值金字塔在保存图像细节方面更好，比如十字线和小圆，在图中仍能看到痕迹。图像金字塔一般用于图像匹配，相比高斯金字塔，均值金字塔更适合用于图像匹配，这是因为：图像细节在图像匹配的初始阶段很重要；图像匹配对速度要求很高，对于一幅 7967×4416 像素的图像，均值金字塔的处理时间为 143 ms，而高斯金字塔则为 2468 ms（CPU：Inteli5-7200U）。

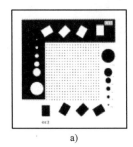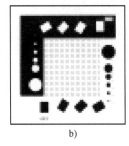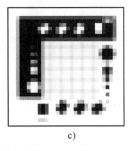

| a) | b) | c) | d) |

● 图 5.20　向下抽样的均值金字塔

a) 第 1 层（尺寸 128×128 像素）　b) 第 2 层（尺寸 64×64 像素）　c) 第 3 层（尺寸 32×32 像素）　d) 图 5.17d

图 5.19c、图 5.19d 给出了向上抽样的均值金字塔示例，图 5.19c 为金字塔第 1 层，图 5.19d 为金字塔第 2 层。可以看出，随着层数的加高，图像并未模糊，图像信息保存完好，图像效果明显好于图 5.19a、图 5.19b 的高斯金字塔。

有时并不需要逐层生成金字塔，在图像匹配中，为了加速会采取隔层匹配的方案，或者只生成其中的某一层。例如，图 5.20c 的图像实际尺寸为 32×32 像素，如果直接放到本书中，视觉效果会很差，如果放大到其他图片大小，Word 软件会自动应用其插值算法，也会模糊一片。这里我们是通过将一个像素赋值给 8×8 个像素，从而将图像放大到 256×256 像素。这种放大的好处是图像保留了原图的所有信息，一个方块代表一个像素，视觉效果很好。此外，在图像处理算法开发中，采用向上抽样的均值金字塔对观察处理后的细节也十分有利。

当缩放比例因子为 1/8 时，图 5.21 给出 4 种不同算法的效果对比。原图见图 5.17a，

图 5.21a~5.21d 分别为最近邻插值、双线性插值、双三次插值和均值金字塔 4 种算法的结果。对于变换后的每一个像素，4 种算法参与运算的原图的像素数量分别为 1、2×2、4×4 和 8×8。从细节保留上看，最差的是最近邻插值，双线性插值与双三次插值几乎没有区别，最好的是均值金字塔。

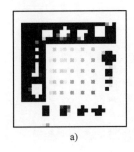 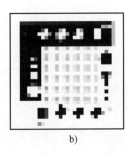 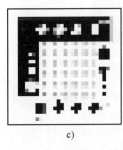 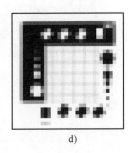

a)                    b)                    c)                    d)

● 图 5.21　缩放比例因子为 1/8 时不同算法比较

a）最近邻插值　b）双线性插值　c）双三次插值　d）均值金字塔

# 图 像 增 强

图像增强可能是许多读者最感兴趣的内容。图像增强是通过对图像的灰度映射，得到对具体应用来说视觉效果更好的图像。由于具体应用的要求不同，因而这里的"好"的含义并不相同，而且所用的图像处理技术往往也大不相同。从根本上说，并没有图像增强的通用标准，观察者是某种图像增强技术优劣的最终判断者。

假设图像灰度值是连续的，图像增强的变换函数可以表示为

$$s = T(r), \quad 0 \leqslant r \leqslant L-1 \tag{6.1}$$

式中，$r$ 是输入灰度值，$s$ 是输出灰度值，$L$ 是图像的灰度等级。变换函数 $T(r)$ 必须满足以下 2 个条件。

1) $T(r)$ 在区间 $0 \leqslant r \leqslant L-1$ 上是一个单调递增函数。

2) 对于 $0 \leqslant r \leqslant L-1$，有 $0 \leqslant s \leqslant L-1$。

原图各灰度级在变换后可能会灰度级合并，但第 1 个条件保证了变换后不会发生灰度级排序颠倒的问题；第 2 个条件保证了变换前后灰度值范围一致。

图像增强包含的内容很广泛，本章仅讨论一些空间域内常用的图像增强算法。

## 6.1 灰度拉伸

在有些情况下，整幅图像或有用信息部分的动态范围过小，没有占满整个灰度范围，这时就可以通过灰度拉伸将灰度线性映射到整个灰度范围上。灰度拉伸的变换如图 6.1a 所示，从输入范围 $[r_1, r_2]$ 拉伸到输出的 $[0, L-1]$，写成公式就是

$$s = \begin{cases} 0, & r < r_1 \\ \dfrac{L-1}{r_2-r_1}(r-r_1), & r_1 \leqslant r \leqslant r_2 \\ L-1, & r > r_2 \end{cases} \tag{6.2}$$

式中，$s$ 为输出灰度，$r$ 为输入灰度，$r_1$ 为灰度下限，$r_2$ 为灰度上限，$L$ 为灰度等级。但这里有个问题，就是可能会造成输入图像灰度在范围 $[0,r_1)$ 和 $(r_2,L-1]$ 内的信息丢失。为了解决这个问题，可以采用分段拉伸的方法，如图 6.1b 所示，写成公式就是

$$s = \begin{cases} \dfrac{s_1}{r_1}r, & r < r_1 \\[2mm] \dfrac{s_2-s_1}{r_2-r_1}(r-r_1)+s_1, & r_1 \leqslant r \leqslant r_2 \\[2mm] \dfrac{L-1-s_2}{L-1-r_2}(r-r_2)+s_2, & r > r_2 \end{cases} \tag{6.3}$$

显然，式（6.2）和式（6.3）都满足增强函数的两个条件。在实际应用中，由于式（6.3）的变换需要设置 4 个参数，使用不便，更多的时候还是使用式（6.2）的变换。

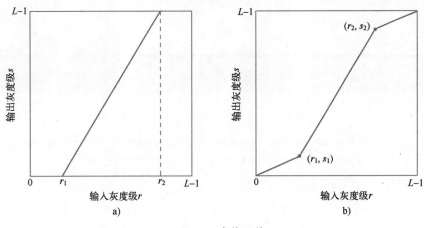

● 图 6.1　变换函数

a）线性变换函数　b）分段线性变换函数

用式（6.2）进行灰度拉伸的示例如图 6.2 所示。图 6.2a 是一幅 8 位灰度图像，明显动态范围过小，对比度不够。图 6.2b 是将灰度范围从 $[40,215]$ 拉伸到 $[0,255]$ 的图像，对比度得到了很大改善，图像清晰很多。但这里涉及如何确定输入灰度范围的问题，显然，用输入图像的最小和最大灰度值作为输入范围能保证输出图像在不丢失信息的情况下对比度最大化。图 6.2c 是输入范围为 $[60,196]$ 的拉伸后的图像，这里 60 和 196 分别是图 6.2a 灰度最小和最大值。很明显，图像清晰度得到了进一步的提升。

图 6.3a 是图 6.2a 添加了噪声后的图像，虽然看起来没有什么变化，但灰度范围已经从 $[60,196]$ 变成了 $[30,233]$。图 6.3b 是对图 6.3a 灰度拉伸后的图像，由于输入灰度范围变大，所以拉伸效果没有图 6.2c 好。

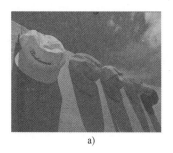

a)　　　　　　　　　　b)　　　　　　　　　　c)

● 图 6.2　灰度拉伸

a) 原图　b) 灰度拉伸后的图像（灰度范围从[40,215]拉伸到[0,255]）

c) 更好的灰度拉伸效果（灰度范围从[60,196]拉伸到[0,255]）

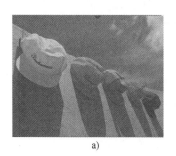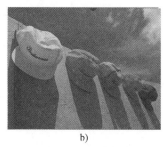

a)　　　　　　　　　　b)　　　　　　　　　　c)

● 图 6.3　添加了噪声后的灰度拉伸

a) 噪声污染的原图　b) 灰度拉伸后的图像（灰度范围从[30,233]拉伸到[0,255]）

c) 更好的灰度拉伸效果（灰度范围从[69,183]拉伸到[0,255]）

事实上，图 6.3a 这种图像更符合实际情况，往往轻微的噪声就造成灰度拉伸效果不好。现在我们观察图 6.3a 的归一化直方图，如图 6.4a 所示。在直方图的两端，[30,70]和[190,233]这两个范围内像素数量很少，但却占据相当大的灰度范围。像素数量少，意味着信息量

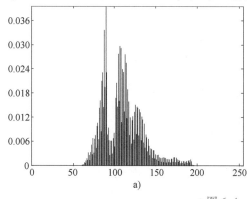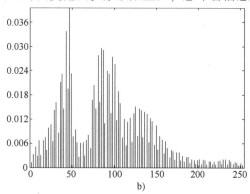

a)　　　　　　　　　　　　　　　　b)

● 图 6.4　归一化直方图

a) 图 6.3a 的归一化直方图　b) 图 6.3c 的归一化直方图

少，因此我们在灰度拉伸时，可以考虑用去掉直方图两端一定数量的像素后的最小值和最大值作为输入范围。这里我们去掉直方图两端各 1% 的像素后，得到的灰度范围是 [69,183]，以此作为输入范围对图像拉伸后的效果见图 6.3c。对比图 6.2c 和图 6.3c，可以发现图 6.3c 的图像质量有进一步提升，并且看不出明显的图像信息丢失。图 6.3c 的直方图如图 6.4b 所示，从图中可以看出，拉伸后的灰度分布在整个水平轴上，充分利用了图像的灰度范围，而不像图 6.4a 那样挤在中间。因此，这种去除直方图两端一定比例的像素后再进行灰度拉伸的算法是一种实用性很高的拉伸算法。

## 6.2 基于直方图的图像增强

上一节我们讲到了直方图在灰度拉伸中的作用，这一节接着讨论使用直方图来实现图像增强的算法。

### ▶▶ 6.2.1 直方图均衡化

所谓的直方图均衡化（Histogram Equalization）就是把原图的直方图从某个灰度范围内的集中分布变成在整个灰度范围内的均匀分布。与前一节的线性拉伸不同，直方图均衡化是对图像进行非线性拉伸。通过非线性拉伸来重新分配图像像素值，使一定灰度范围内的像素数量大致相同。

直方图均衡化对变换函数的第 1 个条件做出更加严苛的修改：

$T(r)$ 在区间 $0 \leqslant r \leqslant L-1$ 上是一个严格单调递增函数。

这个修改理论上保证了变换后的各灰度级不会发生合并的问题，但是在变换后浮点数取整时仍然有可能发生灰度级合并的问题。

设一幅图像的灰度等级为 $L$，面积为 $LN$，每 $N$ 个像素占用一级灰度，即每 $N$ 个像素的灰度值分别为 $0,1,2,\cdots,L-1$。这样一幅图像的归一化直方图如图 6.5a 所示，这是一个理想的均衡化的直方图。为了便于分析，我们将灰度看成连续型随机变量，图 6.5a 就变成了均匀分布的概率密度函数（PDF）。图 6.5a 中的 PDF 呈现为一条水平线，显然不满足转换函数的第一个条件。接下来我们分析另外一个随机变量的描述函数，那就是累积分布函数（CDF）。根据 CDF 的定义有

$$P(r) = \int_0^r p(t)\,\mathrm{d}t \tag{6.4}$$

其图形如图 6.5b 所示，是一条经过原点的直线。显然，图中的 CDF 是一个严格单调递增函数，因此满足变换函数的条件 1。由于 CDF 的取值范围为 [0,1]，因此再乘以 $(L-1)$ 就能满足变换函数的条件 2。因此，图 6.5b 的 CDF 可以作为转换函数。

对于一幅灰度连续的图像来说，如果图像的 CDF 通过变换落到图 6.5b 的直线上，则其灰

度分布变成均匀分布，PDF 呈现为图 6.5a 中的水平线。而对于离散图像来说，其直方图是
PDF 的近似，在变换过程中不允许产生新的灰度级，变换后很少出现图 6.5a 这种平坦的直方
图，更多的是通过直方图各灰度级之间的疏密程度来近似均匀分布。为了进一步解释直方图均
衡化原理，现举例如下。

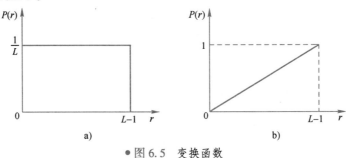

●图 6.5　变换函数

a）均匀分布的概率密度函数　b）累积分布函数

**例 6.1　直方图均衡化**

一幅灰度等级 $L$ 为 256 的图像共 16 个像素，像素具体灰度值和数量见表 6.1。

表 6.1　图像像素灰度值和数量

| 灰度值 | 40 | 130 | 210 | 255 |
|---|---|---|---|---|
| 数量 | 4 | 3 | 5 | 4 |
| 变换后灰度值 | 64 | 112 | 191 | 255 |

图像的归一化直方图如图 6.6 左下图所示，$r_0 \sim r_3$ 为表 6.1 中的灰度值。接着计算累积直方
图，其计算公式为

$$P(r_k) = \sum_{j=0}^{k} p(r_j), \quad k = 0,1,2,\cdots,L-1 \qquad (6.5)$$

式中参数说明见式（2.34）和式（2.35）。这里我们将灰度看成离散型随机变量，累积直方图
就是随机变量的 CDF。根据上式得到的 CDF 如图 6.6 左上图所示，呈阶梯状。然后将 $P(r_k)$ 水
平投影到图 6.6 右上图（也就是图 6.5b）中的直线上，各点的横坐标就是直方图均衡化后的
灰度值 $s$。图 6.6 右上图中的直线方程为

$$P(r) = \frac{1}{L-1} r \qquad (6.6)$$

由于式（6.6）是严格单调递增函数，我们可以取其反函数，并用 $s$ 替代 $r$ 可得输出灰度

$$s = (L-1)P(r) \qquad (6.7)$$

计算结果见表 6.1。从式（6.7）可以看出，这个投影过程相当于对 CDF 乘以（$L-1$），从
而满足变换函数的条件 2。

接下来我们来验证一下各灰度级像素密度是否一致。如图 6.6 右上图所示，灰度级 $s_0$ 占据

的灰度范围为 $[0, s_0]$，其像素密度为 $4/64 = 0.0625$；$s_1$ 占据的灰度范围为 $[s_0, s_1]$，其像素密度为 $3/(112-64) = 0.0625$，其他各灰度级的像素密度的计算以此类推。可以发现，直方图均衡化后的各灰度级的像素密度基本一致。

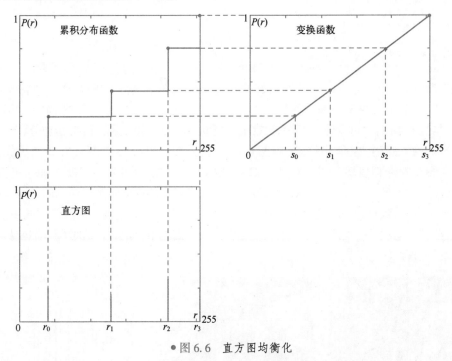

●图 6.6　直方图均衡化

从这个例子可以看出，直方图均衡化是通过将图像的 CDF 投影到均匀分布的 CDF 上变换得来的。

结合式（6.5）和式（6.7），可得直方图均衡化的变换函数

$$s_k = T(r_k) = (L-1) \sum_{j=0}^{k} p(r_j), \quad k = 0, 1, 2, \cdots, L-1 \tag{6.8}$$

式中，$p(r_j)$ 为归一化直方图，表示输入图像中灰度值为 $r_j$ 的像素出现的频率，$L$ 为灰度等级，$s_k$ 为第 $k$ 级输入灰度值对应的输出灰度值。

使用上述变换函数的直方图均衡化算法如下。

算法 6.1　直方图均衡化算法
**输入：**图像 f(x,y)，尺寸 w×h，灰度等级 L (对于 8 位灰度图像：L=256)
**输出：**直方图均衡化后的图像 g(x,y)
```
1:  N=w*h;                   //图像面积 (像素总和)
2:  H[L]=0;                  //直方图，清零
3:  for (i=0; i<N; i++)
4:      H[f[i]]++;           //计算直方图，f[i] 为 f(x,y) 的第 i 个像素灰度值
5:  p[L];                    //归一化直方图
```

```
 6:  for (i=0; i<L; i++)
 7:     p[i]=H[i]/N;              //归一化直方图
 8:  P[L];                        //累积分布函数
 9:  temp=0;
10:  for (i=0; i<L; i++) {
11:     temp+=p[i]; P[i]=temp;
12:  }
13:  for (i=0; i<N; i++)
14:     g[i]=P[f[i]]*(L-1);       //均衡化,式 (6.8)
```

在灰度拉伸那一部分，拉伸效果最好的图像是图 6.3c，为了方便对比，现将其复制到图 6.7a。图 6.7b 是对图 6.3a 直方图均衡化后的结果，显然没有受到噪声的影响，均衡化的效果很好。与图 6.7a 对比可发现：图 6.7b 对比度更高，图像更加锐利，但有些部分，比如浅色帽子部分的一些细节模糊了。图 6.7c 是图 6.7b 的直方图，图 6.4b 为图 6.7a 的直方图，对比图 6.4b 和图 6.7c 可以发现：图 6.7c 不但对灰度进行了拉伸，而且各灰度级之间的疏密程度也发生了变化。像素多的灰度级占有更大灰度范围，而像素少的灰度级则挤在一起，这样就保证了每个像素占据大致相同的灰度范围，最大限度利用了整个灰度范围，从而使图像更加清晰。但是在有些特殊情况下，均衡化后图像灰度范围并没有占满整个范围，这时可以结合灰度拉伸做进一步的处理。

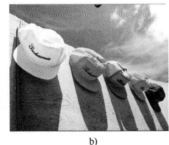
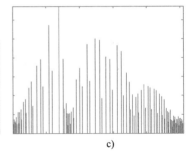

a)                          b)                          c)

● 图 6.7  直方图均衡化

a）图 6.3c  b）对图 6.3a 直方图均衡化的结果  c）图 b 的直方图

## ▶▶ 6.2.2  直方图规定化

上一节讲到的直方图均衡化是通过将图像的 CDF 投影到均匀分布的 CDF 变换得来的。那么能不能通过投影到其他分布，比如指数分布、瑞利分布或者指定的直方图 CDF 上来得到近似规定分布的直方图？答案是肯定的，这就是直方图规定化。所谓的直方图规定化（Histogram Specification）指的是用于生成具有规定直方图的图像的方法。从这个角度来说，直方图均衡化只是直方图规定化的一个特例。需要说明的一点是，传统的直方图规定化指的仅是根据指定直方图的变换，这里我们对其定义进行了拓展。

**1. 指数分布**

指数分布的 PDF 为

$$p(r) = \begin{cases} ae^{-ar}, & r \geqslant 0 \\ 0, & r < 0 \end{cases} \qquad (6.9)$$

式中，$a > 0$。其 CDF 为

$$P(r) = 1 - e^{-ar}, \quad r \geqslant 0 \qquad (6.10)$$

参照例 6.1 的计算过程，通过移项和两端取对数，可得到指数分布的直方图规定化的变换函数

$$s = T(r) = -\frac{1}{a}\ln[1 - P(r)] \qquad (6.11)$$

式中，$a$ 为常数。该变换并不满足变换函数的条件 2，需要通过调节 $a$ 来控制输出灰度范围。

图 6.8 是一个指数分布的直方图规定化的示例，图 6.8a 是对图 6.3a 直方图规定化的结果，高亮度部分（第一顶帽子）的对比度得到了加强，而低亮度部分的对比度严重压缩。图 6.8b 为图 6.8a 的直方图。从图 6.8b 中可以看出低亮度部分被压缩，而高亮度部分被拉伸，符合图 6.8a 的处理效果。图 6.8c 是指数分布的 PDF，其图形与图 6.8b 的直方图相似程度很高。

 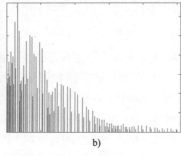 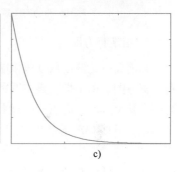

a) b) c)

● 图 6.8　指数分布的直方图规定化

a) 对图 6.3a 直方图规定化的结果（$a = 0.02$）　b) 图 a 的直方图　c) 指数分布 PDF

**2. 瑞利分布**

瑞利分布的 PDF 为

$$p(r) = \begin{cases} \dfrac{2r}{a}e^{-\frac{r^2}{a}}, & r \geqslant 0 \\ 0, & r < 0 \end{cases} \qquad (6.12)$$

式中，$a > 0$。其 CDF 为

$$P(r) = 1 - e^{-\frac{r^2}{a}}, \quad r \geqslant 0 \qquad (6.13)$$

通过该式可推导出瑞利分布的直方图规定化的变换函数

$$s = T(r) = \left[ a\ln\frac{1}{1-P(r)} \right]^{1/2} \tag{6.14}$$

式中，$a$ 为常数。该变换同样不满足变换函数的条件 2，需要通过调节 $a$ 来控制输出灰度范围。

图 6.9 是一个瑞利分布的直方图规定化的示例。图 6.9a 是对图 6.3a 直方图规定化的结果，图 6.9b 为图 6.9a 的直方图。图 6.9b 与图 6.8b 有些类似，但是压缩部分右移，因此低亮度部分对比度比指数分布要大，图 6.9a 中的右侧帽子更清晰。图 6.9c 是瑞利分布的 PDF，与图 6.9b 十分相似。

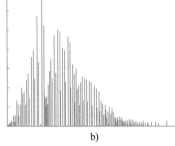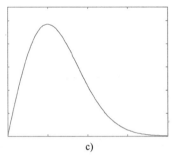

● 图 6.9　瑞利分布的直方图规定化

a）对图 6.3a 直方图规定化的结果（$a = 8500$）　b）图 a 的直方图　c）瑞利分布 PDF

### 3. 指定直方图

与前面讨论的指数分布和瑞利分布不同，指定直方图⊖是指现有的直方图。由于指定直方图的 CDF 不能用连续函数表示，因此无法求其反函数，得到一个像指数分布或瑞利分布那样的连续变换函数。虽然 CDF 无法用连续函数表示，但可以使用查找表来完成变换。整个变换过程与例 6.1 基本一样，只是在图 6.6 右上图这一步不同，通过建立指定直方图的 CDF 的 LUT（Look Up Table，显示查找表），用查表法将累积概率映射到输出灰度上。LUT 如

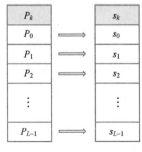

● 图 6.10　LUT

图 6.10 所示，其大小为图像灰度等级 $L$，每一级累积概率对应一个输出灰度值。由于累积概率是浮点数，输入图像的累积概率不一定在图 6.10 上找到值相等的累积概率，所以在实际计算中是找二者差值最小的那个 $P_k$，然后映射到输出灰度 $s_k$ 上。

具体算法并不复杂，根据指定直方图的直方图规定化算法如下。

**算法 6.2　指定直方图的直方图规定化算法**
**输入：**图像 f(x,y)，尺寸 w×h，灰度等级 L；归一化的指定直方图 spec_p[L]
**输出：**直方图规定化后图像 g(x,y)
1:　N=w*h;　　　　　//图像面积

---

⊖　通常称之为直方图匹配，笔者认为并不准确，参考图像匹配，匹配一词并不涉及修改现有的直方图。

```
 2:   spec_P[L];      //指定直方图的累积分布函数,可以看成查找表:累积概率到灰度的映射
 3:   temp=0;
 4:   for (i=0; i<L; i++) {
 5:       temp+=spec_p[i];
 6:       spec_P[i]=temp;          //计算指定直方图的累积分布函数
 7:   }
 8:   src_H[L]=0;                  //图像 f(x,y)的直方图
 9:   for (i=0; i<N; i++)
10:       src_H[f[i]]++;           //计算直方图,f[i]为 f(x,y)的第 i 个像素的灰度值
11:   src_p[L];                    //归一化直方图
12:   for (i=0; i<L; i++)
13:       src_p[i]=src_H[i]/N;
14:   src_P[L];                    //图像 f(x,y)累积分布函数
15:   temp=0;
16:   for (i=0; i<L; i++) {
17:       temp+=src_p[i]; src_P[i]=temp;
18:   }
19:   tab[L];                      //输入灰度到输出灰度的映射表
20:   index=0;                     //输出灰度
21:   for (i=0; i<L; i++) {
22:       min=src_P[i]-spec_P[index];
23:       搜索 min 的绝对值最小时的 index;
24:       tab[i]=index;
25:   }
26:   for (i=0; i<N; i++)
27:       g[i]=tab[f[i]];          //直方图规定化
```

图 6.11 给出了指定直方图的直方图规定化的示例。图 6.11a 是一个设计出的三角形的直方图。图 6.11b 是根据图 6.11a 对图 6.3a 做直方图规定化后的结果,对低亮度和高亮度部分的灰度进行了拉伸,对中间部分进行了灰度压缩。图 6.11c 是图 6.11b 的直方图,与图 6.11a 基本一致。

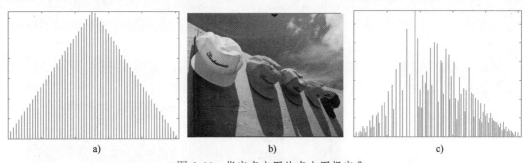

　　a)　　　　　　　　　　　　　b)　　　　　　　　　　　　　c)

● 图 6.11　指定直方图的直方图规定化

a)指定直方图　b)对图 6.3a 直方图规定化后的结果　c)图 b 的直方图

## 6.3　指数、对数和幂次变换

用指数、对数或幂次作为变换函数,实现对图像灰度的非线性变换,改善图像质量。这几

种变换的曲线如图 6.12 所示。这几个函数不满足变换函数条件 2，需要通过参数控制输出范围。

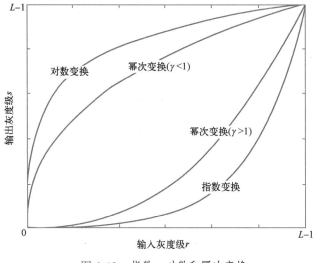

• 图 6.12　指数、对数和幂次变换

### ▶▶ **6.3.1　指数变换**

从图 6.12 可以看出，指数变换对低亮度区压缩而对高亮度区拉伸。指数变换公式为

$$s = b^{c(r-a)} - 1 \qquad\qquad (6.15)$$

式中，$a$、$b$、$c$ 为常数，其中 $b>1$、$c>0$。$a$ 控制输入灰度值的偏移量，$b$、$c$ 控制曲线形状。其中 $b$ 对输出值影响很大，建议取值范围为 $[1.01, 1.05]$，这时对应的输出范围为 $[13.65, 2.53 \times 10^5]$（$L=256, a=0, c=1$），已经相当大了。

图 6.13 为指数变换示例。图 6.13a 为原图，灰度范围很窄，集中在高亮区。图 6.13b 为指数变换结果，可以看出对高亮区进行了很好的拉伸，对比度得到了加大。不过指数变换使用起

• 图 6.13　指数变换

a）原图　b）指数变换（$a=0, b=1.021, c=1.07$）　c）指数变换加线性映射（$a=0, b=1.03, c=1.0$）

来并不方便，需要调节 3 个参数，而且对 $b$、$c$ 两个参数特别敏感，往往微小的变化就导致输出范围发生很大的变动，因此要求精细度很高的控制，这里的 $b$ 已经精确到小数点后第三位了。不只是指数变化参数不好控制，对数变换也同样面临这个问题。对于这个问题有两种解决方案：一是先绘制出曲线，通过优化参数得到想要的曲线，然后再用这些参数进行指数变换；二是变换时不考虑输出灰度范围，变换完后将灰度线性映射到 $[0, L-1]$。图 6.13c 是指数变换后再线性映射的结果，指数变换后的范围为 $[134, 1876]$，再线性映射到 $[0, 255]$。与单纯的指数变换相比，指数变换加线性映射的参数更容易设置，使用起来更方便。

## ▶▶ 6.3.2  对数变换

对数变换是指数变化的逆变换，从图 6.12 可以看出，对数变换对低亮区拉伸而对高亮区压缩。可以通过指数变换推导出对数变换。对式 (6.15) 两端取对数

$$\ln(s+1) = c(r-a)\ln b \tag{6.16}$$

交换 $r$ 和 $s$，整理得

$$s = \frac{\ln(r+1)}{c\ln b} + a \tag{6.17}$$

将 $c\ln b$ 看成一常数 $b$，最后得到的对数变换公式为

$$s = \frac{\ln(r+1)}{b} + a \tag{6.18}$$

式中，$a$ 为常数、$b$ 为正常数。$+1$ 是为了防止 $r=0$ 时出现 $\ln 0$ 的情况。

在 4.2.1 节曾讲到，傅里叶频谱的数值范围往往比较大，可能会上百万，为了便于显示，用到了对数变换。对数变换具有压缩高数值动态范围的重要特性，显示傅里叶频谱正是利用了这一特性。为了进一步说明对数变换的作用，图 6.14 给出了一个示例。图 6.14a 为原图，图 6.14b 为图 6.14a 的傅里叶频谱直接线性映射到 $[0, 255]$ 的结果。由于频谱的动态范围太大，大量低数值的有用信息被映射为 0，因此实际上只能看到中间一个像素大小的白点。图 6.14c

●图 6.14  对数变换

a）原图  b）将傅里叶频谱直接线性映射到 $[0, 255]$（为了便于显示，这里扩大了白点）

c）对数变换后再映射到 $[0, 255]$

为先对频谱进行对数变换后再映射到[0,255]的结果。在压缩高数值动态范围的同时，对低数值部分进行了拉伸，因此有用的细节都显示出来了。

### ▶▶ 6.3.3 幂次变换

幂次［伽马（Gamma）］变换的图形如图 6.12 所示，其公式为

$$s = c\left(\frac{r}{L-1}\right)^{\gamma}(L-1) \tag{6.19}$$

式中，$L$ 为图像的灰度等级，$c$、$\gamma$ 为正常数。观察图 6.12 中的幂次变换曲线可以发现：$\gamma>1$ 时，图像的整体亮度值减小，同时低亮部分的对比度降低，高亮部分的对比度增加，更利于分辩高亮部分的图像细节；$\gamma<1$ 时，图像的整体亮度值提升，同时低亮部分的对比度增加，高亮部分的对比度降低，更利于分辩低亮部分的图像细节。在 $c=1$ 时，输入值 $r$ 除以 $(L-1)$ 是为了保证幂的范围为 $[0,1]$，最后再乘以 $(L-1)$，保证输出范围为 $[0,L-1]$。

幂次变换的示例见图 6.15。图 6.15a 是对图 6.13a 进行幂次变换的结果，高亮部分的对比度加大了，并且拉伸了整个动态范围。图 6.15b 是低亮度原图，图 6.15c 是对图 6.15b 进行幂次变换及线性映射后的结果。如果仅对图 6.15b 进行幂次变换，动态范围很小，如图 6.15d 所示。如果进一步减小 $\gamma$ 值，如图 6.15e 所示，这时图中的黑色区域与周围产生灰度断层，过渡不连续。综合这几幅图像可以得出结论：幂次变换对高亮度图像的处理效果好于低亮度图像。

● 图 6.15　幂次变换（$c=1.0$）

a）对图 6.13a 幂次变换（$\gamma=6.5$）　b）低亮度原图　c）对图 b 幂次变换加线性映射（$\gamma=0.7$）
d）对图 b 幂次变换（$\gamma=0.7$）　e）对图 b 幂次变换（$\gamma=0.4$）　f）改进的幂次变换（$\gamma=0.1$）

为了解释上述现象，我们绘制出比较极端的幂次变换曲线。设 $L=256$、$c=1$、$\gamma=0.1$ 和 10 的两条曲线如图 6.16a 所示。对于这类非线性变换，我们关注的重点是灰度拉伸部分，从图中可以看出，$\gamma=10$ 这条曲线拉伸高亮部分灰度范围，将 $[150,255]$ 完美地拉伸到 $[1,255]$。而 $\gamma=0.1$ 这条曲线拉伸低亮部分灰度范围，但是曲线开始部分几乎与 $s$ 轴重合，完全失去了非线性灰度变换的作用。当 $r=0$ 时，$s=0$；而 $r=1$ 时，$s=147$，这就是造成图 6.15e 中黑色区域与周围产生灰度断层的原因。为了克服这个缺点，我们将 $\gamma=10$ 这条曲线围绕图形中心旋转 $180°$，变成图 6.16b 中的形状。在这种情况下，可以将 $[0,105]$ 完美地拉伸到 $[0,254]$。将图 6.16b 中的两条曲线写成公式就是

$$s=\begin{cases} c\left(\dfrac{r}{L-1}\right)^{\gamma}(L-1), & \gamma \geqslant 1 \\ c\left[1-\left(1-\dfrac{r}{L-1}\right)^{1/\gamma}\right](L-1), & 0<\gamma<1 \end{cases} \tag{6.20}$$

公式分为两部分，第一部分代表图中下面这条曲线，第二部分代表图中上面这条曲线。用该式对图 6.15b 进行变换的结果如图 6.15f 所示，效果远好于图 6.15d 和图 6.15e。

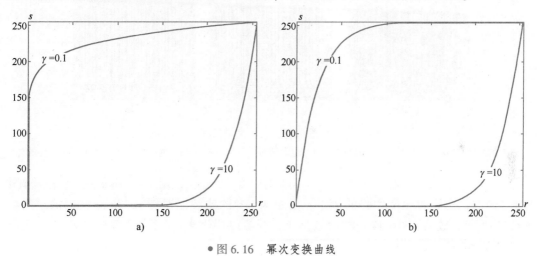

● 图 6.16　幂次变换曲线

a）幂次变换曲线　b）改进的幂次变换曲线

指数、对数和幂次变换的算法很容易实现，并可通过创建 LUT 实现算法加速。

## 6.4　对比度增强

这里讲的对比度增强是对图像高频区域（边角位置）进行增强操作，使得图像看起来更加锐利。对比度增强的变换函数为

$$g(x,y) = c(f(x,y) - m(x,y)) + f(x,y) \tag{6.21}$$

式中，$f(x,y)$ 和 $g(x,y)$ 分别是输入图像和对比度增强后的图像；$c$ 为常数，用于调节增强强度；$m(x,y)$ 是用 4.1.2 节的均值等低通滤波器对 $f(x,y)$ 进行滤波得到的平滑图像。该式可理解为：减去图像的低频分量，将留下的高频分量加到原图上，从而达到对图像高频区域增强的目的。

式（6.21）中的高频分量是通过减去低频分量得到的，那么我们是否可以跳过这一步，直接得到高频分量呢？答案是肯定的。我们可以直接用高通滤波器对图像进行滤波来得到高频分量。用拉普拉斯算子增强对比度的变换函数为

$$g(x,y) = c\,\nabla^2 f(x,y) + f(x,y) \tag{6.22}$$

式中，$\nabla^2 f(x,y)$ 为拉普拉斯算子。

对比度增强常用来对模糊的条码等进行图像增强，图 6.17 给出了这样一个示例。图 6.17a 为模糊的条码。图 6.17b 是用式（6.21）增强的结果，"条"和"空"的对比度得到了增强，图像更加锐利，便于条码读取。

a)　　　　　　　　　　　b)　　　　　　　　　　　c)

● 图 6.17　对比度增强

a) 模糊的 EAN13 条码　b) 用式（6.21）增强（均值滤波器核尺寸 5×5，$c=2$）的结果　c) 用图 b 锐化滤波器增强

除了用式（6.21）或式（6.22）增强图像对比度外，还可以用图 4.17b 的锐化滤波器直接对图像滤波，达到对比度增强的效果。用图 4.17b 的滤波器对图 6.17a 滤波后的结果如图 6.17c 所示，效果与图 6.17b 类似。实际上，图 4.17 锐化算子的工作原理与式（6.22）是相同的，是 $c=1$ 的一个特例。

## 6.5　阴影校正

在实际应用中，拍摄的图像往往有阴影，造成图像有阴影的原因主要有两个：一是光照不均匀；二是镜头与相机图像传感器不匹配、镜头本身的特性等因素，造成采集的图像亮度不均匀，大多数情况是中间亮边角暗。如果这种亮度差异大到一定程度就会影响图像处理，这时就需要对图像进行阴影校正。阴影校正也称为平坦场校正。

假设 $f(x,y)$ 是均匀曝光下的理想图像，由于非均匀曝光的原因，实际得到的图像为

$g(x,y)=e(x,y)f(x,y)$，$e(x,y)$描述了曝光的非均匀性。可以使用一已知亮度的均匀场面的图像来确定$e(x,y)$。如果这个均匀场面经过均匀曝光，则其各点的灰度值都应该是常数$C$。而$g_e(x,y)$是上述均匀场面在非均匀曝光下的图像，即阴影模式，则$e(x,y)=g_e(x,y)/C$。因此，阴影校正的公式[田，1995]为

$$f(x,y)=\frac{g(x,y)}{e(x,y)}=C\frac{g(x,y)}{g_e(x,y)} \tag{6.23}$$

式中，$C$可以用$g_e(x,y)$的均值来估计。式中涉及除法计算，规定$g_e(x,y)=0$时，$f(x,y)=C$。

阴影校正的示例如图 6.18 所示。图 6.18a 是光照不均匀的原图。图 6.18b 是对图 6.18a 二

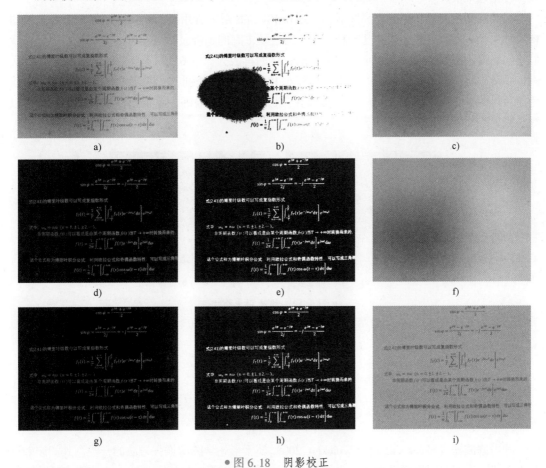

● 图 6.18　阴影校正

a）光照不均匀的原图（尺寸 648×486 像素）　b）对图 a 二值化　c）通过拍摄得到的阴影模式　d）图 c 减去图 a

e）对图 d 二值化　f）对图 a 进行高斯平滑得到的阴影模式（核尺寸 181×181 像素，$\sigma=30$）　g）图 f 减去图 a

h）对图 g 二值化　i）用图 c 对原图进行阴影校正

值化的结果，显然无法通过二值化分割出图像中的文字。图 6.18c 是对白纸拍摄得到的阴影模式 $g_c(x,y)$。如果只是分割文字，就不需要用式（6.23）进行阴影校正，只需用图 6.18c 减去图 6.18a，如图 6.18d 所示，再对其二值化即可，如图 6.18e 所示。在很多情况下并不是有机会拍摄图 6.18c 的阴影模式，这时可以通过对原图进行平滑来估计阴影模式，图 6.18f 就是对图 6.18a 进行高斯平滑得到的，与图 6.18c 相比，差异不大。图 6.18g 和图 6.18h 为用图 6.18f 减去图 6.18a 以及二值化的结果，可以看到与图 6.18d 和图 6.18e 差别很小，说明这种通过平滑得到的阴影模式是有效的。图 6.18i 是通过式（6.23），用图 6.18c 的阴影模式对图 6.18a 进行阴影校正的结果，整幅图像的亮度很均匀，甚至因镜头上的脏污而拍摄到的斑块都得以清除，校正效果很好。

虽然高斯滤波器是可分离滤波器，但图 6.18f 的高斯平滑用时 160 ms，如果图像和滤波器核尺寸更大，用时可能会长达几十秒，在实时性要求高的场合显然是不可接受的。在这里，我们给出快速阴影模式算法：缩小原图再平滑，然后再放大。图 6.19a 是对图 6.18a 缩小 1/2 后进行平滑，然后再放大一倍后的结果，与图 6.18f 几乎没有差别，而高斯平滑用时为 25 ms，仅为原用时的 1/6.4。图 6.19b 是阴影校正的结果，效果依然很好。事实上，如果需要，还可以缩小到更小尺寸再进行平滑。

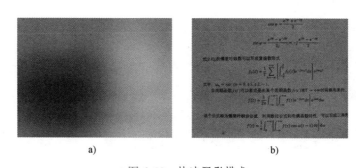

a)                                          b)

● 图 6.19　快速阴影模式

a）对图 6.18a 缩小 1/2 后平滑再放大一倍得到的阴影模式（核尺寸 91×91 像素，$\sigma = 15$）

b）用图 a 对图 6.18a 进行阴影校正

## 6.6　冲击滤波

冲击滤波器（Shock Filter）[Weickert, 2003]属于形态学图像增强方法的一类。其滤波效果与 6.4 节讨论的对比度增强算法有些类似。但与对比度增强算法相比，冲击滤波器有其独特的优点：在图像边缘产生强烈的不连续，并且在一个区域内被过滤的信号变得平坦；过滤后的图像的灰度范围保持不变。

Kramer 和 Bruckner 在 1975 年提出了第一个冲击滤波器[Kramer, 1975]。该算法的基本思想是：在图像灰度最大值附近进行膨胀，而在灰度最小值附近进行腐蚀。如图 6.20a 所示，水平轴为像素位置，垂直轴为灰度值。图中的实线曲线为过一边缘并且与边缘垂直的线剖面（见 2.4.5 节），虚线曲线为线剖面的二阶导数。$M$ 为二阶导数的过 0 点，过 $M$ 点做一垂线与线剖面交于 $N$ 点，$N$ 点则对应线剖面梯度最大值位置，也就是边缘所在位置，我们称 $MN$ 左侧为最小影响区，$MN$ 右侧为最大影响区。显然，可以用二阶导数判断像素属于最大或最小的影响区域。如果二阶导数为负（$MN$ 右侧），则认为该像素处于最大影响区；如果二阶导数为正（$MN$ 左侧），则认为该像素属于最小影响区。对最大影响区域进行灰度膨胀，对最小影响区域进行灰度腐蚀。不断重复这一过程会造成 $MN$ 两侧的像素灰度值分离，左侧灰度值逐步趋近 0，右侧灰度值逐步趋近最大值，在 $MN$ 处产生明显的不连续性，也就是锐利的边缘。因此，迭代冲击滤波可以看作是一种形态学分割方法。在实际操作中则是用拉普拉斯算子替代二阶导数，通过拉普拉斯算子对图像进行卷积，根据卷积结果的正负判断像素属于最大还是最小影响区域。

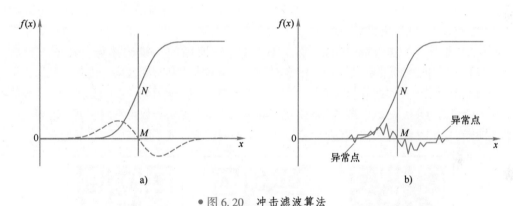

● 图 6.20　冲击滤波算法

a）边缘的线剖面（实线）和二阶导数（虚线）　b）线剖面的二阶差分

而"冲击滤波"一词则是由 Osher 和 Rudin 在 1990 年提出的[Osher, 1990]，他们提出了一种基于偏微分方程（PDE）的连续滤波器。对于连续图像 $f(x,y)$，冲击滤波后的图像 $\{u(x,y,t) \mid t \geq 0\}$ 可以通过以下公式处理得到

$$\frac{\partial u}{\partial t} = -\text{sign}(\Delta u) \mid \nabla u \mid \tag{6.24}$$

$$u(x,y,0) = f(x,y) \tag{6.25}$$

式中，$\Delta u$ 为图像的拉普拉斯算子；$\mid \nabla u \mid$ 为图像梯度幅值，计算公式见式（4.16）~式（4.18）；式（6.25）为初始条件，保证在 $t=0$ 时滤波从原图像 $f(x,y)$ 开始。sign 为符号函数

$$\text{sign}(x) = \begin{cases} 1, & x>0 \\ 0, & x=0 \\ -1, & x<0 \end{cases} \tag{6.26}$$

用差分代替偏导，式（6.24）变为

$$\frac{u(x,y,t) - u(x,y,t-\Delta t)}{\Delta t} = -\text{sign}(\Delta u)|\nabla u| \tag{6.27}$$

$u(x,y,t)$ 用 $u^t$ 表示，$u(x,y,t-\Delta t)$ 用 $u^{t-1}$ 表示，整理后可得迭代到 $t$ 时的图像

$$u^t = u^{t-1} - \text{sign}(\Delta u)|\nabla u|\Delta t \tag{6.28}$$

式中，$\Delta t$ 为时间步长，取值范围为 $(0, 0.7]$，这样能保证迭代的稳定性。当 $\Delta u$ 为正值时，有

$$u^t = u^{t-1} - |\nabla u|\Delta t \tag{6.29}$$

这时像素位于最小影响区，用当前像素灰度值与 8 邻域中像素最小灰度值之差来替代 $|\nabla u|$，式（6.29）就是灰度腐蚀算法。当 $\Delta u$ 为负值时，有

$$u^t = u^{t-1} + |\nabla u|\Delta t \tag{6.30}$$

这时像素位于最大影响区，用 8 邻域中像素最大灰度值与当前像素灰度值之差来替代 $|\nabla u|$，式（6.30）就是灰度膨胀算法。

图 6.21 给出了冲击滤波器的示例。图 6.21a 是模糊的二维码图像。图 6.21b 是用式（6.28）进行冲击滤波的结果，虽然图像锐利了，但并未达到预期效果：边界不光滑，呈毛刺状。为什么会这样？如图 6.20b 所示，图中的折线是用式（4.14）对曲线求二阶导数的结果。从图中可以发现，在最小影响区域出现了异常点，本该二阶导数为正的区域，出现了一个负值。同样，在最大影响区域也有异常点。正是这些异常点造成了滤波后边界不光滑。

a) b) c)

● 图 6.21　冲击滤波器

a）模糊的二维码图像　b）使用拉普拉斯算子的冲击滤波（迭代次数 8；时间步长 0.5）

c）使用 DoG 算子的冲击滤波（迭代次数 8；时间步长 0.5；标准差 1.5）

增加高斯平滑可以解决上述问题，而高斯平滑加上拉普拉斯算子就是高斯拉普拉斯算子（Laplacian of Gaussian，LoG）。二维高斯函数为

$$G(x,y) = \frac{1}{2\pi\sigma^2} e^{-\frac{x^2+y^2}{2\sigma^2}} \tag{6.31}$$

将其代入式（4.30），有

$$\nabla^2 G(x,y) = \frac{\partial^2 G(x,y)}{\partial x^2} + \frac{\partial^2 G(x,y)}{\partial y^2} \tag{6.32}$$

整理后得

$$\nabla^2 G(x,y) = \frac{1}{2\pi\sigma^2}\left(\frac{x^2+y^2-2\sigma^2}{\sigma^4}\right)e^{-\frac{x^2+y^2}{2\sigma^2}} \tag{6.33}$$

这个公式就是 LoG 算子。LoG 算子属于二阶微分算子，其工作原理为：先对图像进行高斯滤波，以减少噪声的影响，然后计算滤波后图像的拉普拉斯算子，锐化边缘。虽然式（6.33）存在一个可分离的分解[Huertas,1986]，但在实际应用中一般用高斯差分算子（Difference of Gaussian，DoG）来近似 LoG 算子

$$D_G(x,y) = \frac{1}{2\pi\sigma_1^2}e^{-\frac{x^2+y^2}{2\sigma_1^2}} - \frac{1}{2\pi\sigma_2^2}e^{-\frac{x^2+y^2}{2\sigma_2^2}} \tag{6.34}$$

式中，$\sigma_1 > \sigma_2$。为了使 LoG 和 DoG 具有相同的过 0 点，必须根据以下公式来选择 LoG 的 $\sigma$ 值

$$\sigma^2 = \frac{\sigma_1^2\sigma_2^2}{\sigma_1^2-\sigma_2^2}\ln\left[\frac{\sigma_1^2}{\sigma_2^2}\right] \tag{6.35}$$

当已知 $\sigma$ 时，通过上式可以推导出 $\sigma_1$ 和 $\sigma_2$ 的计算公式

$$\sigma_2 = \frac{\sigma}{c}\left[\frac{c^2-1}{\ln c^2}\right]^{1/2} \tag{6.36}$$

$$\sigma_1 = c\sigma_2 \tag{6.37}$$

式中，$c>1$。实验表明，当 $c=1.6$ 时，LoG 和 DoG 最为接近。图 6.20a 中的虚线就是用 DoG 算子绘制的，其中 $\sigma=4$。

图 6.21c 就是用 DoG 算子代替式（6.28）中的拉普拉斯算子得到的，与图 6.21b 相比，图像质量得到显著改善。可以看到，滤波后在不同区域的像素灰度值几乎一致，呈平台状。

冲击滤波的算法如下。

```
算法 6.3  冲击滤波算法
输入：图像 f(x,y)，尺寸 w×h；迭代次数 iteration
输出：滤波后图像 g(x,y)
1:    P, C;                              //临时图像
2:    theta=0.5;                         //时间步长
3:    g=f;                               //输入图像复制到输出图像
4:    for (k=0; k<iteration; k++) {      //迭代
5:        P=g;                           //复制图像 g 到 P
6:        C=用式(6.34)计算 P 的 DoG;      //根据设定的 σ，用式（6.36）和式（6.37）计算 σ₁ 和
      //σ₂，再代入式（6.34）计算 P 的 DoG
7:        for (i=1;i<h; i++) {
8:            for (j=1; j<w; j++) {
9:                if (C(j,i)>0) {
```

```
10:              Vmin=搜索 P(j,i)的 8 邻域最小值
11:              g(j,i)=P(j,i)-(P(j,i)-Vmin)*theta;
12:          }
13:      else if (C(j,i)<0) {
14:              Vmax=搜索 P(j,i)的 8 邻域最大值
15:              g(j,i)=P(j,i)+(Vmax-P(j,i))*theta;
16:          }
17:      }
18:  }
19: }
```

需要指出的是：为了得到精确的结果，迭代过程中建议使用浮点数，整数在迭代中会累积较大的误差。

# 第7章

▶▶▶▶▶▶▶

# 图 像 分 割

我们可以把图像分割定义为将图像划分成互不相交的连通区域。连通区域是像素的 4 连通或 8 连通的集合，也就是说，是一个所有像素都有 4 邻域或者 8 邻域像素的集合。在一个连通集中，可以跟踪任意两个像素间的连通路径而不离开这个集合。

当人观察目标时，在视觉系统中对目标进行分割的过程是必不可少的。这个过程非常有效，以至于在不知不觉中就完成目标的分割。但是对于图像处理来说，分割目标往往并不是一件轻松的工作。

本章首先讨论最简单的阈值分割算法和基于边缘的分割算法，接下来再讨论更复杂的分割算法：分水岭法、区域生长法等，最后讨论彩色图像分割。

## 7.1 阈值分割

阈值分割是一种区域分割算法，对目标与背景有较强对比的图像的分割特别有效。虽然计算简单，但却是最常用的分割算法。阈值分割简化了复杂的图像，只保留了极少的有用信息，对接下来的处理帮助极大。

对于输入图像 $f(x,y)$，阈值分割后的图像 $g(x,y)$ 为

$$g(x,y)=\begin{cases} 1, & T_l < f(x,y) \leqslant T_u \\ 0, & \text{其他} \end{cases} \tag{7.1}$$

式中，$T_l$ 为阈值下限，$T_u$ 为阈值上限。这是一个双阈值公式。对于灰度等级为 $L$ 的图像，当 $T_u = L-1$ 时，式（7.1）就变成了单阈值公式

$$g(x,y)=\begin{cases} 1, & f(x,y) > T \\ 0, & f(x,y) \leqslant T \end{cases} \tag{7.2}$$

当 $T$ 作为一个常数用于整幅图像的处理时，式（7.2）给出的处理称为全局阈值处理；当

$T$ 值在一幅图像上变化时，式（7.2）给出的处理称为可变阈值处理。可变阈值处理又分为区域阈值处理和动态阈值处理。

这种将图像处理成两种灰度值的过程称为图像二值化，得到的图像称为二值图像。除此之外，还有多阈值分割，处理后的图像不再是二值图像，而是由一个非常有限的灰度值集合组成。

### ▶▶ 7.1.1　全局阈值

图 7.1 给出全局阈值图像分割的示例。图 7.1a 是一幅 256 级灰度的灯塔图像。图 7.1b 为单阈值分割，可以看到灯塔没有完整分割出来。图 7.1c 是双阈值分割，背景部分的灰度值落在区间[100,215]内，这部分置为 1；而灯塔高亮部分的灰度值则大于 215，通过双阈值将这部分置为 0，从而较好地将前景和背景分割开。图 7.1d 是图 7.1a 的直方图。

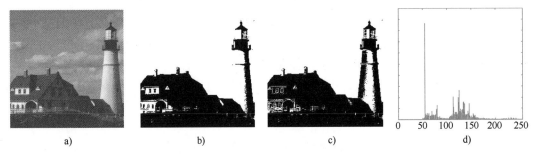

　　a)　　　　　　　　　b)　　　　　　　　　c)　　　　　　　　　d)

● 图 7.1　全局阈值图像分割

a）灯塔图像　b）单阈值（阈值 100）　c）双阈值（阈值下限 100，阈值上限 215）　d）直方图

图 7.2 给出了另外一个全局阈值图像分割的示例，这是一个单阈值分割示例。图 7.2a 是一幅药片图像。通过交互式手动阈值分割的结果如图 7.2b 所示。分割效果很好，药片完整地从背景中分割出来。

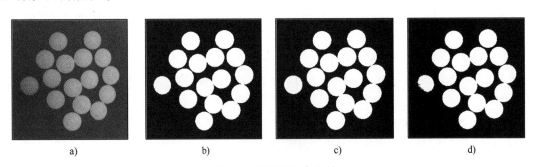

　　a)　　　　　　　　　b)　　　　　　　　　c)　　　　　　　　　d)

● 图 7.2　单阈值图像分割

a）药片图像　b）手动分割（阈值 88）　c）直方图法（阈值 82）　d）大津法（阈值 102）

## ▶▶ 7. 1. 2 自动阈值

在图 7.2 这个例子中，最优阈值可能不是 88，因为人的感觉并不一定准确。而当光源亮度发生变化或镜头光圈发生变动后，拍摄图像的整体亮度都会发生变化，固定阈值往往不能满足要求，因此自动确定阈值就十分有必要了。自动确定阈值的方法有多种，如直方图法、拟合高斯分布法、大津法等，接下来就讨论这些方法。

**1. 直方图法**

阈值可以根据图像的直方图来确定。图 7.3a 为图 7.2a 的直方图，在图中有两个峰，左边对应的是背景，右边对应的是前景（药片）。显然，一个好的阈值应该对应两个峰之间谷底的最低点。直观来看，88 应该在最低点附近，因此图 7.2b 的分割效果还是比较好的。由于图 7.3a 中的直方图的随机波动，两个峰顶的最大值和它们之间的谷底的最小值都不是很好确定。所以，如果想可靠地自动确定阈值，就必须先对直方图进行平滑处理。图 7.3b 是对图 7.3a 用 5×1 均值滤波器卷积后的结果，与图 7.3a 相比，轮廓变得平滑，消除了局部最小

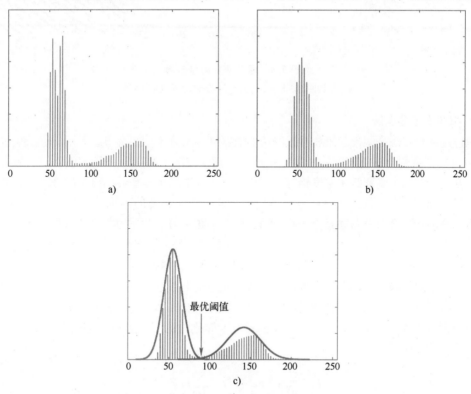

● 图 7.3　自动确定阈值

a）图 7.2a 的直方图　b）平滑后的直方图（5×1 均值滤波）　c）拟合高斯分布

值。当然，也可以用一维高斯滤波器进行滤波，其 $\sigma$ 可以通过不断加大，直到平滑后的直方图只有两个最大值和它们之间有唯一的最小值来确定。从图 7.3b 中计算出的谷底最小值对应的灰度为 82，按该阈值分割的结果如图 7.2c 所示。与图 7.2b 相比，最左边的药片更圆一些，但右上角的噪声信号更明显，不过总体图像质量略有提升。

对于有些图像，没有明显的峰顶和谷底，采用这种方法就有困难，如图 7.4 所示。图 7.4a 是指纹图像，图 7.4b 是图 7.4a 的直方图，前景部分宽阔并且平坦，很难精确确定谷底的位置。

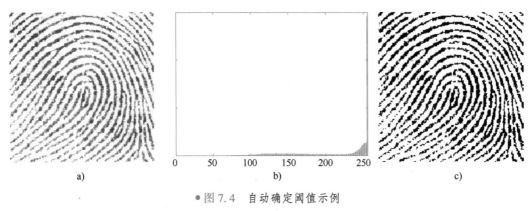

a)　　　　　　　　　　　　　　b)　　　　　　　　　　　　　　c)

●图 7.4　自动确定阈值示例

a）指纹图像　b）直方图　c）大津法（阈值 196）

**2. 拟合高斯分布法**

拟合高斯分布法是假设前景和背景的灰度值服从高斯分布，在直方图上用最小二乘法（见12.5.1 节）拟合两个高斯分布，如图 7.3c 所示。阈值取两个高斯分布最大值之间的最小概率处的灰度值，即两个高斯概率密度相等处的灰度值，其结果是具有最小错误的分割。该方法难点在于估计高斯分布参数以及这些分布被当作高斯分布所具有的不确定性。事实上，图 7.3c 的前景部分很难与高斯分布联系在一起。同样，对于图 7.4b，也很难拟合出高斯分布。

**3. 大津法**

大津（Otsu）法是目前最流行的自动阈值算法[Otsu,1979]之一。该算法是通过最大化类间方差来确定最优阈值的，不需要额外的参数，完全基于直方图。

设一幅灰度图像的大小（像素总数）为 $N$，灰度等级为 $L$。令 $n_i$ 表示第 $i$ 级灰度的像素数量，总像素数用 $N=n_0+n_1+n_2+\cdots+n_{L-1}$ 表示。为了简化讨论，对直方图进行归一化处理（见2.4.2 节），并视为概率分布，有

$$p_i = \frac{n_i}{N}, \quad p_i \geq 0, \quad \sum_{i=0}^{L-1} p_i = 1 \tag{7.3}$$

现在，假设我们选择阈值 $k$，将像素分为两类 $C_1$ 和 $C_2$（背景和前景）。$C_1$ 由灰度值在区间 $[0,k]$ 的像素组成，$C_2$ 由灰度值在区间 $[k+1,L-1]$ 的像素组成。那么由累积概率可得像素分配

给 $C_1$ 和 $C_2$ 的概率 $P_1$ 和 $P_2$ 为

$$P_1 = \sum_{i=0}^{k} p_i = P(k) \tag{7.4}$$

$$P_2 = \sum_{i=k+1}^{L-1} p_i = 1 - P(k) \tag{7.5}$$

式（7.4）为直方图累积到 $k$ 的零阶矩。类 $C_1$ 中的像素平均灰度值为

$$\mu_1 = \frac{1}{N_1} \sum_{i=0}^{k} i n_i = \frac{N}{N_1} \sum_{i=0}^{k} i \frac{n_i}{N} = \frac{1}{\frac{N_1}{N}} \sum_{i=0}^{k} i p_i \tag{7.6}$$

式中，$N_1$ 为 $C_1$ 中的像素数量。显然，$N_1/N = P(k)$，上式可改写为

$$\mu_1 = \frac{1}{P(k)} \sum_{i=0}^{k} i p_i = \frac{\mu(k)}{P(k)} \tag{7.7}$$

式中，$\mu(k)$ 为用直方图一阶矩表示的累积到 $k$ 的累积平均灰度

$$\mu(k) = \sum_{i=0}^{k} i p_i \tag{7.8}$$

实际上，式（7.7）也可通过条件概率（见 12.4.1.4 节）推导，由式（7.6）可得

$$\mu_1 = \sum_{i=0}^{k} i \frac{n_i}{N_1} = \sum_{i=0}^{k} i P(i \mid C_1) \tag{7.9}$$

式中，条件概率 $P(i \mid C_1)$ 是在 $C_1$ 中像素灰度值取 $i$ 的概率，因此等于 $n_i/N_1$。根据贝叶斯公式（见 12.4.1.5 节），式（7.9）可改写为

$$\mu_1 = \sum_{i=0}^{k} \frac{i P(C_1 \mid i) P(i)}{P(C_1)} = \frac{1}{P(k)} \sum_{i=0}^{k} i p_i \tag{7.10}$$

式中，$P(C_1)$ 是 $C_1$ 的概率，根据式（7.4）可知它等于 $P(k)$；$P(i)$ 为整幅图像中像素灰度值取 $i$ 的概率，根据式（7.3）可知它就是 $p_i$；当灰度值 $i$ 在区间 $[0,k]$ 内时，肯定属于类 $C_1$，因此 $P(C_1 \mid i) = 1$。

同理可得类 $C_2$ 中的像素平均灰度值为

$$\mu_2 = \frac{1}{P_2} \sum_{i=k+1}^{L-1} i p_i = \frac{\mu_\mathrm{T} - \mu(k)}{1 - P(k)} \tag{7.11}$$

式中，$\mu_\mathrm{T}$ 为整幅图像的平均灰度

$$\mu_\mathrm{T} = \frac{1}{N} \sum_{i=0}^{L-1} i n_i = \sum_{i=0}^{L-1} i \frac{n_i}{N} = \sum_{i=0}^{L-1} i p_i \tag{7.12}$$

对于任意 $k$，我们可以很容易地验证以下关系

$$P_1 \mu_1 + P_2 \mu_2 = \mu_\mathrm{T} \tag{7.13}$$

$$P_1 + P_2 = 1 \tag{7.14}$$

为了评估在 $k$ 灰度级的阈值的有效性，我们引入以下无量纲的类可分离性测度

$$\eta = \sigma_B^2 / \sigma_T^2 \tag{7.15}$$

式中，$\sigma_T^2$ 为整幅图像的灰度方差

$$\sigma_T^2 = \sum_{i=0}^{L-1} (i - \mu_T)^2 p_i \tag{7.16}$$

$\sigma_B^2$ 是类间方差，其定义为

$$\sigma_B^2 = P_1(\mu_1 - \mu_T)^2 + P_2(\mu_2 - \mu_T)^2 \tag{7.17}$$

应用式（7.13）和式（7.14），式（7.17）可进一步简化为

$$\sigma_B^2 = P_1 P_2 (\mu_1 - \mu_2)^2 \tag{7.18}$$

大津法是基于这样一个猜想，即良好的阈值分割的类在灰度级别中是相互分离的，相反，在灰度级别中给出最好分离的类的阈值将是最佳阈值，也就是 $\mu_1$ 和 $\mu_2$ 的值相差最大时的阈值是最佳阈值。式（7.18）指出，两个均值 $\mu_1$ 和 $\mu_2$ 彼此隔离越远，$\sigma_B^2$ 值越大，这说明类间方差是类之间的可分离性测度。因为 $\sigma_T^2$ 是一常数，根据式（7.15）可知 $\eta$ 是一可分离性测度，并且最大化这一测度等价于最大化 $\sigma_B^2$。式（7.18）可进一步简化为

$$\sigma_B^2 = \frac{[\mu_T P_1 - \mu]^2}{P_1(1 - P_1)} \tag{7.19}$$

式中，为了清晰起见，$\mu(k)$ 暂时省略了 $k$。与式（7.18）相比，该式消去了参数 $P_2$ 和 $\mu_2$，对于每个 $k$ 值，只需要计算 $\mu$ 和 $P_1$，因此计算更有效率。但由于 $P_2$ 和 $\mu_2$ 计算并不复杂，实际上式（7.19）只比式（7.18）快了约 4%。

引入 $k$，式（7.19）改写为

$$\sigma_B^2(k) = \frac{[\mu_T P(k) - \mu(k)]^2}{P(k)(1 - P(k))} \tag{7.20}$$

最优阈值 $k^*$ 使 $\sigma_B^2(k)$ 最大化

$$\sigma_B^2(k^*) = \max_{0 \leqslant k \leqslant L-1} \sigma_B^2(k) \tag{7.21}$$

通过计算每一级灰度的 $\sigma_B^2(k)$，选取使 $\sigma_B^2(k)$ 最大的 $k$ 值即为最优 $k^*$ 值。

计算大津法最优阈值的算法如下。

**算法 7.1 大津法最优阈值算法**
**输入：** 8 位灰度图像 f(x,y)，尺寸 w×h
**输出：** 大津法最优阈值 ThresholdValue

```
1:   N=w*h;                      //像素总和
2:   ThresholdValue=1;           //最优阈值
3:   Hist[256]=0                 //直方图，初始化为 0
4:   n1,n2;                      //类 C₁ 和 C₂ 的像素数量，64 位整型
5:   mut,muk,max,sigma2;         //64 位浮点型
     //得到直方图
6:   for (i=0; i<N; i++)
7:       Hist[f[i]]++;           //f[i]为图像 f 的第 i 个像素的灰度值
8:   mut=muk=0;
```

```
9:     for (i=0; i<256; i++)
10:       mut+=Hist[i]*i;    //μ_T，为了提高运算速度，本算法没有进行归一化处理
11:    max=-1; n1=0;
12:    for (i=0; i<256; i++) {
13:       n1+=Hist[i];
14:       if (n1=0) continue;
15:       n2=N-n1;
16:       if (n2=0) break;
17:       muk+=Hist[i]*i;    //μ(k)
18:       temp=mut*n1/N-muk;
19:       sigma2=temp*temp/(n1*n2);   //式(7.20)
        //用式(7.21)计算最优阈值
20:       if (sigma2>max) {
21:         max=sigma2;
22:         ThresholdValue=i;
23:       }
24:    }
```

图 7.2d 为用以上算法（大津法）分割的结果，似乎效果并没有手动分割和直方图法好。对于图 7.4a，依然能够完成分割，结果如图 7.4c 所示，说明大津法的鲁棒性很好。但是，在有些情况下，大津法也会失效。如图 7.5 所示，图 7.5a 是原图，需要将马从背景中分割出来。图 7.5b 是正确的分割，阈值为 170。图 7.5c 是用大津法分割的结果，阈值为 94，分割失败。接下来分析直方图，如图 7.5d 所示。从图中可以看出，马的灰度值在 170 以上，但由于马占整幅图像的面积过小，对直方图的贡献很小。而背景不但占比很大，还形成了双峰，导致大津法计算出的阈值在其谷底附近。因此，当背景占整幅图像的面积过大，并且形成双峰时，大津法往往不能给出准确的阈值。反之亦然。

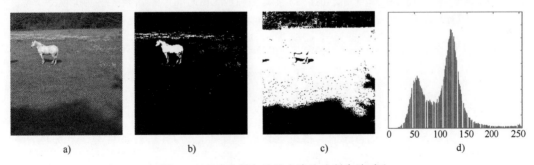

●图 7.5　正确分割与采用大津法分割失败对比

a) 原图　b) 正确分割（阈值 170）　c) 大津法（阈值 94）　d) 直方图

大津法可以扩展到任意数量的阈值，感兴趣的读者可以参考 [Gonzalez, 2020]。

## ▶▶ 7.1.3　动态阈值

如图 7.6 所示，对于图 7.6a，由于光照不均匀，如果采用全局阈值分割，其结果如图 7.6b

所示。从图中可以看出，当前的阈值对左边来说太高，而对右边来说太低。因此，全局阈值无法对图 7.6a 正确分割，这时就需要用到动态阈值（Dynamic Threshold）。

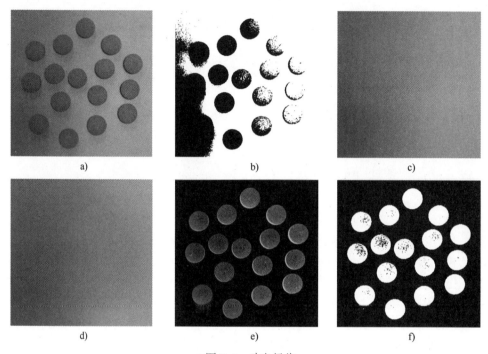

● 图 7.6　动态阈值

a）原图　b）全局阈值分割（阈值 108）　c）拍摄获得的阴影模式　d）高斯平滑获得的阴影模式
（标准差 50，核尺寸 301×301 像素）　e）图 d 减去图 a 的结果　f）二值化（阈值 11）

对于输入图像 $f(x,y)$，动态阈值分割后的图像 $g(x,y)$ 为

$$g(x,y)=\begin{cases}1, & f(x,y)>T_d(x,y)\\ 0, & f(x,y)\leqslant T_d(x,y)\end{cases} \tag{7.22}$$

式中，$T_d(x,y)$ 为动态阈值，是坐标 $(x,y)$ 的函数。$T_d(x,y)$ 有多种形式，其中最常用的就是基于阴影模式（见 6.5 节）的动态阈值。根据前景的亮度不同，$T_d(x,y)$ 的计算公式分为两种，当前景亮度高于背景亮度时，$T_d(x,y)$ 表示为

$$T_d(x,y)=h(x,y)+T \tag{7.23}$$

式中，$h(x,y)$ 为阴影模式，$T$ 为全局阈值。将式（7.23）代入式（7.22），有

$$g(x,y)=\begin{cases}1, & f(x,y)-h(x,y)>T\\ 0, & f(x,y)-h(x,y)\leqslant T\end{cases} \tag{7.24}$$

式中的 $T$ 并不是原图的全局阈值，而是原图减去阴影模式后的图像的全局阈值。当前景亮度低于背景亮度时，$T_d(x,y)$ 表示为

$$T_d(x,y) = h(x,y) - T \qquad (7.25)$$

代入式（7.22），有

$$g(x,y) = \begin{cases} 1, & h(x,y) - f(x,y) > T \\ 0, & h(x,y) - f(x,y) \leqslant T \end{cases} \qquad (7.26)$$

式（7.24）和式（7.26）就是动态阈值图像分割公式。

动态阈值算法的关键就是得到可靠的阴影模式，可以通过三种方法得到：第一种直接拍摄一幅去掉前景的阴影模式；第二种用大尺寸滤波器对图像进行平滑得到一幅近似的阴影模式；第三种用大尺寸结构元对图像进行灰度开运算或闭运算得到一幅近似的阴影模式。前两种方法见 6.5 节，第三种方法见 3.8.2 节。图 7.6c~7.6f 给出了用动态阈值分割图像的示例。图 7.6c 为通过拍摄得到的阴影模式，图 7.6d 为通过高斯平滑得到的阴影模式。由于图 7.6a 是前景（药片）低亮，所以采用式（7.26），用阴影模式减去原图，如图 7.6e 所示。在图像相减时，需要考虑出现负值的问题。最后用式（7.26）对图像进行分割，选取 $T=11$，结果如图 7.6f 所示，实现了图像的完美分割。一般来说，图像相减后亮度都很低，再进行阈值分割时，阈值都会比较小。

动态阈值的分割原理如图 7.7 所示。图 7.7a 是图 7.6a 的局部图。图 7.7b 是图 7.7a 虚线处的线剖面（实线）以及图 7.6d 相同位置的线剖面（虚线）。从图中可以看到，平滑后的药片灰度值要大于原图的灰度值，因此用平滑图像（阴影模式）减去原图就留下了药片的图像，背景部分由于是负值而将其置为 0，最后就形成了图 7.6e 的图像。

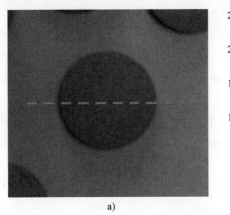
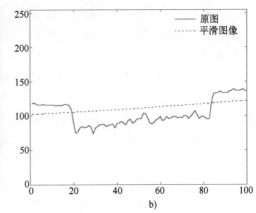

a)                                    b)

● 图 7.7   动态阈值的分割原理

a）图 7.6a 局部图    b）图 a 虚线处的线剖面及图 7.6d 相同位置的线剖面

下面给出两个动态阈值分割在实际中的应用案例。

**例 7.1   动态阈值分割提取二维码**

在 2.3.1 节中给出了通过多图像平均改善 X 光图像质量的示例，但是如果直接用全局阈值对图 2.11c 进行分割，结果如图 7.8a 所示，并不能将二维码分割出来，需要采用动态阈值的方法进行分割。图 7.8b 是通过高斯平滑生成的阴影模式，图 7.8c 是动态阈值分割的结果。最后提取的 DM 码为 "5411267358"[⊖]

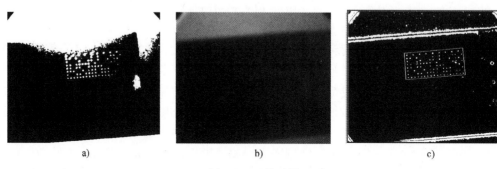

a)                   b)                   c)

● 图 7.8   二维码提取

a) 对图 2.11c 进行全局阈值分割（阈值 33）   b) 对图 2.11c 进行高斯平滑，生成阴影模式
（标准差 5，核尺寸 31×31 像素）   c) 图 2.11c 减去图 b，并二值化（阈值 4）

**例 7.2**   动态阈值进行缺陷检测

图 7.9 给出了手机摄像头传感器黑团检测的示例。图 7.9a 是一幅缩小后的原图，原图尺寸为 3456×4608。这是手机对着单色背景拍摄的一幅图像，是手机出厂前的一道检测工序，用于摄像头传感器 "黑团" 缺陷检测。所谓黑团就是拍摄的图像上会有一团比背景颜色略深的斑块，而这个斑块并不是传感器表面脏污造成的，而是传感器生产过程造成的缺陷，因此无法擦拭掉。黑团的平均灰度与背景灰度之差很小，甚至小于 1，因此检测起来并不容易。单凭直觉来看，图 7.9a 并没有黑团的迹象。由于图 7.9a 的动态范围极窄，为了更清楚地观察图像，这里对图 7.9a 进行了直方图均衡化，结果如图 7.9b 所示。这时，黑团就显现出来了，接下来的工作就是如何将黑团分离出来。图 7.9b 的背景明显呈现出中间亮、外围暗的特点，这一般是由光学系统本身特性造成的。如果用全局阈值对图 7.9b 二值化，结果图 7.9c 所示，阈值是采用交互式手动阈值，大津法无法给出正确的阈值。黑团虽然清晰可见，但是右侧与背景相连，无法完全分割出来。因此，本例采用动态阈值对黑团进行分割。首先对图 7.9b 进行高斯平滑，生成阴影模式，如图 7.9d 所示。然后用阴影模式减去均衡化后的图像，即图 7.9d 减去图 7.9b，结果如图 7.9e 所示。接下来对图 7.9e 二值化，同样不适合用大津法，这里还是采用交互式手动设置阈值，结果如图 7.9f 所示。黑团虽然分割出来了，但呈散点状态，并且图像上有些噪声信号。首先通过闭运算将散点合并成一个黑团，如图 7.9g 所示。然后通过开运算剔除噪声，如图 7.9h 所示。最后通过区域重构（见 8.2 节），剔除图像边缘处的噪声，如图 7.9i 所示。至此，整个分割就完成了，虽然并未将黑团完整分割出来，但是对检测来说已经足够了。

---

⊖  该 DM 码是用 RSIL 软件提取的，该软件支持这类稀疏点阵 DM 码。

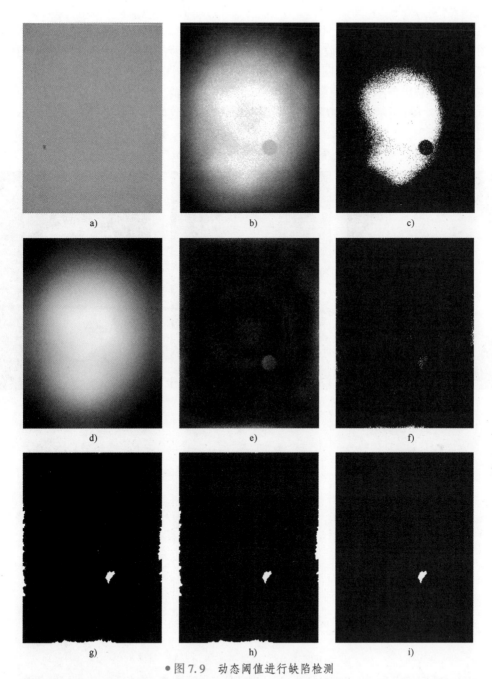

● 图 7.9　动态阈值进行缺陷检测
a）缩小后的原图（尺寸 432×576 像素）　b）直方图均衡化　c）二值化（阈值 200）　d）对图 b 进行高斯平滑，
生成阴影模式（标准差 30，核尺寸 181×181 像素）　e）图 d 减去图 b　f）二值化（阈值 45）
g）闭运算（八边形结构元，尺寸 9×9 像素）　h）开运算（结构元尺寸 3×3 像素）　i）区域重构

在上面的例子中提到对图 7.9b 不适合用大津法获取阈值。用大津法对图 7.9b 二值化的结果如图 7.10a 所示，黑团分割失败。接下来我们对此做进一步的探讨。均衡化后的图像并不平滑，表现为有很多噪声，其直方图如图 7.10d 所示。从直方图可以看出，并没有明显的双峰，大津法阈值分割失败就不难理解了。对图 7.9b 进行高斯平滑，结果如图 7.10b 所示。平滑后的直方图如图 7.10e 所示，在 200 附近有明显的全局谷底。这时再对其进行大津法二值化，结果如图 7.10c 所示，大津法阈值为 192，接近图 7.9c 的阈值。最后对图 7.10c 进行 5×5 的开运算，再进行 5×5 的闭运算，以及通过区域重构剔除边缘 blob，结果如图 7.10f 所示。由于我们

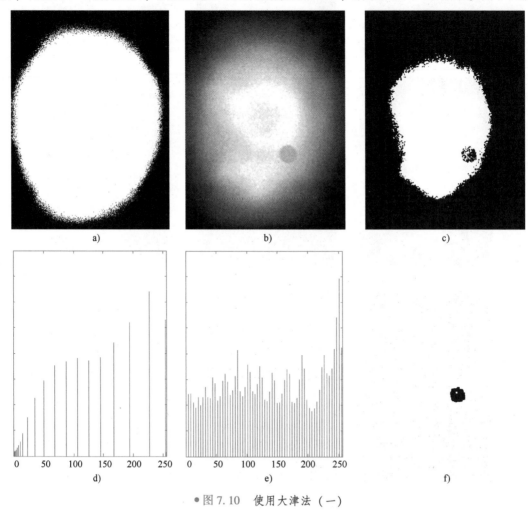

● 图 7.10　使用大津法（一）

a）用大津法对图 7.9b 二值化（阈值 87）　b）对图 7.9b 进行高斯平滑（标准差 1，核尺寸 5×5 像素）

c）用大津法对图 b 二值化（阈值 192）　d）图 7.9b 的直方图　e）图 b 的直方图

f）对图 c 进行 5×5 的开运算，再进行 5×5 闭运算，最后剔除边缘 blob

设定白色为前景，黑色为背景，所以这里先进行开运算来连接散点，再进行闭运算去噪。显然，图 7.10f 的黑团形状与原图的黑团更接近，要好于图 7.9i 的结果。如图 7.10c 所示，由于黑团接近黑色背景，容易与背景连通而造成误判，所以并不推荐这种算法。

图 7.9e 同样不适合用大津法获取阈值，该图的大津法阈值为 7。对图 7.9e 进行高斯平滑的结果如图 7.11a 所示。用大津法对图 7.11a 二值化的结果如图 7.11b 所示，这时的阈值为 16，对于动态范围很窄的图 7.9e 和图 7.11a 来说，平滑前后的阈值的差异已经很大了。对图 7.11b 进行 5×5 的闭运算后再进行 5×5 的开运算，最后通过区域重构剔除边缘部分的 blob，结果如图 7.11c 所示。显然，图 7.11c 的效果要好于图 7.9i，同时，少了一个阈值参数的设定，算法的稳定性和易用性都要好于最初的算法。

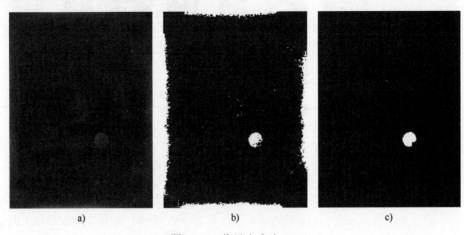

a)                        b)                        c)

● 图 7.11    使用大津法（二）

a）对图 7.9e 进行高斯平滑（标准差 1，核尺寸 5×5 像素）  b）大津法二值化（阈值 16）

c）对图 b 进行 5×5 闭运算后再进行 5×5 开运算，最后剔除边缘 blob

从上述讨论可知，对于那些直方图没有明显的谷底、大津法不能正确分割的图像，如果包含有噪声，可以尝试通过平滑图像来改善直方图形状，从而解决大津法无法正确分割的问题。

动态阈值虽然对背景灰度不均匀的图像分割十分有效，但是也有一些局限性：一是背景灰度变化要平滑，不适用于那些灰度突变的背景；二是前景目标尺寸要小，目标过大，将无法通过平滑得到阴影模式。

## ▶▶ 7.1.4    区域阈值

与全局阈值相对应的就是区域阈值，用于分割全局阈值无法处理的背景灰度值变化的图像。区域阈值是将图像划分为一系列"子图像"，如图 7.12a 所示。原图为图 7.6a，根据虚线分割为 16 个子图像。由于子图像比较小，可以认为背景灰度值是基本一致的，因此可以用固定阈值完成图像分割。这里采用的是大津法来确定子图像阈值，当然也可以采用其他方法。得到的阈值认为是子图像中心点的阈值，其余点的阈值通过插值得到，这里采用的是最近邻插值法，这些阈值组成的图像称为阈值曲面。根据阈值曲面对图像分割的结果如图 7.12b 所示，所有的药片都分割出来了，虽然不完美，但不影响后续计数之类的处理。由于采用的是最近邻插值，即每个子图像采用一个阈值，因此在区域交界处会存在阈值突变，就会产生图 7.12b 左下角药片的分割效果。事实上，为了解决这个问题，图 7.12b 在两个区域交界附近的阈值是取两个区域的阈值均值，在 4 个区域交界点附近阈值取 4 个区域阈值均值，但还是不能彻底解决这个。最好的解决方案就是采用双线性插值，感兴趣的读者可以参照 5.2.2 节自行开发该算法。

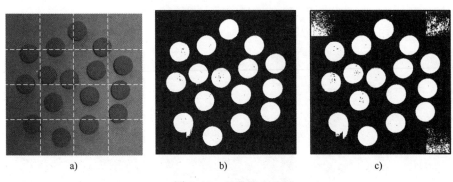

● 图 7.12　区域阈值分割
a) 区域划分　b) 4×4 区域分割结果　c) 5×5 区域分割结果

区域阈值算法的最大问题就是子图像的划分。子图像过大，会因背景灰度变化过大而无法完成分割。子图像过小，如图 7.12c 所示，共划分为 25 个子图像。在其中的 3 个角上的子图像中，因为只有背景图像没有前景图像，所以造成分割错误。解决办法就是先计算出每个子图像的直方图，如果有双峰则计算其阈值，如果没有双峰则跳过。最后对于那些没有阈值的子图像，其阈值可以根据插值得到。

### ▶▶ 7.1.5　变差模型

例 2.4 给出了通过图像减法对印刷缺陷进行分割的示例，这类应用在实际中经常遇到。对于输入图像 $f(x,y)$，分割后的缺陷图像 $g(x,y)$ 为

$$g(x,y)=\begin{cases}1, & |f(x,y)-h(x,y)|>T \\ 0, & |f(x,y)-h(x,y)|\leqslant T\end{cases} \tag{7.27}$$

式中，$T$ 为全局阈值，$h(x,y)$ 为标准图像。该式与式（7.24）和式（7.26）很类似，因为动态阈值分割图像本质上也是图像相减后再二值化。但动态阈值主要用于背景平滑的图像，不适用于印刷检测一类的应用。用式（7.27）分割缺陷对标准图像的质量要求很高，并且在相减前需要对齐图像。另外，目标尺寸的微小变化、拍摄过程中的抖动或光照的变化都会造成分割失败。

图 7. 13 给出了用式（7. 27）分割缺陷的示例。图 7. 13a 是标准图像。图 7. 13b 是有印刷缺陷的图像，字符"E"的右上角颜色偏浅。在进行图像相减之前必须对缺陷图像进行相对于标准图像的位置和角度校正。通过图像匹配（见第 10 章）可以确定图 7. 13b 相对于图 7. 13a 的位置和角度偏移量，再通过几何变换对图 7. 13b 的位置和角度进行校正，结果如图 7. 13c 所示。接下来用图 7. 13c 减去图 7. 13a 并取绝对值，结果如图 7. 13d 所示，可以看出缺陷位置呈高亮状态。然后通过对图 7. 13d 二值化完成缺陷的分割，如图 7. 13e 所示。最后将图 7. 13e 叠加到图 7. 13c 上，如图 7. 13f 所示。除了字符"E"的缺陷分割出来外，字符"C"上方有一处面积比较大的误判。仔细观察图 7. 13a 和图 7. 13b，可以发现该处的误判是由标准图像在字符"C"上的瑕疵造成的。剩余的其他几处小的误判都是位于字符的边缘处。观察图 7. 13d 可以发现，图中各处灰度值并不一致，背景为黑色，字符边缘亮度高于字符内部亮度。由于图 7. 13a 和图 7. 13c 的背景亮度饱和，灰度差为 0，在图 7. 13d 上呈现为黑色。而光照强度的变化造成图 7. 13a 和图 7. 13c 前景灰度值不一样，使得字符依然清晰地显示在图 7. 13d 中。标准图像与缺陷图像在字符边缘处的微小差异加大了灰度差，从而造成边缘亮度更高。印刷误差、采集图像时的抖动以及位置校正时的误差等因素都会造成边缘处的差异。

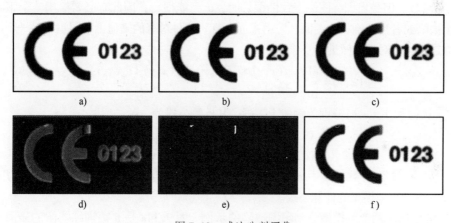

● 图 7. 13　减法分割图像

a）标准图像（尺寸 280×150 像素）　b）缺陷图像［相对标准图像的位置偏移量（0. 810, 2. 374），

角度偏移量-0. 564°（顺时针为正）］　c）对图 b 进行位置和角度校正

d）图 c 与图 a 的灰度差　e）对图 d 二值化（阈值 55）　f）图 e 与图 c 叠加

从上述示例可知，使用全局阈值不能有效地分割出缺陷，需要使用动态阈值。式（7. 27）改写为

$$g(x,y)=\begin{cases}1, & |f(x,y)-h(x,y)|>T_d(x,y)\\0, & |f(x,y)-h(x,y)|\leqslant T_d(x,y)\end{cases} \tag{7.28}$$

式中，$T_d(x,y)$ 为动态阈值。除此之外，我们还需要一幅瑕疵更少更小的标准图像。解决方案就是挑选一组接近标准图像的训练图像，通过对这组图像的学习可以得到动态阈值和更理想的

标准图像。

例 2.1 给出了通过多幅图像平均来降低噪声的例子。在这里将训练图像中的微小瑕疵看作是一种加性的随机噪声。通过对多幅训练图像的平均可以显著地减小噪声，使其更接近理想的标准图像。另外，这组图像的标准差可以用来确定 $T_d(x,y)$。因此，该方法称为变差模型法 [Sonka,2016]。$n$ 幅训练图像 $h_i(x,y)$ $(i=1,2,\cdots,n)$ 的均值为

$$\mu(x,y) = \frac{1}{n} \sum_{i=1}^{n} h_i(x,y) \tag{7.29}$$

标准差为

$$\sigma(x,y) = \left[ \frac{1}{n} \sum_{i=1}^{n} \left[ h_i(x,y) - \mu(x,y) \right]^2 \right]^{1/2} \tag{7.30}$$

式中，$\mu(x,y)$ 和 $\sigma(x,y)$ 分别表示这组图像在坐标 $(x,y)$ 处的均值和标准差。用均值 $\mu$ 代替标准图像 $h$，$T_d$ 可以用 $\sigma$ 的倍数表示，式（7.28）改写为

$$g(x,y) = \begin{cases} 1, & |f(x,y) - \mu(x,y)| > c\sigma(x,y) \\ 0, & |f(x,y) - \mu(x,y)| \leq c\sigma(x,y) \end{cases} \tag{7.31}$$

式中，$c$ 为常数。但是当训练图像一致性很好时，$\sigma$ 可能很小，因此有必要给出一个下限。另外，对于很暗或者接近饱和的图像，采用式（7.31）这种对等的阈值上下限也不是一个好的方案。根据这两点，对上式做进一步修改

$$g(x,y) = \begin{cases} 1, & f(x,y) > T_{du}(x,y) \text{ 或 } f(x,y) < T_{dl}(x,y) \\ 0, & \text{其他} \end{cases} \tag{7.32}$$

式中，$T_{du}(x,y)$ 和 $T_{dl}(x,y)$ 分别为阈值上下限，其计算公式为

$$T_{du}(x,y) = \mu(x,y) + \max[a, c\sigma(x,y)] \tag{7.33}$$

$$T_{dl}(x,y) = \mu(x,y) - \max[b, d\sigma(x,y)] \tag{7.34}$$

式中，$a$、$b$、$c$、$d$ 为常数，其中 $a$ 和 $b$ 用于限制最小值，$c$ 和 $d$ 为与标准差相乘的因子。式（7.32）就是变差模型的计算公式。

图 7.14 给出了用变差模型分割印刷缺陷的示例。图 7.14a 是 5 幅训练图像的最后一幅。图 7.14b 是 5 幅训练图像的均值，由于检测范围比原图要小，所以显示的图像要小一些。图 7.14c 是训练图像的标准差。标准差的动态范围较小，这里显示的是将动态范围映射到 [0,255] 后的图像。由于训练图像数量较少，图 7.14c 显得不够平滑，一般建议训练图像要 10 幅以上。从图中可以看到，字符轮廓的标准差远大于其他位置。有了均值图像和标准差图像，就可以确定式（7.32）中的 $T_{du}(x,y)$ 和 $T_{dl}(x,y)$，接下来就可以对缺陷进行分割了。图 7.14d 是对图 7.13a 分割的结果，分割出了字符 "C" 上的缺陷。由于分割后可能会产生一些面积很小的误判缺陷，因此在这里对面积小于 10 的缺陷进行了剔除。图中的绿色框是用均值图像作为模板的匹配结果。图 7.14e 是对图 7.13b 分割的结果。相比图 7.13 的分割结果，变差模型准确分割出了字符 "E" 上的缺陷。由于该图与均值图像的亮度差别比较大，所以参数取值更大一些。

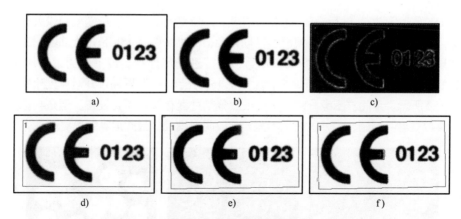

●图 7.14　变差模型分割图像

a）5 幅训练图像的最后一幅　b）均值图像　c）标准差图像　d）~f）分割结果 [图 d：$a=b=20$，$c=d=3$；
图 e：$a=b=40$，$c=d=7$；图 f：$a=b=20$，$c=d=0.8$。面积阈值 10]

在有些情况下，可能只有一幅训练图像。面对这种情况，建立变差模型有两个方法：一是人为地在不同方向上对图像进行微小的平移，模拟多幅图像的情况；二是图 7.14c 与 4.1.3 节中的高通滤波算子的滤波效果很像。因此可以用高通滤波算子，比如 sobel 算子对训练图像进行滤波来近似标准差图像。用 sobel 算子对图 7.14a 滤波来近似标准差图像，用该标准图像对一幅有缺陷的图像的分割结果如图 7.14f 所示。字符 "E" 中间一横过短的缺陷准确地被分割出来。由于 sobel 算子在边缘处产生的梯度较大，因此这里的 $c$ 和 $d$ 取值较小。

## 7.2　基于边缘的分割

基于边缘信息进行图像分割是最早出现的分割方法，并且依然非常重要。基于边缘的分割依赖于边缘检测算子，在 4.1.3 节的高通滤波中介绍了这些算子。基于边缘的图像分割有多种算法，如边缘图像阈值化、边缘松弛法、边界跟踪等[Sonka，2016]，本书介绍的是最常用的边缘图像阈值化算法。由于受噪声、非均匀照明和阴影等因素的影响，通过边缘检测算子得到的目标轮廓有时是非闭合状态的，不能直接用来分割图像，需要执行连接算法，将轮廓闭合。另外这种影响还会在检测中产生一些非目标轮廓线条，有时需要将其剔除，否则会影响分割的准确性。可以通过线条的长度、伸长度等指标来剔除这一类线条，这一部分内容将放在第 9 章讨论。

### ▶▶7.2.1　边缘图像阈值化

对于图 7.6a，虽然由于背景灰度的变化而无法使用全局阈值进行分割，但对于其中的每个目标，其边缘轮廓是清晰的，因此通过边缘算子可以完成对图像的分割。如图 7.15 所示，图 7.15a 是对图 7.6a 进行 sobel 滤波的结果。虽然整幅图像背景灰度差异较大，但是由于变化平缓，所以滤波后背景灰度值很小，目标轮廓很清晰。图 7.15b 是用大津法对图 7.15a 二值化的结果，这时的图像还有很多噪声信号，需要进一步处理。接下来通过区域重构剔除图 7.15b 的边缘 blob 并对目标进行填充，如图 7.15c 所示。最后再通过开运算剔除噪声，其结果如图 7.15d 所示。至此，图像分割完毕。虽然分割过程有参数需要设置，但是与图 7.6 的示例相比，参数更容易控制。另外，由于不需要生成阴影模式，因此此运算效率更高。

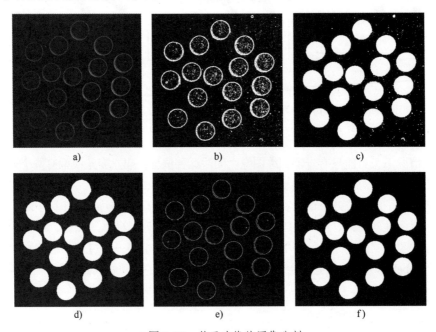

a)                          b)                          c)

d)                          e)                          f)

● 图 7.15　基于边缘的图像分割

a）对图 7.6a 进行 sobel 滤波（核尺寸 3×3 像素）　b）大津法二值化　c）区域重构　d）进行开运算（9×9 八边形结构元）　e）对图 7.6a 进行 canny 滤波（核尺寸 3×3 像素，高阈值 80，低阈值 40）　f）区域重构

除了 sobel 算子外，还可用其他算子进行图像分割，如 canny 算子（见 9.1.2 节）。图 7.15e～7.15f 给出了使用 canny 算子对图像进行分割的示例。图 7.15e 是对图 7.6a 进行 canny 滤波的结果。与 sobel 算子不同，canny 滤波的结果就是单像素边缘的二值图像。由于受阴影的影响，图中除了目标轮廓外，还有一些非轮廓线条，因为不影响后续的分割，这里暂不对其进行处理。图 7.15f 是通过区域重构填充的结果。可以看出，与 sobel 算子相比，基于 canny 算子的分割更简洁，但滞后二值化的高低阈值的设置会更困难一些。

## ▶▶ 7.2.2　边界闭合

基于边缘的分割的最大问题就是可能会生成非闭合边界。虽然有一些处理该问题的算法，但这些算法并不能适应所有的情况。闭合边界的第一步就是筛选出那些非闭合边界，判断单像素宽度的边界是否闭合的方法如下。

1）剔除短的非边界线条，见 9.3 节。

2）通过裁剪去除边界上的毛刺，见 3.5.3 节。

3）检测边界上每个像素的 8 邻域中边界像素的数量，如果为 1，则该像素为边界端点，边界为非闭合边界。

如图 7.16 所示，图 7.16a 是改变阈值后对图 7.6a 进行 canny 滤波的结果，图中有两个目标的边界没有闭合。图 7.16b 为图 7.16a 左下角的非闭合边界叠加原图的放大图。最简单的方法就是将边界的两个端点连接起来，连线的绘制见算法 2.4，结果如图 7.16c 所示。虽然边界并未将整个目标包括进去，但对于计数一类的应用影响并不大。

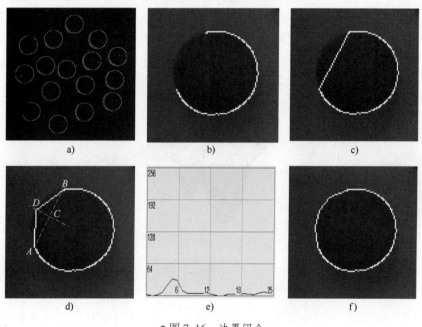

• 图 7.16　边界闭合

a）对图 7.6a 进行 canny 滤波（核尺寸 3×3 像素，高阈值 90，低阈值 40）　b）图 a 左下角的非闭合边界叠加原图

c）直接连接边界的两个端点　d）分两段闭合　e）一阶导数　f）分 4 段闭合

如果想更准确地分割目标，如图 7.16d 所示，首先连接两个端点 A 和 B，然后作其中垂线，再计算出垂线上像素灰度值的一阶导数。这里计算一阶导数的方法是先对图像进行高斯平滑，然后对其进行 sobel 滤波，再求出线剖面，如图 7.16e 所示。图中的最大值对应的位置就是边界点 D，将 D 点与两个端点相连就形成了闭合的边界。还可以按照以上方法对 AD 和 DB 段进一步分割，结果如图 7.16f 所示。但是这种方法有个问题：边缘检测算子本身都没有找到的边界，通过一阶导数准确找到的概率并不会太高，因此该算法的稳定性并不高。

除了以上介绍的算法外，还有一些其他边界闭合算法。其中一种是根据概率来确定目标区域[Hong,1980]，但是如同图 7.16c 一样，分割并不准确。另一种是根据梯度的幅值和方向确定两个相似的端点并相连[Gonzalez,2020]，但该方法只是对特定角度的直线段比较有效。

## 7.3 分水岭法

分水岭的概念源自地形学。如图 7.17 所示，将图 7.17a 以三维的方式显示出来，如图 7.17b 所示，水平方向为空间坐标，垂直方向为灰度坐标。图 7.17a 的两个深色斑块在图 7.17b 中表现为地形学上的两个洼地。为了简化问题，先绘出过图 7.17a 中心线的线剖面，如图 7.17c 所示，并假定中心线过两个洼地的最低点。将图 7.17c 移至图 7.17d，并在局部最低点开两个与外部水域连通的小洞。当洪水来临时，外部水域水位上涨，通过小洞溢入洼地，左边更低的洼地已表现为小水坑。随着水位的上涨，右边的洼地也变成了水坑，如图 7.17e 所示。当水位进一步上涨后，如图 7.17f 所示，为了防止两个水坑相连，在图中修建了一个水坝。该水坝就称为 分水岭，而两个洼地则称为 聚水盆地。分水岭算法就是通过构建分水岭来分割如图 7.17a 所示的目标。

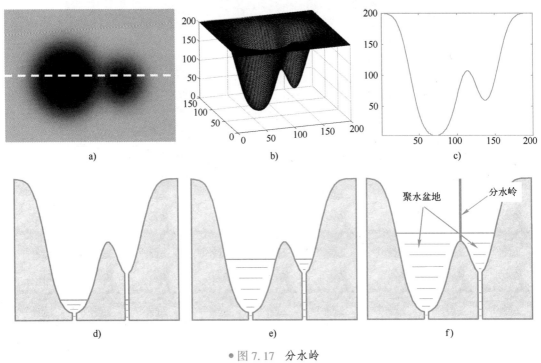

a)　　　　　　　　　　b)　　　　　　　　　　c)

d)　　　　　　　　　　e)　　　　　　　　　　f)

● 图 7.17　分水岭

a）有两个水坑的图像　b）3D 图像　c）线剖面　d）~f）水位上涨

分水岭算法实现起来并不复杂：从图像最小灰度值开始，每增加一级灰度（相当于水位上涨）后遍历整幅图像，扩大目标区域，当不同的目标发生接触时，就构建分水岭，直至图像最大灰度值。但是这种每级灰度都遍历整幅图像的算法不但耗时而且效率低下，可能遍历一次就扩大目标几个像素。因此该算法一直没得到推广，直至 1991 年 Vincent 和 Solille 的论文的出现[Vincent,1991]。在这篇论文中，介绍了一种高效的分水岭算法：对像素按灰度级排列，利用该像素队列有效地模拟了水位上涨的过程，实现了目标快速填充过程。1992 年 Meyer 又提出了一种有种子的分水岭算法[Meyer,1992]，分割围绕种子逐步展开。目前常用的分水岭算法就是这两种：无种子分水岭算法和有种子分水岭算法。

## ▶▶7.3.1  无种子分水岭算法

对于灰度图像 $f$，无种子分水岭算法分为两步：像素排序和注水。

### 1. 像素排序

首先计算图像 $f$ 的直方图，然后计算累积直方图，计算公式见式（6.5）。这将保证每个像素直接分配给排序数组中的唯一单元格。接下来根据累积直方图，生成根据灰度值排序的像素序列，与累积直方图一起，像素的排序数组可以直接访问给定灰度级别的像素。这种能力在注水步骤中广泛使用。由于算法涉及很多细节，所以我们给出类 VC++ 的排序算法。

```
算法 7.2  排序算法
输入：图像 f(x,y)，尺寸 w×h，灰度等级 L
输出：像素序列 ptNPixel
1:   # define WSHED  -1          //表明像素点属于某个分水岭
2:   # define INIT   -2          //用来初始化图像
3:   # define MASK   -3          //指示新像素点将被处理 (每个层级的初始值)
     //像素结构
4:   struct SPoint{
5:   public:
6:       SPoint(){}
7:       SPoint(int ix, int iy, byte Val) {
8:           x=(unsigned short)ix; y=(unsigned short)iy;
9:           Value=Val; label=INIT; dist=0;
10:      }
11:  public:
12:      unsigned short x,y;      //像素点 x, y 坐标
13:      byte Value;              //灰度
14:      short label;             //用于分水岭浸没算法的标签
15:      unsigned short dist;     //操作像素时用到的距离
16:  };
     //带 8 邻域信息的像素结构
17:  struct SNPoint{
18:      SPoint pt;
19:      SNPoint * neighbours[8]; //用于存储 8 连通的邻域像素
20:      byte count;
```

```
21:    };
       //阶段 1：像素排序
       //直方图
22:    int Hmin = L-1, Hmax = 0;                          //图像最大、最小灰度值
23:    int Histogram[L+1] = 0;                            //分配直方图并初始化为 0，在 C++中用 new
       //分配：int * Histogram = new int [L+1]。以下内存分配表示方法相同
24:    intnSize = w * h;                                  //像素总数
25:    SNPoint ptPixel[nSize];                            //分配像素序列，是按像素位置排列的
26:    int Index = 0;
27:    for (i = 0; i<h; i++) {
28:        for (j = 0; j<w; j++) {
29:            byte Value = f(j,i);                       //将图像 f 在坐标(j,i)的灰度值赋值给 Value
30:            ptPixel[Index].pt = SPoint(j,i,Value);
31:            if (Value>Hmax) Hmax = Value;
32:            if (Value<Hmin) Hmin = Value;
33:            Histogram[Value]++;
34:            Index++;
35:        }
36:    }
       //8 邻域信息
37:    for (i = 0; i<nSize; i++) {
38:        CPoint pt (ptPixel[i].pt.x,ptPixel[i].pt.y);   //当前像素点的坐标
39:        SNPoint * pPt = ptPixel+pt.y * w+pt.x;         //得到当前像素结构的指针
40:        Index = 0;
41:        ptPixel[i].neighbours[Index] = pPt-1;          //左边
42:        Index++;
43:        ptPixel[i].neighbours[Index] = pPt-1-w;        //左上角
44:        Index++;
45:        ……                                             //以此类推，得到 8 邻域像素的信息
46:        ptPixel[i].count = Index;                      //对于那些靠边或者角上的像素，并没有 8 个
       //邻域像素，所以将实际邻域像素数量保存起来
47:    }
       //累积直方图，也是每个灰度级开始的索引
48:    int Temp = Histogram[Hmin];
49:    Histogram[Hmin] = 0;
50:    for (i = Hmin; i<Hmax+1; i++) {
51:        int Temp1 = Histogram[i]+Temp;
52:        Temp = Histogram[i+1];
53:        Histogram[i+1] = Temp1;
54:    }
55:    intpIndex[L] = 0;                                  //分配临时索引，并初始化为 0
56:    SNPoint * ptNPixel[nSize];                         //分配像素序列指针，并且按灰度等级排列
57:    for (i = 0; i<nSize; i++) {
58:        byte Vaule = ptPixel[i].pt.Value;              //当前像素的灰度值
59:        int SIndex = Histogram[Vaule];                 //当前灰度值的像素起始索引
60:        ptNPixel[SIndex+pIndex[Vaule]] = &ptPixel[i];  //按灰度等级排序赋值
61:        pIndex[Vaule]++;                               //当前灰度级像素索引+1
62:    }
```

用以上算法得到的像素序列"ptNPixel"，再结合累积直方图"Histogram"，就能直接访问

每一灰度等级的像素的所有信息，包括位置及 8 邻域像素信息。

**2. 注水**

图像的像素按灰度排序之后就可以模拟注水过程，通过灰度逐级增加来模拟如图 7.17d ~ 7.17f 的注水过程。

用 $h_{\min}$ 和 $h_{\max}$ 表示图像 $f$ 的最小和最大灰度值，注水过程就是水位从 $h_{\min}$ 涨到 $h_{\max}$ 的过程。当水位上涨到 $h$ 时，令 $T_h$ 表示满足 $f(p) \leq h$ 的所有像素点的集合，即图像中所有灰度值小于等于 $h$ 的像素点集合

$$T_h = \{p \,|\, f(p) \leq h\} \tag{7.35}$$

另外，令 $M_1, M_2, \cdots, M_n$ 是图像的局部最小灰度值的点的集合，令 $C(M_i)$ 表示水位涨至 $h_{\max}$ 时，与局部最小值 $M_i$ 相关联的聚水盆地中像素点的集合，而每个聚水盆地中的像素点都是连通的。再令 $C_h(M_i)$ 表示水位涨至 $h$ 时，与 $M_i$ 相关联的聚水盆地中像素点的集合，有

$$C_h(M_i) = \{p \in C(M_i) \,|\, f(p) \leq h\} = C(M_i) \cap T_h \tag{7.36}$$

令 $k$ 表示这时被水淹没的聚水盆地的数量，令 $C[h]$ 表示这些聚水盆地的并集

$$C[h] = \bigcup_{i=1}^{k} C_h(M_i) \tag{7.37}$$

注水是一个递归过程，通过 $C[h]$ 计算 $C[h+1]$。显然，当水位从 $h$ 涨到 $h+1$ 时，$C[h] \subseteq T_{h+1}$。因此，$C[h]$ 中的每一个连通分量都包含在 $T_{h+1}$ 的一个连通分量中。令 $q$ 表示 $T_{h+1}$ 中的任意一个连通分量。如图 7.18 所示，整个区域为 $q$，黑色部分为 $C[h]$ 中的某一连通分量。$q$ 和 $C[h]$ 之间有三种可能的包含关系：

1）$q \cap C[h] \neq \varnothing$，如图 7.18a 所示。$q$ 包含 $C[h]$ 的一个连通分量。$q$ 与 $C[h]$ 属同一聚水盆地。这种情况见图 7.17d 左边盆地的注水过程。

2）$q \cap C[h] = \varnothing$，如图 7.18b 所示。这时 $q$ 为一个新的聚水盆地。这种情况见图 7.17e 右边盆地的注水过程，右边水面形成的 $q$ 与左边的盆地交集为空。

3）$q \cap C[h] \neq \varnothing$，如图 7.18c 所示。虽然交集不为空，但是 $q$ 包含了两个连通分量，这时就需要构筑水坝，如图 7.17f 所示。

通过令 $C[h_{\min}] = T_{h_{\min}}$ 来完成递归的初始化。

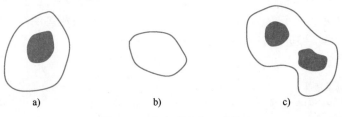

● 图 7.18　注水过程的三种情况

a）$q \cap C[h] \neq \varnothing$，$q$ 包含 $C[h]$ 的一个连通分量　b）$q \cap C[h] = \varnothing$　c）$q \cap C[h] \neq \varnothing$，$q$ 包含了两个连通分量

为了实现注水算法，还要用到三个概念：测地距离（Geodesic Distance）、测地线影响区（Geodesic Influence Zone）和影响区域骨架（Skeleton by Influence Zones）。如图 7.19a 所示，$p$ 和 $q$ 是集合 $A$ 中的两点，$p$ 和 $q$ 之间的测地距离并不是欧氏距离，而是 $A$ 中全部包含的 $p$ 和 $q$ 连接路径长度的下限。

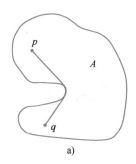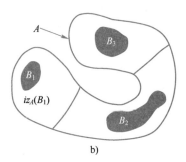

a)          b)

● 图 7.19    测地距离与测地线影响区
a) 测地距离    b) 测地线影响区

设集合 $A$ 包含一个由 $k$ 个连通分量 $B_1, B_2, \cdots, B_k$ 组成的集合 $B$，如图 7.19b 所示，$B_1 \sim B_3$ 是 $A$ 中的集合 $B$ 的三个连通分量。$B$ 中的连通分量 $B_i$ 在 $A$ 中的测地线影响区 $iz_A(B_i)$ 为 $A$ 中到 $B_i$ 的测地距离小于到 $B$ 的其他任何连通分量的测地距离的点的集合

$$iz_A(B_i) = \{p \in A \mid \forall j \in [1,k] \setminus \{i\}, d_A(p,B_i) < d_A(p,B_j)\} \tag{7.38}$$

式中，$d_A(p,B_i)$ 为 $p$ 到 $B_i$ 的测地距离，$d_A(p,B_j)$ 为 $p$ 到 $B$ 中的其他连通分量的测地距离。$A$ 中有些点到两个连通分量的测地距离相等，不属于任何测地线影响区，这些点构成了 $B$ 在 $A$ 内部的影响区域骨架，记为 $\mathrm{SKIZ}_A(B)$

$$\mathrm{SKIZ}_A(B) = A \setminus \mathrm{IZ}_A(B) \tag{7.39}$$

式中，

$$\mathrm{IZ}_A(B) = \bigcup_{i=1}^{k} iz_A(B_i) \tag{7.40}$$

SKIZ 就是分水岭的一部分。由于奇偶性问题，SKIZ 通常是由不连通的线路组成的，因此不一定能完全分隔不同的测地线影响区，需要在不同的连通分量交界处进一步标识分水岭。此外，SKIZ 有时可能不止一个像素的宽度，因为距离两个连通分量相等的像素集很可能非常厚，这也需要整理分水岭，保证一个像素的宽度。

注水部分算法是连接在前面排序算法之后，具体算法如下。

```
算法 7.3  注水算法
输入：像素序列 ptNPixel, 累积直方图 Histogram
输出：边界像素
1:   curlab = 0;                        //当前标识
2:   for (i = Hmin; i < Hmax+1; i++) {
3:       for (pixelIndex = Histogram[i]; pixelIndex < Histogram[i+1]; pixelIndex++) {
```

```
4:          p=ptNPixel[pixelIndex];
5:          p->pt.label=MASK;      //标记此像素将被处理
     //将处于盆地或分水岭的h层的邻域像素点入队
6:          for (j=0;j<p->count;j++) {
7:              if (p->neighbours[j]->pt.label>=WSHED) {
8:                  p->pt.dist=1;
9:                  fifo_add(p);  //添加到先进先出 (FIFO) 队列尾部,在C语言中可用 queue 容器
10:                 break;        //退出循环
11:             }
12:         }
13:     }
14:     curdist=1;                //当前距离
15:     fifo_add(fictitious_pixel);   //添加虚拟像素,用于标记,可将 label 设置为 FICTITIOUS
16:     while (true) {            //扩展聚水盆地
17:         p=fifo_first();       //得到队列的第一个元素
18:         if (p=fictitious_pixel) {
19:             if (fifo_empty()=true)
20:                 break;        //队列为空,扩展完毕
21:             else {
22:                 fifo_add(fictitious_pixel);  //添加虚拟像素,标记像素与连通分量的不同距离
23:                 curdist++;
24:                 p=fifo_fist();
25:             }
26:         }
27:         for (j=0;j<p->count;j++) {          //通过检查邻域像素来标记 p
28:             q=p->neighbours[j];
     //q 属于一个存在的盆地或分水岭
29:             if (q->pt.dist<curdist and q->pt.label≥WSHED) {
30:                 if (q->pt.label>0) {        //q 属于连通分量
31:                     if (p->pt.label=MASK or p->pt.label=WSHED)
32:                         p->pt.label=q->pt.label;
33:                     else if (p->pt.label≠q->pt.label)   //p 和 q 属于不同的连通分量
34:                         p->pt.label=WSHED;
35:                 }
36:                 else if (p->pt.label=MASK)
37:                         p->pt.label=WSHED;
38:             }
39:             else if (q->pt.label=MASK and q->pt.dist=0) {
40:                 q->pt.dist=curdist+1;
41:                 fifo_add(q);              //外一层像素,入队等待处理
42:             }
43:         }
44:     }
     //搜寻并处理h层中新的最小值,见图7.18b
45:     for (pixelIndex=Histogram[i];pixelIndex<Histogram[i+1];pixelIndex++) {
46:         p=ptNPixel[pixelIndex];
47:         p->pt.dist=0;                     //重置距离为0
48:         if (p->pt.label=MASK) {           //该像素位于新最小值区域
49:             curlab++;                     //新的连通分量标识
50:             p->pt.label=curlab;
51:             fifo_add(p);                  //入队列等待处理
```

```
52:              while (fifo_empty()=false) {
53:                 q=fifo_first();
54:                 for (j=0; j<q->count; j++) {          //检查 q 的邻域像素
55:                    r=q->neighbours[j];
56:                    if (r->pt.label=MASK) {
57:                       r->pt.label=curlab; fifo_add(r);    //入队列等待处理
58:                    }
59:                 }
60:              }
61:           }
62:        }
63:     }
        //再次整理，将交界处像素设为分水岭
64:     ……
```

算法 7.2 和算法 7.3 合在一起就是无种子分水岭算法。

图 7.20 给出了无种子分水岭算法示例。图 7.20a 是一幅生物类图像，需要对其中的浅色目标计数。图 7.20b 是用分水岭算法分割的结果。由于噪声以及局部的不规则性导致了过多的

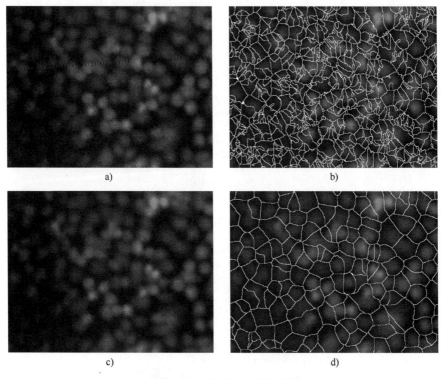

a)                                      b)

c)                                      d)

• 图 7.20　无种子分水岭分割

a）原图　b）对图 a 分割的结果　c）对图 a 进行高斯平滑（标准差 2，核尺寸 13×13 像素）

d）对图 c 进行分割的结果（原图由广东工业大学朱铮涛教授提供）

局部最小值，从而产生严重的过度分割现象。解决这个问题的常用方法是先对图像进行平滑处理再进行分割，图 7.20c 是对图 7.20a 进行高斯平滑后的结果。图 7.20d 是对图 7.20c 进行分割的结果，没有出现过度分割的现象，对目标分割基本准确。除此之外还有一种解决过度分割的方法：设定聚水盆地深度阈值，小于阈值深度的盆地与相邻盆地融合。聚水盆地的深度是开始筑坝时的灰度与盆地最小灰度之差。如果深度小于阈值，就与开始筑坝时的相邻盆地融合。

## ▶▶ 7.3.2 有种子分水岭算法

如图 7.20b 所示，上一节介绍的分水岭算法往往在分割时产生过度分割的现象。为了克服这个问题，Meyer 提出了一种有种子的分水岭算法。

为了简化起见，这里依然用线剖面图进行讨论。如图 7.21 所示，图 7.21a 为一幅图像的线剖面，图 7.21b 是图 7.21a 的梯度图像。如果采用无种子算法，由于有两处洼地，因此会产生两个聚水盆地。而有种子算法是在梯度图像上放上种子，如图 7.21c 所示，只在其中一处洼地放置了一个种子（灰色），另外两个为背景种子（黑色），也可以理解为在种子处钻小孔与外界水域相连。图 7.21d~7.21f 为水位上涨过程。从图 7.21f 可以看到，由于洼地只有一个种子，最终只形成了一处聚水盆地。

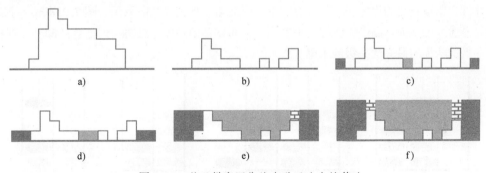

● 图 7.21　基于梯度图像的有种子分水岭算法

a）图像的线剖面　b）图 a 的梯度图像　c）种子的初始位置　d）~f）水位上涨过程

在实际中使用的算法不需要梯度图像，而是在原图中通过区域生长算法完成分割，如图 7.22 所示。首先给出"灰度差"的定义：像素的灰度值与其已经标记的邻域像素的灰度值之间的差值定义为该像素的灰度差。像素的灰度差越小，优先级越高。优先级高的像素点先合并到邻近区域，当不同标记的区域碰到一起，则该点为边界点。图 7.22a 给出了种子的初始位置。接下来将种子邻域像素中那些灰度差为 0 的像素与种子合并到一个区域，并赋予唯一的标记，如图 7.22b 所示。然后将标记像素的邻域像素中灰度差为 1 的像素合并到同一区域，再处理灰度差为 2 的像素，直到不同标记的区域相遇，交界处就是分水岭，如图 7.22c 所示。图中左边的分水岭的灰度差为 3，右边为 2。显然，区域生长法会在局部像素灰度差最大处构筑起分水岭，其结果与基于梯度图像的分水岭算法相同。

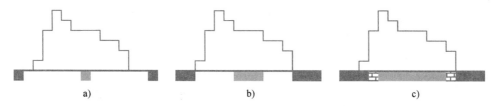

● 图 7.22　基于原图的有种子分水岭算法
a）种子的初始位置　b）~c）区域生长过程

为了实现上述算法，首先需要定义一个有序队列，图 7.23 描述了其结构及工作原理。有序队列由一系列简单队列组成，每一列代表一简单队列，如图 7.23a 所示。每个简单队列由数个具有相同灰度差的像素组成。每个简单队列都分配了一个优先级，灰度差越小的优先级越高。在图中，共有 3 个优先级，右边的简单队列优先级最高。每一简单队列的顶部都是打开的，在任何时候都可以在队列中引入任何优先级的像素。相反，只有具有最高优先级的队列在其底层有一个开口。图 7.23b 显示了队列中一个元素的提取：按照先进先出的原则，将最高优先级队列中先到达的元素提取出来。如果当前队列为空，尝试提取新元素失败，则该队列被抑制，并打开紧接其后的优先级队列以提取下一个元素，如图 7.23c 所示。图 7.23d 展示了有序队列的最后一个特征：高优先级的后来者到达，而具有相同优先级的队列已经被抑制，则将元素放在当前队列的最高优先级的末尾。

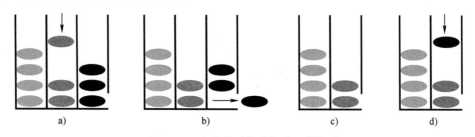

● 图 7.23　有序队列的结构及工作原理
a）有序队列结构　b）元素提取　c）队列抑制　d）高优先级元素入队

为了进一步解释区域生长过程及有序队列的工作原理，图 7.24 给出了一个简单的例子来说明它。图 7.24a 为一幅图像的线剖面，从 $a$ 到 $k$ 共 11 个像素。此外定义了两个种子，如图 7.24b 中浅灰色和深灰色区域所示，左右两个种子形成的初始区域的标签分别为 1 和 2。分割分为如下两步。

**1. 初始化**

创建一个有 3 个级别的有序队列，如图 7.24c 右图所示。一般来说，级别数量等于图像灰度等级。在有序队列中引入种子区域的邻域像素点，即像素 $b$、$e$、$g$、$k$，如图 7.24c 左图所示。根据每个像素点的灰度差计算其优先级，例如，像素 $g$ 是已经属于种子区域的像素 $h$ 的邻域，$g$ 和 $h$ 之间的灰度差为 0，因此 $g$ 被放入优先级为 0 的队列中。有序队列中的每个像素都被标上等待处理的特殊标签。一旦该像素被处理后，这个标签将被最终标签所取代。

**2. 区域生长**

从有序队列中提取的第一个点是 $b$。$b$ 在其邻域中只有一个标签为 1 的区域，将 $b$ 并入该区域，并获得标签为 1，如图 7.24d 左图所示。像素 $a$ 是 $b$ 的邻域，灰度值与 $b$ 相同，$a$ 被放入优先级为 0 的有序队列中，如图 7.24d 右图所示。类似地，点 $g$ 得到标签 2，如图 7.24e 所示，点 $k$ 得到标签 2，如图 7.24f 所示。$a$ 和 $k$ 作为边界点，它们在处理期间没有邻域像素进入有序队列。如图 7.24g 所示，具有最高优先级的队列现在为空，将被抑制。下一个要处理的点是 $f$，$f$ 得到标签 2，如图 7.24h 所示。现 $f$ 所在队列为空，因此被抑制。下一个要处理的点是像素 $e$。$e$ 是两个不同的标记区域的邻域像素点，因此将其标记为边界，表示 $e$ 为边界点，如图 7.24i 所示。由于没有新的点进入有序队列，此时整个队列为空，处理完成。

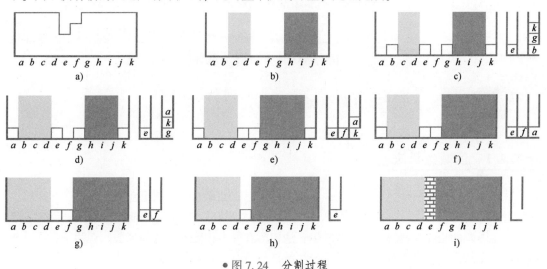

● 图 7.24　分割过程

a）图像的线剖面　b）种子的初始位置　c）~i）区域生长过程

有种子分水岭的具体算法本书不再给出，因为 OpenCV[2012] 中有该算法的代码。但是该代码是针对彩色图像的，彩色图像是用色差来度量两个像素的相似程度。设 $p$ 和 $q$ 两个像素的 RGB 分量分别为 $(R_p, G_p, B_p)$ 和 $(R_q, G_q, B_q)$，两个像素的色差定义[Meyer, 1992] 为

$$C_{\text{dif}} = \max(|R_p - R_q|, |G_p - G_q|, |B_p - B_q|) \tag{7.41}$$

图 7.25 给出了一个用有种子分水岭算法分割图像的示例。图 7.25a 是对图 7.2d 进行腐蚀的结果。通过腐蚀，缩小了目标的尺寸，保证其作为种子能完全落入原图目标范围内。根据图 7.25a 生成的种子图像如图 7.25b 所示。种子用不同的灰度值加以区分，灰度值为 1、2、……需要注意的是，背景也需要设置种子，否则会造成将一个与背景相似的前景目标分割成背景的

情况。原种子图像为 16 位无符号整型，为了便于显示，这里将其转换 8 位无符号整型，并将其灰度映射到范围 $[0,255]$。图 7.25c 是用图 7.25b 的种子对图 7.2a 分割的结果。将图 7.25c 叠加到图 7.2a 上，如图 7.25d 所示。可以看到，分割十分完美。

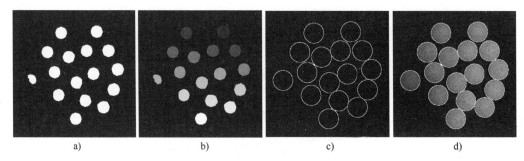

a)                    b)                    c)                    d)

● 图 7.25    有种子分水岭分割图像示例

a）对图 7.2d 腐蚀（19×19 八边形结构元）    b）种子图像    c）分割结果    d）将图 c 的结果叠加到图 7.2a 上

有种子分水岭算法能很好地解决无种子算法的过度分割问题，但是如何得到种子图像却是一个问题，因为目前没有一种能够适应所有图像的种子生成算法。

## 7.4    区域生长法和 $k$-means 聚类算法

### ▶▶ 7.4.1    区域生长法

区域生长是指根据预定义的相似性准则，将相似的像素或子区域组合为更大的连通区域的过程。相似性准则不仅可以根据图像的灰度差（灰度图像）或色差（彩色图像）来设定，还可以根据图像的矩或纹理来设定。区域生长法包括有种子和无种子两种算法。有种子，并且相似性准则是基于灰度差或色差的区域生长法就是上节讨论的有种子分水岭算法。本节仅限于讨论基于灰度差的无种子区域生长法。

基于灰度差的无种子区域生长法十分简单，读者浏览以下算法便可了解其原理。区域按 8 连通来生长的区域生长算法如下。

```
算法 7.4    区域生长算法
输入：图像 f(x,y)，尺寸 w×h；灰度差阈值 Threshold，一般取 1 或 2
输出：16 位或 32 位整型图像 g(x,y)，尺寸 w×h，分割后的连通区域标签按序号 1,2,…,n 排列
1:    N=8;                        //8 邻域
2:    label=0;                    //连通区域标签
3:    g(x,y)=0;                   //初始化输出图像为 0
4:    FlgBuf[w*h]=0;              //初始化标记图像为 0
5:    for (i=0; i<h; i++) {
6:        for (j=0; j<w; j++) {
```

```
7:          if (FlgBuf(j,i)>0) continue;           //跳过已经处理完毕的点.FlgBuf(j,i)为 FlgBuf
      //在坐标(j,i)处的灰度值
8:          FlgBuf(j,i)=1;                          //标识即将处理的点
9:          label++;                                //新的标签,表示一个新的连通区域
10:         g(j,i)=label;                           //新连通区域的第一个像素
11:         filo_add(P(j,i));                       //第 1 步,种子点坐标入栈.添加到先进后出 (FILO)
      //队列尾部,在 C 语言中可用 stack 堆栈.P(j,i)为当前点的坐标
12:         while (filo_empty()=false) {            //如果队列为空,退出循环
13:             seed=filo_last();                   //第 2 步,取最后入栈的种子点坐标
14:             for (k=0; k<N; k++) {               //判断当前种子点的 8 邻域像素是否满足相似性原则
15:                 if (FlgBuf(seed_N8(k))>0) continue;     //跳过已经处理完毕的点.seed_
      //N8(k)为 seed 的 8 邻域中的第 k 个像素的坐标
16:                 if (|f(seed_N8(k))- f(j,i)|<Threshold) {   //判断灰度差是否在阈值范围内
17:                     FlgBuf(seed_N8(k))=1;
18:                     filo_add(seed_N8(k));       //添加该邻域点到队列尾部
19:                     g(seed_N8(k))=label;
20:                 }
21:             }
22:         }
23:     }
24: }
```

以上算法是以像素为单位遍历整幅图像的。为了提高运算速度,可以以块为单位(比如 3×3 大小)进行计算。用块的灰度均值或中心像素灰度值来计算灰度差。为了减小分割后的碎片,一般需要先对图像进行平滑处理。另外,也可通过对分割后的连通区域面积进行筛选来剔除无效的区域。

图 7.26 给出了用区域生长法分割图像的一个示例。图 7.26a 是有破损的瑜伽垫原图(扫码

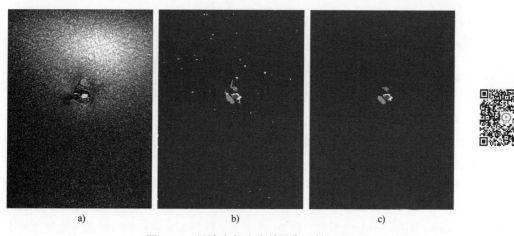

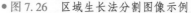

● 图 7.26　区域生长法分割图像示例

a) 破损瑜伽垫原图(尺寸 371×497 像素)　b) 中值滤波后再分割(中值滤波:核尺寸 5×5 像素;
区域生长:灰度差阈值 10,面积阈值 100)　c) 孔洞填充

查看彩图），需要分割出破损部分。由于光照不均匀，直接进行全局阈值分割无法分割出破损部分。图 7.26b 是中值滤波后区域生长的结果，其中白色部分为面积小于 100 的未分割区域。从图中可以看出破损部分比较准确地分割出来了。但是面积阈值控制带来的一个问题就是，区域内部有很多未分割的部分形成了孔洞。为了解决这个问题，可以通过区域重构来填充这些孔洞，结果如图 7.26c 所示。

## ▶▶ 7.4.2 $k$-means 聚类算法

$k$-means 算法是最为经典的聚类方法之一，不但可用于图像分割，还可用于数据聚类。当 $k$-means 算法用于图像分割时，只与像素的灰度或色彩有关，与像素位置无关。$k$-means 算法的基本思想是：以空间中 $k$ 个点为中心进行聚类，对最靠近它们的样本归类。通过迭代的方法，逐次更新各聚类中心的值，直至得到最好的聚类结果。

评估聚类结果好坏的指标是紧凑度。紧凑度定义为每个样本与其最近中心之间的距离的平方和。令紧凑度为 $\Phi$，$k$-means 聚类的目标是将观测集合 $X$ 划分为 $k$ 个不相交的聚类集合 $C = \{C_1, C_2, \cdots, C_k\}$，使得 $\Phi$ 为最小

$$\Phi = \min_C \left( \sum_{i=1}^{k} \sum_{x \in C_i} \|x - m_i\|^2 \right) \tag{7.42}$$

式中，$m_i$ 是集合 $C_i$ 中样本的均值向量（质心）；$x$ 为 $X$ 中的样本。对于灰度图像，$m_i$ 和 $x$ 是标量，而 RGB 彩色图像则是三维向量；$\|x-m_i\|^2$ 是从 $C_i$ 中的每一个样本到均值 $m_i$ 的欧氏距离的平方。

$k$-means 算法是一种简单快速的算法，具体算法如下。

> 1：任意选择 $k$ 个初始中心(均值) $m = \{m_1, m_2, \dots, m_k\}$；
> 2：将每一个样本分配给最近的聚类：对于每个 $i \in \{1, 2, \dots, k\}$，使得聚类 $C_i$ 成为观测集合 $X$ 中更接近 $m_i$ 的这部分样本的集合；
> 3：对于每个 $i \in \{1, 2, \dots, k\}$，更新聚类中心 $m$: $m_i = (1/|C_i|) \sum_{x \in C_i} x$，其中 $|C_i|$ 为 $C_i$ 的样本数量；
> 4：重复步骤 2 和步骤 3，直到 $C$ 不再改变.

在实际计算中，一般是根据迭代中聚类中心最大移动速度小于指定的阈值来终止迭代的，或者达到指定的迭代次数。

标准的初始中心生成算法是从给定样本集中随机选取 $k$ 个样本作为初始中心。但是随机初始化不能保证收敛时的 $\Phi$ 是全局最小值。另外一种初始化方法是 Arthur 和 Vassilvitskii 在 2007 年提出的 $k$-means++算法[ Arthur,2007 ]。令 $D(x)$ 表示从数据点 $x$ 到我们已经选择的最近的中心的最短距离，$k$-means++生成初始中心的算法如下。

> 1：从观测集合 $X$ 中随机地选取一个初始中心 $m_1$；
> 2：选择下一个中心 $m_i$，选择 $m_i = x' \in X$，其概率为

$$P(\boldsymbol{m}_i) = \frac{D(\boldsymbol{x}')^2}{\sum\limits_{\boldsymbol{x}\in X} D(\boldsymbol{x})^2} \tag{7.43}$$

3：重复步骤 2，直到共选出 $k$ 个中心.

从以上算法可以看出，$k$-means++算法在选取第一个聚类中心的时候也是随机选取的，当选取第二个中心的时候，从式（7.43）可以看出，距离当前已经选择的聚类中心越远的点会有更高的概率，因此被选中的概率也越高。假设已经选取了 $n$ 个中心，当选取第 $n+1$ 个中心时，距离当前 $n$ 个中心越远的点越容易被选中。$k$-means++算法的核心思想就是聚类中心的点离得越远越好，这样就大大降低了找到最终聚类各个中心的迭代次数。相比随机初始化中心算法，$k$-means++算法在收敛速度和准确性方面都有显著的提高。

在 OpenCV[2012]中有 $k$-means 聚类算法的代码，包括随机和 $k$-means++两种初始化中心算法，所以本书不再给出该算法。这里仅对 OpenCV 中的随机生成初始化中心的算法进行初步探讨。设 $v_{\max}$ 和 $v_{\min}$ 为图像的最大和最小灰度值，生成在区间 $[v_{\min},v_{\max}]$ 内的随机数的标准公式为

$$v = r(v_{\max} - v_{\min}) + v_{\min} \tag{7.44}$$

式中，$r$ 为区间 $[0,1]$ 内的随机浮点数。但 OpenCV 中生成随机数的公式却是

$$v = \left[r\left(1+\frac{2}{k}\right) - \frac{1}{k}\right](v_{\max} - v_{\min}) + v_{\min} \tag{7.45}$$

式中，$k$ 为中心数量。我们用一个例子来解释这两个公式的差异。设图像的动态范围为 $[15,230]$，$k=3$，$r$ 的 3 个值为 0.2、0.4 和 0.7。用式（7.44）计算出的随机数为 58、101、166；而用式（7.45）计算出的随机数为 15、87、194。很明显，用（7.45）计算出的随机数跨度更大，即生成的聚类中心之间的距离更远，这一点也符合 $k$-means++算法的思想。当然，如果 $r$ 值很大或者很小，会导致式（7.45）计算出的随机数超出区间 $[v_{\min},v_{\max}]$，不过这并不影响后续的计算。

图 7.27 给出了 $k$-means 算法的一个示例（扫码查看彩图）。为了更加直观了解 $k$-means 算法，该示例不是对图像进行分割，而是对一组数据进行聚类。图 7.27a 中的黑点为这组数据的坐标位置，现需要根据坐标将其聚为 3 类。图 7.27b 为采用随机初始化中心的聚类结果。图中同一颜色的点代表同一聚类，大的圆点为聚类的中心。紧凑度为 1.8E+06。图 7.27c 为采用 $k$-means++ 初始化的中心聚类结果。紧凑度为 1.7E+06。由于中心选取的随机性，每次聚类后的紧凑度会有一定的变化，但总体来看，$k$-means++初始化算法要好于随机初始化算法，聚类的紧凑度更小一些。

图 7.28 给出了用 $k$-means 算法分割图像的示例。图 7.28a 为原图。图 7.28b 为将图像分割为两类的结果。图像分割时的聚类中心为灰度值。可以看出，$k$-means 分割图像与用全局阈值分割图像无异。图 7.28c 为将图像分割为三类的结果，进一步将草地与天空分割开来。

$k$-means 算法采用的是迭代方式，计算效率并不高，因此在工业图像处理这类对实时性要求比较高的场合应用并不广泛。

  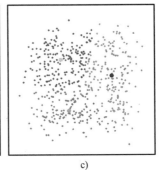 

a)  b)  c)

● 图 7.27   $k$-means 算法（参数：$k$ 为 3，最大迭代次数为 10，聚类中心移动速度阈
值为 0.01，使用不同的初始质心执行算法的次数为 1）

a）原始数据（尺寸 320×320 像素）  b）随机初始化中心的聚类结果  c）$k$-means++初始化中心的聚类结果

a)  b)  c)

● 图 7.28   $k$-means 算法分割图像（参数：最大迭代次数 10，聚类中心移动速度阈值 0.01，
使用不同的初始质心执行算法的次数为 3）

a）原图  b）$k=2$ 的结果（聚类中心：153.35,23.73）  c）$k=3$ 的结果（聚类中心：160.90,20.15,119.21）

## 7.5　彩色图像分割

相比于灰度图像，彩色图像提供了更多的信息，因此很多情况下，通过颜色信息对图像进
行分割会更加容易。

### ▶▶7.5.1　HSV 颜色空间中的分割

在对彩色图像分割时，一般将 RGB 图像转换为 HSV 图像。HSV 空间比 RGB 空间更接近人
眼对颜色的感知方式，使得颜色识别和处理更加符合人类的视觉习惯，效果也更好。在 HSV
空间中，由于亮度是一单独通道，因此分割可以做到与亮度无关，提高算法的稳定性。接下来

通过一个例子演示如何在 HSV 空间中提取彩色目标。

**例 7.3** 在 HSV 颜色空间中提取彩色目标

如图 7.29 所示（扫码查看彩图），图 7.29a 是一幅 24 位的 RGB 彩色图像，现以提取倒数第二根橙色彩铅为例，介绍在 HSV 颜色空间提取目标的步骤。

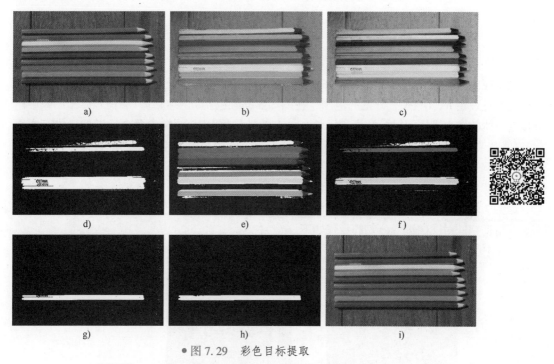

● 图 7.29 彩色目标提取

a）彩色图像 b）HSV 图像 c）S 分量 d）S 分量二值化（阈值：200）

e）H 分量 f）图 d 与图 e 进行逻辑与运算 g）对图 f 二值化（阈值：[10,20]）

h）对图 g 进行闭运算和开运算 i）提取的结果

1）用 2.2.3.2 节中的公式将 RGB 原图转换为 HSV 格式，如图 7.29b 所示。为了便于显示，这里将 $H$、$S$、$V$ 分量映射到[0,255]，再合并到一幅 RGB 图像中。

2）将 $S$ 分量单独提取，如图 7.29c 所示。

3）对 $S$ 分量进行二值化。橙色彩铅颜色鲜艳，因此饱和度比较大，这里阈值取 200，大于等于该值的为白色，小于该值的为黑色，如图 7.29d 所示。

4）将 $H$ 分量单独提取，如图 7.29e 所示。

5）二值化后的 $S$ 分量（图 7.29d）与 $H$ 分量（图 7.29e）进行逻辑与运算，实际上就是将那些满足 $S$ 分量阈值条件的像素的 $H$ 分量留下，如图 7.29f 所示。

6）对保留下的 $H$ 分量进行二值化，如图 7.29g 所示。由于橙色接近红色，所以 $H$ 值是比较小的，这里阈值取[10,20]，位于该范围内的 $H$ 取 255，其余取 0。

7）如图 7.29g 所示，这时还存在一些斑点，通过对图像进行各一次形态学闭运算和开运算，剔除这些斑点，结果如图 7.29h 所示。这时已经得到了橙色彩铅的位置。

8）将图 7.29h 与图 7.29a 合并，并将其余部分灰度化，如图 7.29i 所示。

针对不同的图像，分割算法可能略有不同，但基本思路就是通过结合 $H$ 和 $S$ 分量，对目标进行有效的分割。

## ▶▶7.5.2　二维直方图中的分割

除了在 HSV 空间中分割图像外，在我们最常用的 RGB 空间中分割图像更为简单。通常的做法是通过设定 $R$、$G$、$B$ 三分量的范围，在图 2.6 的颜色空间中构造一个长方体，图像中落入该长方体的像素则属于目标像素。另外一种方法就是用 RGB 图像中两个通道的二维直方图（见 2.4.2 节）来生成二维特征空间，然后在二维直方图中用特征空间对图像进行分割。下面通过一个例子来介绍如何用特征空间对图像进行分割。

例 7.4　用二维特征空间对图像进行分割

如图 7.30 所示（扫码查看彩图），图 7.30a 是一 PCB 的局部图像，现需要将铜焊盘分割出来。用特征空间对图像进行分割的步骤如下。

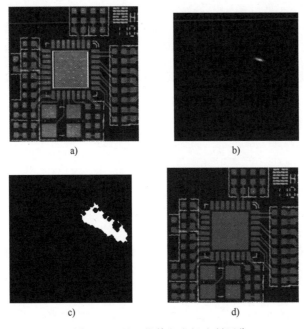

a)　　　　　　　　　　　　b)

c)　　　　　　　　　　　　d)

● 图 7.30　用二维特征空间分割图像

a）原图　b）图 a 虚线框内红色和蓝色通道构成的二维直方图（数据映射到[0,255]）　c）对图 b 二值化（阈值 1）并进行形态学闭运算（9×9 八边形结构元）后生成的特征空间　d）用特征空间对图 a 分割

1）在图 7.30a 中选取焊盘颜色比较理想的区域，如图 7.30a 中的虚线包含的区域。

2）生成该区域内的红色和蓝色通道构成的二维直方图，如图 7.30b 所示。

3）对直方图二值化后再进行形态学闭运算，生成图 7.30c 所示的二维特征空间（白色区域）。二值化阈值一般取 1，即所有非 0 的点都认为是前景。

4）遍历图 7.30a，其红色和蓝色通道对应点灰度值构成在二维直方图中的坐标点，如果坐标点落在图 7.30c 的特征空间内，则认为该"对应点"是目标点，结果如图 7.30d 所示。

在实际应用中，不限于上例中的红色和蓝色通道组合，可以选择其他组合，比如红绿或蓝绿组合。另外，用二维特征空间对彩色图像分割，也不限于 RGB 图像，也可对 HSV 图像进行分割，但需要对用到的通道数据，如 $H$ 和 $S$ 通道数据，映射到整数区间 $[0,255]$。

# 区域分析

在第 7 章中我们已经完成了对图像的分割，但这可能只是图像处理的中间过程，并不是我们最终需要的结果。分割后的图像只包含对分割结果的原始描述，可能并不包含我们所需要的信息，比如位置、面积、周长和形状等信息。这些信息可以直接输出或者根据这些信息来筛选目标、检测缺陷等，例如我们可以根据面积来判断图 7.2a 中是否有破损的药片。因此我们有必要对分割出来的区域做进一步的分析，获取更多有用的信息。所谓的区域分析就是通过对区域的分析来获取区域的相关特征。区域分析又称为 blob 分析。

## 8.1 区域描述和提取

### ▶▶ 8.1.1 区域描述

区域分析的前提就是需要有一种对区域描述的数据结构，该数据结构需要具有以下特点：占用内存少；访问方便；便于计算区域的各种特征。如图 8.1 所示，图 8.1a 是一幅分割过的二值图像。图中灰色部分为前景，是一个 8 连通区域。对区域的描述方法主要有以下两种：

1）最简单的方法就是用二值图像来描述区域，将图 8.1a 中虚线部分直接提取到一个二值图像中。但是这种数据结构有如下弊端。

① 由于图像都是矩形结构，所以区域外的一些点也必须存储起来，如图中的虚线框内的白色部分。虽然二值图像可以按位存储，但出于运算方便性的考虑，更多的时候是按字节存储，因此这种存储方法会占用更多的内存。

② 由于区域和非区域像素混杂在一起，也不便于计算区域的特征，比如计算区域面积时，需要对每个像素进行判断，看是否属于区域像素。

2）用行程来描述区域。所谓的行程（run）是指区域中连续的水平像素序列。如图 8.1b

所示，对区域中每一行程用起点坐标加终点坐标来描述，如图中的第二行数据用 $s_2$ 和 $e_2$ 的坐标来描述。当区域较大时，相比用图像存储，这种方式在存储空间占用方面有巨大的优势。另外，由于包含的仅是区域像素，因此在计算区域特征时更为方便。由于每一行程的 $y$ 坐标相同，所以可以用起点的 $x$、$y$ 坐标（$x_s$，$y_s$）和终点的 $x$ 坐标 $x_e$ 来表示行程 $r$：$r=(x_s,y_s,x_e)$。除此之外，还有另外一种行程表示方法，如图 8.1c 所示，行程用起点坐标（$x_s$，$y_s$）加行程长度 $l$ 表示：$r=(x_s,y_s,l)$。在计算特征时，用长度表示的行程更有优势，比如计算区域面积，只需要将所有的行程长度相加即可，而坐标表示的行程却需要对每一行额外地增加一次减法运算。因此在本书中，行程用起点坐标加长度来表示。

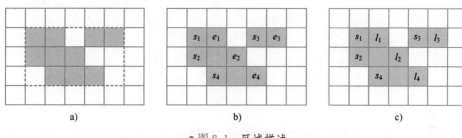

● 图 8.1　区域描述

a）二值图像　b）行程：起点坐标加终点坐标　c）行程：起点坐标加行程长度

综上所述，用行程法来描述区域有很大的优势，是描述区域的主要方法。但有时也会用到二值图像来描述区域，比如在计算区域的轮廓参数时，如周长等，就需要在内存中重新绘制出单个区域后再计算轮廓参数。

区域 $R$ 可表示为该区域全部行程的并集

$$R=\bigcup_{i=1}^{n} r_i \tag{8.1}$$

式中，$r_i$ 为行程，$n$ 为行程数量。

## ▶▶ 8.1.2　区域提取

当用行程来描述区域时，需要将区域信息提取到定义好的数据结构中。以图 8.1c 为例，区域提取的方法为：

1）通过遍历图像，搜索到区域左上第一个行程 $r_1$ 的起点 $s_1$，然后搜索整个行程，将 $r_1$（包括起点 $s_1$ 的坐标和长度 $l_1$）存入数据结构中。根据 4 邻域或 8 邻域规则，搜索到相邻的 $r_2$。

2）将 $r_2$ 存入数据结构，并搜索与 $r_2$ 相邻的行程。如果采用 4 邻域规则，则只有 $r_4$ 一个邻域行程；如果采用 8 邻域规则，则有 $r_3$ 和 $r_4$ 两个行程。如果不加特别说明，本书都是采用 8 邻域规则。

3）将 $r_3$ 和 $r_4$ 存入数据结构，由于 $r_3$ 和 $r_4$ 的邻域再无未存储的行程，提取完毕。

具体的区域提取算法为：

算法 8.1　区域提取算法
**输入：** 图像 f(x,y)，尺寸 w×h；背景灰度值 0，区域灰度值 1，填充后区域灰度值 2
**输出：** 区域序列 listBlob (C++中可用容器 vector)

```
1:   for (i=0; i<h; i++) {
2:       for (j=0; j<w; j++) {
3:           if (f(j,i)=1) {                         //发现新的 blob
4:               listRun;                            //一系列 run 组成的一个 blob
5:               filo_add(P(j,i));                   //第 1 步，种子点坐标入栈.添加到先进后出
         //(FILO) 队列尾部，在 C 语言中可用 stack 堆栈.P(j,i)为当前点的坐标
6:               while (filo_empty()=false) {        //如果队列为空，退出循环
7:                   seed=filo_last();               //第 2 步，取最后入栈的种子点坐标
                     //第 3 步,向左右填充
8:                   count=FillLineRight(j,i);       //向右填充
9:                   xRight=seed.x+count-1;
10:                  count=FillLineLeft(j,i);        //向左填充
11:                  xLeft=seed.x-count;
12:                  Length=xRight-xLeft+1;
13:                  if (Length>0) listRun.Add(P(xLeft,seed.y), nLength);   //将 run 添加
         //到 run 序列中，P(xLeft,seed.y)为 run 起点，nLength 为 run 长度
                     //第 4 步，搜索上下相邻两行，寻找新的种子
14:                  if (xLeft-1>=0) xLeft--;        //采用 8 邻域规则
15:                  if (xRight+1)<w) xRight++;
16:                  if (seed.y>0) SearchLineNewSeed(xLeft,xRight,seed.y-1);   //搜索上
         //一行像素
17:                  if (seed.y<h-1) SearchLineNewSeed(xLeft,xRight,seed.y+1); //搜索下
         //一行像素
18:                  }
19:              }
20:              listBlob.Add(listRun);             //将 blob (run 序列) 添加到 blob 序列中
21:          }
22:  }
         //向右填充函数 (向左填充函数见注释部分)
23:  FillLineRight(x,y) {
24:      count=0; end=false;
25:      while (end=true) {
26:          if (x<w) {                              //w 为图像宽度.向左填充 x>0
27:              if (f(x,y)≠0 and f(x,y)≠2) {
28:                  f(x,y)=1; count++;
29:                  x=++;                           //向左填充 x--
30:              }
31:              else end=true;
32:          }
33:          else end=true;
34:      }
35:      return count;
36:  }
         //搜索新一行像素函数
37:  SearchLineNewSeed(xLeft,xRight,y) {
38:      while (xLeft<=xRight) {
```

```
39:           i=xLeft;
40:           for (; i<xRight+1; i++)
41:               if (f(i,y)=0 or f(i,y)=2) break;
42:           if (i>xLeft) filo_add(P(i-1,y));          //新的种子
43:           xLeft=i;
          //向右跳过内部的无效点
44:           while (xLeft<=xRight) {
45:               if (f(xLeft,y)=2) xLeft++;
46:               else break;
47:           }
48:       }
49:   }
```

需要指出的是，该算法会改变输入图像的灰度值，如果后续处理还需要使用该图像，要对图像进行备份。

对于图 8.1，用算法 8.1 提取的行程最后排序为 $r_1 r_2 r_4 r_3$。由于图像像素在内存中是从左到右从上到下逐行排列的，因此有必要按像素排列顺序对行程重新排序为 $r_1 r_3 r_2 r_4$。这样，在访问区域的像素时，不但方便而且速度更快。

## 8.2 区域分析前处理

应用算法 8.1 即可完成对图像中区域的提取。但在提取之前一般要通过区域重构对图像进行前处理，包括：剔除图像边缘处的区域；填充区域中的孔洞；提取区域中的孔洞。在对经过前处理的图像进行区域分析时，往往更容易得到准确的特征。

### ▶▶ 8.2.1 剔除边缘区域

这里借用第 7 章的图 7.9h 和 7.9i，如图 8.2a 和 8.2c 所示。如果直接对图 8.2a 进行区域提取和分析，会得到 27 个区域，其中面积大于 300 个像素的区域有 3 个，如图 8.2b 所示。这种情况下就很难判断有没有黑团以及哪个是黑团。由于边缘处的区域一般都是噪声信号，所以可以剔除这些区域，如图 8.2c 所示。这时再进行区域分析，则很容易判断是否有黑团以及黑团的面积、位置等特征。

对算法 8.1 稍作修改即可成为剔除边缘区域的算法：算法 8.1 是从上到下，从左到右遍历图像，只需将其改为沿边缘搜索，并将搜索到的区域填充为背景色即可。

### ▶▶ 8.2.2 填充孔洞

如图 8.3 所示，图 8.3a 为图 7.6f，现需要根据面积判断药片是否有破损。动态阈值算法本身的特性经常会造成分割后的目标内部有孔洞，如果直接对图 8.3a 进行区域分析，结果如图 8.3b 所示。图中高亮药片的面积为 2655，而正常药片的面积在 3150 左右，显然该药片面积

过小，会被判断为破损药片。但是如果对孔洞进行填充，如图 8.3e 所示，则该药片的面积为 3056，与正常面积相差不大。

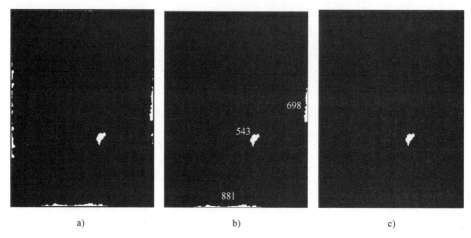

● 图 8.2　剔除边缘区域

a）图 7.9h　b）面积大于 300 的区域，图中数字表示面积　c）图 7.9i

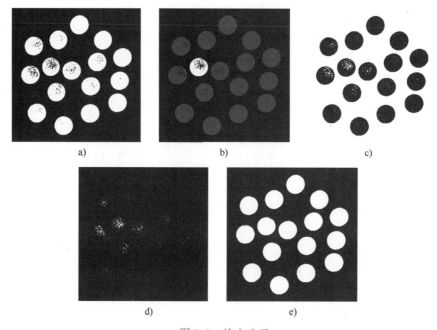

● 图 8.3　填充孔洞

a）图 7.6f（尺寸 450×450 像素）　b）对图 a 区域分析

c）图 a 取反　d）剔除边缘区域　e）通过图 d 加图 a 填充孔洞

结合剔除边缘区域算法，填充孔洞算法步骤如下。

1）通过逻辑"非"运算对图 8.3a 取反，如图 8.3c 所示。之所以要取反，是因为取反后，背景变前景，以便接下来对其进行处理。

2）剔除图 8.3c 的边缘区域，结果如图 8.3d 所示。图 8.3c 中的大片白色区域为一个与边缘接触的区域。

3）图 8.3d 与图 8.3a 相加，结果如图 8.3e 所示，完成对孔洞的填充。

### ▶▶ 8.2.3　提取孔洞

图 8.3d 就是图 8.3a 的孔洞，即对原图取反后再剔除边缘区域后剩下的区域就是孔洞。

例 8.1　区域面积计算

图 8.4 给出了利用填充和提取孔洞计算面积的示例。图 8.4a 为原图，现需要计算包括孔洞在内的整个面积和孔洞面积。图 8.4b 是孔洞填充后的图像，区域分析得到的面积为 26160。图 8.4c 是提取的孔洞的图像，区域分析得到的面积为 16070。

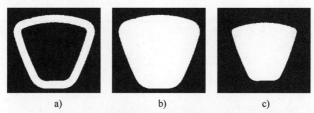

a)　　　　　　　　b)　　　　　　　　c)

● 图 8.4　利用填充和提取孔洞计算面积的示例

a）原图（尺寸 225×200 像素）　b）填充孔洞　c）提取孔洞

## 8.3　区域特征

区域特征有很多，除了少数直接用于结果输出外，比如面积、质心等，大多数特征都是用于区域筛选，比如紧凑度、孔洞数量等。根据参与计算的像素不同，区域特征分为：

1）基于像素的特征，全部像素参与特征的计算，如面积、质心等。

2）基于轮廓的特征，只有轮廓像素参与计算，如周长、孔洞数量等。

3）在前两种特征基础上的混合特征，比如紧凑度等。

4）灰度特征，区域对应的原灰度图像特征，如灰度最大值、灰度最小值等。

本节将介绍这些特征的计算以及在区域分析中的作用。

### ▶▶ 8.3.1　面积、质心和周长

面积、质心和周长是区域最基本的特征。

**1. 面积**

由于单个像素的面积为 1，因此区域 $R$ 的面积 $A$ 就是 $R$ 的像素数量，用行程来表示就是

$$A = |R| = \sum_{i=1}^{n} l_i \tag{8.2}$$

式中，$|R|$ 为 $R$ 的像素数量，$l_i$ 为行程长度，$n$ 为行程数量。

为了更形象地描述面积以及后面将要讲到的质心等特征，这里引入矩的概念。对于图像 $f(x,y)$ 中的区域 $R$，其 $(p+q)$ 阶矩 $m_{pq}$ 为

$$m_{pq} = \sum_{(x,y) \in R} x^p y^q f(x,y), p \geq 0, q \geq 0 \tag{8.3}$$

对于二值图像，有 $f(x,y) = 1, (x,y) \in R$，则式（8.3）变为

$$m_{pq} = \sum_{(x,y) \in R} x^p y^q \tag{8.4}$$

其 $(p+q=0)$ 阶矩为

$$m_{00} = \sum_{(x,y) \in R} x^0 y^0 = \sum_{(x,y) \in R} 1 = A \tag{8.5}$$

即 0 阶矩就是区域的面积。

当我们希望得到一些与区域面积无关的特征时，可对式（8.5）用区域面积进行归一化处理，得归一化的矩

$$n_{pq} = \frac{1}{A} \sum_{(x,y) \in R} x^p y^q \tag{8.6}$$

当我们希望得到一些与区域面积及位置都无关的特征时，可以采用归一化的中心距，二值图像 $f(x,y)$ 中 $R$ 的 $(p+q)$ 阶归一化的中心矩为

$$\mu_{pq} = \frac{1}{A} \sum_{(x,y) \in R} (x - x_c)^p (y - y_c)^q \tag{8.7}$$

式中，$A$ 为区域面积，$(x_c, y_c)$ 为 $R$ 的质心。

**例 8.2 通过面积筛选区域**

通过面积实现对区域的筛选可能是最常用的区域筛选手段之一。如图 8.5a 所示，这是钢网的局部图像，现需要提取 IC 引脚对应的条形孔（焊盘）。图 8.5b 是二值化后提取面积小于 60 的区域。条形孔的面积的范围为 [31,47]，其他孔的面积都在 80 以上，所以用 60 的阈值可以准确地将条形孔提取出来。

**2. 质心**

$R$ 的质心 $(x_c, y_c)$ 可以通过式（8.6）的 $(p+q=1)$ 阶矩计算

$$x_c = n_{10} = \frac{1}{A} \sum_{(x,y) \in R} x^1 y^0 = \frac{1}{A} \sum_{(x,y) \in R} x \tag{8.8}$$

$$y_c = n_{01} = \frac{1}{A} \sum_{(x,y) \in R} x^0 y^1 = \frac{1}{A} \sum_{(x,y) \in R} y \tag{8.9}$$

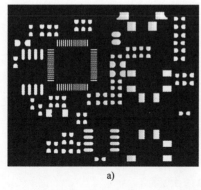 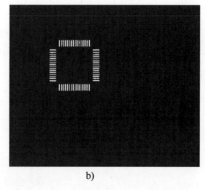

a)                                b)

● 图 8.5　面积筛选

a）钢网图像（尺寸 460×380 像素）　b）二值化（阈值 128）后提取面积小于 60 的区域

用以上两式计算质心时，需要遍历整个区域，并且需要将行程转化为坐标，其运算复杂度为 $O(|R|)$。为了直接用行程计算质心，我们用行程求和替代式（8.8）中的坐标求和

$$x_c = \frac{1}{A} \sum_{i=0}^{n} \sum_{j=0}^{l_i-1} (x_i + j) \tag{8.10}$$

式中，$n$ 为行程数量，$l_i$ 为第 $i$ 个行程长度，$x_i$ 为第 $i$ 个行程起点的 $x$ 坐标。对式（8.10）进一步推算

$$x_c = \frac{1}{A} \sum_{i=0}^{n} \left( \sum_{j=0}^{l_i} x_i + \sum_{j=0}^{l_i-1} j \right) = \frac{1}{A} \sum_{i=0}^{n} \left( l_i x_i + \frac{(l_i - 1) l_i}{2} \right) \tag{8.11}$$

同理，式（8.9）也用行程表示

$$y_c = \frac{1}{A} \sum_{i=0}^{n} \sum_{j=0}^{l_i-1} y_i = \frac{1}{A} \sum_{i=0}^{n} l_i y_i \tag{8.12}$$

式中，$y_i$ 为行程起点的 $y$ 坐标。式（8.11）和式（8.12）将式（8.8）和式（8.9）的求和次数从 $|R|$ 降为 $n$，其运算复杂度为 $O(n)$，运算效率得到极大的提高。在实际测试中，对于 500 万像素的图像，如果图像中区域较多且较大，运算时间会从 100 ms 降到 2 ms，效果惊人。式（8.11）和式（8.12）就是我们在实际中使用的质心计算公式。

**3. 周长**

周长的计算规则如图 8.6 所示，其中灰色部分表示区域。对于单个像素的区域，如图 8.6a 所示，由于边长为 1，所以周长等于 4。对于多于一个像素的区域，如图 8.6b 所示，周长等于沿着区域边缘的像素边的总数。但是对于图中的内角，并不是按 1+1＝2 来计算的，而是按对角线长度，即 $\sqrt{2}$ 来计算的。对于图中的区域，其周长等于 $6+2\sqrt{2}=8.828$。

在实际计算中，只需要跟踪出区域边界的像素，根据相邻像素的位置关系，套用上述规则即可完成周长的计算。跟踪边界的算法有多种，如虫随法 [ 王，2006 ]，Moore 法 [ Gonzalez，2020 ]。在这里我们介绍一种根据已搜索的边界点来判断下一边界点的大致位置的边界跟踪算

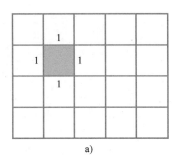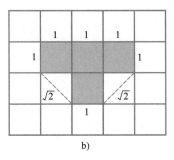

● 图 8.6　周长计算规则

a）单个像素　b）多个像素

法[王,2006]。如图 8.7 所示，图 8.7a 是当前边界点 $P$ 的 8 邻域像素。对于 8 连通区域来说，下一边界点肯定在这 8 个邻域像素中产生。但实际上并不需要搜索全部 8 个点。根据区域的特性，8 个点中除了其中一点是前一边界点外，还有两个点不可能是边界点，因此只需要搜索 5 个点。当前点和前一点的连线共有 8 个方向，这 8 个方向下的候选点位置如图 8.7b～8.7i 所示，图中颜色的说明见图 8.7j。如图 8.7b 所示，当前的边界点位于中心，4 这点是前一边界点，则 3 和 5 不可能是边界点，剩余的 5 个点则是边界点的候选。具体方法是通过顺序搜索 6、7、0、1、2 共 5 个点，找到的第一个区域像素就是边界点。通过这种方式，会逆时针方向跟踪出整个边界。

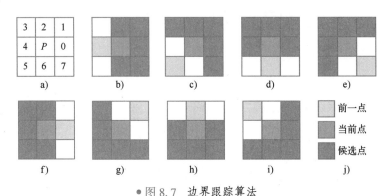

● 图 8.7　边界跟踪算法

a）8 邻域　b）～i）候选点与前一点的关系　j）颜色说明

　　由于初始边界点并没有前一边界点，因此有必要探讨搜索第二点时采用图 8.7b～8.7i 中的哪一个方向。当我们对图像从左到右，从上到下搜索到区域的第一个边界点时，有 4 种可能的边界候选点模式，如图 8.8 所示。观察图 8.8a～8.8d 以及图 8.7b～8.7i，可以发现图 8.7h 和 8.7i 包含图 8.8 的所有候选点，因此图 8.7h 和 8.7i 两个方向可以用于搜索第二个边界点。

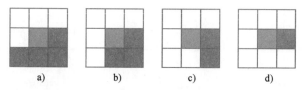

● 图 8.8　初始点的可能边界候选点模式

a)~d)　4 种边界候选点模式

根据上面的讨论，区域边界跟踪算法可总结如下。

```
算法 8.2　边界跟踪算法
输入：图像 f(x,y)，尺寸 w×h，背景灰度值 0，前景灰度值 255
输出：边界队列 Edge
1:    for (i=0; i<h; i++) {
2:        for (j=0; j<w; j++) {
3:            if (f(j,i)=255) {            //搜索到第一个边界点
4:                k=0;                      //序号
5:                P(k)=(j,i);               //将坐标赋值给第一点
6:                Edge.Add(P(k));           //第一点加入边界队列 Edge
7:                direction=6;   //对图 8.7b~8.7i 编码为 0~7，搜索第二点用图 8.7h 的方向
8:                do{                       //循环
9:                    k=k+1;
10:                   P(k)=search_edge(direction);       //用指定的方向搜索边界点
11:                   Edge.Add(P(k));        //边界点加入边界队列
12:                   direction=get_direction(p(k-1),p(k)); //根据当前点和前一点确定搜索方向
13:               }while(P(k)≠P(0));         //直到搜索到起点，结束循环
14:           }
15:       }
16:  }
```

实际使用的算法要比上述算法更为复杂，因为需要跟踪区域的孔洞边界。周长可以在跟踪边界过程中实时计算，也可最后根据整个边界一次性计算。

跟踪边界涉及边界的表示方法问题，一种方法是直接用边界像素的坐标来表示边界，另外一种方法就是用链码来表示边界。链码又称为弗里曼（Freeman）链码，常用于描述区域的边界或单像素宽度的曲线。链码是用起点的坐标和一串表示像素走向的方向代码来描述边界或曲线的。根据曲线像素是 4 连通还是 8 连通，链码分为 4 方向链码和 8 方向链码两种，如图 8.9a~8.9b 所示。图中的方向为曲线的下一个像素相对上一个像素的方向，各个方向用数字 0~3 或 0~7 来表示。图 8.9c 给出了用 8 方向链码表示边界的示例，图中灰色部分为一边界，以中间有圆点的像素为起点的逆时针方向的边界链码为 545670011234。与坐标法相比，在表示相同的边界时，链码需要的数据量更少。由于链码是一种相对位置的表示方法，所以确定某一像素的具体位置要比坐标法麻烦得多。在区域特征表示方面，更多还是使用坐标法来表示边界。

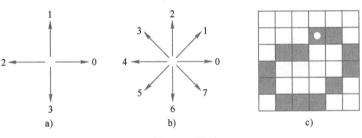

● 图 8.9 链码

a) 4 方向链码   b) 8 方向链码   c) 链码示例

## ▶▶ 8.3.2 长度、宽度和伸长度

**1. 长度和宽度**

这两个特征用于度量细长区域的形状，是由周长 $p$ 和面积 $A$ 派生而来的。在这里我们假设区域为矩形，则有

$$p = 2(l+w), \quad A = lw \tag{8.13}$$

式中，$l$ 为区域的长度，$w$ 为区域的宽度。由上式可推导出 $l = (p \pm \sqrt{p^2 - 16A})/4$，对应的就是长度和宽度

$$l = \frac{(p + \sqrt{p^2 - 16A})}{4}, p^2 - 16A > 0 \tag{8.14}$$

$$w = \frac{(p - \sqrt{p^2 - 16A})}{4}, p^2 - 16A > 0 \tag{8.15}$$

当区域为圆形时就会出现 $p^2 - 16A < 0$ 的情况，这时的长度和宽度已经没有几何意义了。为了保证以上两式在任何时候都有解，可以用 $\max(0, p^2 - 16A)$ 代替 $p^2 - 16A$。

**2. 伸长度**

伸长度（Elongation）的定义为长宽比值

$$elongation = l/w \tag{8.16}$$

**例 8.3** 计算区域长度和宽度

如图 8.10 所示，图 8.10a 的区域为处于水平位置的矩形。旋转 20° 后再二值化的矩形如图 8.10b 所示。用式（8.14）和式（8.15）计算的结果见表 8.1。

表 8.1 计算结果

| 参数 | 长度 | 宽度 | 面积 | 周长 |
| --- | --- | --- | --- | --- |
| 图 8.10a | 200.000 | 100.000 | 20000 | 600.000 |
| 图 8.10b | 241.374 | 82.875 | 20004 | 648.500 |

从表中可以看出，水平位置的矩形的长宽尺寸测量很准确，但是旋转后的误差很大，长度方向误差超过了 20%。由于长宽是从面积和周长计算来的，所以接下来我们分析旋转后面积和周长的误差：面积几乎没变，而周长的误差为 8%。也就是说，用式（8.14）计算长度时，8% 的周长误差带来了超过 20% 的长度误差。因此可以得出结论：基于面积和周长的区域长度和宽度只能用于区域的定性分析，不能用于定量分析。在 8.3.6 节会给出更精确的长宽计算公式。

a)        b)

• 图 8.10　矩形长度和宽度测量

a）水平位置（图中黑色矩形尺寸 200×100 像素）　b）对图 a 旋转 20°后再二值化（双线性插值旋转，二值化阈值 128）

## ▶▶ 8.3.3　等效椭圆的形状特征

在对区域筛选和定位方面，区域的形状和姿态是很重要的特征。如图 8.11 所示，灰色区域的形状和倾角可以通过等效椭圆的参数来确定。等效椭圆定义为与区域具有相同的一阶矩和二阶矩的椭圆。图中的椭圆就是区域的等效椭圆，中心与区域质心重合，长轴与区域惯性主轴重合。椭圆的参数可以通过式（8.7）的 $(p+q=2)$ 阶归一化中心矩计算[Steger,2019]。

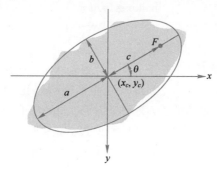

• 图 8.11　等效椭圆（长半轴 $a$、短半轴 $b$、焦点 $F$、半焦距 $c$、长半轴与 $x$ 轴的夹角 $\theta$）

**1. 长半轴和短半轴**

长半轴 $a$ 和短半轴 $b$ 的计算公式为

$$a=\sqrt{2\left[\mu_{20}+\mu_{02}+\sqrt{(\mu_{20}-\mu_{02})^2+4\mu_{11}^2}\right]} \tag{8.17}$$

$$b=\sqrt{2\left[\mu_{20}+\mu_{02}-\sqrt{(\mu_{20}-\mu_{02})^2+4\mu_{11}^2}\right]} \tag{8.18}$$

式中，$\mu$ 是归一化中心距，计算公式见式（8.7）。

**2. 长轴角度**

长轴角度的计算公式为

$$\theta = \frac{1}{2}\arctan\frac{2\mu_{11}}{\mu_{20}-\mu_{02}} \tag{8.19}$$

在图 8.11 所示的坐标系下，从 $x$ 轴顺时针旋转得到的角度为正。长轴角度就是区域的惯性主轴角度。惯性主轴角度用于长条状的区域，对于接近圆或者正方形一类的区域，并不能给出正确的角度。

**3. 偏心率**

组合椭圆参数，可以得到几个有用的区域特征，其中一个就是偏心率（Eccentricity）。偏心率定义为焦距与长轴之比

$$e = \frac{c}{a} = \frac{\sqrt{a^2-b^2}}{a} = \sqrt{1-(b/a)^2} \tag{8.20}$$

圆的偏心率为 0，其他形状大于 0。

**4. 各向异性**

另外一个特征是各向异性（Anisometry），定义为长短轴之比

$$\text{anisometry} = a/b \tag{8.21}$$

圆的各向异性为 1，其他形状大于 1。

**5. 蓬松性**

还有一个特征是蓬松性（Bulkiness），计算公式为

$$\text{bulkiness} = ab\pi/A \tag{8.22}$$

式中，$A$ 为区域面积。圆的蓬松性为 1，其他形状大于 1。

**例 8.4　计算区域惯性主轴角度**

惯性主轴角度是一个极其有用的特征，用于计算条状区域的角度。但是对于长短轴相等的非条状区域，如圆、正方形等，式（8.19）往往不能给出正确的角度。如图 8.12 所示，图 8.12a 和图 8.12b 都是水平位置的正方形和长方形，计算出的角度都为 0°，结果准确。图中的白线表示倾角。图 8.12c 和图 8.12d 分别是图 8.12a 和图 8.12b 旋转 -20° 后的图像，计算出图 8.12c 的倾角为 58.48°，结果错误。计算出图 8.12d 的倾角为 -20.06°，与理论值很接近。

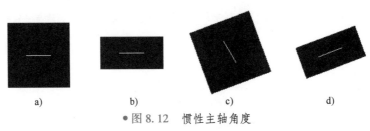

a)　　　　b)　　　　c)　　　　d)

● 图 8.12　惯性主轴角度

a）正方形　b）长方形　c）旋转 -20° 的正方形　d）旋转 -20° 的长方形

#### ▶▶ 8.3.4　凸包特征

如图 8.13a 所示，图中灰色部分是一区域，而黑色多边形则是该区域的凸包（Convex Hull）。凸包是一个图形学中的概念，如果一个区域 $R$ 是凸的，当且仅当对于任意两点 $p$、$q \in R$，由 $p$、$q$ 为端点定义的整个直线段 $pq$ 在 $R$ 的内部。凸包可以形象地比喻为：将图中的灰色区域画在木板上，并在所有的边界点上钉上钉子，然后用一橡皮筋将所有的钉子箍起来，橡皮筋形成区域就是凸包。

离散点集的凸包可以用 Graham 算法来构造［Graham,1972］。Graham 算法的思路是先在点集内部找一点 $P$，以 $P$ 为极点建立一极坐标系，并根据极角的大小对各点排序。然后按顺序取 3 点，根据这 3 点构成的两个线段在 $P$ 点这一侧的夹角大小判断第 2 点（两条线的公共点）是否属于凸包顶点。我们提取的区域边界点集是有序排列的，并且点集构成的多边形不存在自相交（Self-Intersecting）的情况，属于简单多边形（Simple Polygon）。对于简单多边形，可以用 Sklansky 算法构建凸包［Sklansky,1982］。Sklansky 算法的思路是先找到凸包上的一个顶点，然后从那个点开始按逆时针方向逐个找凸包上的其余顶点。以图 8.13a 为例，Sklansky 算法的具体步骤如下。

1）找到 $y$ 坐标最小的点，如果有多个相同的点，则选择 $x$ 坐标最小的那点。该点一定是凸包的顶点，即图 8.13a 中的 $a$ 点，也正是算法 8.2 跟踪的第一点。将 $a$ 点加入到凸包顶点序列中，并逆时针方向将 $b$ 点和 $c$ 点也加入到序列中。

2）序列中 $a$、$b$、$c$ 三点组成两段有向线段：$\overline{ab}$ 和 $\overline{bc}$，计算 $\overline{bc}$ 相对于 $\overline{ab}$ 的转角。由于 $\overline{bc}$ 在 $\overline{ab}$ 的顺时针方向（可以理解为有向线段 $\overline{ab}$ 在 $b$ 点的延长线围绕 $b$ 点顺时针旋转到 $\overline{bc}$ 位置，如图 8.13a 中箭头所示），则将 $b$ 点从序列中删除，将 $d$ 点加入序列；否则仅将 $d$ 点加入序列即可。可通过两个向量的向量积来判断线段的旋转方向。

3）接着计算序列中 $a$、$c$、$d$ 三点。由于 $\overline{cd}$ 在 $\overline{ac}$ 的逆时针方向，仅将 $e$ 点加入序列即可。如果计算到了 $e$、$f$、$g$ 这三点，由于 $\overline{fg}$ 在 $\overline{ef}$ 的顺时针方向，则需要将 $f$ 点从序列中删除，并后退一步，在下一循环中计算 $d$、$e$、$g$ 这三点。

4）重复 2 和 3 步，直到回到起点。需要注意的是，凸包顶点序列要有回溯功能，能够删除之前加入的点。

两个向量的向量积（叉积）可以用来判断两个向量之间的角度关系。如图 8.13b 所示，设 $\boldsymbol{a} = (a_x, a_y)$ 和 $\boldsymbol{b} = (b_x, b_y)$ 是二维平面上的两个向量，它们的向量积为一法向量

$$\boldsymbol{a} \times \boldsymbol{b} = \begin{vmatrix} \boldsymbol{i} & \boldsymbol{j} & \boldsymbol{k} \\ a_x & a_y & 0 \\ b_x & b_y & 0 \end{vmatrix} = (a_x b_y - a_y b_x) \boldsymbol{k} \tag{8.23}$$

式中，$\boldsymbol{i}$、$\boldsymbol{j}$、$\boldsymbol{k}$ 为 $x$、$y$、$z$ 坐标轴方向的单位向量。向量积的几何意义是它的模 $|\boldsymbol{a} \times \boldsymbol{b}|$ 为图中平行四边形的面积。在这里我们暂时忽略其方向，则向量积变成一标量，其正负能表示两个向

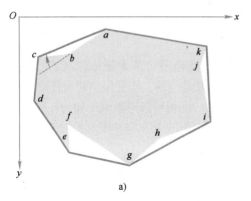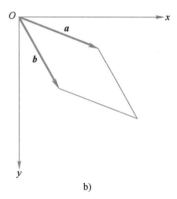

● 图 8.13　凸包特征

a）凸包　b）向量积

量的角度关系：相对于坐标原点，若 $a \times b > 0$，$b$ 在 $a$ 的顺时针方向；若 $a \times b < 0$，$b$ 在 $a$ 的逆时针方向。由于图像坐标系与笛卡儿坐标系不同，这里的结论恰好与笛卡儿坐标系相反。向量积可以用坐标来表示。如图 8.13a 所示，有向线段 $\overrightarrow{ab}$ 和 $\overrightarrow{bc}$ 可以表示为向量 $\overrightarrow{ab}$ 和 $\overrightarrow{bc}$，用坐标来表示的向量积为

$$\overrightarrow{ab} \times \overrightarrow{bc} = (x_b - x_a)(y_c - y_b) - (y_b - y_a)(x_c - x_b) \tag{8.24}$$

式中，$(x_a, y_a)$、$(x_b, y_b)$、$(x_c, y_c)$ 分别为 $a$、$b$、$c$ 点的坐标。若 $\overrightarrow{ab} \times \overrightarrow{bc} > 0$，$\overrightarrow{bc}$ 在 $\overrightarrow{ab}$ 的顺时针方向，$b$ 点不是凸包顶点，如图 8.13a 中所示；若 $\overrightarrow{ab} \times \overrightarrow{bc} < 0$，$\overrightarrow{bc}$ 在 $\overrightarrow{ab}$ 的逆时针方向，$b$ 点是凸包顶点。

具体的凸包算法 [ OpenCV，2012 ] [ Sklansky，1982 ] 如下。

**算法 8.3　凸包算法**
**输入**：边界像素数量 chain_num；边界像素点坐标序列 chain[chain_num+1]，复制第一点数据到最后一点，否则不方便对最后两点进行判断
**输出**：凸包顶点数量 convex_num；凸包顶点在边界序列中的序号 stack[chain_num+2]

```
1:   pprev=0, pcur=1, pnext=2;
2:   stack[0]=pprev; stack[1]=pcur; stack[2]=pnext;
3:   stacksize=3;
4:   while (pnext≠chain_num+1) {
     //角度判断
5:       by=chain[pnext].y-chain[pcur].y;         //用坐标差表示向量
6:       bx=chain [pnext].x-chain[pcur].x;
7:       ax=chain[pcur].x-chain[pprev].x;
8:       ay=chain[pcur].y-chain[pprev].y;
9:       if ((ay * bx>ax * by) and (ax≠0 or ay≠0)) { //添加到顶点队列, 式 (8.23)、式 (8.24),当
         //前两点重合时, 跳过
10:          pprev=pcur; pcur=pnext; pnext ++;      //移至下一个像素
11:          stack[stacksize]=pnext;               //加入队列
12:          stacksize++;
```

```
13:        }
14:      else {                              //如果不是顶点
15:        if (pprev=0) {                     //如果开始就不是顶点，则移至下一个像素
16:          pcur=pnext; stack[1]=pcur;
17:          pnext ++; stack[2]=pnext;
18:        }
19:        else {                             //否则后退
20:          stack[stacksize-2]=pnext; pcur=pprev;
21:          pprev=stack[stacksize-4]; stacksize--;
22:        }
23:      }
24:    }
25: convex_num=stacksize-2;
```

有了凸包顶点数量以及顶点在边界序列中的序号，就可以得到凸包顶点坐标。

**1. 凸包面积**

前面提到向量积的模是图 8.13b 中平行四边形的面积，那么平行四边形面积的 1/2 则是两个向量构成的三角形的面积。将凸包划分成多个三角形，根据向量积公式求出各个三角形的面积，最后可推导出凸包的面积公式为

$$A_c = \frac{1}{2} \left| \sum_{i=1}^{n} (x_i y_{i+1} - y_i x_{i+1}) \right| \tag{8.25}$$

式中，$n$ 是凸包顶点数量；$(x_i, y_i)$ 是凸包顶点坐标；为了计算的统一，将第一个点再次追加到序列的最后，即 $(x_{n+1}, y_{n+1}) = (x_1, y_1)$，序列一共包含 $n+1$ 个点。另外，这些顶点都是按逆时针顺序排列的。

**2. 凸包周长**

凸包的周长用欧氏距离计算

$$p_c = \sum_{i=1}^{n} \sqrt{(x_{i+1} - x_i)^2 + (y_{i+1} - y_i)^2} \tag{8.26}$$

式中，参数含义与式（8.25）相同。

**3. 凸度**

凸度（Convexity）是反映一个区域的凹凸度的形状特征。凸度的计算公式为

$$\text{convexity} = A/A_c \tag{8.27}$$

式中，$A$ 是区域面积，$A_c$ 是凸包面积。凸度的取值范围为 $[0, 1]$。如果区域是凸的，比如矩形、圆等，凸度为 1；如果有缺口或孔，凸度小于 1。

## ▶▶ 8.3.5 外接几何图形

区域的外接几何图形种类有很多，属于计算几何范畴。本节讨论的是外接矩形、最小外接矩形和最小外接圆形，如图 8.14 所示。

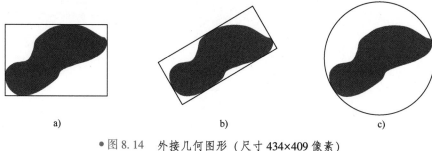

● 图 8.14　外接几何图形（尺寸 434×409 像素）

a）外接矩形　b）最小外接矩形　c）最小外接圆形

**1. 外接矩形**

外接矩形是指包含区域且边与坐标轴平行的最小矩形，如图 8.14a 所示。通过对区域行程的遍历，找到区域 $x$ 和 $y$ 坐标的最大和最小值即可得到外接矩形。

**2. 最小外接矩形**

最小外接矩形（Minimum Bounding Rectangle，MBR）是指包含区域的面积最小的矩形，如图 8.14b 所示。获取最小外接矩形的方法有多种，其中一种是旋转目标法，是一种近似算法。旋转目标法是将图像中的目标边界像素在 90°范围内等角度地旋转，取其面积最小时的外接矩形作为 MBR。由于在每次旋转目标时，都要对边界的每一像素进行旋转运算，因此运算量较大，而且精度不高。为了克服运算量大的缺点，可采用将惯性主轴的角度作为初始搜索角度，在该角度两侧小范围内搜索 MBR。我们称这种算法为惯性主轴法。惯性主轴法对于图 8.14 中的长条状区域取得了不错的效果，因为长条状区域的惯性主轴与 MBR 的方向基本一致，因此可以极大地减少搜索时间。但是对于图 8.15 中这种非长条状区域来说，搜索到的可能是局部最小值。采用惯性主轴法搜索的结果如图 8.15a 所示，这个位置并非全局最小值，仅是局部最小值，正确的位置如图 8.15b 所示，是采用接下来介绍的凸包法搜索的结果。

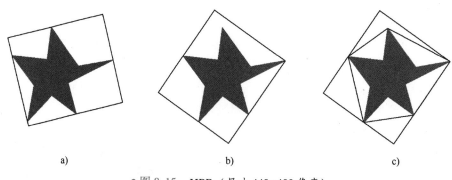

● 图 8.15　MBR（尺寸 440×400 像素）

a）惯性主轴法　b）凸包法　c）最小外接矩形与凸包

Freeman 和 Shapira 于 1975 年提出了从区域凸包来构建 MBR 的方法［Freeman, 1975］，是一种准确构建 MBR 的方法，我们简称这种算法为凸包法。根据指定的凸包获取 MBR 使用了如下三个定理。

**定理 1** 给定一个矩形，任意选择 4 个点，使得每条边都包含其中一个点，则存在另一个每条边都包含这些点中的一个且仅包含一个点的矩形，并且矩形的面积小于给定矩形的面积。

**证明** 如图 8.16a 所示，矩形 $R$ 的每条边都有一个点，分别为 $A$、$B$、$C$ 和 $D$。这些点将每条边分为两段，$u_i = u_{i1} + u_{i2}$，$i = 1, \cdots, 4$。我们现在构建另一个矩形 $R'$，它的边都经过相同的点，这样 $R'$ 的每条边都与 $R$ 的相应边形成逆时针转角 $\alpha$。设 $\Delta A_1$ 为 $R$ 与 $R'$ 的面积差，计算公式为

$$\Delta A_1 = \sum_{i=1}^{4} S_i - \sum_{i=1}^{4} T_i \tag{8.28}$$

式中，$S_i$ 和 $T_i$ 分别为

$$S_i = \frac{1}{2} u_{i1}^2 \tan\alpha \tag{8.29}$$

$$T_i = \frac{1}{2}(u_{i2} - u_{i+1,1}\tan\alpha)^2 \sin\alpha\cos\alpha \tag{8.30}$$

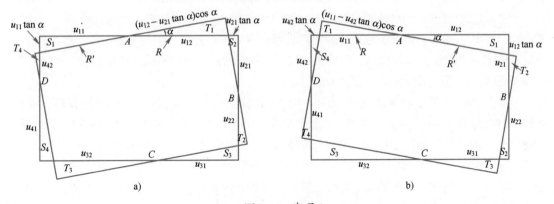

● 图 8.16 定理 1

a) 逆时针旋转得到的 $R'$  b) 顺时针旋转得到的 $R'$

式中，当 $i = 4$ 时，$u_{i+1,1} = u_{11}$。将以上两式代入式（8.28）并整理得

$$\Delta A_1 = \sin^2\alpha \sum_{i=1}^{4} u_{i2}u_{i+1,1} + \frac{1}{2}\sin\alpha\cos\alpha\left[\sum_{i=1}^{4} u_{i1}^2 - \sum_{i=1}^{4} u_{i2}^2\right] \tag{8.31}$$

还是用 $A \sim D$ 这 4 个点，我们构建出顺时针旋转下的 $R'$，如图 8.16b 所示。设 $\Delta A_2$ 为 $R$ 与 $R'$ 的面积差，参照上面的推导过程，可推导出

$$\Delta A_2 = \sin^2\alpha \sum_{i=1}^{4} u_{i1}u_{i-1,2} - \frac{1}{2}\sin\alpha\cos\alpha\left[\sum_{i=1}^{4} u_{i1}^2 - \sum_{i=1}^{4} u_{i2}^2\right] \tag{8.32}$$

式中，当 $i = 1$ 时，$u_{i-1,2} = u_{42}$。将 $\Delta A_1$ 和 $\Delta A_2$ 相加得

$$\Delta A_1 + \Delta A_2 = \sin^2\alpha \sum_{i=1}^{4} (u_{i2}u_{i+1,1} + u_{i1}u_{i-1,2}) \qquad (8.33)$$

显然，$\Delta A_1+\Delta A_2>0$。因此可以得出这样的结论：在 $\Delta A_1$ 和 $\Delta A_2$ 中至少一个为正值。也就是说至少存在一个面积小于 $R$ 的 $R'$。

**定理 2** 包围凸多边形的最小外接矩形的边与该多边形的一条边共线。如图 8.15c 所示，矩形与凸包的一个边共线。

**证明** 让我们假设这个定理是错误的。由于多边形是凸的，因此在矩形的任意一条边上，只能有一个多边形的顶点。由于没有多边形的边位于矩形的边上，因此我们可以构造另一个矩形，该矩形也将包围该多边形，并且根据定理 1，其面积将较小。因此，给定的矩形不可能是最小面积，只有共边的矩形才是最小的。

**定理 3** 一个区域的凸包的 MBR 与区域的 MBR 相同。

**证明** 区域轮廓是一个多边形，用 $P$ 来表示。用 $C$ 来表示 $P$ 的凸包。显然，$C$ 的顶点是 $P$ 的多边形顶点组成的集合的一个子集。因此，$P$ 的 MBR 包围 $C$ 的所有顶点，因为矩形的凸性，所以也包围 $C$。因此，$P$ 的 MBR 不能小于 $C$ 的 MBR。另外，$P$ 的 MBR 也不能大于 $C$ 的 MBR，因为 $C$ 的 MBR 也包围 $P$，所以区域和区域凸包的 MBR 是同一个矩形。

根据这三个定理，构建区域的 MBR 就变成了构建区域凸包的 MBR，并且矩形的一个边与凸包的一个边共线。具体算法就是将区域的凸包旋转，使得各边依次与 $x$ 轴平行，然后找出 $x$ 和 $y$ 坐标最大和最小的凸包顶点，最后由这些顶点构成的最小面积的矩形就是区域的 MBR。对于 $n$ 个顶点的凸包，其计算复杂度为 $O(n^2)$。

另外一种效率更高的算法是使用两对相互正交的卡尺（Caliper）围绕凸包旋转，完成 MBR 的构建[Toussaint,1983]。该算法的计算复杂度为 $O(n)$。所谓的卡尺是两条平行的线段，将凸多边形夹持在中间，类似用卡尺测量物体尺寸。用旋转卡尺构建 MBR 的方法如图 8.17 所示。设 $P=(p_1,p_2,\cdots,p_n)$ 为有 $n$ 个顶点的标准形式凸多边形，即顶点在笛卡儿坐标系中按顺时针方向排序，并且连续三个顶点不共线。设 $L_s(p_i)$ 表示凸多边形在顶点 $p_i$ 处的支撑线（如果 $P$ 的内部完全位于一直线的一侧，则该直线称为 $P$ 的支撑线），使 $P$ 在该线的右侧。设 $L(p_i,p_j)$ 表示经过 $p_i$ 和 $p_j$ 的直线。

MBR 的构建步骤为：

1）找出具有最小和最大 $x$ 和 $y$ 坐标的顶点，设这些顶点分别用 $p_i$、$p_k$、$p_l$ 和 $p_j$ 表示。

2）构造 $L_s(p_j)$ 和 $L_s(p_l)$ 作为 $x$ 方向上的第一组卡尺，$L_s(p_i)$ 和 $L_s(p_k)$ 作为与第一组正交方向上的第二组卡尺，两组卡尺构成了一个矩形，如图 8.17a 所示。

3）凸多边形的边与支撑线的夹角如图 8.17a 所示，假设 $\alpha_i=\min(\alpha_i,\alpha_j,\alpha_k,\alpha_l)$，四条支撑线"旋转"角度 $\alpha_i$ 后，$L(p_i,p_{i+1})$ 形成了与边 $p_ip_{i+1}$ 相关的新的矩形的基线，如图 8.17b 所示。矩形的顶点可从 $p_i$、$p_{i+1}$、$p_l$、$p_k$ 和 $p_j$ 的坐标中计算出来。

4）现在有了一组新的角度，重复这个过程，直到扫描完整个多边形，选取其中面积最小的矩形作为 MBR。

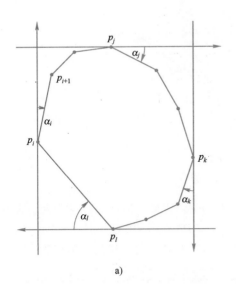 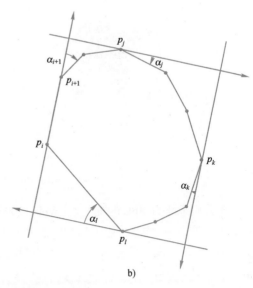

a)                                          b)

● 图 8.17  旋转卡尺求最小外接矩形

a）初始位置  b）卡尺旋转一次

在 OpenCV[2012]中有使用旋转卡尺求 MBR 算法的代码，因此本书不再给出该算法。在该算法中，支撑线用单位向量表示，多边形的边也是用向量来表示。主要计算都是通过向量的数量积（点积）实现的，包括夹角的余弦值以及矩形面积。

例 8.5  计算 MBR

本例用两种算法来计算图 8.14 和图 8.15 中区域的 MBR，结果见表 8.2。

表 8.2  MBR（角度单位为度，面积单位为像素）

| MBR 参数 | 图 8.14 | | 图 8.15 | |
| --- | --- | --- | --- | --- |
| | 面积 | 角度 | 面积 | 角度 |
| 惯性主轴法 | 49458 | −30.100 | 70849 | 13.600 |
| 凸包法 | 49148 | −30.069 | 69149 | 55.085 |

从结果可以看出，对于条状区域，两种算法差别很小。而对于其他形状的区域，惯性主轴法则可能找不到全局最优值。因此，在没有区域凸包的情况下，可以考虑用惯性主轴法求条状目标的 MBR 的近似值。

**3. 最小外接圆形**

与最小外接矩形的定义类似，最小外接圆（Minimum Bounding Circle，MBC）是指包含区域的面积最小的圆，如图 8.18a 所示。

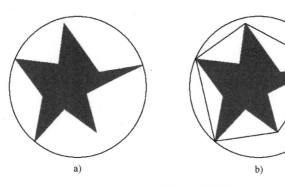

●图 8.18　最小外接圆形

a）区域的 MBC　b）区域凸包的 MBC

首先我们来证明 MBC 的唯一性[Welzl，2005]。设 $P$ 为给定平面上的 $n$ 个点的集合。假设 $C_1$ 和 $C_2$ 是半径为 $r$、中心分别为 $O_1$ 和 $O_2$ 的 $P$ 的 MBC。因此有 $P \subset C_1$ 及 $P \subset C_2$，并且 $P \subset C_1 \cap C_2$。如图 8.19a 所示，设 $C$ 为包围 $C_1$ 和 $C_2$ 公共部分的最小圆，其中 $C$ 的圆心 $O$ 位于 $O_1$ 和 $O_2$ 连线的中点，半径 $r' = (r^2 - a^2)^{1/2}$，其中 $a$ 为 $O_1$ 和 $O_2$ 两点之间距离的 $1/2$。因此有 $C_1 \cap C_2 \subset C$，并可得出 $P \subset C$。当 $a \neq 0$ 时，$r' < r$。换句话说，就是还有比 $C_1$ 和 $C_2$ 更小的包含 $P$ 的圆 $C$，这就与前面的假设矛盾了。因此，$a = 0$、$C_1$ 和 $C_2$ 重合，即 $C_1$ 和 $C_2$ 是同一 MBC。

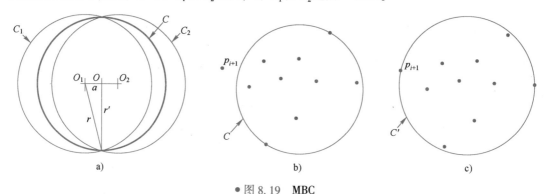

●图 8.19　MBC

a）MBC 的唯一性　b）前 $i$ 个点的 MBC　c）前 $i+1$ 个点的 MBC

获取 MBC 的方法有多种，其中一种是 Welzl 算法[Welzl，2005]，其计算复杂度为 $O(n)$。设 $P$ 为给定平面上 $n$ 个点的集合：$P = \{p_1, p_2, \cdots, p_n\}$。$\mathrm{mc}(P)$ 表示包含 $P$ 中所有点的 MBC。我们以增量方式计算 $\mathrm{mc}(P)$，从空集合开始，一个接一个地添加 $P$ 中的点到 $\mathrm{mc}(P)$ 中，同时更新这些点的 MBC。假设我们已经计算出 $C = \mathrm{mc}(\{p_1, p_2, \cdots, p_i\})$，$1 < i < n$。如果 $p_{i+1} \in C$，那么 $C$ 也是前 $i+1$ 个点的 MBC，我们可以继续到下一个点。否则，我们利用 $p_{i+1}$ 必须位于 $C' = \mathrm{mc}(\{p_1, p_2, \cdots, p_{i+1}\})$ 圆周上的这一事实来计算 $C'$。图 8.19b~8.19c 给出了更加直观的解释。如图 8.19b 所示，前 $i$ 个点的 MBC 是 $C$，但是 $p_{i+1}$ 落在圆外。因此需要以 $p_{i+1}$ 作为圆周上的点重新构造 MBC，即 $C'$，如图 8.19c

所示。Welzl 算法可以通过递归算法实现，类 C++的 Welzl 算法如下。

---

**算法 8.4　Welzl 区域最小外接圆算法**
**输入：** 区域边界点数量 n, 区域边界点 P[n]
**输出：** MBC

```
1:   struct Circle {pointf center; float r;};          //圆, pointf: 浮点数
2:   bool IsPtInCircle(Circle circle, point p) {        //检测点是否在圆内或者圆周上, point: 整数
3:       return dist(circle.center, p)<=circle.r;       //函数 dist(p1, p2)计算 p1 和 p2 两点之间
     //的欧氏距离
4:   }
     //一系列点是否被包围在圆内或者位于圆周上
5:   bool IsPtsEnclosedInCircle(Circle c, point P, int n) {
6:       for (i = 0; i<n; i++) {
7:           if (IsPtInCircle(c,P[i])=false) return false;
8:       }
9:       return true;
10:  }
     //返回最多 3 点的圆
11:  Circle MinCircle(point P[], int n) {
12:      if (n=0) return c=(pointf(0,0),0);             //返回 0: 圆心为 0、半径为 0
13:      else if (n=1) return c=(P[0],0);               //返回当前点: 圆心为当前点、半径为 0
14:      else if (n=2) return circle2pt(P[0], P[1]);    //返回经过两点的最小圆
     //检测 MBC 是否仅由 2 点决定
15:      for (i = 0; i<3; i++) {
16:          for (j = i+1; j<3; j++) {
17:              c=circle2pt(P[i], P[j]);
18:                  if (IsPtsEnclosedInCircle(c, P, n)=true) return c;   //返回该圆
19:          }
20:      }
21:      return circle3pt(P[0], P[1], P[2]);            //得到经过平面上三点的圆
22:  }
     //Welzl 算法的递归形式, 返回 MBC.其中 P 为区域边界点的集合, n 为 P 中未处理点的数量, R 为位于
     //MBC 圆周上的点的集合, m 为 R 中点的数量
23:  Circle b_minicircle(point P[], int n, point R[], int m) {
24:      if (n=0 or m=3) return MinCircle(R,m);         //n=0 表示所有点已经处理完, m=3 表示 R 中
     //有 3 个点
25:      Circle c=b_minicircle(P, n-1, R, m);           //从集合 P-{p}得到 MBC
26:      if (IsPtInCircle(c, P[n-1])=true) return d;    //如果 P[n-1]点包含在 c 内, 则返回 c, 否则
     //P[n-1]在新的 MBC 的圆周上
27:      R[m]=P[n-1]; m++;
28:      return b_minicircle(P, n-1, R, m);             //返回集合 P-{p}的新的 MBC, P[n-1]加入到
     //R 中, 并位于新 MBC 的圆周上
29:  }
     //用户调用的函数, 返回 MBC
30:  Circle minicircle(point P[], int n){
31:      point R[3]; Circle c;
32:      c=b_minicircle(P, n, R, 0);
33:      c.r+=0.5;                                      //考虑到像素有一定面积, 半径扩大 0.5
34:      return c;
35:  }
```

算法中涉及经过两点求最小圆及经过三点求圆。过两点的最小圆很简单：圆心取两点连线的中点，半径为圆心到两点中任意一点的距离。过三点的圆可以根据三点到圆心的距离相等求得。设$(x_1,y_1)$、$(x_2,y_2)$和$(x_3,y_3)$是已知的三点，圆心为$(x_c,y_c)$，可列出如下方程组

$$\begin{cases}(x_2-x_c)^2+(y_2-y_c)^2=(x_1-x_c)^2+(y_1-y_c)^2\\(x_3-x_c)^2+(y_3-y_c)^2=(x_1-x_c)^2+(y_1-y_c)^2\end{cases}\tag{8.34}$$

整理得二元一次方程组

$$\begin{cases}a_{11}x_c+a_{12}y_c=b_1\\a_{21}x_c+a_{22}y_c=b_2\end{cases}\tag{8.35}$$

式中，$a_{11}=x_1-x_2$、$a_{12}=y_1-y_2$、$a_{21}=x_1-x_3$、$a_{22}=y_1-y_3$、$b_1=(x_1^2-x_2^2+y_1^2-y_2^2)/2$、$b_2=(x_1^2-x_3^2+y_1^2-y_3^2)/2$。当$D=a_{11}a_{12}-a_{12}a_{21}\neq0$时，有

$$x_c=\frac{a_{22}b_1-a_{12}b_2}{D},\quad y_c=\frac{a_{11}b_2-a_{21}b_1}{D}\tag{8.36}$$

当$D=0$时，可以将以$(0,0)$为圆心、0为半径的圆作为结果返回。

在算法8.4中，是按像素的中心坐标进行计算的。考虑到像素不是无限小的点，而是1×1大小的正方形，因此MBC的半径在返回前放大了0.5，以确保区域的边界完全位于圆内。由于像素是矩形的，在极端情况下需要按对角线尺寸来计算，这时需要放大的尺寸是$\sqrt{2}/2$，而不是0.5。

由于我们的区域边界点是顺序排列的，所以在算法初始阶段是以邻近的点来构造MBC。显然，这种算法的效率不高，因为可能需要频繁地构建新的MBC。解决办法就是将顺序排列的边界点的排列顺序随机打乱，减少初始阶段邻近点构造MBC的机会，从而在初始阶段构造出更有效的MBC。如果我们已经有了区域凸包，通过凸包顶点来构建MBC也将极大地提高效率，如图8.18b所示。区域凸包的MBC就是区域的MBC这一结论的证明可以参照最小外接矩形部分的定理3。如果没有计算出区域边界，也可直接通过区域行程来构建MBC，将每个行程的两个端点作为边界点即可完成MBC的构建。事实上这种算法效率更高，因为区域边界搜索的计算量比较大。

例8.6 构建MBC

采用算法8.4构建的MBC如图8.14c和图8.18a所示。其中图8.14c的MBC参数：圆心$(223.500,203.000)$、半径169.820；图8.18a的MBC参数：圆心$(232.002,206.407)$、半径156.527。

## ▶▶ 8.3.6 紧凑度、粗糙度、矩形度和圆度

本节讨论的紧凑度、粗糙度、矩形度和圆度都属于形状特征，但也不是全部。前面讨论的伸长度，偏心率和凸度也属于形状特征。

**1. 紧凑度**

紧凑度（Compactness）是一个区域中所有像素彼此间距离的无量纲测度，由面积和周长推导出

$$c = \frac{p^2}{4\pi A} \tag{8.37}$$

式中，$A$ 为区域面积、$p$ 为区域周长。对于圆来说，$p = 2\pi r$、$A = \pi r^2$，代入式（8.37）得 $c = 1$，因此圆的紧凑度为 1，其他形状大于 1。紧凑度可能是形状分析时最常用的一个特征。

**2. 粗糙度**

粗糙度（Roughness）是一个区域轮廓不均匀或不规则程度的无量纲测度。它是区域周长与凸包周长的比值

$$r = p/p_c \tag{8.38}$$

式中，$p$ 为区域周长、$p_c$ 为凸包周长。光滑的凸区域的粗糙度为 1.0，而粗糙区域的真实周长大于凸周长，因此粗糙度值更高。

**3. 矩形度**

矩形度（Rectangularity）是一个区域与矩形的相似程度的无量纲测度。矩形度的估计方法有多种，在本书中我们介绍其中的两种。其中一种估计矩形度的标准方法是使用区域面积与其最小外接矩形面积的比值。我们称这种方法为最小外接矩形（MBR）法，其矩形度 $R_B$ 的计算公式为

$$R_B = A/A_{\text{MBR}} \tag{8.39}$$

式中，$A$ 是区域面积、$A_{\text{MBR}}$ 是 MBR 面积。显然，矩形区域的矩形度为 1.0，其他形状的 MBR 面积要大于区域面积，因此矩形度更小。MBR 法有一个弱点，它对区域的凸起非常敏感。即使一个狭窄的尖刺从一个区域伸出来，也会极大地膨胀 MBR 面积，从而产生非常差的矩形估计。此外，区域轮廓上的凸点和凹点之间存在不对称性，因为后者对 MBR 没有影响（尽管矩形度测量会受到影响）。

另外一种矩形度估计方法为差异（Discrepancy）法[Rosin,1999]。该方法首先计算区域的等效矩形，然后通过计算区域和等效矩形之间的差异来估计矩形度。根据例 8.3 可知，不能用 8.3.2 节的算法来计算等效矩形，因为区域角度的变化会对矩形计算带来很大的影响。差异法采用的是用等效椭圆来计算等效矩形。参考式（8.17）和式（8.18），用 $a_1$ 和 $b_1$ 来表示等效矩形的长宽，其计算公式为

$$a_1 = \sqrt{3}\,a = \sqrt{6\left[\mu_{20} + \mu_{02} + \sqrt{(\mu_{20} - \mu_{02})^2 + 4\mu_{11}^2}\,\right]} \tag{8.40}$$

$$b_1 = \sqrt{3}\,b = \sqrt{6\left[\mu_{20} + \mu_{02} - \sqrt{(\mu_{20} - \mu_{02})^2 + 4\mu_{11}^2}\,\right]} \tag{8.41}$$

式中，$a$ 和 $b$ 是等效椭圆的半轴长度。为了验证以上两式的有效性，用这两式重新计算例 8.3 中矩形的尺寸：图 8.10a 中矩形的长和宽分别为 199.997 和 99.995；图 8.10b 中矩形的长和宽分

别为 199.990 和 100.017。可见，角度的变化对计算结果影响很小，用式（8.40）和式（8.41）计算矩形尺寸远比式（8.14）和式（8.15）有效。

等效矩形的位置和角度参数与等效椭圆相同。有了这些参数，我们就可以在图像上绘制出等效矩形了。如图 8.20 所示，图 8.20a 是区域 $A_1$，图 8.20b 是 $A_1$ 的等效矩形 $A_2$，图 8.20c 是原图与等效矩形的叠加，其中灰色部分为二者的公共部分 $A_3$。差异法需要测量区域与等效矩形之间的差异，这种差异由两部分组成：区域在公共部分之外的面积，如图 8.20d 中灰色部分，以及等效矩形在公共部分之外的面积，如图 8.20e 中的灰色部分。图 8.20c ~ 8.20e 中的灰色部分都可以通过算术和逻辑运算实现，图 8.20c 用逻辑与计算：$A_3 = A_1 \text{ AND } A_2$，图 8.20d 和图 8.20e 用减法运算。将图 8.20d 和图 8.20e 的两部分差异相加并归一化，然后用 1 减去归一化差异部分就得到了差异法矩形度 $R_D$ 的计算公式

$$R_D = 1 - \frac{(A_1 - A_3) + (A_2 - A_3)}{A_3} = 1 - \frac{A_1 + A_2 - 2A_3}{A_3} \tag{8.42}$$

式中，参数含义见图 8.20。这里之所以用 1 减去差异部分是为了和式（8.39）统一，当区域为矩形时，差异为 0，这时矩形度达到最大值 1，其他形状的矩形度都小于 1。在实际算法中，$A_1 + A_2 - 2A_3$ 可以通过 $A_1$ 和 $A_2$ 的逻辑"异或"得到；或对图 8.20a 和图 8.20b 进行遍历，将两者灰度值不同的点进行计数，最后的计数值就是 $A_1 + A_2 - 2A_3$，而灰度值相同的前景点的计数就是 $A_3$。

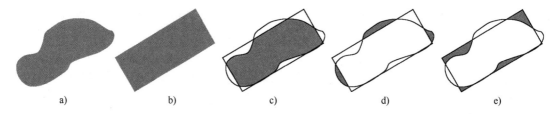

a)        b)        c)        d)        e)

● 图 8.20　差异法

a) 区域 $A_1$　b) 等效矩形 $A_2$　c) $A_1$ 和 $A_2$ 公共部分 $A_3$　d) $A_1 - A_3$　e) $A_2 - A_3$

例 8.7　矩形度计算

本例用 MBR 法和差异法两种算法计算图 8.21 中 3 幅图像的矩形度，结果见表 8.3。

表 8.3　矩形度测量结果

|  | 图 8.21a | 图 8.21b | 图 8.21c |
|---|---|---|---|
| MBR 法 | 1.000 | 0.734 | 0.600 |
| 差异法 | 0.982 | 0.775 | 0.771 |

对于图 8.21a 这种标准矩形，理论上矩形度应该为 1。两种算法都相当准确地给出了矩形度，差异法的误差是因为绘制的矩形与原图略有差异。对于图 8.21b 来说，两种算法的结果有些差异，这是因为两种算法原理不同。图 8.21c 是在图 8.21b 基础上多了一根毛刺，两种算法

的结果相差很大。差异法的结果与图 8.21b 的结果几乎一样，说明差异法抗干扰能力很强。而 MBR 法则由于毛刺的存在，造成 MBR 面积的增大，进而导致结果变小。这种结果变化说明了 MBR 法对轮廓上的微小变化很敏感。这种敏感也不一定就是坏事，比如在用矩形度检查产品质量时，敏感的算法反而有利于缺陷产品的筛选。

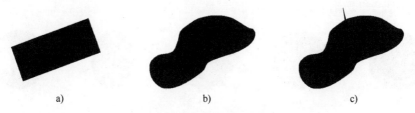

●图 8.21　3 幅图像的矩形度对比

a）标准矩形　b）光滑轮廓　c）有毛刺的轮廓

**4. 圆度**

圆度（Circularity）是一个区域与圆的相似程度的无量纲测度。圆度定义为区域面积与从质心到最远边界点的距离为半径构成的圆的面积的比值[MVTec, 2010]，我们称之为最大半径法，其计算公式为

$$\text{circularity} = \frac{A}{d_{\max}^2 \pi} \tag{8.43}$$

式中，$A$ 为区域面积、$d_{\max}$ 为区域质心到所有边界点的欧氏距离中的最大值。圆形区域的圆度为 1，其他形状区域的圆度小于 1。

除此之外，还有一个用方差来描述圆度（Roundness）的测度，我们称之为方差法。设区域边界像素数量为 $n$，该圆度的定义[MVTec, 2010]为

$$\text{roundness} = 1 - \left[ \frac{\frac{1}{n} \sum_{i=1}^{n} (d_i - d_m)^2}{d_m} \right]^{1/2} \tag{8.44}$$

式中，$d_i$ 为边界像素到质心的欧氏距离，$d_m$ 为边界像素到质心的平均距离

$$d_m = \frac{1}{n} \sum_{i=1}^{n} d_i \tag{8.45}$$

例 8.8　圆度计算

在本例中，用式（8.43）和式（8.44）计算图 8.22 中 5 幅图像的圆度，结果见表 8.4。

表 8.4　圆度测量结果

|  | 图 8.22a | 图 8.22b | 图 8.22c | 图 8.22d | 图 8.22e |
|---|---|---|---|---|---|
| 最大半径法 | 0.996 | 0.643 | 0.797 | 0.749 | 0.813 |
| 方差法 | 0.995 | 0.954 | 0.933 | 0.893 | 0.959 |

从结果可以看出，两种圆度对图 8.22a 中的标准圆的检测结果都很好，接近 1。其中最大半径法更适合测量图 8.22b 中有凸起的圆以及图 8.22e 中有孔洞的圆，但不能很好地区分图 8.22c 中轮廓粗糙的圆和图 8.22d 中的椭圆。而方差法能较好地筛选出图 8.22d 这类非圆区域。因此可以总结出这样的结论：方差法适合用于区分圆形与非圆形区域；最大半径法适合检查轮廓上有个别凸起或者内部有孔洞的圆形区域。

● 图 8.22　5 幅图像的圆度对比

a）标准圆　b）有凸起的圆　c）轮廓粗糙的圆　d）椭圆　e）有孔洞的圆

## ▶▶ 8.3.7　费雷特特征

前面讨论的区域尺寸特征，除了面积和周长外，长度和宽度都是从面积和周长推导出来的，并非实际测量出的尺寸。由于区域通常不是典型的矩形或圆形，因此需要从不同的角度对区域进行测量，以获取区域的长度或直径。这实际上是区域长度的众多定义之一，称为费雷特直径（Feret Diameter）。几种费雷特直径如图 8.23 所示，用 $F$ 表示费雷特直径，下标为取费雷特直径时的角度（相对于水平轴），取值范围为 $[0, 180°]$。费雷特直径可以理解为区域在不同方向的投影的最大值。另外，图 8.23 与图 8.17 有类似之处，相当于在不同角度用卡尺测量直径，因此费雷特直径也被称为卡尺直径（Caliper Diameter）。通过等角度间隔得到的一系列费雷特直径，常用于描述不规则区域。

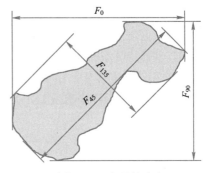

● 图 8.23　费雷特直径

费雷特直径可以用类似 8.3.5 节中旋转卡尺求 MBR 的方法，通过等角度旋转卡尺求平行线间距离。但是这种方法需要先求出区域轮廓和凸包，比较烦琐。实际上可以直接通过区域行程进行计算。求费雷特直径的算法如下。

```
算法 8.5　费雷特直径算法
输入：区域行程数量 n；区域行程 run[n]；费雷特直径数量 N
输出：各个角度的费雷特直径 F[N]
1:    AngleStep=π/N;                    //角度间隔
2:    for (i=0; i<N; i++) {
3:        SIN[i]=sin(i*AngleStep);
```

```
 4:          COS[i]=cos(i*AngleStep);
 5:      }
 6:  for (i=0; i<N; i++) {
 7:      Xmax=0, Xmin=FLT_MAX;
 8:      for (j=0; j<n; j++) {
 9:          x=run[j].x*COS[i]-run[j].y*SIN[i];  //旋转 run 的起点, (x,y)为 run 的起点坐标
10:          if (x>Xmax) Xmax=x;
11:          if (x<Xmin) Xmin=x;
12:          x=(run[j].x+run[j].length-1)*COS[i]-run[j].y*SIN[i];  //旋转 run 的终点,
    length 为 run 的长度
13:          if (x>Xmax) Xmax=x;
14:          if (x<Xmin) Xmin=x;
15:      }
16:      F[i]=Xmax-Xmin+1;                        //各个角度的费雷特直径
17:  }
```

有了各角度的费雷特直径，就很容易求出 3 个重要的费雷特直径：最大、最小和平均费雷特直径。

例 8.9　费雷特直径计算

本例计算例 8.3 的图 8.10b 中的矩形的费雷特直径。取 8 个角度的费雷特直径，最后计算出的最大、最小和平均费雷特直径分别 223、109 和 190。其中 223 对应矩形的长度，109 对应矩形的宽度，虽然与标准值 200 和 100 相比还有一定误差，但比例 8.3 的计算结果要好很多。

## ▶▶ 8.3.8　孔洞特征

分割出来的区域往往内部有孔洞，因此有必要了解孔洞的特征。8.2.3 节给出提取图像孔洞的算法，如果一幅图像只有一个区域，那么提取的孔洞就是该区域的孔洞，因此可以通过将区域单独绘制在一幅图像上来提取孔洞。提取后的孔洞就是一个区域，因此区域具有的特征孔洞都具有，但是用得比较多的是孔洞数量和孔洞面积，这两个特征常用于区域筛选。

当孔洞成为区域后，用 8.1.2 节的区域提取算法提取后即可计算其数量、面积等特征。8.2.2 节的填充孔洞在实际应用中使用频率很高，但是经常伴随另外一个条件，那就是对填充的孔洞的尺寸有要求，比如小于一定尺寸的孔洞才能填充等。此时就不能直接用填充孔洞算法，需要先计算孔洞面积，然后根据筛选条件填充孔洞。

## ▶▶ 8.3.9　区域筛选

本节讨论了很多区域特征，除了少数特征，比如面积、质心等有时直接作为结果输出给用户外，区域特征更多的时候是用于对区域的筛选。面积、周长、长度和宽度这些几何意义明显的特征在区域筛选中使用并不困难，但是其他特征的使用，对于初学者来说并非易事。虽然前面给出了一些例子帮助读者区分不同的形状特征，但缺乏系统性。为此，对于不同的图形，常用的形状特征取值见表 8.5。

表 8.5　形状特征取值

| 形状特征 | ● | ■ | ▬ | ⬭ | ◕ | ✳ | L | ⊔ |
|---|---|---|---|---|---|---|---|---|
| 伸长度 | 1.0 | 1.0 | 2.0 | 1.566 | 7.172 | 37.409 | 8.967 | 2.852 |
| 各向异性 | 1.0 | 1.0 | 2.0 | 2.008 | 1.175 | 1.052 | 1.899 | 2.135 |
| 蓬松性 | 1.0 | 1.047 | 1.047 | 1.0 | 1.281 | 1.488 | 2.512 | 1.098 |
| 偏心率 | 0 | 0 | 0.866 | 0.867 | 0.525 | 0.309 | 0.85 | 0.884 |
| 凸度 | 0.987 | 1.0 | 1.0 | 0.983 | 0.780 | 0.369 | 0.529 | 0.935 |
| 紧凑度 | 1.125 | 1.273 | 1.432 | 1.338 | 2.964 | 12.553 | 3.526 | 1.656 |
| 粗糙度 | 1.055 | 1.015 | 1.016 | 1.052 | 1.529 | 2.109 | 1.148 | 1.057 |
| 矩形度 1 | 0.798 | 1.0 | 1.0 | 0.804 | 0.637 | 0.301 | 0.367 | 0.965 |
| 矩形度 2 | 0.817 | 1.0 | 1.0 | 0.809 | 0.667 | 0.458 | 0.351 | 0.888 |
| 圆度 1 | 0.999 | 0.650 | 0.522 | 0.501 | 0.625 | 0.299 | 0.207 | 0.464 |
| 圆度 2 | 0.994 | 0.890 | 0.745 | 0.757 | 0.908 | 0.699 | 0.582 | 0.708 |

注：矩形度 1：MBR 法；矩形度 2：差异法；圆度 1：最大半径法；圆度 2：方差法。

## 8.4　亚像素区域边缘提取

本节讨论的区域仅限于 7.1 节中基于阈值分割的区域。基于边缘分割的区域的亚像素边缘将在第 9 章讨论。如图 8.24 所示，图 8.24a 是原图，图 8.24b 是图 8.24a 虚线部分的局部放大，由于像素的离散性质，图中的边缘呈锯齿状，从而造成分割后的区域边界呈台阶状，如图 8.24c 所示，图中的区域是灰度值小于 100 的像素的集合。在大多数情况下，这种像素级精度能够满足要求。但是对于精度要求特别高的场合，比如将边界拟合成几何图形（见第 9 章）时，就需要图 8.24d 所示的亚像素级精度的区域边界。

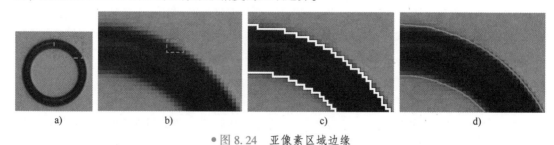

●图 8.24　亚像素区域边缘

a）原图（尺寸 100×100 像素）　b）局部放大　c）区域边缘（阈值 100）　d）亚像素轮廓

由于是基于阈值分割的区域，因此区域边界上像素灰度值大于（小于）阈值而边界外的像素灰度值小于等于（大于等于）阈值。本节讨论的构造亚像素边界的算法是通过对边界像素及其邻域背景像素进行双线性灰度插值,将离散的灰度值转换成用连续函数表示的灰度值,从而在边界像素和背景像素之间获得精确的边界位置[Steger,2019]。

如图 8.25 所示,图 8.25a 是图 8.24b 中虚线部分的局部放大。图中黑线为区域边界,黑线下方为区域,上方为背景。图中的彩线为亚像素边界。现将像素看成数学上的点,位于像素的中心,如图中的 $p_1$、$p_2$、$p_3$ 等,而不是 1×1 大小的正方形,但像素间距仍然为 1。现以边界像素 $p_5$ 为例来讲解亚像素边缘算法。$p_5$ 的 8 邻域背景像素为 $p_2$、$p_3$ 和 $p_6$。现对这 4 个邻域点用式(5.34)进行双线性插值(见 5.2.2 节),结果如图 8.25b 中的曲面所示。曲面上的粗黑线为灰度值为 100 的等灰度线,可以看成是 $f(x,y) = 100$ 的平面与曲面的交线。该等灰度线在 $xy$

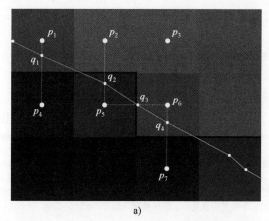

a)

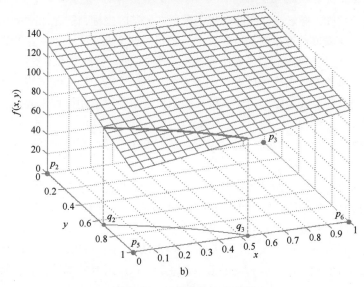

b)

● 图 8.25 亚像素区域边缘提取

a)图 8.24b 虚线部分的局部放大 b)双线性插值

平面上的投影为双曲线的一部分，与 $x$，$y$ 轴分别交于 $q_2$ 和 $q_3$。该投影就是亚像素边界，但是由于用双曲线表示边界并不方便，所以我们就用连接 $q_2$ 和 $q_3$ 的直线段来近似双曲线。也就是说，只要确定了 $p_5$ 和 $p_2$ 连线上的 $q_2$ 以及 $p_5$ 和 $p_6$ 连线上的 $q_3$ 即确定了这一段的亚像素边界。参照图 5.15，对于 $q_2$ 点，有 $x=0$，根据式（5.34）可推导出

$$y = \frac{f(x,y) - f(0,0)}{f(0,1) - f(0,0)} = \frac{T - f(0,0)}{f(0,1) - f(0,0)} \tag{8.46}$$

式中，$T$ 为分割阈值；对于图 8.25a 来说，$f(0,0)$ 为 $p_2$ 的灰度值，$f(0,1)$ 为 $p_5$ 的灰度值，$y$ 为 $p_2$ 到 $q_2$ 的距离。在实际计算中，一般是计算 $p_5$ 到 $q_2$ 的距离，需要对上式稍加修改。对于 $q_3$，也可得出类似的公式，通过 $p_5$ 和 $p_6$ 插值得到 $q_3$ 的坐标。式（8.46）是线性插值，较之前的双线性插值，计算更为简单，$p_3$ 并没有参与计算。同样，对于 $q_1$ 和 $q_4$ 的坐标，也可通过 $p_1$ 和 $p_4$ 以及 $p_6$ 和 $p_7$ 插值得到。对此，我们可以总结如下。

1）亚像素边界点仅与边界像素及其 4 邻域背景像素有关。

2）边界像素的亚像素边界点数量等于 4 邻域背景像素的数量。

3）亚像素边界点位于边界像素与 4 邻域背景像素的连线上，其坐标通过线性插值计算。

基于上述讨论，并且规定边界像素逆时针排序，我们可以写出如下构造亚像素边界的算法。

**算法 8.6　亚像素边界算法**
1：　从当前边界像素与前一边界像素连线开始，逆时针方向搜索当前像素的 4 邻域背景像素；
2：　根据当前像素和背景像素，用式（8.46）计算亚像素边界点的坐标，并加上偏移量（0.5,0.5）；
3：　判断当前亚像素点是否与上一点重合.如有重合则删除当前点；
4：　重复上述三步，直至搜索完整个边界.

根据 2.1.1 节可知，像素坐标取的是每个像素左上角的坐标，这在像素级精度计算中没有问题，但是在亚像素精度计算中就需要对此进行校正。如图 8.25a 所示，亚像素是按像素中心位置进行计算的，因此计算出的亚像素边界坐标需要加上偏移量 $(0.5, 0.5)$。另外，在某些特殊情况下，会造成亚像素点重合的问题。如图 8.25a 所示，当 $p_6$ 的灰度值等于阈值时，会造成 $q_4$ 和 $q_3$ 重合。显然，亚像素边界要用浮点数来表示，区域也不能用行程来表示，只能用闭合的边界点序列表示。

有了亚像素边界，就可以精确计算区域面积了，面积可用凸包面积公式（8.25）计算。

例 8.10　亚像素边界计算

本例计算图 8.25a 中的亚像素边界点 $q_2$ 和 $q_3$ 的坐标。取图像左上角为坐标原点，$p_2$ 点的坐标为 $(x_2, y_2) = (1, 0)$，灰度值为 $f_2 = 133$；$p_5$ 的坐标为 $(x_5, y_5) = (1, 1)$，灰度值为 $f_5 = 83$，$p_6$ 的坐标为 $(x_6, y_6) = (2, 1)$，灰度值为 $f_6 = 115$。阈值 $T = 100$。从 $p_5$ 的前一边界点 $p_7$ 逆时针旋转，首先计算的是 $q_3(x_3', y_3')$：$x_3' = x_5 + (T - f_5)/(f_6 - f_5) + 0.5 = 2.03$，$y_3' = y_5 + 0.5 = 1.50$。接下来计算的是 $q_2(x_2', y_2')$：$x_2' = x_5 + 0.5 = 1.50$，$y_2' = y_5 - (T - f_5)/(f_2 - f_5) + 0.5 = 1.16$。显然，这两点的坐标与图示的位置相符。

**例 8.11**  亚像素区域面积计算

如图 8.26 所示，图 8.26a 是一幅放大了 32 倍的图像，图 8.26b 是叠加了像素区域和亚像素区域后的图像，其中黑色部分为像素区域，彩色线条围成的区域为亚像素区域。像素区域的面积为 25，而亚像素区域的面积为 25.33，像素区域的面积误差为 1.3%。如果面积更小，像素区域的面积误差可能会更大。

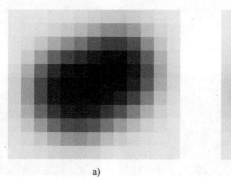
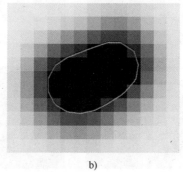

a)                                                          b)

● 图 8.26  亚像素区域面积计算

a）原图的放大图（原图尺寸 13×11 像素）  b）像素和亚像素区域（阈值 100）

## 8.5  区域分析应用

区域分析算法相对简单，运算速度快、稳定性好，因此应用十分广泛，如产品缺陷检测、位置测量以及数量统计等应用中都广泛使用区域分析技术。

### ▶▶ 8.5.1  产品表面缺陷检测

图 8.27 给出了一个通过区域分析检测表面缺陷的例子。图 8.27a 是一锂电池局部图像，有划痕缺陷，虽然不是很明显，但通过目检还是比较容易判断的。可是，通过图像处理检测该缺陷却并不那么容易。图 8.27b 是用全局阈值分割的结果，显然无法将缺陷从背景中分割出来。对这类小目标的分割，最好的算法就是动态阈值分割。图 8.27c 是对图 8.27a 进行高斯平滑的结果，作为动态阈值的阴影模式。图 8.27d 是对图 8.27a 进行动态阈值分割的结果，划痕虽不明显，但还是分割出来了。图 8.27d 中的白色背景会对后续的处理造成影响，所以接下来通过区域重构剔除该区域，结果如图 8.27e 所示。这时的划痕还处于离散状态，通过闭运算将划痕连接在一起，形成一个连通区域，如图 8.27f 所示。然后再进行区域提取并通过面积筛选将较小的区域剔除掉，结果如图 8.27g 所示，图中缺陷区域的面积为 1354，远大于其他噪声信号。到这里，缺陷检测已经完成。但是图中缺陷区域的轮廓不够光滑，通过开运算及闭运算对轮

廓进行平滑，结果如图 8.27h 所示。最后，将区域轮廓叠加到原图上，如图 8.27i 所示，虽然结果并不完美，但已经能够满足实际检测要求了。图中的区域轮廓是通过膨胀再相减得到的。

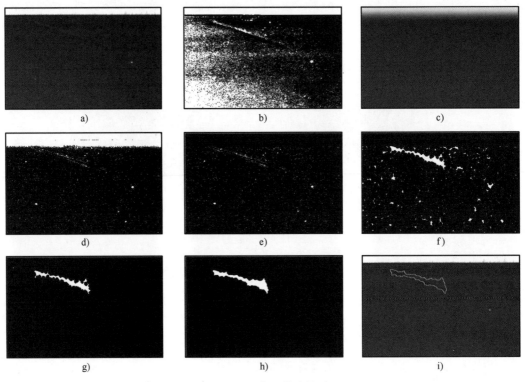

• 图 8.27　表面缺陷检测

a）锂电池局部图像（尺寸 400×250 像素）　b）全局阈值分割（阈值 75）　c）对图 a 高斯平滑（标准差 9，核尺寸 55×55 像素）　d）用图 c 作为阴影模式对图 a 动态阈值分割（阈值 5）　e）对图 d 区域重构剔除边缘区域

f）对图 e 闭运算（7×7 八边形结构元）　g）对图 f 区域提取并剔除面积过小的区域（阈值 200）

h）对图 g 闭运算（11×11 八边形结构元）后再开运算（3×3 结构元）　i）图 h 叠加到图 a

图像处理的算法往往不是唯一的，比如可对原图进行直方图均衡化处理，加大划痕与背景的对比度，再进行后续的处理，感兴趣的读者可以尝试一下该算法。

## ▶▶ 8.5.2　位置检测

PCB 生产过程中有一道工序是钻孔，钻孔工序可能产生的缺陷有：位置偏差、漏钻、盲孔、孔堵塞或部分堵塞。人工检测是通过对比 PCB 和半透明标准模板进行缺陷检测，设备检测是通过对比钻孔文件进行缺陷检测。图 8.28 给出了通过区域分析自动检测 PCB 孔位的示例。图 8.28a 是 PCB 钻孔后的局部图像，需要测量孔位置和面积，另外还需要检测孔的形状，看是否有堵塞的情况。图 8.28b 是大津法二值化的结果。图 8.28c 是检测结果，检测数据见表 8.6。

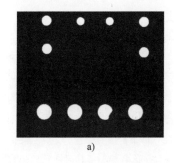 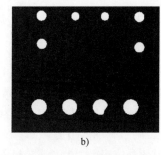 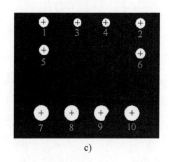

a)　　　　　　　　　　b)　　　　　　　　　　c)

● 图 8.28　孔位检测

a）原图（尺寸 300×250 像素）　b）二值化图像（阈值 127）　c）检测结果

表 8.6　检测数据

| 序号 | 面积 | $x$ 坐标 | $y$ 坐标 | 紧凑度 | 圆度 2 | 圆度 1 |
|---|---|---|---|---|---|---|
| 1 | 328 | 59.302 | 17.723 | 1.139 | 0.972 | 0.973 |
| 2 | 328 | 258.646 | 20.244 | 1.159 | 0.972 | 0.99 |
| 3 | 218 | 128.555 | 18.812 | 1.146 | 0.967 | 0.999 |
| 4 | 221 | 188.489 | 18.964 | 1.155 | 0.964 | 1.0 |
| 5 | 327 | 60.153 | 73.673 | 1.171 | 0.971 | 0.976 |
| 6 | 331 | 258.924 | 80.689 | 1.148 | 0.972 | 1.0 |
| 7 | 754 | 55.178 | 198.849 | 1.131 | 0.984 | 1.0 |
| 8 | 746 | 117.551 | 198.924 | 1.124 | 0.981 | 0.99 |
| 9 | 694 | 178.918 | 198.562 | 1.209 | 0.925 | 0.836 |
| 10 | 751 | 241.872 | 199.221 | 1.148 | 0.983 | 0.993 |

注：圆度 1：最大半径法；圆度 2：方差法

现对表中的数据逐项分析。图中一共 10 个孔，其中 7~10 为尺寸相同的孔，但是孔 9 的面积明显偏小，因此可以判断该孔部分堵塞。表中的 $x$、$y$ 坐标为孔的质心坐标。虽然区域是用像素表示的，但其质心却是亚像素级精度。求圆心有多种方法，除了这里的区域质心法外，还有边缘拟合圆（见第 9 章）及图像匹配法（见第 10 章）。区域质心法不但算法简单，精度高，而且稳定性好，是一种值得推荐的求圆心的方法。不过有个前提，就是图像质量要高。除了根据面积判断孔是否堵塞外，本例还给出了与圆有关的紧凑度、最大半径法圆度和方差法圆度三个特征的检测数据。孔 9 的紧凑度为 1.209，而其他正常孔的紧凑度都小于 1.18，因此紧凑度可用于圆的判断，但由于差值并不大，会有一定的误判概率。孔 9 的方差法圆度为 0.925，而其他正常孔的圆度都大于 0.96，差值也不算大。这里最好的判断圆的特征应该是最大半径法圆度，孔 9 的值为 0.836，其他孔最小值为 0.973，差值最大，不易产生误判。

### ▶▶ 8.5.3　数量统计

图 8.29 是一幅医学显微图像，其中黑色的小圆环是微球，现需要统计微球的数量。对于这类背景灰度有变化的图像，用全局阈值分割图像的效果并不好，这里采用动态阈值分割。对图 8.29a 进行高斯平滑，结果如图 8.29b 所示。用图 8.29b 作为阴影模式对图 8.29a 进行动态阈值分割，结果如图 8.29c 所示。分析图 8.29c 可以发现，除了微球外，图中还有一些面积接近微球的区域，因此不能用面积特征来筛选微球。但是微球都有一个特点，那就是每个微球都有一个孔洞，因此，剔除那些没有孔洞的区域后，剩下的就是微球。采用这个策略的区域分析结果如图 8.29d 所示，其中的矩形框为区域的外接矩形，为了清楚起见，将矩形框叠加到原图上。从图中可以看到，所有微球都被筛选出来了，数量为 42 个。但是有个问题，有的微球粘连在一起，被计算成一个微球。由于每个微球都有一个孔洞，所以可以进一步统计每个区域的孔洞数量，根据孔洞数量来确定微球数量。统计下来，有 4 个区域的孔洞数量为 2，所以最终的微球数量为 46。

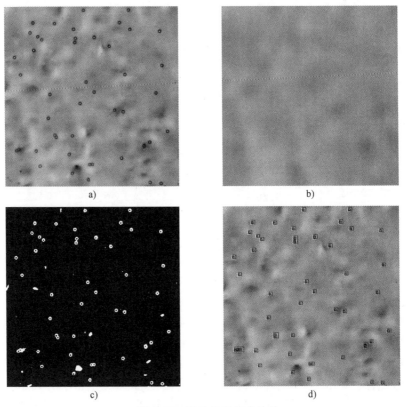

a)　　　　　　　　　　　　　　　b)

c)　　　　　　　　　　　　　　　d)

● 图 8.29　医学显微图像计数

a）原图（尺寸 500×500 像素）　b）对图 a 高斯平滑（标准差 15，核尺寸 91×91）　c）用图 b 作为阴影模式对图 a 动态阈值分割（阈值 35）　d）对图 c 区域分析，提取有孔洞的区域，再叠加到图 a 上

 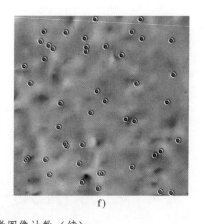

e)　　　　　　　　　　　　　　　　f)

● 图 8.29　医学显微图像计数（续）

e）对图 c 区域重构，提取孔洞　f）对图 e 区域分析，再叠加到图 a 上

　　除了上述算法外，还有另外一种算法。通过区域重构技术将图 8.29c 的孔洞提取出来，如图 8.29e 所示。由于每个微球有一个孔洞，所以孔洞的数量就是微球数量，接下来对图 8.29e 进行区域分析，结果如图 8.29f 所示。从图中可见，所有粘连的微球都被单独计数，合计数量为 46 个，统计准确无误。

# 第9章

# 边缘检测与尺寸测量

在 4.1.3 节中给出了一些边缘检测算子，但这些算子提取的边缘非单像素宽度，无法以坐标或几何图形的形式来描述边缘。在第 8 章中虽然给出了单像素边缘及亚像素边缘，但这些边缘受灰度阈值的影响，不同的阈值会产生位置不同的边缘。本章讨论的内容就是如何提取单像素边缘以及亚像素边缘，并在此基础上进行高精度的尺寸测量。

## 9.1 边缘检测

如图 9.1 所示，图 9.1a 是用背光拍摄的机械硬盘磁头弹性臂的局部图像。为了简单起见，首先讨论一维边缘。图 9.1b 是图 9.1a 水平线处的线剖面。显然，边缘对应灰度变化剧烈的区域。式（4.11）和式（4.12）是非对称的离散函数的一阶导数，计算出在两个像素中间 $f(x+1/2)$ 和 $f(x-1/2)$ 处的导数。计算整像素位置的一阶导数可采用中心差分公式，即式（4.13）。用式（4.13）计算出的图 9.1b 的一阶导数如图 9.1c 所示。图中的两个尖峰对应图 9.1a 的边缘，向上的尖峰表示边缘的灰度由低到高，而向下的尖峰表示边缘的灰度由高到低。而图 9.1d 则是图 9.1b 的二阶导数，图中的过零点对应图 9.1a 的边缘。因此，边缘可以定义为一阶导数局部最大或最小值，或二阶导数的过零点。与第 8 章的区域边缘不同，这里定义的是无参数边缘，不受其他因素影响。实际上，在图 9.1c 中，除了两个明显的尖峰外，还有一些微小的尖峰，在实际计算中可以通过幅值阈值对其进行抑制。

对于二维边缘，可以用梯度幅值代替式（4.13）的一阶导数，一般多用 4.1.3.1 节的 Sobel 算子和 Roberts 算子。由于 Sobel 算子是对称算子，因此使用更为普遍。对于二阶导数，一般用拉普拉斯算子或 LoG 算子。LoG 算子对噪声抑制效果更好，但计算更为复杂。

接下来我们讨论用于边缘检测的 Marr-Hildreth 算子、Canny 算子和 Hough 变换。

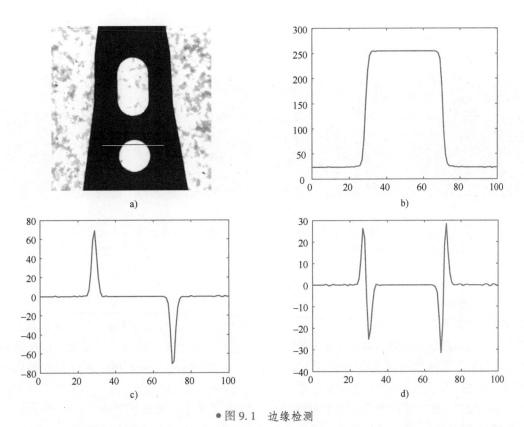

●图 9.1　边缘检测

a）原图（尺寸 250×250 像素）　b）线剖面（起点(80,185)、终点(180,185)）　c）一阶导数　d）二阶导数

## ▶▶ 9.1.1　Marr-Hildreth 算子

Marr 和 Hildreth 于 1980 年提出了 Marr-Hildreth 算子[Marr,1980]。Marr-Hildreth 算子属于二阶微分算子。在很多资料上，Marr-Hildreth 算子又被称为大家所熟知的 LoG 算子（见 6.6节）。LoG 算子结合了高斯滤波器的平滑特性和拉普拉斯算子的锐化特性，实现了较为理想的边缘检测效果。但 LoG 算子提取的边缘并非单像素宽度，需要再进一步提取为单像素边缘，因此我们把 Marr-Hildreth 算子定义为 LoG 算子加单像素边缘提取，以示与 LoG 算子的区分[Gonzalez,2020]。Marr-Hildreth 算子属于二阶微分算子，其工作原理是：首先用 LoG 算子对图像进行卷积操作，然后在卷积图上根据过零点提取单像素边缘。在实际计算中可用 DoG 算子替代 LoG 算子，相关内容见 6.6 节。

如图 9.2 所示，图 9.2a 和图 9.2b 分别为用 DoG 和 LoG 算子对图 9.1a 卷积的结果，两幅图像差异微乎其微，因此可以用 DoG 算子替代 LoG 算子。从图中可见，边缘并非单像素宽度，对于用二阶微分算子卷积的图像，需要根据过零点提取边缘。如果简单地将过零点理解为灰度值为零的整像素点，那么图 9.2a 只有一个点为零，也就是说在整幅图像中，只有一个像素点是过零点。因为对于浮点数来说，过零点恰好落在整像素坐标上属于小概率事件。

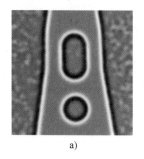 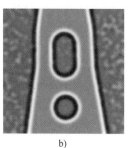  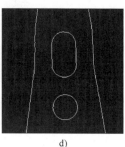

a)               b)              c)             d)

● 图 9.2   使用 Marr-Hildreth 算子提取单像素边缘

a) 用 DoG 算子对图 9.1a 卷积（标准差 4，动态范围从浮点数[−31.2, 28.5]映射到整数[0, 255]）

b) 用 LoG 算子卷积（标准差 4，核尺寸 25×25）   c) 单像素边缘（阈值 0）   d) 单像素边缘（阈值 40）

Marr-Hildreth 算子提取单像素边缘的算法[Huertas, 1986]是根据像素灰度值将 3×3 邻域内的像素分为两大类，共 24 种过零位置。两大类分别为 3×3 邻域中心像素灰度值为零以及大于零两类，在此基础上，第一类又分为 4 种过零位置，第二类又分为 20 种过零位置。根据这 24 种过零位置对图 9.2b 提取的边缘图像如图 9.2c 所示。虽然 LoG 算子对图像进行了高斯平滑，但图像中灰度微小变化仍然产生很多过零点，生成很多不需要的边缘。对此，我们需要在提取单像素边缘前用阈值剔除那些不需要的边缘，当阈值取 40 时，单像素边缘图像如图 9.2d 所示。图中抑制了所有不需要的边缘，仅保留下了弹性臂的轮廓。阈值筛选边缘的算法如下。

**算法 9.1   阈值筛选边缘算法**
**输入：**DoG 卷积后的图像 f(x,y)；阈值 Threshold
**输出：**阈值筛选后的过零点
```
1:  bEdge=false;
2:  if (f(x-1,y)*f(x+1,y)<0 and |f(x-1,y)-f(x+1,y)|>Threshold) bEdge=true;   //水平,
    //f(x-1,y)*f(x+1,y)<0 表示当前点的左右相邻像素符号相反, 存在过零点; |f(x-1,y)-f(x+1,y)|>
    //Threshold 表示灰度差大于阈值, 满足这两个条件, 说明当前点是我们需要的过零点
3:  else if (f(x,y-1)*f(x,y+1)<0 and |f(x,y-1)-f(x,y+1)|>Threshold) bEdge=true;       //垂直
4:  else if (f(x-1,y-1)*f(x+1,y+1)<0 and |f(x-1,y-1)-f(x+1,y+1)|>Threshold) bEdge=
    true;  //+45°
5:  else if (f(x+1,y-1)*f(x-1,y+1)<0 and |f(x+1,y-1)-f(x-1,y+1)|>Threshold) bEdge=
    true;  //-45°
6:  if (bEdge=true)                     //(x,y)为阈值筛选后的过零点
7:     marr_hildreth_edge(f(x, y));  //根据 24 种过零位置, 提取单像素边缘
```

根据当前像素 p 的 3×3 邻域，如果 p 是过零点，则意味着 p 的邻域像素中至少有一对"相对像素"的符号不同，一共分为 4 种情况：水平、垂直和两个对角。根据这 4 种情况筛选出那些差值超过阈值的点作为边缘候选点，这些候选点组成的边缘并非单像素边缘，因此需要再进一步根据 24 种过零位置提取单像素边缘。限于篇幅，本书不给出提取单像素边缘的算法，感

兴趣的读者可以参考[Huertas,1986]附录 B。

不过上述算法提取的边缘并不完全是单像素宽度，需要通过细化到骨架才能得到单像素边缘。如图 9.3 所示，图 9.3a 是用 Marr-Hildreth 算子提取图 3.44a 的边缘，图 9.3b 是图 9.3a 虚线框内图像的局部放大，图中的几个拐角处有多余像素，存在多路连通问题，图 9.3c 是细化后的边缘，是标准的单像素边缘（m 连通边缘）。

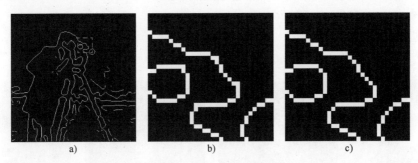

● 图 9.3 细化单像素边缘

a）用 Marr-Hildreth 算子提取图 3.44a 的边缘 b）局部放大 c）对图 b 细化后的边缘

仔细观察图 9.2c 可以发现，在不用阈值筛选的情况下，Marr-Hildreth 算子提取的边缘都是封闭的，这正是我们用边缘分割图像需要的特性。当然，这种封闭的轮廓并不总是对应我们需要分割的区域，需要对其进行筛选。对整条轮廓的筛选可以通过计算该轮廓的平均强度，然后通过阈值进行筛选。

## ▶▶ 9.1.2 Canny 算子

前一节介绍的 Marr-Hildreth 算子属于二阶导数算子，而本节讨论的 Canny 算子[Canny，1986]属于一阶导数算子。Canny 提出了理想边缘算子应该满足以下 3 个准则。

1）**良好的检测能力**：无法标记真正的边缘点的概率很低，并且错误标记非边缘点的概率也很低。

2）**良好的定位能力**：算子标记的边缘点应尽可能靠近真正边缘的中心。

3）**对一条边只有一个响应**：虽然准则 1 隐含了这一标准，但是准则 1 的数学形式不能满足多重响应的要求，所以必须明确规定。

Canny 将 3 个准则组成一个最优化问题，并成功地求出了理想边缘滤波器的数值解。Canny 研究发现，高斯算子的一阶导数能很好地近似理想边缘滤波器。与理想边缘算子相比，高斯算子的一阶导数在性能方面差了 20%，在多重响应测度方面差了约 10%。通过观察两个算子在真实图像上的表现，可能很难检测到这种量级的差异。因此，简单、高效的高斯滤波器的一阶导数就成了理想边缘滤波器的替代者，也就是我们所说的 Canny 算子。

对于一阶导数算子，是通过搜索梯度幅值的极值来确定边缘的。为了方便起见，将计算梯

度幅值$\|\nabla f\|$的式（4.16）再次给出

$$\|\nabla f\| = \sqrt{g_x^2 + g_y^2} \tag{9.1}$$

式中，$g_x$和$g_y$为图像在$x$轴和$y$轴方向的梯度分量，一般多用 Sobel 算子计算梯度。用于计算$g_x$和$g_y$的 Sobel 算子在这两个方向的核如图 4.13 所示。梯度方向（角度）为

$$\theta = \arctan(g_y / g_x) \tag{9.2}$$

Canny 算子通过以下 4 步实现单像素边缘的提取。

**1. 高斯平滑滤波**

如图 9.4 所示，图 9.4a 为用高斯滤波器对图 9.1a 平滑后的图像。

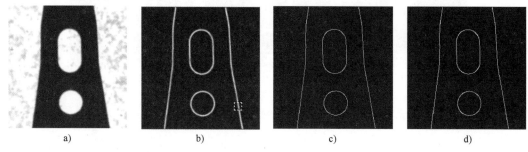

● 图 9.4　Canny 算子

a）对图 9.1a 高斯平滑（标准差 1，核尺寸 5×5 像素）　b）用 Sobel 算子对图 a 滤波（核尺寸 3×3 像素，范围从[0.0,556.7]映射到[0,255]）　c）非极大值抑制　d）滞后二值化（高阈值 200，低阈值 100）

**2. 用一阶微分算子对图像进行滤波**

图 9.4b 是用式（9.1）计算出的图 9.4a 的梯度幅值，这里采用的是 Sobel 滤波器。虽然边缘提取出来了，但是对这类非单像素边缘需要继续进行处理。在这一步中需要计算出了每个像素对应的$g_x$、$g_y$和$\|\nabla f\|$，并且$\|\nabla f\|$为浮点数精度。

**3. 非极大值抑制**

所谓非极大值抑制就是根据边缘的方向，对那些非边缘的像素进行抑制，构造出单像素宽度的边缘。图 9.5a 为图 9.4b 中虚线框内图像的局部放大。显然，要从边缘法线方向，即梯度方向进行非极大值抑制。抑制后的单像素边缘如图 9.5b 所示。

现在观察当前像素点$p$和其 8 邻域像素，如图 9.6a 所示。判断$p$是否是边缘点可根据梯度方向分为 4 种情况：水平、垂直、45°和−45°。在某一个方向上，如果$p$的梯度幅值不小于邻域像素点的梯度幅值，则$p$点为边缘点。显然，梯度方向不一定正好落在这几个方向上，因此将梯度方向分为 4 个区间：$[-67.5°, -22.5°)$、$[-22.5°, 22.5°)$、$[22.5°, 67.5°)$和$[67.5°, 112.5°)$，它们的对角算作同一区间，分别对应−45°、水平、45°和垂直方向。例如，对于落在$[-22.5°, 22.5°)$及其对角区间的梯度方向属水平方向，当$p$的值不小于$p_1$和$p_5$的值时，则$p$为边缘点。对于落在$[-67.5°, -22.5°)$及其对角区间的梯度方向属−45°方向，当$p$的值不小于$p_2$

和 $p_6$ 的值时，则 $p$ 为边缘点。其他区间的计算以此类推。通过对整幅梯度图像的遍历，最后得到图 9.4c 所示的单像素边缘。

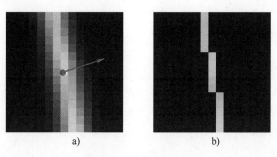

a)                                    b)

● 图 9.5　非极大值抑制

a）图 9.4b 的局部放大（左上角坐标（198，198），尺寸 15×15 像素），彩色点的梯度：
$g_x=478, g_y=-100, \|\nabla f\|=488.35, \theta=-11.82°$　b）对图 a 非极大值抑制

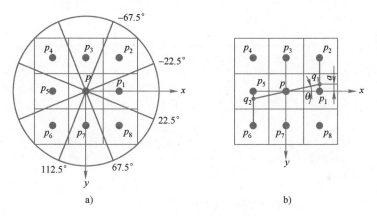

a)                                    b)

● 图 9.6　非极大值抑制算法

a）梯度方向分为 4 个区间的近似算法　b）梯度插补的精确算法

**例 9.1**　非极大值抑制

本例计算图 9.5a 中彩色点处像素是否为边缘点。该点的梯度方向为 $-11.82°$，属水平方向，因此对比 $p$，$p_1$ 和 $p_5$ 的值。$p_1$ 的值为 404.32、$p_5$ 的值为 384.80、$p$ 的值为 488.35，$p$ 的值比前两者的值都大，因此 $p$ 是边缘点。

上面讨论的这种将梯度方向归类到 4 个方向的算法是一种近似算法，接下来介绍精确非极大值抑制算法。如图 9.6b 所示，$\theta$ 为梯度角度，角度为 $\theta$ 的过 $p$ 的直线与 $p_1$ 和 $p_2$ 的连线相交于 $q_1$，与 $p_5$ 和 $p_6$ 的连线相交于 $q_2$。由于 $\theta$ 已知，并且像素间距离为 1，所以很容易求出 $p_1$ 和 $q_1$ 之间的距离 $a$。有了 $a$，通过对 $p_1$ 和 $p_2$ 的线性插值，可以求出 $q_1$ 的梯度幅值。同理，可求出 $q_2$ 的梯度幅值。通过对比 $p$、$q_1$ 和 $q_2$ 的值，可以判断出 $p$ 是否为边缘点。在实际计算中，并不需要求出 $\theta$ 的

值，根据相似三角形可直接求出 $a$ 的值。通过插值法进行精确非极大值抑制的算法如下。

```
算法 9.2  精确非极大值抑制算法
输入：图像尺寸 w×h；x、y 方向的梯度分量 Gx(x,y)、Gy(x,y)，梯度幅值 G(x,y)
输出：非极大值抑制后的图像 g(x,y)
 1:   a, G1, G2, G3, G4;                              //临时变量
 2:   g(x,y)=0;                                       //清零
 3:   for (i=1;i<h-1; i++) {
 4:       for (j=1; j<w-1; j++) {
 5:           if (G(j,i)=0) continue;
 6:           if ( |Gy(j,i) |> |Gx(j,i) |) {          //y方向大
 7:               a= |Gx(j,i)/Gy(j,i) |; G2=G(j,i-1); G4=G(j,i+1);
 8:               if (Gx(j,i)*Gy(j,i)>0) {            //如果符号相同
 9:                   G1=G(j-1,i-1); G3=G(j+1,i+1);
10:               }
11:               else {
12:                   G1=G(j+1,i-1); G3=G(j-1,i+1);
13:               }
14:           }
15:           else {                                  //x方向大
16:               a= |Gy(j,i)/Gx(j,i) |; G2=G(j-1,i); G4=G(j+1,i);
17:               if (Gx(j,i)*Gy(j,i)>0) {
18:                   G1=G(j-1,i-1); G3=G(j+1,i+1);
19:               }
20:               else{
21:                   G1=G(j-1,i+1); G3=G(j+1,i-1);
22:               }
23:           }
24:           GT1=a*G1+(1-a)*G2; GT2=a*G3+(1-a)*G4;   //对梯度插值
25:           if ((G>=GT1) and (G>=GT2)) g(j,i)=G(j,i);   //如果当前点为最大值，则可能是边缘点
26:       }
27:   }
```

接下来我们给出一个精确非极大值抑制的例子。

例 9.2    精确非极大值抑制

本例用插值法重新计算例 9.1 中的 $p$ 点是否为边缘点。$p_2$ 的值为 371.17，$p_6$ 的值为 346.77。根据 $\theta = -11.82°$，求出 $a = 0.21$，通过插值求出 $q_1$ 和 $q_2$ 的值分别为 397.36 和 376.81。因为 $p$ 的值比 $q_1$ 和 $q_2$ 的值都大，所以 $p$ 是边缘点。虽然结论与例 9.1 相同，但是与 $p$ 比较的数值却不相同，插值法能提供精度更高的边缘。

**4. 滞后二值化**

如图 9.7 所示，图 9.7a 是对图 2.10a 进行高斯滤波后再进行 Sobel 滤波，然后再进行非极大值抑制的结果。图中对灰度值超出 255 的部分进行了截断。图 9.7b 是用全局阈值 120 对图 9.7a 进行二值化的结果。图 9.7c 是用全局阈值 60 对图 9.7a 进行二值化的结果。从这两幅图像可以看出，高阈值下的二值化会造成很多线段的不连续，比如帽子和脸颊部分的轮廓，而在低阈值下，虽然这些轮廓线条连续了，但是又多了很多不需要的噪声信号。而滞后二值化既能保证边缘的连续，又能抑制噪声信号，如图 9.7d 所示。

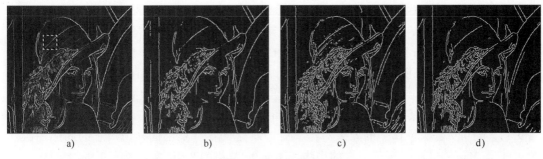

● 图 9.7  滞后二值化示例

a）对图 2.10a 高斯滤波（标准差 0.5，核尺寸 3×3 像素）后 Sobel 滤波（核尺寸 3×3 像素），再非极大值抑制

b）二值化（阈值 120）  c）二值化（阈值 60）  d）滞后二值化（高阈值 120，低阈值 60）

为了解释滞后二值化的工作原理，现将图 9.7a 虚线框内图像放大，如图 9.8a 所示，图 9.8b~9.8d 为图 9.7b~9.7d 相同位置的局部放大。滞后二值化有以下两种实现方法。

1）以高阈值二值化图像（简称高阈值图像）为种子，在低阈值图像中搜索其连通区域，最后得到的连通区域就是滞后二值化结果。具体到图 9.8 就是以图 9.8b 中的高亮像素为种子，在图 9.8c 中搜索种子的 8 连通区域，结果如图 9.8d 所示，也就是滞后二值化结果。与 Marr-Hildreth 算子一样，图 9.8d 并不是单像素边缘，需要进一步细化到骨架，如图 9.8e 所示。

2）在高阈值图像中搜索线段端点（检查当前点的 8 邻域像素数量，如果为 1，则当前点就是端点），以端点为种子在原图中搜索 8 邻域像素，将灰度值高于低阈值的像素点合并到区域中，然后再搜索新并入点的 8 邻域，通过这种迭代的方式实现边缘生长，直至边缘闭合或因不满足条件而终止。这种算法要求高阈值图像是单像素边缘，否则可能会漏掉部分端点。但图 9.8b 却不是单像素边缘，因此在算法执行前需要对其进行形态学细化一次。

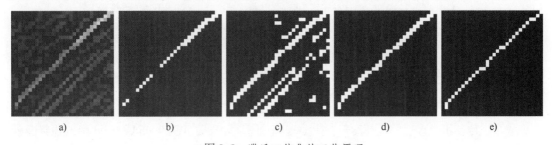

● 图 9.8  滞后二值化的工作原理

a）图 9.7a 虚线框内图像的局部放大（偏移量（75,59），大小 30×30）

b）~d）图 9.7b~9.7d 相同位置的局部放大  e）对图 d 细化到骨架

图 9.4c 的滞后二值化结果如图 9.4d 所示。

作为一种优秀的边缘提取算子，在互联网有很多 Canny 算子的代码，另外 OpenCV[2012]

中也有该算法，所以本书不给出该算法的完整伪代码了。

　　事实上，一维 Marr-Hildreth 算子与 Canny 算子几乎相同，二者都是先对图像进行高斯滤波，然后 Marr-Hildreth 算子是求二阶导数，而 Canny 算子则是求一阶导数，Marr-Hildreth 算子过零点对应 Canny 算子梯度幅值极大值。然而，在二维情况下，相比二阶导数算子，一阶导数算子的方向性增强了边缘的检测和定位性能。更为重要的是，梯度幅值提供了边缘强度的良好估计，可直接用于边缘筛选。而 Marr-Hildreth 算子需要额外的算法计算边缘强度（见算法 9.1）。图 9.9 是两种算子的效果对比。图 9.9a 是印在菲林上的一把尺子的局部图像，图 9.9b 是 Marr-Hildreth 算子提取的边缘，图 9.9c 是将图 9.9b 叠加到图 9.9a 上的结果，图 9.9d 是 Canny 算子提取的边缘，图 9.9e 是将图 9.9d 叠加到图 9.9a 上的结果。对比图 9.9c 和图 9.9e 可以发现，Canny 算子提取的边缘更加准确，而 Marr-Hildreth 算子提取的边缘在拐角处呈圆弧状，不够锐利。造成这个问题的原因除了拉普拉斯算子本身的特性外，还有就是 Marr-Hildreth 算子的标准差一般取得都比较大，过小的标准差往往会产生噪声信号。

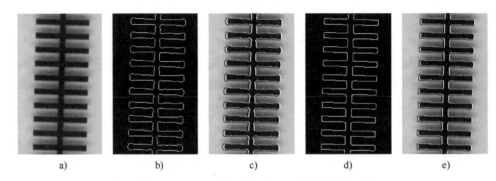

a)　　　　　b)　　　　　c)　　　　　d)　　　　　e)

● 图 9.9　Marr-Hildreth 与 Canny 算子的效果对比

a）尺子局部图像（尺寸 150×240 像素）　b）Marr-Hildreth 算子提取的边缘（标准差 3，核尺寸 19×19 像素，阈值 15）
c）图 b 与图 a 叠加　d）Canny 算子提取的边缘（标准差 0.83，核尺寸 5×5 像素，
高阈值 150，低阈值 60）　e）图 d 与图 a 叠加

## ▶▶ 9.1.3　Hough 变换

　　前面两节讨论了提取单像素边缘的算子，本节讨论从这些边缘像素或部分边缘像素构造出一个或多个用解析式表达的几何图形，比如直线和圆。如果要从图 9.9b 或 9.9d 中的边缘像素中构造出一个或多个边缘的直线方程时，显然不能用最小二乘法来拟合直线，因为组成每个直线边缘的像素只占全部边缘像素的一小部分，拟合时无法筛选出哪些像素属于该边缘。而 Hough 在 1959 年分析气泡室照片时提出的 Hough 变换（Hough Transform，HT）[Hough,1959] 具有这种特定像素筛选的能力，HT 能够在众多的边缘像素点中筛选出共线的像素点并给出该直线的解析解。HT 这种针对性的筛选功能使其具有良好的抗干扰能力，使得从类似图 9.9d 的

边缘像素中构造一个或多个矢量直线边缘成为可能。HT 不仅可以提取直线，还可以提取任何可以用解析式表达的几何图形，比如圆和椭圆。而广义 Hough 变换（Generalized Hough Transform，GHT）更是可以提取任何非解析式表达的图形[Ballard,1981]。GHT 通过在 R-table 中投票确定目标原点，多用于图像匹配。本节仅限于讨论 Hough 直线变换（Hough Lines Transform）和 Hough 圆变换（Hough Circles Transform）。

### 9.1.3.1 Hough 直线变换

如图 9.10 所示，图 9.10a 中有 $p_1(x_1,y_1) \sim p_4(x_4,y_4)$ 共 4 个点组成的直线。在图示的坐标系 $xOy$（也称为图像空间）中，直线的斜截式方程为

$$y = kx + b \tag{9.3}$$

式中，$k$ 为斜率、$k = \tan\alpha$、$\alpha$ 为直线与 $x$ 轴的交角；$b$ 为纵截距。现改写上式为

$$b = -xk + y \tag{9.4}$$

如果 $x$、$y$ 取定值，比如图中 $p_1$ 的坐标，而将 $k$、$b$ 看成变量，则在坐标系 $kOb$（也称为参数空间）中构成一条直线，如图 9.10b 中的 $l_1$。图 9.10b 中的直线 $l_2$、$l_3$ 和 $l_4$ 分别对应图 9.10a 中的点 $p_2$、$p_3$ 和 $p_4$。从图 9.10b 可以看出，4 条直线相交于 $q$，即在 $q$，4 条直线有相同的 $k$ 和 $b$ 值。$q$ 的坐标 $(k,b)$ 则是式（9.3）的斜率和截距，因为共线的 4 点一定是有相同的斜率和截距，否则无法构成的一条直线。因此，图像空间的直线对应参数空间的点，而参数空间的直线也对应图像空间的点，这就是图像空间和参数空间的点和线的对偶性。HT 就是通过这种对偶性，将图像空间的问题转换到参数空间中解决。

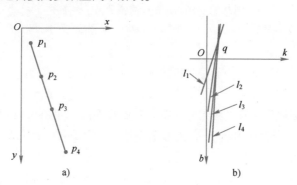

● 图 9.10　Hough 直线变换原理

a）图像空间 $xOy$（尺寸 25×50，坐标：$p_1(3,5)$、$p_2(7,18)$、$p_3(11,31)$、$p_4(17,47)$）　b）参数空间 $kOb$

但是采用参数空间 $kOb$ 却面临一个问题：当直线趋近垂直时，$k$ 值趋近无穷大。为了解决这个问题，我们换一种形式来表达直线方程。如图 9.11a 所示，作过原点 $O$ 的直线 $l$ 的法线，$\rho$ 为原点 $O$ 到直线的垂线长，称为法线长。$\theta$ 为法线与 $x$ 轴的交角。因为直线与 $y$ 轴的交角等于 $\theta$，所以 $b = \rho/\sin\theta$，另外，由于直线的斜率与其法线的斜率的乘积为 $-1$，因此 $l$ 的斜率 $k = -1/\tan\theta = -\cos\theta/\sin\theta$，代入式（9.3）得

$$y = -\frac{\cos\theta}{\sin\theta}x + \frac{\rho}{\sin\theta} \qquad (9.5)$$

整理后得

$$\rho = x\cos\theta + y\sin\theta \qquad (9.6)$$

式中，$\rho$、$\theta$ 称为直线的位置参数。式（9.6）就是法线式直线方程，是 9 种形式的直线方程中的一种 [数,1979]。如图 9.11b 所示，通过式（9.6），图 9.10a 中的 4 个点变换为参数空间 $\theta O\rho$ 中的 4 条曲线，$p_1 \sim p_4$ 分别对应 $l_1 \sim l_4$，4 条线同样交于 $q$ 点，$q$ 点的坐标值就是式（9.6）的位置参数。对于图 9.11b，需要解释两点：一是变换时对图 9.10a 的 4 个点的坐标加了偏移量，$p_1$ 的坐标变为 $(0,0)$，从而在图中呈现为一条直线；二是坐标原点 $O$ 从中心移至左上角。后面的讨论会对这两点做出解释。

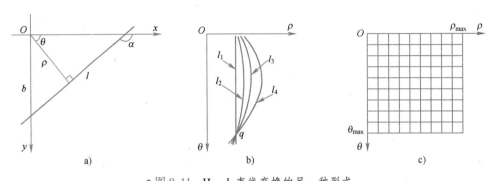

● 图 9.11　Hough 直线变换的另一种形式

a）法线式直线方程　b）参数空间 $\theta O\rho$　c）参数空间中的累加器

在实际计算中，在参数空间中通过解析式求交点并不现实，因为由于图像空间中离散点的坐标误差会造成在参数空间并不一定相交于一点，另外复杂的计算也是不被允许的。实际的算法是对 $\theta$ 和 $\rho$ 的取值离散化，通过累加统计完成交点的确认。如图 9.11c 所示，首先确定参数范围：$\theta$ 的取值范围可设为 $[0,180°]$；$\rho$ 的取值范围可设为 $[-D, D]$，$D$ 是图像对角线长度，也是 $\rho$ 所能取得的最大值，但是由于在实际计算中是用数组实现累加器功能的，并不支持负数数组下标，所以通过平移将 $\rho$ 的取值范围移至 $[0,2D]$。然后根据 $\theta$ 和 $\rho$ 的步长将取值范围划分为图示的单元，构造出累加器 $A(\rho,\theta)$。接下来进行累加计算，根据指定的步长，$\theta$ 遍历整个取值范围，并用式（9.6）计算出 $\rho$ 的值。每计算出一对 $(\rho,\theta)$，在相应的单元加 1，即 $A(\rho,\theta) = A(\rho,\theta)+1$。累加完毕后，根据每个单元的累加值从大到小对单元进行排序，然后根据需要提取的直线数量或阈值（单个单元累加值），筛选出排序靠前的单元，将单元对应的 $(\rho,\theta)$ 代入式（9.6），就得到我们需要的直线方程了。因此，HT 是一种使用表决方式的参数估计技术。

Hough 直线变换的算法如下。

算法 9.3　Hough 直线变换算法
**输入：** 图像尺寸 w×h;n 个像素点 p(n)；阈值 Threshold；角度步长 angle_step；距离步长 dist_step
**输出：** 排序后的直线序列 list_point

```
      //计算累加单元尺寸
 1:   max_dist = √(w²+h²)/dist_step;
 2:   max_dist2 = max_dist * 2;                          //最大距离
 3:   max_angle = 180/angle_step;                        //角度从 0~180°
 4:   trans_area[max_angle][max_dist2] = 0;              //创建累加单元并清零
 5:   SIN[max_angle], COS[max_angle];                    //查找表
 6:   a = angle_step * π/180;
 7:   for (i = 0; i < max_angle; i++) {
 8:       SIN[i] = sin(i * a)/dist_step; COS[i] = cos(i * a)/dist_step;
 9:   }
      //填充累加单元
10:   for (i = 0; i < n; i++) {
11:       for (j = 0; j < max_angle; j++) {
12:           d = p[i].x * COS[j] + p[i].y * SIN[j];     //p[i]为第 i 个像素点
13:           d1 = round(d + max_dist);                  //平移，防止负值
14:           trans_area[j][d1]++;                       //累加单元的对应点上加 1
15:       }
16:   }
      //搜索局部最大值
17:   for (i = 1; i < max_dist2-1; i++) {
18:       for (j = 1; j < max_angle-1; j++) {
19:           if (trans_area[j][i] > Threshold and trans_area[j][i] > trans_area[j][i-1]
20:           and trans_area[j][i] > trans_area[j][i+1] and trans_area[j][i] > trans_area[j-1][i]
21:           and trans_area[j][i] > trans_area[j+1][i]) {
22:               hough_point.value = trans_area[j][i];  //累加值
23:               hough_point.dist = (i-max_dist) * dist_step;  //dist 为式(9.6)中的ρ，
      //这里需要减去前面加的偏移量
24:               hough_point.angle = j * angle_step;    //angle 为式(9.6)中的θ
25:               list_point.add(hough_point);           //存入队列
26:           }
27:       }
28:   }
      //排序
29:   sort(list_point);
```

　　在上述算法中，创建累加器时是按整幅图像计算的，但实际上需要变换的点不一定填满整幅图像。为了节省内存，可以先对原始数据进行处理，搜索出数据在 $x$ 和 $y$ 方向的最大值和最小值，计算出包含数据的外接矩形，用外接矩形的尺寸计算最大距离。但是这样做需要对所有数据减去外接矩形左上角的偏移量，变换完毕后再加上该偏移量。

　　**例 9.3**　Hough 直线变换一

　　如图 9.12 所示，图 9.12a 是用 Canny 算子提取的矩形的轮廓。图 9.12b 是图 9.12a 变换到参数空间后的图像，从图中可以看了 4 个高亮点，对应着图 9.12a 中的 4 个直线边缘。需要说明的是，图 9.12b 的原始图亮度很低，大量像素聚集在低灰度值区域，通过对图像进行幂次变换（见 6.3 节），扩大了低灰度区域的动态范围，并提高了的整体亮度。此外，通过包含数据

的外接矩形来构造累加器，最大距离从 781 缩小到 624。图 9.12c 是在阈值为 80 时 HT 提取的直线。如果阈值降到 30，其变换结果如图 9.12d 所示，每个边缘提取了多条角度不同的直线。虽然在算法 9.3 中，搜索局部最大值时附加了必须是 4 邻域极值点的条件，但是在图 9.12b 中可以看到，4 个局部最大值附近的亮度依然很高，如果阈值设置不合理，在最大值附近会有满足条件的点被筛选出来，从而造成变换出多条直线的情况。图 9.12e 是添加了椒盐噪声的图像，HT 结果如图 9.12f 所示。可见，噪声信号对变换的影响并不大。

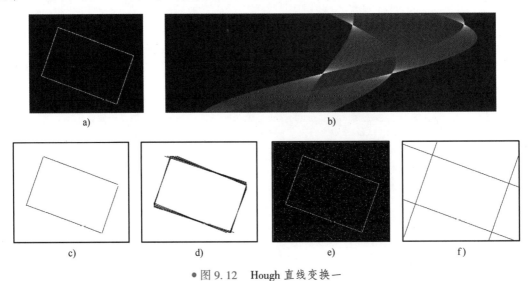

● 图 9.12　Hough 直线变换一

a）用 Canny 算子提取的矩形轮廓（尺寸 300×250 像素）　b）对图 a 变换参数空间后的图像

（尺寸 626×182 像素，gamma 值 0.05）　c）~ d）提取图 a 中的直线（距离步长 1，角度步长 1°，阈值：

图 c 80、图 d 30）　e）对图 a 加 5%的椒盐噪声　f）提取图 e 中的直线（阈值 80，距离步长 1，角度步长 1°）

### 例 9.4　Hough 直线变换二

本例对图 9.9d 进行 HT，测试不同参数下的变换结果。如图 9.13 所示，图 9.13a 是在阈值为 75 时的变换结果，提取了一条直线，当阈值降低到 72 时，提取了两条直线，如图 9.13b 所示。如果阈值进一步降低到 45 时，图中的所有直线都提取出来了，如图 9.13c 所示。但仔细观察会发现有些边缘提取了多条直线。图 9.13b 提取的直线的角度似乎并不准确，现将角度步长减半，变换结果如图 9.13d 所示。对比图 9.13b 和图 9.13d，可以发现图 9.13d 中的直线的角度更加准确。

#### 9.1.3.2　Hough 圆变换

HT 不仅可以检测直线，还可以检测任何可以用解析式表示的几何图形。接下来讨论 Hough 圆变换。

在图像空间中圆的方程为

$$(x-a)^2+(y-b)^2=r^2 \qquad (9.7)$$

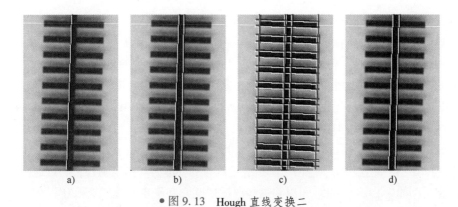

● 图 9.13　Hough 直线变换二

a) ～ c) 不同阈值下的 HT 结果（角度步长 1°，距离步长 1，阈值：图 a 75、图 b 72、图 c 45）

d) 精度更高的 HT 结果（角度步长 0.5°，距离步长 1，阈值 80）

式中，$(a,b)$ 为圆心坐标、$r$ 为圆的半径。式中有 3 参数，所以参数空间可以表示为一个三维坐标系 $Oabr$，图像空间中的一个圆对应参数空间中的一个点。如图 9.14 所示，图 9.14a 是图像空间中的一个圆，圆上有两点 $p_1(x_1,y_1)$，$p_2(x_2,y_2)$。图 9.14b 是参数空间，当 $r=0$ 时，根据上式有 $x=a$、$y=b$，即圆上的点在 $xOy$ 和 $aOb$ 中具有相同的位置。根据式（9.7）的约束，$p_1$ 对应的参数 $(a,b,r)$ 位于图中左边的圆锥体表面，而 $p_2$ 对应的参数 $(a,b,r)$ 位于图中右边的圆锥体表面。显然，整个圆上的点的参数构造的锥体表面在参数空间相交于 $q$，$q$ 的坐标值 $(a,b,r)$ 就是我们要检测的圆的参数。

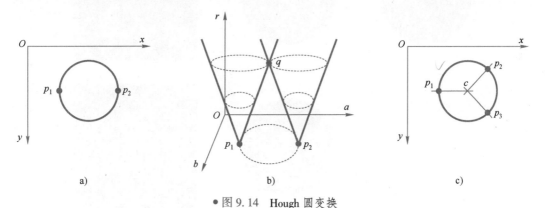

● 图 9.14　Hough 圆变换

a）图像空间　b）参数空间　c）圆周上点的梯度方向

具体计算时，与前面讨论的直线变换的方法相同，只是累加器变为三维 $A(a,b,r)$。累加过程是在取值范围内对 $a$、$b$ 进行遍历，用式（9.7）计算出 $r$ 值，每计算出一组 $(a,b,r)$ 值，就在相应的累加器单元 $A(a,b,r)$ 加 1。其他步骤与 Hough 直线变换一样。最后找到的局部最大

值 $A(a,b,r)$ 所对应的 $(a,b,r)$ 就是所求的圆的参数。但是却面临一个问题，由于计算量和累加器尺寸随参数数量的增加呈指数增加，因此三参数的 HT 不具有实用性。为了克服这个问题，出现了各种改进的 Hough 圆变换算法，如 Gerig Hough 变换，该变换重新排序 HT 计算，用三个大小为 $N^2$ 的二维数组替换大小为 $N^3$ 的三维累加器。另外还有两阶段 HT，利用边缘方向信息，将 HT 分解为两个阶段，首先用二维 HT 找到圆心，然后用一维 HT 确定半径 [Yuen, 1990]。本节将要讨论的就是两阶段 HT。

两阶段 HT 的第一阶段是确定圆心位置。如图 9.14c 所示，$p_1 \sim p_3$ 是圆周上的 3 个点，这些点的梯度方向如图中的直线所示。由于圆边缘上的点的梯度方向指向圆心，那么这些梯度的公共交点确定了圆的中心 $c$。因此，可以将这些根据梯度方向确定的直线离散化，在二维累加器中进行累加，通过局部最大值检测来识别候选中心参数；第二阶段是确定半径。由于圆周上的点到圆心的距离相等，根据这一特性统计出那些数量最多的到圆心距离相等的点，取这些点到圆心的距离的均值或中值作为半径。接下来结合一个实例对两阶段 HT 做进一步讨论。

如图 9.15 所示，图 9.15a 是一张实拍的圆的图像。虽然图像足够平滑，几乎没有噪声，但是为了提高梯度方向的准确性，一般还是需要进行平滑滤波，图 9.15b 是对图 9.15a 高斯平滑的结果。显然，只需要计算圆的边缘像素的梯度方向，其他像素并不需要参与计算。可以通

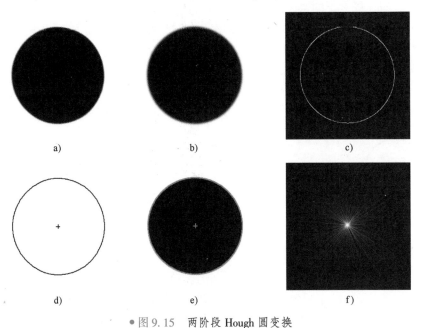

● 图 9.15 两阶段 Hough 圆变换

a）圆的图像（尺寸 300×300 像素）　b）对图 a 高斯平滑（标准差 2，核尺寸 11×11 像素）

c）对图 b 进行 Canny 滤波（核尺寸 3×3 像素，高阈值 100，低阈值 50）

d）Hough 圆变换　e）图 d 叠加到图 a　f）参数空间图像

过前两节介绍的 Marr-Hildreth 和 Canny 算子对图像进行滤波提取边缘，如图 9.15c 所示，这里采用的是 Canny 算子。接下来就是计算图 9.15c 中这些高亮点的梯度方向。需要注意的是，并不是在图 9.15c 中直接计算梯度，而是在图 9.15b 中计算图 9.15c 中高亮点相同位置上的像素的梯度。一般多采用 Sobel 算子计算梯度，梯度方向用式（9.2）计算。有了方向，过一点的直线就确定了。通过对直线离散化并在累加器中累加，最后在参数空间的图像如图 9.15f 所示。图 9.15f 也是经过幂次变换后的效果，否则图像太暗。图中的每一条射线都是过边缘像素点在梯度方向的直线，射线汇集在一起形成高亮点，其中最高亮的位置就是圆心。接下来就是估计半径。首先计算图 9.15c 中高亮点到圆心的距离，并按降序对所有距离进行排序，然后以第一个数据为起点，用累加器单元尺寸（一般为 1）作为步长对距离进行分区，取距离数量最多的区间的中值或均值作为半径的估计值。例如，有一组降序排序的距离数据 $\{9.4, 9.2, 8.6, 8.3, 8.2, 8.0, 7.7, 7.5, 7.2, 7.1\}$，将区间划分为 $[9.4, 8.4)$、$[8.4, 7.4)$ 和 $[7.4, 6.4)$，各区间数据数量为 3、5 和 2，因此选区间 $[8.4, 7.4)$ 中的数据作为半径估计值，选中值为 8.0，选均值为 7.94，结果相近。图 9.15d 为 Hough 圆变换的结果，圆心坐标为 $(148.5, 148.5)$，用区间中值作为半径估计值，其值为 113.7。将图 9.15d 叠加到图 9.15a 的结果如图 9.15e 所示，还是很准确地提取了图 9.15a 的圆。

根据以上讨论，可以将两阶段 Hough 圆变换算法总结如下。

**算法 9.4　Hough 圆变换**
**输入：** 图像尺寸 w×h；轮廓点；累加器阈值，累加器单元尺寸 p≥1
**输出：** 排序后的圆序列
1: 　对图像进行平滑处理，一般采用高斯平滑算子；
2: 　用 Canny 算子提取图像轮廓；
3: 　用 Sobel 算子计算轮廓点对应的平滑图像上的点的 x、y 方向的一阶导数，并计算梯度方向；
4: 　设计累加器：尺寸取 (w/p)×(h/p)。如果没有特别指定，圆的半径区间设置为 [0, max(w,h)]；
5: 　根据轮廓点的方向确定的直线方程在累加器中进行投票；
6: 　根据局部最大值确定圆心位置，并根据累加器阈值对圆心进行筛选；
7: 　计算所有轮廓点到圆心的距离，并对距离进行降序排序；
8: 　以序列第一个数值为基准，用 p 作为步长对数据进行分区；
9: 　以区间数据数量最多的区间数据来估计圆的半径，可以用中值或均值；

OpenCV[2012] 中有两阶段 Hough 圆变换的代码，感兴趣的读者可自行查阅。

下面举两个 Hough 圆变换的例子。

**例 9.5　机械硬盘弹性臂圆提取**

本例需要提取图 9.1a 中的圆。如图 9.16 所示，图 9.16a 是对图 9.1a 高斯平滑的结果。图 9.16b 是根据梯度方向变换后的参数空间图像映射到 [0, 255] 的图像。可以看见，图中除了 3 个小点外，其余部分的动态范围极窄，全部压缩在低灰度区域，通过幂次变换后，拉伸了低灰度区域的动态范围，提高了整体亮度，结果如图 9.16c 所示。这也是为什么对参数空间进行幂次变换的原因。图 9.16c 中的 3 个亮斑对应原图的圆孔及长孔的 3 个圆心。在累加器中从下到上，这 3 点的投票数分别为 117、66 和 44。由于上面两个是半圆，所以其投票数要少很多。

因此当累加器阈值设置为 40 时，这 3 个圆心都被检测出来了，如图 9.16d 所示。虽然圆检测出来了，但是从图中可以看出，半径似乎并不准确，这也是这种算法的缺点。

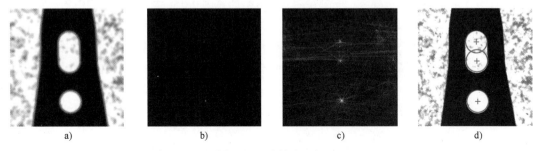

$\bullet$ 图 9.16　弹性臂圆提取

a）对图 9.1a 进行高斯平滑（标准差 2，核尺寸 13×13 像素）　b）参数空间（累加器单元尺寸 1×1）
c）对图 b 进行幂次变换（gamma 值 0.2）　d）Hough 圆变换结果（累加器阈值 40）

**例 9.6**　药片分割

第 7 章的图 7.2a 中的药片在 7.3.2 节中用分水岭算法进行了分割，在本例中用 Hough 圆变换再次其进行分割。在对图 7.2a 平滑滤波后的 HT 结果如图 9.17a 所示。显然，与分水岭算法相比，用 Hough 圆变换提取这类圆形目标时的算法更为简洁。图 9.17b 是严重重叠的药片，在累加阈值为 40，全部药片都提取出来了，如图 9.17c 所示。这个例子体现了 HT 的一个重要性质：HT 对图像中几何线条的残缺部分、噪声以及其他共存的结构不敏感，HT 具有良好的鲁棒性。

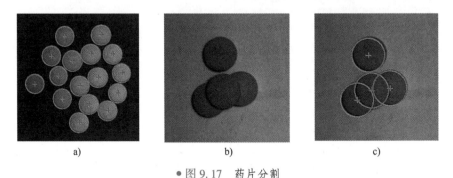

$\bullet$ 图 9.17　药片分割

a）对图 7.2a 进行 HT（累加阈值 40）　b）严重重叠的药片　c）对图 b 进行 HT（累加阈值 40）

通过 HT 还可以检测其他曲线，比如椭圆，但参数空间的大小将随着参数个数的增加呈指数增长的趋势。所以在实际使用时，要尽量减少描述曲线的参数数目。因此，这种曲线检测的方法只对检测参数较少的曲线有意义。

### ▶▶ 9.1.4 脊线检测

除了前面讨论的灰度呈阶梯状的边缘外，还有一类边缘，只是单独的一条线，如图 9.18a 所示，图中深色的直线就是脊线。对这类边缘，如果用 Canny 算子提取，结果就如图 9.18b 所示，是双线条，而非图 9.18c 所示想要得到的结果。之所以产生这种结果，我们可以在图 9.18d 中找到答案。对图 9.18a 进行 Sobel 滤波的结果如图 9.18d 所示，Sobel 滤波相当于对图像求一阶导数，得到的图像为梯度幅值图像。从图中可以看到，梯度极值并没有出现的在脊线的中心线上，而是在其两侧，因此最后得到如图 9.18b 所示的双线条边缘。采用 Marr - Hildreth 算子的结果与 Canny 算子一样，也是双线条。

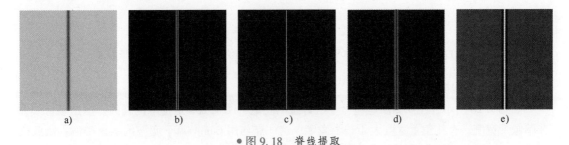

a)  b)  c)  d)  e)

● 图 9.18　脊线提取

a）原图　b）Canny 算子提取脊线（标准差 0、高阈值 80、低阈值 40）　c）基于黑塞矩阵特征值和
特征向量提取的脊线（标准差 0、高阈值 80、低阈值 40）　d）用 Sobel 算子对图 a 进行滤波的
结果　e）黑塞矩阵最大特征值（将动态范围从[ -40.0,88.0]映射到[0,255]）

解决这个问题的方法就是用黑塞（Hessian）矩阵的最大特征值及对应的特征向量来替代 Canny 算子中的梯度幅值和梯度方向。对于图像 $f(x,y)$，黑塞矩阵定义为

$$H(f) = \begin{bmatrix} \partial^2 f/\partial x^2 & \partial^2 f/\partial x \partial y \\ \partial^2 f/\partial x \partial y & \partial^2 f/\partial y^2 \end{bmatrix} \tag{9.8}$$

式中，$x$、$y$ 及混合二阶偏导可以用扩展的 Sobel 算子对图像进行卷积获得[ OpenCV,2012]。对称的二阶黑塞矩阵存在特征值及特征向量的解析解（见 12.3.4 节）。如图 9.19 所示，图 9.19a 是过图 9.18a 中脊线的水平方向上的一段线剖面，向下的尖峰对应脊线的中心。该线段的黑塞矩阵的最大特征值如图 9.19b 所示，向上的尖峰对应脊线的中心。最大特征值组成的图像如图 9.18 e 所示，图中的高亮线段的中心线就是脊线的中心线。而最大特征值对应的特征向量的方向就是脊线的法线方向，或者说是梯度方向。因此，提取脊线时，可以用最大特征值代替梯度幅值，用特征向量代替梯度，其他步骤与 Canny 算子完全相同。图 9.18c 就是用这种算法提取图 9.18a 中的脊线的单像素边缘。

利用黑塞矩阵提取脊线的示例如下。

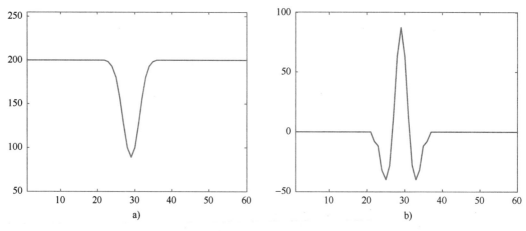

a)                                    b)

●图 9.19　脊线检测原理

a）过图 9.18a 中脊线的水平方向的一段线剖面　b）线剖面对应的最大特征值

例 9.7　脊线提取

如图 9.20 所示，图 9.20a 是包含一条脊线的图像，图 9.20b 是提取的脊线。但这条脊线并非单像素宽度，有些位置宽度大于一个像素，这一点与用 Canny 算子滤波的结果类似。因此需要进行一次细化，细化后的结果如图 9.20c 所示。

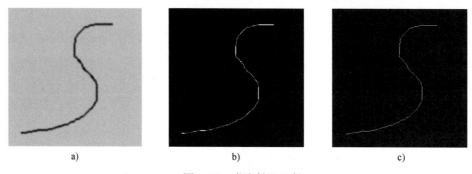

a)                          b)                          c)

●图 9.20　脊线提取示例

a）原图　b）提取的脊线（标准差 1、高阈值 70、低阈值 40）　c）细化后的脊线

## 9.2　亚像素边缘检测

虽然大多数情况下像素级边缘能够满足要求，但有时还是需要亚像素边缘，比如尺寸测量时就需要精度更高的亚像素边缘。本节先讨论简单的一维亚像素边缘的提取，再过渡到相对复杂的二维亚像素边缘的提取。

## ▶▶ 9.2.1　一维亚像素边缘检测

一维亚像素边缘提取算法是在图像梯度（一阶导数）的极值点附近拟合曲线，将曲线极值点作为亚像素边缘位置。如图 9.21 所示，图 9.21a 中的折线是图 9.1c 左边尖峰的局部放大图。图中的曲线是过局部最大值附近 3 点的抛物线。从左到右，设这 3 点的坐标为 $(x_1,y_1)$、$(x_2,y_2)$ 和 $(x_3,y_3)$，抛物线方程为 $y=ax^2+bx+c$，根据这 3 点确定的抛物线系数为

$$a=-\frac{(x_1-x_2)(y_3-y_1)-(x_3-x_1)(y_1-y_2)}{(x_1-x_2)(x_2-x_3)(x_3-x_1)} \tag{9.9}$$

$$b=\frac{y_1-y_2-a(x_1^2-x_2^2)}{x_1-x_2} \tag{9.10}$$

$$c=y_1-ax_1^2-bx_1 \tag{9.11}$$

顶点坐标为 $[-b/(2a),(4ac-b^2)/(4a)]$，其中 $-b/(2a)$ 就是亚像素边缘坐标。

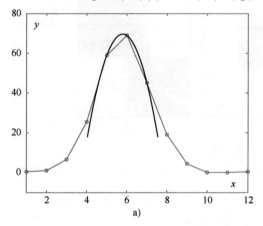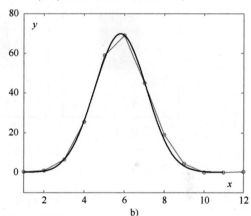

● 图 9.21　一维亚像素边缘提取

a）抛物线拟合　b）高斯曲线拟合

从图 9.21a 可以看出，梯度曲线并非呈抛物线形状，而更接近高斯曲线，如图 9.21b 所示。因此另外一种拟合方式就是高斯曲线拟合

$$y=ce^{-\frac{(x-\mu)^2}{2\sigma^2}} \tag{9.12}$$

式中，$c$、$\mu$、$\sigma$ 为常数，$\mu$ 为均值，$\sigma$ 为标准差。这里系数用 $c$ 而非 $1/[(2\pi)^{1/2}\sigma]$ 是为了便于拟合运算。顶点坐标为 $(\mu,c)$，其中 $\mu$ 就是亚像素坐标。可以用最小二乘法对局部最大值附近 5 个点或 7 个点进行拟合（见 12.5.5 节）。

例 9.8　计算亚像素坐标

取图 9.21 中最大值及其左右各 2 个点，一共 5 个点，其坐标为 $p_1(4,25.5)$、$p_2(5,59)$、

$p_3(6,69)$、$p_4(7,45)$ 和 $p_5(8,19)$。取 $p_2$、$p_3$ 和 $p_4$ 共 3 个点计算抛物线，其系数为：$a=-17.0$、$b=197.0$，亚像素边缘位置：$x_{max}=-b/(2a)=5.794$；取 $p_1 \sim p_5$ 共 5 个点拟合高斯曲线，其系数为：$x_{max}=\mu=5.849$。两种算法的位置差为 0.055 个像素，结果非常接近。对于这两种算法，我们更推荐高斯曲线拟合算法，因为参与计算的像素更多，而且边缘梯度曲线更接近高斯曲线。

例 9.9　尺寸测量

如图 9.22 所示，图 9.22a 是图 5.17a 的局部图像，在不同位置测量矩形的宽度。为了减少噪声对测量的影响，对图 9.22a 进行高斯平滑处理，结果如图 9.22b 所示。从上到下，采用高斯曲线拟合算法测量出的图中 3 条水平线处的亚像素边缘位置坐标分别为 [(67.082,46)，(137.708,46)]、[(67.002,76)，(137.448,76)]、[(66.945,99)，(137.547,99)]，3 个位置的宽度分别为 70.625、70.446、70.601，宽度值最大相差了 0.179 个像素。图 9.22c 是图 9.22b 最上这条线的边缘位置的局部放大，上图为左侧边缘，下图为右侧边缘，十字线标识出测量结果。

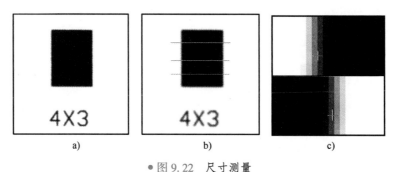

a)　　　　　　　　　　b)　　　　　　　　　　c)

● 图 9.22　尺寸测量

a) 图 5.17a 的局部图像　b) 对图 a 进行高斯平滑（标准差 1、核尺寸 5×5）处理　c) 图 b 最上这条线的测量结果

例 9.9 的尺寸测量方法虽然能够较精确地测量出宽度，但却不是理想的尺寸测量方法。在 9.4 节会进一步讨论高精度尺寸测量方法。

## ▶▶ 9.2.2　二维亚像素边缘检测

二维亚像素边缘提取的算法有多种，这一节首先讨论基于 Facet 模型的亚像素边缘提取算法[Haralick,1984][马,2009]，接下来讨论将二维问题简化为一维问题的插值算法。

### 9.2.2.1　Facet 模型

在提取一维亚像素边缘时，是通过将边缘附近的梯度值拟合成抛物线或高斯曲线来实现的。提取二维亚像素边缘可用类似的方法，将边缘附近的图像灰度值拟合成一个二维多项式，再通过求导得到梯度多项式，梯度多项式的局部最大值对应的位置就构成了亚像素边缘。灰度多项式的拟合可以用 Facet 模型。Facet 模型假设小邻域内的像素灰度分布可以用一个二元三次函数 $f(x,y)$ 来近似。标准形式的 $f(x,y)$ 可以表示为

$$f(x,y) = k_1 + k_2 x + k_3 y + k_4 x^2 + k_5 xy + k_6 y^2 + k_7 x^3 + k_8 x^2 y + k_9 xy^2 + k_{10} y^3 \qquad (9.13)$$

式中，$k_i, i = 1, 2, \cdots, 10$ 为拟合系数。因为有 10 个待定系数，所以至少需要 10 个点的数据来构造出有 10 个方程的线性方程组，通过求解线性方程组得到这些系数。由于 3×3 区域只有 9 个像素，无法求解出这 10 个系数，而接下来的奇数尺寸的区域是 5×5，共 25 个数据，可以用最小二乘法拟合出式（9.13）的系数。因此，至少需要用 5×5 的区域来描述一个 Facet 模型。这里不能采用 4×4 的区域，是因为偶数尺寸的区域无法实现当前像素点位于区域中心。这里所谓的当前像素点就是用 Canny 算子等提取的边缘像素点，以该点为中心构造出 Facet 模型，然后提取亚像素边缘。

显然，使用标准形式的最小二乘曲面拟合需要大量的计算。另外一种快速求系数的方法是将 $f(x,y)$ 表示为离散正交多项式（Discrete Orthogonal Polynomial，DOP）集的线性组合，也称为离散切比雪夫多项式（Discrete Chebyshev Polynomial，DCP）。DOP 允许独立估计每个拟合系数，每个系数通过特定的滤波器与 5×5 区域卷积获得 [Haralick, 1984][Ji, 2002]。对于坐标对称分布的 5×5 区域，$x$ 轴坐标集合为 $X = \{-2, 1, 0, 1, 2\}$、$y$ 轴坐标集合为 $Y = \{-2, 1, 0, 1, 2\}$。在 $X×Y$ 上定义的忽略高于三阶的多项式基的三次函数的二维 DOP 集合为

$$\{1, x, y, x^2 - 2, xy, y^2 - 2, x^3 - 17x/5, (x^2 - 2)y, (y^2 - 2)x, y^3 - 17y/5\} \qquad (9.14)$$

用离散正交多项式表示的二元三次函数 $f(x,y)$ 为

$$\begin{aligned} f(x,y) = {} & K_1 + K_2 x + K_3 y + K_4 (x^2 - 2) + K_5 xy + K_6 (y^2 - 2) + \\ & K_7 \left(x^3 - \frac{17}{5}x\right) + K_8 (x^2 - 2)y + K_9 x(y^2 - 2) + K_{10} \left(y^3 - \frac{17}{5}y\right) \end{aligned} \qquad (9.15)$$

式中，$K_i, i = 1, 2, \cdots, 10$ 为用 DOP 表示的二元三次函数的拟合系数，可以通过下式计算

$$K_i = \frac{\displaystyle\sum_{x=-2}^{2} \sum_{y=-2}^{2} g_i(x,y) I(x,y)}{\displaystyle\sum_{x=-2}^{2} \sum_{y=-2}^{2} g_i^2(x,y)} \qquad (9.16)$$

式中，$\{g_1(x,y), g_2(x,y), \cdots, g_{10}(x,y)\}$ 为二维 DOP 基函数集合，也就是式（9.14）的集合，即 $g_1(x,y) = 1, g_2(x,y) = x, \cdots, g_{10}(x,y) = y^3 - 17y/5$。$I(x,y)$ 为坐标 $(x,y)$ 处的像素灰度值。式（9.16）还可以表示为滤波器与图像的卷积，$K_1$、$K_2$、$K_3$ 对应的滤波器如图 9.23 所示，其他拟合系数对应的滤波器以此类推。用式（9.16）计算拟合系数的用时大约是最小二乘法的 1/4，极大地提高了效率。事实上，图 9.23 中的滤波器是可分离的，如图 b 的滤波器可分解为列向量 $\frac{1}{5}[1\ \ 1\ \ 1\ \ 1\ \ 1]^{\mathrm{T}}$ 和行向量 $\frac{1}{10}[-2\ \ -1\ \ 0\ \ 1\ \ 2]$ 的矩阵乘积，用两个分离的一维滤波器进行卷积可进一步提高计算效率。

计算式（9.16）的拟合系数 $K$ 的算法如下。

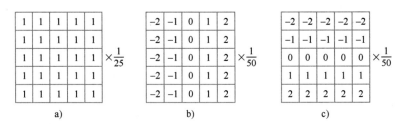

• 图 9.23  式（9.16）系数对应的 5×5 滤波器

a）$K_1$  b）$K_2$  c）$K_3$

```
算法 9.5   计算区域拟合系数 K 的算法
输入：5×5 区域图像 f(x,y)
输出：拟合系数 k[10]
1:   c=17.0/5.0;                                  //常数
2:   k[10]=0;                                     //清零
3:   sum[10]=0;
     //系数计算
4:   for (y=-2; y<=2; y++) {                       //y 坐标
5:       for (x=-2; x<=2; x++) {                   //x 坐标
6:           x2=x*x, y2=y*y;
7:           k[0]=k[0]+f(x,y); sum[0]=sum[0]+1;    //f(x,y)：坐标(x,y)处的图像灰度值
8:           k[1]=k[1]+f(x,y)*x; sum[1]=sum[1]+x2;
9:           k[2]=k[2]+f(x,y)*y; sum[2]=sum[2]+y2;
10:          k[3]=k[3]+f(x,y)*(x2-2); sum[3]=sum[3]+(x2-2)*(x2-2);
11:          k[4]=k[4]+f(x,y)*x*y; sum[4]=sum[4]+x2*y2;
12:          k[5]=k[5]+f(x,y)*(y2-2); sum[5]=sum[5]+(y2-2)*(y2-2);
13:          k[6]=k[6]+f(x,y)*(x2-c)*x; sum[6]=sum[6]+(x2-c)*(x2-c)*x2;
14:          k[7]=k[7]+f(x,y)*(x2-2)*y; sum[7]=sum[7]+(x2-2)*(x2-2)*y2;
15:          k[8]=k[8]+f(x,y)*(y2-2)*x; sum[8]=sum[8]+(y2-2)*(y2-2)*x2;
16:          k[9]=k[9]+f(x,y)*(y2-c)*y; sum[9]=sum[9]+(y2-c)*(y2-c)*y2;
17:      }
18: }
19: for (i=0; i<10; i++)
20:     if (sum[i]≠0) k[i]=k[i]/sum[i];
```

求出拟合系数 $K$ 后，虽然可以用式（9.15）计算亚像素边缘，但更建议转换成 $k$，用式（9.13）计算亚像素边缘。对比式（9.13）和式（9.15）可以发现二者的拟合系数是相关的，其中对于 $i = 4, 5, \cdots, 10, k_i = K_i$，其余系数关系式如下

$$k_1 = K_1 - 2K_4 - 2K_6,$$

$$k_2 = K_2 - \frac{17}{5}K_7 - 2K_9,$$

$$k_3 = K_3 - \frac{17}{5}K_{10} - 2K_8 \tag{9.17}$$

图 9.24 给出了一个 Facet 模型示例。图 9.24a 是一幅图像的 5×5 区域的局部放大图，

图 9.24b 是用三维图像显示的图 9.24a 的灰度分布,水平轴为像素位置、垂直轴为图像灰度。图 9.24c 是拟合后 Facet 模型的图像。从图中可以看出,像素位置坐标是对称分布的,当前点位于区域中心,其坐标为(0,0)。显然,如果当前点是像素级边缘,那么在该 5×5 区域肯定存在一条用解析式表达的亚像素边缘。从实用性的角度考虑,我们不可能用一串解析式来表示整个边缘,而是规定一个像素边缘点对应一个亚像素边缘点(这一点与 8.4 节的区域亚像素轮廓不同)。该亚像素点就是过原点的梯度方向直线与解析式表达的亚像素边缘曲线的交点。这样就简化了运算,从处理一个曲面简化到处理一条曲线。

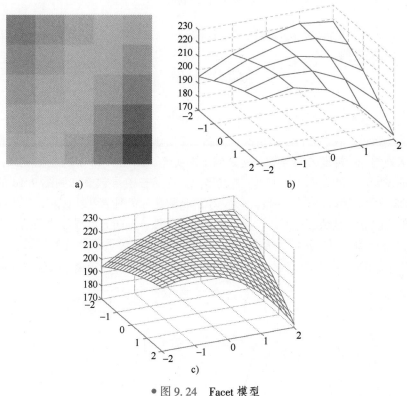

●图 9.24　Facet 模型

a)5×5 的局部图像　b)图 a 的三维图像　c)拟合后的 Facet 模型图像

根据式(4.15),对式(9.13)求偏导数,可得在(0,0)点的梯度

$$\nabla f = \begin{pmatrix} \partial f / \partial x \\ \partial f / \partial y \end{pmatrix} = \begin{pmatrix} k_2 \\ k_3 \end{pmatrix} \tag{9.18}$$

根据式(4.16)可得梯度幅值:$\|\nabla f\| = (k_2^2 + k_3^2)^{1/2}$,根据式(9.2)可得梯度方向:$\cos\theta = k_2 / (k_2^2 + k_3^2)^{1/2}$、$\sin\theta = k_3 / (k_2^2 + k_3^2)^{1/2}$。

与一维亚像素边缘点一样，二维亚像素边缘点也是一阶导数的极值点或二阶导数的过零点。我们只考虑梯度方向的导数，为了便于推导，用极坐标来代替直角坐标，令 $x=\rho\cos\theta$、$y=\rho\sin\theta$、$\theta$ 为梯度方向、$\rho$ 为矢径。并令 $f_\theta'(\rho)$、$f_\theta''(\rho)$ 和 $f_\theta'''(\rho)$ 为梯度方向 $\theta$ 的一到三阶方向导数，式（9.13）的一阶方向导数为

$$f_\theta'(\rho)=k_2\cos\theta+k_3\sin\theta+2(k_4\cos^2\theta+k_5\sin\theta\cos\theta+k_6\sin^2\theta)\rho+$$

$$3(k_7\cos^3\theta+k_8\sin\theta\cos^2\theta+k_9\sin^2\theta\cos\theta+k_{10}\sin^3\theta)\rho^2 \tag{9.19}$$

$$=(k_2\cos\theta+k_3\sin\theta)+A\rho+\frac{1}{2}B\rho^2$$

式中，$A=2(k_4\cos^2\theta+k_5\sin\theta\cos\theta+k_6\sin^2\theta)$，$B=6(k_7\cos^3\theta+k_8\sin\theta\cos^2\theta+k_9\sin^2\theta\cos\theta+k_{10}\sin^3\theta)$。

二阶和三阶方向导数为

$$f_\theta''(\rho)=A+B\rho \tag{9.20}$$

$$f_\theta'''(\rho)=B \tag{9.21}$$

正常情况下，我们用二阶导数过零点作为亚像素点，但是面对异常数据，仅这一个条件还不够。为了简单起见，我们分析一维情况，如图 9.1 所示。梯度方向是从低灰度值指向高灰度值，因此边缘处的一阶梯度方向导数一定是向上的尖峰，即图 9.1c 中的左侧尖峰，其二阶导数是负斜坡的过零点，即图 9.1d 中的左侧过零点。现将三阶导数叠加到图 9.1d 的二阶导数上，如图 9.25 所示，黑线为二阶导数，彩线为三阶导数。从图中可以看出，二阶导数的负斜坡过零点处的三阶导数是负值。因此，我们增加一个条件：三阶方向导数为负值，即 $B<0$。在 $B<0$ 时，令 $f_\theta''(\rho)=0$，则有 $\rho=-A/B$，$\rho$ 是在梯度方向上相对于原点的偏移量。正常情况下（原点是真正边缘点），$|\rho|<\sqrt{2}$，$\sqrt{2}$ 是 8 邻域中相邻像素间的最大距离。边缘点（原点）在图

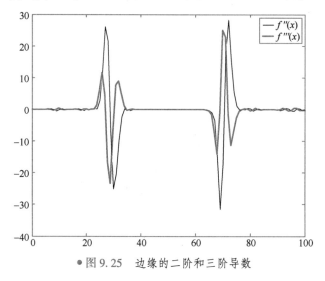

●图 9.25　边缘的二阶和三阶导数

像坐标系中的坐标$(x,y)$加上偏移量就是亚像素边缘点的坐标$(x_s,y_s)$

$$x_s=x+\rho\cos\theta, y_s=y+\rho\sin\theta \tag{9.22}$$

基于 Facet 模型的亚像素边缘提取算法可以总结如下。

| 算法 9.6 Facet 模型亚像素边缘提取算法 |
| --- |
| **输入:** 图像 f(x,y);像素边缘 ListEdge |
| **输出:** 亚像素边缘 ListSubEdge |
| 1:  根据 f(x,y)和 ListEdge,用算法 9.5 计算区域拟合系数 $K$; |
| 2:  用式(9.17)计算式(9.13)的 $k_1 \sim k_{10}$; |
| 3:  根据式(9.19),计算出 $A$ 和 $B$ 的值; |
| 4:  在 $B<0$ 时,计算出 $\rho=-A/B$,代入式(9.22),得到 ListSubEdge. |

#### 9.2.2.2 插值法

虽然可以通过卷积获得拟合系数,但是对于 Facet 模型来说,计算每个边缘点仍需要计算出 10 个系数,并且整个算法比较复杂。而接下来讨论的插值法则是一种简单高效的算法,并且具有相当高的精度。

在 9.1.2 节中实现 Canny 算子的第三步为非极大值抑制。如图 9.6b 所示,为了实现非极大值抑制,在过梯度方向的直线上插补出 $q_1$ 和 $q_2$ 两点的梯度幅值,而我们讨论的插值法提取亚像素边缘正是利用 $p$、$q_1$ 和 $q_2$ 这 3 点的梯度幅值。为了清楚起见,现将图 9.6b 中的部分信息提取出来,如图 9.26 所示。设 $p$ 点为 Canny 边缘点,其梯度幅值不小于 $q_1$ 和 $q_2$ 的梯度幅值,因此可以用式(9.9)~式(9.11)确定一条通过这 3 点的开口向下的抛物线,而抛物线的顶点就是亚像素边缘点,比如图中的 $Q$ 点。$Q$ 到 $p$ 的距离就是式(9.22)中的矢径 $\rho$,利用式(9.22)就可以算出亚像素坐标。如果是在 Canny 算子提取边缘

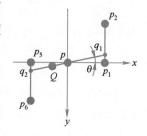

●图 9.26  插值法

的同时提取亚像素边缘,因为已经计算出了梯度及梯度幅值,所以用插值法的计算量很小。插值法是将三维问题转化为二维问题来处理,因此极大地简化了计算流程。

#### 例 9.10  亚像素边缘提取一

在例 8.11 中提取了图 8.26a 的基于阈值分割的亚像素边缘,在这里我们再次提取图 8.26a 的基于 Canny 边缘的亚像素边缘,如图 9.27 所示(扫码查看彩图)。图中的绿色折线是用 Canny 算子提取的像素边缘,我们认为像素边缘的坐标位于像素的中心,所以对所有边缘点增加了偏移量$(0.5,0.5)$,保证边缘点通过像素中心。而图中的红色曲线则是用 Facet 模型提取的亚像素边缘,与像素边缘相比,亚像素边缘要平滑很多。图中的蓝色曲线则是用插值法提取的亚像素边缘。可以看到,两种算法提取的亚像素边缘吻合度非常高,最大差值仅为 0.114 个像素。

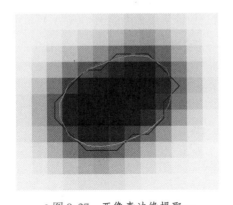

●图 9.27 亚像素边缘提取一

绿色：用 Canny 算子提取的图 8.26a 的像素边缘；

红色：用 Facet 模型提取的亚像素边缘；蓝色：用插值法提取的亚像素边缘

（Canny 算子参数：标准差 0.5、高阈值 150、低阈值 80）

例 9.11　亚像素边缘提取二

图 9.28a 是图 8.24a 的局部图像，图中的折线是用 Canny 算子提取的边缘，图 9.28b 中的曲线是用 Facet 模型提取的亚像素边缘，图 9.28c 是用插值法提取的亚像素边缘。为了减小噪声的影响，在提取亚像素边缘前对图像进行了标准差为 1 的高斯平滑处理。图 9.28b 和图 9.28c 的曲线几乎一致，二者最大差值为 0.126 个像素。在提取亚像素边缘时，最小二乘法用时为 8.6 ms，DOP 法用时为 1.9 ms，而插值法最快，为 1.5 ms。实际上，在用插值法提取亚像素边缘时，又重新计算了边缘点邻域梯度以及梯度幅值，否则用时要少得多。需要指出的是，本例的计算是针对整幅图像的，而非显示的局部图像。

a)

b)

c)

●图 9.28　亚像素边缘提取二

a）用 Canny 算子提取的图 8.24a 的像素边缘（标准差 0.5、高阈值 150、低阈值 80）

b）Facet 模型提取的亚像素边缘　c）插值法提取的亚像素边缘

## 9.3　边缘特征

在第 8 章中，在讨论区域特征时讨论了部分区域边缘的特征，如周长、凸包等。但是区域边缘是一封闭轮廓，而本节讨论的边缘特征更具一般性，包括封闭边缘及非封闭边缘的特征 [Matrox,2003]。对于有些在第 8 章讨论过的特征，如外接矩形、最小外接矩形、最小外接圆等，本节不再讨论。另外，有些过于简单的特征，如边缘是否闭合这样的特征也不在本节讨论范围内。

### ▶▶9.3.1　尺寸和位置特征

#### 1. 尺寸

对于边缘 $E$ 来说，其尺寸指的是 $E$ 包含的像素数量 $N$

$$N = |E| \tag{9.23}$$

式中，$|E|$ 表示 $E$ 的像素数量。尺寸是边缘最基本的特征之一，也是在边缘筛选时用得最多的特征。尺寸对应区域的面积特征，同样可以用 0 阶矩计算。

#### 2. 质心

边缘 $E$ 的质心 $(x_c, y_c)$ 计算公式类似式（8.8）和式（8.9），用一阶矩计算

$$x_c = \frac{1}{N} \sum_{(x,y) \in E} x^1 y^0 = \frac{1}{N} \sum_{(x,y) \in E} x \tag{9.24}$$

$$y_c = \frac{1}{N} \sum_{(x,y) \in E} x^0 y^1 = \frac{1}{N} \sum_{(x,y) \in E} y \tag{9.25}$$

#### 3. 长度

对于像素级边缘来说，其长度 $L$ 定义为

$$L = \sum p_{hp} + \sum p_{vp} + \sqrt{2} \sum p_{dp} \tag{9.26}$$

式中，$p_{hp}$ 为水平方向的像素对、$p_{vp}$ 为垂直方向的像素对、$p_{dp}$ 为对角线方向的像素对。如果精确计算长度，就需要先提取亚像素边缘，计算相邻点之间的距离，然后对这些距离求和。

### ▶▶9.3.2　形状特征

#### 1. 费雷特伸长度

与区域一样，边缘也有费雷特直径，如图 9.29 所示，其定义及计算方法与 8.3.7 节的区域费雷特直径完

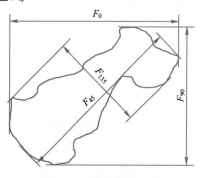

● 图 9.29　边缘费雷特直径

全相同。

用费雷特直径来描述边缘形状的参数就是费雷特伸长度（Feret Elongation），费雷特伸长度 $F_e$ 的定义为

$$F_e = F_{max}/F_{min} \tag{9.27}$$

式中，$F_{max}$ 为最大费雷特直径、$F_{min}$ 为最小费雷特直径。在计算比较紧凑的边缘的费雷特伸长度时精度较高，而对于非常长的边缘来说，精度下降明显，这是因为长边缘的最小费雷特直径往往不够准确。从式（9.27）可以看出，费雷特伸长度用于测度边缘的细长程度。

**2. 矩伸长度**

矩伸长度（Moment Elongation）定义为边缘的惯性矩阵的特征值之比，是一个描述边缘形状的无量纲测度。惯性矩阵的定义为

$$I = \begin{pmatrix} I_{xx} & I_{xy} \\ I_{xy} & I_{yy} \end{pmatrix} \tag{9.28}$$

式中，$I_{xx}$、$I_{xy}$ 和 $I_{yy}$ 为边缘的二阶中心矩，分别对应式（8.7）的 $\mu_{20}$、$\mu_{11}$ 和 $\mu_{02}$，所不同的是这里不需要归一化。式（9.28）存在特征值的解析解（见 12.3.4 节）。求解该一元二次方程可得最大和最小特征值：$\lambda_{max}$ 和 $\lambda_{min}$，矩伸长度则为

$$E_m = \lambda_{min}/\lambda_{max} \tag{9.29}$$

矩伸长度也可定义为惯性主轴方向的二阶中心矩与其垂直方向的二阶中心矩的比值。如图 9.30 所示，显然图 9.30a 中的圆的各个方向的中心矩都是相等的，因此其矩伸长度为 1.0。图 9.30b 的惯性主轴方向的中心矩明显小于其垂直方向的中心矩，因此其矩伸长度小于 1。从这个例子可以看出，矩伸长度也是用于测度边缘细长程度的。

● 图 9.30 矩伸长度
a）低伸长度 b）高伸长度

**3. 弯曲度**

弯曲度（Tortuosity）是一个描述边缘弯曲程度的无量纲测度，定义为外接矩形的对角线长度与边缘长度的比值

$$T = L_d/L \tag{9.30}$$

式中，$L_d$ 为外接矩形的对角线长度、$L$ 为边缘长度。如图 9.31 所示，图 9.31a 和图 9.31b 的外接矩形尺寸相同，但图 9.31b 中的边缘更加弯曲，边缘长度大于图 9.31a 中的边缘长度，因此图 9.31b 的弯曲度值 $T$ 小于图 9.31a 的值。由于直线就是其外接矩形的对角线，因此直线的弯曲度为 1.0，随着弯曲度的增加，$T$ 值随之减小，直至趋近于 0。

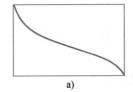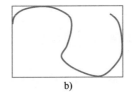

● 图 9.31　弯曲度

a）低弯曲度　b）高弯曲度

### ▶▶ 9.3.3　边缘筛选

接下来用一个例子说明如何用特征来筛选边缘。

**例 9.12**　边缘筛选

如图 9.32 所示，图 9.32a 是用 Canny 算子提取图 9.1a 的边缘，具体数据见表 9.1。为了说明问题，这里用了一组与图 9.4 不同的参数来提取边缘。由于序号 5 和 6 重合，造成序号 5 被遮挡。结合图 9.32a 和表 9.1 可以发现，除了 4 条需要的边缘外，还有一些我们不需要的尺寸很小的边缘。因此我们可以通过尺寸阈值剔除那些不需要的边缘，结果如图 9.32b 所示。如果我们只需要提取中间的两个孔的边缘，就可以通过形状特征来进行筛选，这里选用矩伸长度，用 0.2 的阈值筛选的结果如图 9.32c 所示。如果我们只想保留圆孔，将阈值增大到 0.5，留下的只有圆孔，如图 9.32d 所示，因为长孔的矩伸长度只有 0.46。

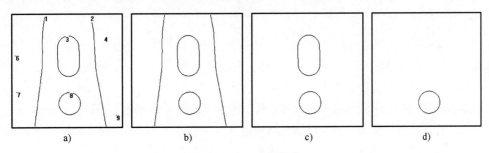

● 图 9.32　边缘筛选

a）用 Canny 算子提取图 9.1a 的边缘（标准差 1、高斯核尺寸 5×5、高阈值 125、低阈值 93）

b）尺寸筛选（阈值 50）　c）矩伸长度筛选（阈值 0.2）　d）提高矩伸长度阈值后筛选（阈值 0.5）

表 9.1　边缘数据

| 序　号 | 1 | 2 | 3 | 4 | 5 | 6 | 7 | 8 | 9 |
|---|---|---|---|---|---|---|---|---|---|
| 尺寸 | 247 | 248 | 219 | 2 | 2 | 8 | 4 | 139 | 9 |
| 矩伸长度 | 0 | 0 | 0.46 | 0 | 0 | 0.41 | 0.10 | 0.98 | 0.65 |

## 9.4 高精度尺寸测量

在图像处理中，经常会遇到高精度尺寸测量一类的应用，特别是在工业图像处理中。这类测量一般针对薄片类零件，在背光的照射下，边缘十分锐利，如图 9.33 所示的手机背板，采用亚像素测量技术可以获得很高的测量精度。这类测量大多数可以分解为直线边和圆边（或圆弧边）的测量，也是本节将要讨论的内容。

● 图 9.33　手机背板（尺寸 571×300）

### ▶▶ 9.4.1　直线边测量

直线边的测量分为两类，一类是水平和垂直边，另一类是斜边。

#### 9.4.1.1　水平和垂直边测量

如图 9.34 所示，图 9.34a 是一钢网的局部图像，现需要在虚线框范围内测量孔的宽度。如果在框的中间位置测量，其线剖面如图 9.34b 所示，整条曲线不够光滑，可能会影响测量精度。对于这种情况，可以通过平滑运算改进曲线质量，但更好的方法是在测量范围内求多行图像的均值，即

$$\bar{g}(x) = \frac{1}{k} \sum_{i=0}^{k-1} g_i(x) \tag{9.31}$$

式中，$k$ 为测量范围内图像行数、$g_i(x)$ 为测量范围内第 $i$ 行图像。图 9.34a 虚线框内多行图像均值的线剖面如图 9.34c 所示，相比图 9.34b，曲线要光滑很多。这样做的好处是能有效地降低噪声信号。在相机采集到的图像中，都会存在一定的噪声，从而影响每行数据的一致性。此外，边缘的微观瑕疵也可看作是一种噪声信号，也会造成每行数据略有不同。我们假设这两种噪声为相互独立的随机变量，并且都服从均值为 0 的高斯分布，那么这两个随机变量构成的二维随机变量也服从均值为 0 的高斯分布。因此，我们可以将这两种噪声合并处理，视其为每行图像的加性噪声（见 4.3 节）。与 2.3.1 节的多图像平均法降噪一样，多行图像均值的噪声的方差为单行图像的 $1/k$，因此能很好地抑制信号噪声和瑕疵噪声，提高测量精度。

经过行平均，将二维问题转化为一维问题，用 9.2.1 节的 3 点求抛物线或多点拟合高斯曲线来计算亚像素边缘。对于水平边缘测量，采用列平均即可。

在实际应用中，很难保证边缘的绝对水平或垂直，微小的角度偏差会对图 9.34c 中曲线的上升沿和下降沿的梯度造成一定的影响，但对测量结果的影响微乎其微。另外，这里需要介绍一下测量框的概念，边缘的测量只能限制在一定范围内，该范围内的像素参与边缘的测量，而测量框则限制了这个测量范围，图 9.34a 中的虚线框就是测量框，对于接下来讨论的斜边测

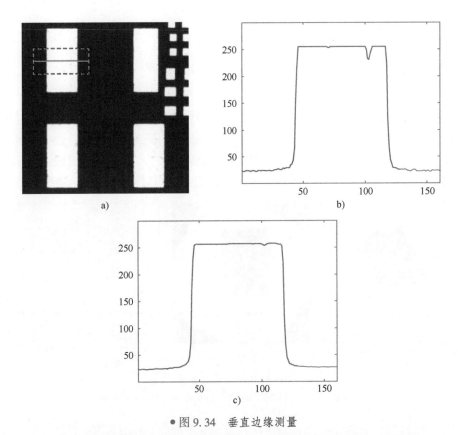

● 图 9.34　垂直边缘测量

a）钢网局部图像　b）图 a 水平线处的线剖面（水平线起点坐标(15,86)、长度170）

c）多行图像均值的线剖面（虚线框内 y 方向平均，共计41行像素）

量，测量框则是旋转一定角度的矩形框。此外，测量框还有方向性，在边缘测量中，限定测量是从低亮度到高亮度方向还是相反方向等。因此，测量框可以看作是一个有向的矩形 ROI。

**例 9.13**　宽度测量

用高度为 11 的测量框在图 9.22b 三处水平线位置的宽度测量结果为：70.547、70.541 和 70.556。宽度值最大相差了 0.015 个像素，不到例 9.9 的 1/10。接下来我们将图 9.22b 逆时针旋转 0.5°，如图 9.35 所示。在三个同样位置测量结果为：70.565、70.519 和 70.592，与第一组的差值为：0.018、0.022 和 0.036。一般来说，可信的亚像素测量精度为 1/10 到 1/20 个像素，虽然有号称测量精度达到 1/40 个像素的图像处理软件，但在实际应用中，光照等因素的极微小变化带来的测量误差已经不止 1/40 个像素了。所以 0.036 个像素的差值不会对测量精度带来实质性的影响。从这个例子可以

● 图 9.35　图 9.22b 逆时针旋转 0.5°

259

得出以下结论。

1）行平均算法可以有效地提高测量精度。

2）边缘在水平或垂直方向存在微小角度时，对测量精度影响有限。

#### 9.4.1.2 斜边测量

如图 9.36 所示，图 9.36a 是图 5.17a 的局部图像，现需要测量其宽度。对于这种斜边显然无法直接应用行平均或列平均算法。最简单的方法就是对图像进行旋转，将边缘转到水平或垂直方向，如图 9.36b 所示，然后应用上一节的方法测量出水平或垂直亚像素边缘，再将亚像素边缘反向旋转到原来的位置。为了提高旋转精度，必须用双线性或双三次插值法。

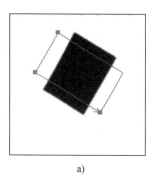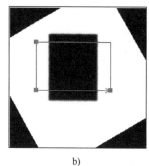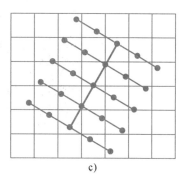

a)          b)          c)

● 图 9.36 斜边测量

a）图 5.17a 的局部图像    b）逆时针旋转 30.1°    c）斜线插值

另外一种方法则是在测量框内沿边缘法线方向等距插值，如图 9.36c 所示。图中的网格节点为整像素位置，粗线的方向为边缘方向（测量框方向），黑点为需要插值的点，一般相邻插值点的距离取 1。对整个测量框插值后对插值点进行行平均，然后计算亚像素坐标位置。这种方法与对测量框内图像进行旋转的方法在本质上是一样的。

#### 9.4.1.3 亚像素拟合直线边

在斜边测量中，需要根据斜边的角度确定图像的旋转或插值，而在水平或垂直边的测量中，如果知道边缘的准确角度，也可提高测量精度。在不知道边缘角度的情况下，可以通过 9.2.2 节讨论的亚像素边缘拟合出直线边缘。直线拟合可采用最小二乘法，具体算法见 12.5 节。

如图 9.37 所示，该图是图 9.34a 右下矩形孔的局部图像，为了清晰显示绘制的直线，对图像做了

● 图 9.37 直线拟合：图 9.34a 的局部图像，为了显示清晰，灰度减去 50 并逆时针旋转 30°
（Canny 算子参数：标准差 0.5、高阈值 150、低阈值 80）

旋转处理，并降低了图像亮度。图中的亚像素边缘曲线是用插值法提取的，根据这些亚像素点，用最小二乘法拟合出图中的直线。

仔细观察图 9.37 可以发现，虽然拟合出了直线，但是由于边缘的微观瑕疵导致其中有些点到直线的距离比较远，我们称这些点为离群点（Outliers）。因为最小二乘法采用的是距离的平方，所以这些离群点虽然不多，但是在计算中的权重却很大，影响到拟合的精度。提高拟合精度的方法有多种，其中一种就是拟合后计算各点到直线的距离，并对距离从小到大排序，剔除最后部分距离过大的离群点，用剩余点再次拟合直线。如果有必要可以用迭代的方式再次重复这一过程，需要注意的是第二次还是要根据距离对所有点进行排序，因为受离群点的影响，第一次计算的直线的误差可能比较大，导致部分正常点划归到离群点中。根据图像质量，一般剔除 5%~10% 的点。

另外一种算法是根据点到直线的距离设置各点的权重[Steger, 2019]。$(x_1, y_1)$，$(x_2, y_2)$，$\cdots$，$(x_n, y_n)$ 是一组观测值，根据这组值用最小二乘法拟合出直线 $y = a + bx$。最小二乘法就是使用

$$Q(a, b) = \sum_{i=1}^{n} (y_i - a - bx_i)^2 \tag{9.32}$$

取最小值。为了减少离群点的影响，这里为每个点引入权重 $w_i$，上式则变为

$$Q(a, b) = \sum_{i=1}^{n} w_i (y_i - a - bx_i)^2 \tag{9.33}$$

确定权重后，依然可以用最小二乘法求出上式中的系数 $a$ 和 $b$。对于那些远离直线的点，其权重应该小于 1。确定权重可以用 Huber 权重函数

$$w(d) = \begin{cases} 1, & d \leq T \\ T/d, & d > T \end{cases} \tag{9.34}$$

式中，$d$ 为点到直线的距离、$T$ 为削波因数（Clipping Factor），是一个距离阈值，它定义了哪些点应被视为离群点。对于那些距离小于等于 $T$ 的点，权重取为 1，而距离大于 $T$ 的点，权重小于 1，距离越大，权重越小。对于离群点，该权重与距离成反比，而非与距离的平方成反比，所以有时该权重会不够小，以至不足以抑制所有的离群点。在这种情况下，可以使用 Tukey 权重函数

$$w(d) = \begin{cases} \left[1 - (d/T)^2\right]^2, & d \leq T \\ 0, & d > T \end{cases} \tag{9.35}$$

对于那些离群点，权重为 0，这一点与第一种算法的删除离群点相同，而对于正常点，则距离越近权重越大，最大权重为 1。对于 $T$ 值，可以手动设置，也可以根据点到直线的距离的标准差来推算。这里用的不是正常的标准差，而是针对离群值的标准差

$$\sigma_d = \text{median}(d_i)/0.6745 \qquad (9.36)$$

式中，$\text{median}(d_i)$ 为所有点到直线的距离的中值，$i=1,2,\cdots,n$。对于标准正态分布，观测值位于区间 $[-0.6745\sigma, 0.6745\sigma]$ 的概率为 50%，因此，可以认为 $0.6745\sigma$ 对应点到直线的距离的中值。而 $T$ 一般取为 $\sigma_d$ 的一个小的倍数，比如 $T=2\sigma_d$。

由于在没有直线的情况下，无法计算点到直线的距离，所以第一步用式（9.32）拟合出直线，相当于 $w$ 取 1。然后计算出 $w$ 值，再通过迭代的方式，用式（9.33）进行精确的直线拟合，这种方法称为迭代重加权最小二乘法（Iteratively Reweighted Least Squares，IRLS）。

**例 9.14** 直线拟合

在图 9.37 中，插值法提取的亚像素边缘点共 28 个，拟合出的直线的两个端点为 (5.547，1.500) 和 (21.350,28.500)。在本例中，用第一种算法提高直线拟合的精度：根据点到直线的距离对数据进行排序，剔除距离最大的 4 个离群点，用剩余的 24 个点拟合出的直线的两个端点为 (5.559,1.500) 和 (21.283,28.500)。可以看到 $x$ 坐标的最大变动量为 0.067 个像素，如不剔除这些离群点，会对测量精度造成一定的影响。

## ▶▶ 9.4.2　圆和圆弧边测量

圆的提取也是通过对圆的亚像素边缘点拟合实现的。一种算法是先用 9.2.2 节的算法提取圆的亚像素边缘，然后拟合成一个圆，具体的圆拟合算法见 12.5.3 节；另外一种算法是先确定圆心的大概位置，然后以一定角度间隔在过边缘的径向上用类似图 9.36c 方式插补得到一系列点的灰度值，接着用 9.2.1 节的算法计算这些一维插值点的亚像素边缘点。这些间隔一定角度的亚像素边缘点就是圆的亚像素边缘点，最后再将这些点拟合成一个圆。由于之前确定的只是大致的圆心位置，不能保证其径向是圆周的法线方向，所以需要用求出的圆心通过迭代的方式再次提取圆。

与直线拟合一样，圆拟合也可能会有些离群点，可以用上一节的剔除一定比例的亚像素点或引入权重系数的方式提取高精度圆。

图 9.38 给出了圆和圆弧拟合的示例。图 9.38a 是圆拟合的示例，该图是图 9.1a 中的圆孔的局部图像。首先用 Canny 算子提取边缘点，再用 9.2.2 节的算法提取亚像素边缘点，如图中彩线所示，然后将这些边缘点拟合成一个圆，如图中白线所示。从图中可以看出，边缘点与圆周的重合度很高，并没有离圆周特别远的点，所以这里没有通过剔除离群点或引入权重系数的方式做进一步的拟合。图 9.38b 是圆弧拟合示例，该图是图 9.33 的局部图像，这里采用初设圆心的大致位置，然后在径向进行插补求出圆弧上的亚像素点，最后再进行圆弧拟合。由于圆弧只是轮廓的一部分，如果采用先提取亚像素边缘再拟合的算法就涉及边缘分段的问题，否则无法确定哪些边缘属于圆弧。边缘分段将在 9.6 节讨论。

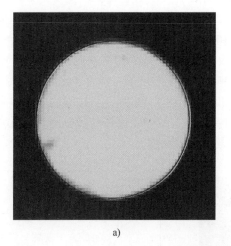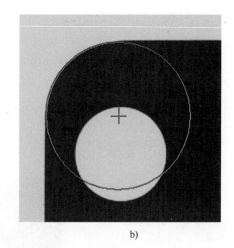

a) b)

● 图 9.38　圆和圆弧拟合

a）图 9.1a 局部，圆拟合　b）图 9.33 局部，圆弧拟合

## ▶▶ 9.4.3　提高测量精度

在工业图像处理领域，如图 9.39 所示，这些都是经常需要进行精密尺寸测量的典型工件。图 9.39a 是丝印机上用于刷锡膏的钢网，需要测量网孔尺寸；图 9.39b 是金属圆管，需要测量直径；图 9.39c 是机械硬盘中的驱动架，需要测量轴承孔径。对于这些测量，影响测量精度的因素很多，除了前面讨论的算法外，照明、标定、分辨率等对测量精度的影响也很大，甚至超过算法本身。

a) b) c)

● 图 9.39　需要测量尺寸的典型工件

a）钢网　b）金属圆管　c）机械硬盘驱动架

### 1. 照明

用于图像拍照的光源种类有很多，有环形光源、背光源、同轴光源、平行光源、光纤光源

等。但在尺寸测量时,一般都尽量采用背光源方案,因为背光源可以获得锐利的边缘,提高测量精度。如图9.40a所示,图中的背光源由LED和漫射板组成,LED发出的光透过漫射板产生均匀的照明。图中的工件与光源处于接触或间距很小的状态,这种方式在测量图9.39a中的薄片工件时没有问题,会得到锐利的边缘,但是在测量有一定厚度的工件时,比如测量图9.39b中的圆管外径时,得不到锐利的边缘,圆管的局部图像如图9.40b所示。边缘的内侧本应为黑色,但现在却出现了灰色过渡带,影响了边缘的锐利度。图中虚线处的线剖面如图9.40c所示,可以看到过渡带的灰度值在50左右,显然会影响测量精度。

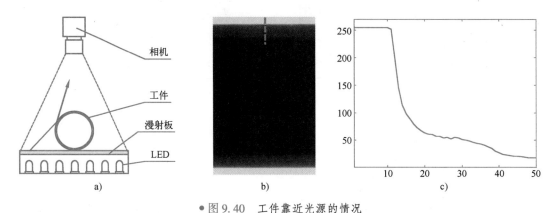

● 图 9.40  工件靠近光源的情况

a)工件靠近光源  b)图9.39b中圆管局部图像(显示动态范围映射到[0,200],

圆管外径13mm)  c)图b虚线处线剖面

现在回到图9.40a,如图中的箭头所示,出现灰色过渡带的原因是远端的光照亮了圆管的上半部分的侧面。解决这个问题的最好办法是采用平行背光源加远心镜头,但受限于成本、空间以及视野范围,很多时候只能采用普通背光源和普通透视镜头。在普通的背光源和透视镜头的配置下,可以通过两种方法得到锐利的边缘。第一种方法就是增加光源与被测工件的距离,减少对工件侧面的照射,如图9.41所示。我们知道太阳光是平行光,因为距离地球足够远,只有那些平行的光才能照射到地球。如图9.41a所示,将工件到光源的距离增加到$d=75\,mm$,虽然这个距离不足以保证照射到工件的是平行光,但由于光源面积有限,所以增加距离会明显减少对工件侧面的照射,边缘的效果如图9.41b所示。相比图9.40b,图中的边缘已经没有明显的灰色过渡带了,与图9.40b相同位置的线剖面如图9.41c所示,边缘更加锐利。

另一种方法就是对光源进行遮挡,如图9.42所示。如图9.42a所示,通过遮光板对光源进行适当的遮挡,消除了对工件侧面的照射,拍摄的图像如图9.42b所示。在图9.40b相同位置的图9.42b的线剖面如图9.42c所示,边缘十分锐利。对比图9.41c可以发现,图9.42c中的下降沿更加陡峭,并且两端更加对称,因此测量结果更加准确。我们推荐第二种方法,但是在物料位置不确定或因测量的尺寸比较多而无法遮挡光源时可以采用第一种方法。

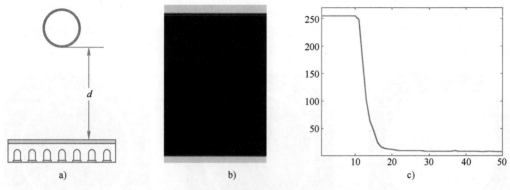

● 图 9.41　工件距离光源一定距离的情况

a）工件距离光源一定距离（75 mm）　b）圆管的局部图像　c）图 b 在图 9.40b 相同位置的线剖面

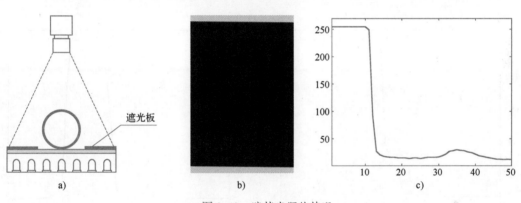

● 图 9.42　遮挡光源的情况

a）遮挡光源　b）圆管的局部图像　c）图 b 在图 9.40b 相同位置的线剖面

**2. 标定**

对于精密测量来说，定期标定是十分重要的，我们通过一个例子来讨论定期标定的重要性。

例 9.15　孔径测量

如图 9.43 所示，图 9.43a 是图 9.39c 中轴承孔的图像，采用的是背光源，其虚线处的线剖面如图 9.43d 所示。在光源面板上增加圆柱状遮光板后的图像效果如图 9.43b 所示，相同位置的线剖面如图 9.43e 所示。显然，增加遮光板后边缘更加锐利。用上一节圆的测量方法测量图 9.43a 和图 9.43b 的轴承孔半径分别为 117.723 和 117.292，差异还是比较大的。接下来分析光源亮度的变化对测量的影响，这里通过改变曝光时间来模拟亮度的变化。图 9.43b 的曝光时间是 9 ms，当曝光时间增加到 15 ms 后，抓取的图像如图 9.43c 所示，虽然很难发现与图 9.43b 的差异，但测到的轴承孔半径为 117.595，与图 9.43b 的尺寸相比，增加了 0.3 个像素，对于精密测量来说，这已经是一个很大的误差了。在测量设备实际使用中，随着使用时间的增加，器件老化等因素会造成光源亮度的变化，从而造成测量误差，因此有必要定期对测量设备进行标定。

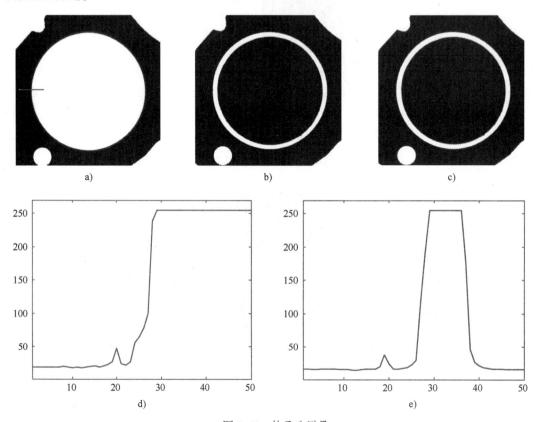

●图 9.43  轴承孔测量

a）图 9.39c 轴承孔图像（尺寸 300×300 像素、曝光时间 9 ms）  b）增加遮挡后图像（曝光时间 9 ms）

c）增加曝光时间后的图像（曝光时间 15 ms）  d）图 a 虚线处的线剖面  e）图 b 在图 a 相同位置的线剖面

标定有两种方法。第一种就是用类似图 5.17a 的标定板进行标定，不但可以确定像素到距离的换算系数，还可以对镜头畸变进行矫正。用标定板进行标定的一个问题就是标定板与工件的厚度不同，即便是图 9.39a 中的薄金属片，但与标定板上的一层金属膜相比较，其厚度差异也是很大的，这种差异会造成标定和实测的换算系数不同，从而造成测量误差。另外一种方法就是用一个已知精确物理尺寸的标准工件进行标定，这样就不存在厚度差异，但是这样就无法对镜头畸变进行标定了。

**3. 相对测量**

现在的工业用镜头都是采用非球面镜，畸变已经很小了，畸变率一般可以做到 0.1%，而低畸变镜头的畸变率可以做到 0.01% ［大, 2016］。对于畸变率 0.1% 的镜头来说, 如果不对畸变进行矫正, 对一幅 640×480 的图像进行绝对测量时会产生 640×0.1% = 0.64 个像素的误差, 显然是无法接受的。而相对测量是指用标准工件进行标定后, 根据被测工件边缘与标准工件边缘的差值来计算被测工件的尺寸的测量方法。对于大多数测量来说, 标准工件和被测工件都是固定在同一位置, 边缘位置变动量为几个像素, 比如变动量为 5 个像素, 那么产生的误差为 5×0.1% = 0.005 个像素, 可以忽略不计。因此, 对于那些测量位置固定的相对测量来说, 不需要对镜头畸变进行矫正。只要条件允许, 相对测量应该是首选方案。

**4. 分辨率**

测量精度与图像分辨率是成正比关系, 分辨率越高, 测量精度越高。这里的分辨率是指像素到物理距离的换算系数, 一个像素对应的物理距离越小, 分辨率就越高。我们以测量图 9.33 的手机背板尺寸为例来探讨多相机测量方案。当精度要求比较高时, 只通过一幅图像来进行测量可能达不到精度要求, 这时我们可以通过多相机的方案大幅提高测量精度。如图 9.44 所示, 采用 6 相机的布置方案, 相机 1~4 测量 4 个圆角及每个圆角相邻的两条边, 另外 1 和 2 还负责测量孔洞, 由于上下两条边比较长, 所以还需要放置两个相机 5 和 6 来测量中间的宽度。这样通过 6 个相机就能完成对长宽、圆角和孔洞尺寸的测量。多相机测量需要对相机进行标定, 确定各个相机的相互位置。

对于图 9.44 的方案, 可以通过标定, 将相机 2~5 的图像坐标系转换到相机 1 的图像坐标系中, 这样就可以根据每个相机拍摄的图像中的边缘位置计算背板的长宽。如图 9.45 所示, 不同坐标系之间的坐标变换公式为

$$\begin{cases} x = g + X\cos\alpha - Y\sin\alpha \\ y = h + X\sin\alpha + Y\cos\alpha \end{cases} \tag{9.37}$$

式中, $x$、$y$ 表示旧坐标, $X$、$Y$ 表示新坐标, $g$、$h$ 是新坐标系原点 $O'$ 在旧坐标系内的坐标, $\alpha$ 为坐标轴绕原点转动的角度。上式可以看成是旋转加平移的组合。通过标定可以确定 $(g, h)$ 和 $\alpha$ 的值, 即可用上式进行坐标变换。

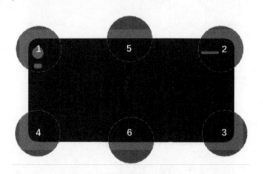

●图 9.44　多相机测量方案

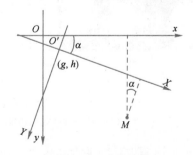

●图 9.45　坐标变换

**例 9.16** 多相机测量方案精度分析

图 9.44 中的手机背板的尺寸为 136 mm×67 mm，采用 500 万像素的相机，拍摄的图像尺寸为 2592×1944。如果采用单幅图像的方案，水平方向的视野范围需要做到 150 mm，此时的像素分辨率为 150/2592＝0.0579 mm/pixel。如果采用图 9.44 的 6 相机方案，水平方向的视野范围需要做到 30 mm 才能保证对右侧细长孔的测量。此时的像素分辨率为 30/2592＝0.0116 mm/pixel，相比单幅图像方案，分辨率提高了 5 倍。

虽然现在工业用相机已经做到了 3000 万或更高的像素，但相机及适配的镜头的价格要贵很多，并不适用于低成本解决方案。另一种解决方案就是采用线扫描相机，这种方案的特点就是图像尺寸在运动方向上没有限制，但是涉及运动控制，整套系统的成本也高于多相机方案。

## 9.5 多边形逼近曲线边缘

如图 9.46 所示，图 9.46a 是一钢网的局部图像，图 9.46b 是图 9.46a 的亚像素边缘。虽然提取了图像边缘，但这种逐点描述轮廓的方式有时并不能满足图像后续处理的要求，比如有些图像匹配算法以及下节讨论的边缘分段拟合算法，都需要对边缘进一步简化。而图 9.46c 则是逼近图 9.46b 亚像素边缘的多边形，顶点数很少。相比图 9.46b 中的轮廓凸凹不平，图 9.46c 中的轮廓十分光滑。需要说明的是，图 9.46b 中的边缘可以看成顶点数量很多的多边形，而图 9.46c 中的多边形顶点是图 9.46b 中顶点的子集，只是去除了对轮廓贡献不大的那些顶点，并未生成新的顶点。以图中最上的矩形孔为例，图 9.46a 中描述该孔用了 120×48 个像素，图 9.46b 则仅使用了 440 个边缘点来描述该孔，而到了图 9.46c，仅使用 7 个顶点来描述该孔。从图 9.46a 到图 9.46c，虽然描述该孔的信息量减少很多，但并不影响对该孔的准确描述。

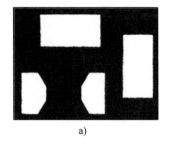 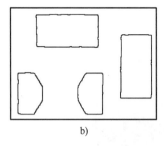 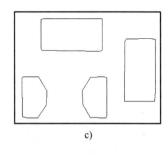

a)　　　　　　　　　　　　b)　　　　　　　　　　　　c)

● 图 9.46　多边形逼近

a）钢网局部图像（尺寸 350×260 像素）　b）图 a 的亚像素边缘

c）逼近图 b 的亚像素边缘的多边形（Douglas-Peucker 算法，距离阈值 1.5）

接下来我们将讨论两种常用的多边形逼近曲线的算法：Douglas-Peucker 算法和离散曲线演化算法。

### ▶▶ 9.5.1 Douglas-Peucker 算法

Douglas-Peucker 算法也称为 Ramer-Douglas-Peucker 算法，该算法最初由 Ramer 于 1972 年提出［Ramer,1972］，1973 年 Douglas 和 Peucker 二人又独立于 Ramer 提出了该算法。该算法采用递归的方式对边缘进行细分，直到全部边缘点到对应线段的距离小于阈值为止。算法的具体思路为：在边缘的两个距离最远的点之间连一条直线，然后计算出所有边缘点到直线的距离，并找出与直线距离最大的点。如果最大距离大于阈值，则在具有最大距离的边缘点处将当前线段分为两段。然后在新的线段上重复使用前面的方法进行分割，直到不能再细分为止。

下面以一个例子来说明 Douglas-Peucker 算法的流程。如图 9.47a 所示，这是一条开放的曲线。对于开放曲线，直接连接曲线的起点和终点，即图中的 A 和 B 点。然后计算整条曲线上点到直线 $\overline{AB}$ 的距离，其中 C 点距离 $\overline{AB}$ 的距离最远，并且超过了距离阈值，所以 C 点为顶点，连接 CA 和 CB。然后计算曲线段 $\overarc{AC}$ 上的点到直线 $\overline{AC}$ 的距离，D 点距离最远并大于阈值，则 D 点为顶点，连接 DA 和 DC。接下来计算曲线段 $\overarc{AD}$ 上的点到直线 $\overline{AD}$ 的距离，由于没有大于阈值的距离，所以 $\overarc{AD}$ 段不再有新的顶点产生。以此类推，直到曲线上的所有点到对应直线的距离都小于阈值，结束细分。最后，图中的细实线则是逼近曲线的折线（多边形）。在实际计算中，可以用堆栈来保存那些可能会进一步细分的顶点，通过递归算法完成对所有线段的细分。

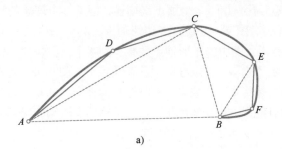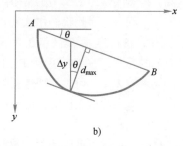

● 图 9.47　Douglas-Peucker 算法

a）算法原理示意图　b）距离计算

对于封闭曲线，通过连接曲线上最远的两个点将曲线分为两个子集，接下来对每个子集的细分与开放曲线相同。确定距离最远的两个点的算法有以下三种。

1）取曲线左上和右下两个点［Ramer,1972］。

2）取第一点和索引为 $n/2$ 的点，$n$ 为曲线点的总数［Steger,2019］。

3）通过对曲线点的多次遍历确定距离最远的两点［OpenCV,2012］。

相比前两种算法，第三种算法更接近实际情况。

从前面的讨论可知，Douglas-Peucker 算法需要大量计算点到直线的距离。点 $p(x_0,y_0)$ 到直线 $ax+by+c=0$ 的距离 $d$ 为

$$d = \frac{|ax_0 + by_0 + c|}{\sqrt{a^2 + b^2}} \tag{9.38}$$

但在实际计算中并不需要用该式计算距离［Ramer, 1972］。如图 9.47b 所示，曲线段 $(\overset{\frown}{AB})$ 上距离直线段 $\overline{AB}$ 的最远点是该点的切线平行于 $\overline{AB}$，并且不与 $A$ 和 $B$ 之间的曲线相交。$\overline{AB}$ 与 $(\overset{\frown}{AB})$ 上的点在 $y$ 轴方向上的差 $\Delta y$ 为

$$\Delta y = d/\cos\theta \tag{9.39}$$

式中，$d$ 为曲线上的点到 $\overline{AB}$ 的距离、$\theta$ 为 $\overline{AB}$ 与 $x$ 轴的夹角。当 $\Delta y$ 取最大值 $\Delta y_{max}$ 时，最大距离 $d_{max}$ 为

$$d_{max} = \Delta y_{max}\cos\theta \tag{9.40}$$

为了防止 $\cos\theta$ 值过小，在 $|\tan\theta| > 1$ 时使用 $x$ 轴方向上的距离。在计算中，只需要计算 $\Delta y$，只有当 $\Delta y$ 取到最大值时才用式（9.40）计算 $d_{max}$，以便与距离阈值比较。

因为 OpenCV 中有该算法的代码，所以这里我们不再给出该算法的伪代码。但在 OpenCV 的代码中，仍然使用式（9.38）进行距离计算，不过做了修改。如图 9.47b 所示，通过减去 $A$ 点的坐标，将坐标原点移至 $A$ 点，这时的直线方程变为 $ax + by = 0$，再参考式（9.38），可得

$$d^2(a^2 + b^2) = (|ax_0 + by_0|)^2 \tag{9.41}$$

在计算中只需计算 $|ax_0 + by_0|$ 即可，只有在与阈值比较时才需计算 $(|ax_0 + by_0|)^2$ 和 $(a^2 + b^2)$。

用 Douglas-Peucker 算法求出的逼近图 9.46b 的多边形如图 9.46c 所示，与原图的轮廓重合度很高，距离阈值为 1.5。虽然图中最上的矩形孔只用了 7 个顶点来描述，但是一个理想的矩形只有 4 个顶点，因此我们增大距离阈值再次对图 9.46b 进行多边形逼近，其结果如图 9.48 所示。图 9.48a 是在距离阈值 3.0 下的逼近结果，图中的矩形顶点数减少到 4 个，但是却产生了过分割的问题，右侧的矩形的左上顶点发生了偏移，并未准确地落在角点上。图 9.48b 是该矩形的局部放大图，可以清晰地看到顶点向右偏移了几个像素。有时这种偏移会对 9.6 节的边缘分段的精度造成很大影响，因此需要对顶点位置进行局部优化，可以根据顶点两侧的局部边缘点到直线的距离进行优化。优化后的结果如图 9.48c 所示，局部放大如图 9.48d 所示。可以看到，优化后的顶点准确地落在角点上。

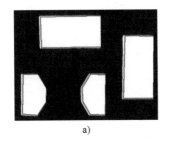  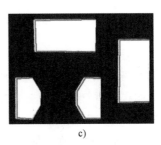 

a) b) c) d)

●图 9.48 过分割及顶点优化

a) 过分割（距离阈值 3.0） b) 图 a 右侧矩形孔的局部放大图
c) 顶点优化后的结果（距离阈值 3.0） d) 图 c 右侧矩形孔的局部放大图

## ▶▶9.5.2　离散曲线演化算法

Douglas-Peucker 算法是通过对直线的不断细分实现多边形逼近的，而离散曲线演化（Discrete Curve Evolution，DCE）则是从整个边缘开始，通过演化不断地剔除对形状贡献小的点，从而实现多边形逼近[Latecki, 1999][胡, 2015]。

设有两条相连的有向线段 $s_1 = \{p_1, p_2\}$、$s_2 = \{p_2, p_3\}$，$p_1$、$p_2$ 和 $p_3$ 是边缘上的三点，如图 9.49a 所示。如果 $p_2$ 点对整个边缘形状的贡献最小，则删除 $p_2$ 点，否则保留。代价函数 $K(s_1, s_2)$ 用来判断点对整个边缘形状的贡献大小，其定义为

$$K(s_1, s_2) = \frac{\beta(s_1, s_2) l(s_1) l(s_2)}{l(s_1) + l(s_2)} \tag{9.42}$$

式中，$l(s_1)$ 和 $l(s_2)$ 分别为 $s_1$ 和 $s_2$ 的长度；$\beta(s_1, s_2)$ 为 $s_2$ 相对 $s_1$ 的转角。注意不是夹角，在图像坐标系下，定义线段 $s$ 的角方向函数 $f_A(s)$ 为线段起点到终点的方向与 $x$ 轴的带符号夹角，则线段 $s_2$ 相对 $s_1$ 的转角 $\beta(s_1, s_2) = |f_A(s_2) - f_A(s_1)|$。所幸在 C 语言中有反正切函数 atan2()，返回的是当前点的方位角，即 $f_A(s)$，但是要注意按照图示的箭头方向设置参数顺序。另外，也可以根据向量的内积计算转角

$$\cos\beta = \frac{\boldsymbol{a} \cdot \boldsymbol{b}}{|\boldsymbol{a}||\boldsymbol{b}|} \tag{9.43}$$

式中，$|\boldsymbol{a}|$ 和 $|\boldsymbol{b}|$ 为向量的模，也就是线段的长度 $l(s_1)$ 和 $l(s_2)$；坐标形式的内积 $\boldsymbol{a} \cdot \boldsymbol{b} = (x_2 - x_1)(x_3 - x_2) + (y_2 - y_1)(y_3 - y_2)$，$(x_1, y_1)$、$(x_2, y_2)$ 和 $(x_3, y_3)$ 是 $p_1$、$p_2$ 和 $p_3$ 的坐标。用上式计算的转角不带符号，不过在这里并没有影响。显然，$K(s_1, s_2)$ 值越小，$s_1$ 和 $s_2$ 对边缘的贡献越小。每一次的演化是通过对整个边缘的遍历，计算出所有点的 $K$ 值，删除最小 $K$ 值对应的顶点。如图 9.49b 所示，如果 $p_2$ 点处的 $K$ 值是整个边缘上最小的，则删除 $p_2$ 点，连接 $p_1 p_3$。

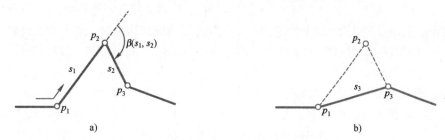

● 图 9.49　DCE 算法
a）$p_1$、$p_2$ 和 $p_3$ 组成线段 $s_1$ 和 $s_2$　　b）删除 $p_2$ 点，连接 $p_1 p_3$

可以用 $K$ 值作为演化终止的条件，但这需要对 $l(s)$ 做相对于整个边缘长度的归一化处理，即除以整个边缘长度。另外一种是用边缘点到对应直线段的平均距离 $d_m$ 作为演化终止的判据

$$d_m = \frac{1}{n}\sum_{i=1}^{n} d_i \tag{9.44}$$

式中，$n$ 为原始边缘的顶点数量、$d_i$ 为原始顶点到最近直线边的距离。当 $d_m$ 大于阈值时结束演化。

如图 9.50 所示，图 9.50a 是对图 9.46b 演化的结果，这里是用平均距离作为演化结束的条件，如果进一步调大阈值，结果如图 9.50b 所示，发生了明显的过分割。

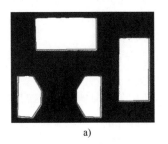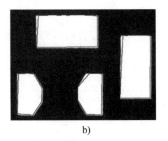

a)                                   b)

● 图 9.50　DCE 算法多边形演化

a）对图 9.46b 演化的结果（距离阈值 0.5）　b）过分割（距离阈值 1.0）

DCE 算法是每遍历一次边缘删除一个顶点，效率较低，因此与 Douglas-Peucker 算法相比并没有优势。结合二者的优点，可以组合出一种算法：先用高效的 Douglas-Peucker 算法逼近出粗略的多边形，然后细节部分用 DCE 算法，因为每次删除一个点的算法更容易控制。

## 9.6　边缘分段

在工业图像处理中，有一大类应用就是尺寸测量，在本章的前面几节中对尺寸测量进行了详细的讨论。但是在测量图 9.38b 的这种由直线和圆弧组成的边缘时，对于交界处的边缘点，想准确地将其归类到直线段或圆弧段并不容易，虽然可以通过迭代的方式逐步对交界点进行正确的归类，但是这种测量方法很难实现全自动测量。本节讨论的内容就是对边缘点进行自动分段并拟合成基本的几何图形。虽然轮廓由直线和高阶曲线组成，但是图 9.33 所示的典型零件，轮廓仅由直线和圆（圆弧）组成，因此本节讨论的几何形状仅限于直线和圆。如图 9.51a 所示，彩色线条为对图 9.33 中的手机背板进行自动分段及拟合的结果，限于幅面，显示出来的效果并不太好。图 9.51b 给出了图 9.33a 的原图的左上角的分段及拟合结果，需要指出的是，图 9.51b 并不是对图 9.51a 的局部放大，而是对图 9.51a 的原图的局部重新分割的结果。图 9.51b 中的轮廓分为了 4 段：2 条直线，1 个圆弧和 1 个圆，圆弧和直线的交界处线条光滑，分段效果很好。

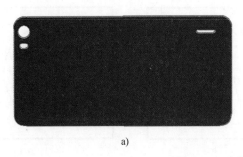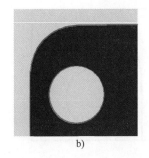

a)                                            b)

● 图 9.51　边缘分段

a）对图 9.33 分段的结果（高阈值 2、低阈值 1）　b）对图 9.33a 的原图的左上角局部分段的结果

（原图尺寸 2183×1084 像素、高阈值 5、低阈值 3）

本节讨论的边缘分段算法是通过多边形逼近，将轮廓划分为直线段，然后判断线段对应的曲线是否可以拟合成圆或圆弧[Steger,2019]。结合图 9.52，边缘分段的具体算法如下。

算法 9.7　边缘分段及几何图形拟合算法
**输入：图像**
**输出：几何轮廓**
1：　提取图像亚像素边缘，如图 9.52a 所示；
2：　用 Douglas-Peucker 算法进行多边形逼近,如图 9.52b 所示,其中外廓段分为 $s_1 \sim s_5$ 共 5 段直线, $p_1 \sim p_6$ 共 6 个顶点;
3：　求出过相邻两段直线的三个顶点的圆.然后计算出对应的边缘点到直线段的平均距离 $d_l$ 和到圆周的平均距离 $d_c$,如果 $d_c<d_l$,说明圆能更好地近似这段曲线,则将这两段直线边标记为圆.这里以图 9.52b 中的外轮廓为例,对该步骤做进一步讲解.首先求出过 $s_1$ 和 $s_2$ 的顶点 $p_1$、$p_2$ 和 $p_3$ 的圆,然后计算该段边缘上所有点到圆周的平均距离 $d_c$ 以及这些点到线段 $s_1$ 和 $s_2$ 的平均距离 $d_l$,如果 $d_c<d_l$,则将 $s_1$ 和 $s_2$ 标记为圆弧,显然这里 $d_c>d_l$.所以 $s_1$ 保留为直线段.接下来判断 $s_2$ 和 $s_3$,由于该段的 $d_c<d_l$,所以将 $s_2$ 和 $s_3$ 标记为圆弧,接下来的 $s_3$ 和 $s_4$ 也被标记为圆弧.以此类推,完成对整个轮廓的判断.
4：　圆弧合并.如果相邻的三段直线被标记为两个圆弧,就有可能是同一圆弧,可以根据圆心之间的距离来判断是否属同一圆弧.如果属于同一圆弧,可通过迭代进一步判断其他相邻圆弧是否属同一圆弧.图 9.52b 中的 $s_2$、$s_3$ 和 $s_4$ 构成了两个相邻的圆弧,并且圆心距离小于阈值,因此合并为图 9.52c 中的一个圆弧.经过合并,外廓被分割成两段直线和一段圆弧,而孔洞则合并为一整个圆,如图 9.52c 所示.

实际中算法比上述算法更为复杂，需要使用双阈值，并且端点位置要进一步优化。这里的阈值是指 Douglas-Peucker 算法中的距离阈值。双阈值中的大阈值用于大的线段分割，而小阈值则用于对分割后的直线段做进一步的分割，以防有小的圆弧被遗漏，一般小阈值设置为大阈值的一半。仔细观察图 9.52b 和图 9.52c，可以发现图 9.52b 中的 $p_5$ 点与图 9.52c 中的对应分割点并不是同一位置，这就是对分割点进行优化的结果。与 Douglas-Peucker 算法一样，同样是根据边缘点到直线和圆弧的距离对分割点位置进行优化。

例 9.17　边缘分段

对图 9.52a 的边缘进行分段。首先将双阈值设置为 2 和 1。分段的结果为直线 1：（258.50，32.11），（139.50，32.57）（括号中为线段的起点和终点坐标）；直线 2：（139.50，32.39），（120.47，34.12）；圆弧 1：圆心（127.97，127.37），半径 92.99；直线 3：（34.51，119.46），

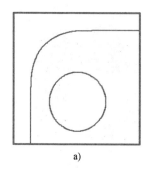 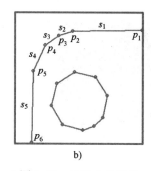 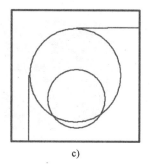

a)                  b)                  c)

● 图 9.52   边缘分段算法

a) 图 9.51b 的亚像素边缘   b) 用 Douglas-Peucker 算法对图 a 分段的结果（阈值 5）   c) 分段结果

（33.00, 159.50）；直线 4：（33.18, 159.50），（33.10, 258.50）；圆弧 2：圆心（131.14, 174.90），半径 59.19；圆弧 3：圆心（130.43, 174.81），半径 59.07。显然出现了过分割现象，外廓分为了 4 段直线和一个圆弧，而圆孔分了两个圆弧。将双阈值设置为 5 和 3，这时的分割结果为直线 1：（258.50, 32.11），（130.47, 32.67）；圆弧 1：圆心（129.03, 128.38），半径 94.37；直线 2：（33.42, 128.49），（32.95, 258.50）；圆 1：（130.71, 174.84），半径 58.89。即 9.52c 中的正确结果。从这个例子可以看出，距离阈值要设置恰当，否则容易出现过分割或分段遗漏的情况。

    虽然直线和圆（圆弧）涵盖了绝大部分零件的边缘形状，但是边缘也会呈现椭圆形状，有关椭圆的拟合可参考 [Rosin, 1995]。

第10章

# 图 像 匹 配

正如绪论中讲到的那样，图像处理技术的引入使得贴片机的速度和精度得到大幅度提高，对电子产品迅速普及起到了至关重要的作用。贴片机上使用的图像处理技术就是图像匹配技术，通过图像匹配技术实现元器件的对中。可以说，图像匹配技术在贴片机上的使用是人类社会第一次将图像处理技术引入到大规模工业自动化生成中，开创了工业自动化的一个新的时代。时至今日，图像匹配技术依然是工业自动化中使用最多的图像处理技术。

所谓的图像匹配就是在图像中搜索与模板相似的目标，因此广泛用于工业自动化中的工件定位，如传送带上的工件定位以及加工前的工件定位等。根据算法分类，图像匹配可分为：

1）**灰度匹配**：一种基于像素灰度值信息进行匹配的算法。

2）**特征匹配**：一种基于轮廓、角点等图像特征的匹配算法，也是目前在图像处理中使用最多的匹配算法。

3）**变换域匹配**：一种将空间域图像变换到变换域中进行图像匹配的算法，如变换到频率域进行图像匹配的傅里叶匹配算法。这种算法在工业图像处理中比较少使用，因为对于小尺寸图像来说，相比较在空间域中进行处理，变换到频率域的计算量过大，往往达不到工业图像处理对匹配算法的实时性要求，因此本章不对变换域匹配算法进行讨论。

一个优秀的匹配算法应该具有以下特点：

1）具有平移、缩放和旋转不变性。

2）在小几何畸变、遮挡和异常值存在下保持鲁棒性。

3）匹配速度快。

4）匹配精度高。

5）支持多目标匹配。

具体到工业图像处理领域，最看重的指标是匹配速度、匹配精度以及遮挡下的匹配能力。

在这一章中，首先介绍灰度匹配，然后介绍特征匹配，并对实际中应用最多的算法（相关系数法和梯度法）进行详细讨论。

## 10.1 灰度匹配

如图 10.1 所示，图 10.1a 是一块 PCB 的局部图像，图中的十字图案是定位点，在进行下一道工序（如贴片）前，需要先通过确定十字图案的位置来完成对 PCB 的定位。图 10.1b 是包含十字线的模板图像。灰度匹配类似卷积运算，通过在待匹配图像上移动模板窗口，应用匹配算法获取一系列点的相似性测度的值，我们称之为匹配值，组成图 10.1c 的一幅图像。最后通过对图 10.1c 进行阈值分割，获取图 10.1d 所示的二值图像就可确定目标（十字线）位置，即图中黑点位置。

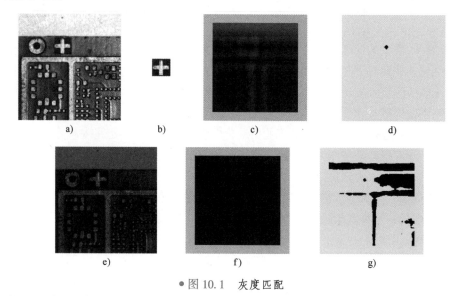

● 图 10.1　灰度匹配

a）待匹配图像（尺寸 250×250 像素）　b）模板图像（尺寸 45×41 像素）　c）对图 a 进行 SAD 匹配的结果
d）对图 c 二值化（阈值 40，为了显示背景，降低了背景灰度值）　e）低亮度图像
（通过改变曝光时间模拟光照亮度变化）　f）对图 e 进行 SAD 匹配的结果　g）对图 f 二值化（阈值 60）

灰度匹配又称为像素匹配，因为每个像素都参与到匹配计算中。灰度匹配算法的原理比较简单，是最早在工业图像处理中使用的匹配算法。灰度匹配算法分为：绝对误差和法、误差平方和法、序贯相似性检测法和相关系数法。接下来我们介绍这几种算法。

### ▶▶ 10.1.1　绝对误差和法与误差平方和法

设图像 $f(x,y)$ 的尺寸为 $w×h$，模板 $t(u,v)$ 的尺寸为 $m×n$，且 $m$ 和 $n$ 为奇数，$a=(m-1)/2$，

$b=(n-1)/2$。模板取奇数是为了保证模板中心位于整像素坐标上，并设模板坐标原点位于模板中心。为了方便讨论，我们在图像 $f(x,y)$ 中定义以 $(x,y)$ 为中心，模板大小的子图像，子图像用 $f_{x,y}$ 表示，如图 10.2 中灰色区域所示，并设子图像坐标原点位于子图像中心。在图像 $f(x,y)$ 中，子图像 $f_{x,y}$ 原点坐标 $(x,y)$ 的取值范围为 $a \leqslant x < w-a, b \leqslant y < h-b$。

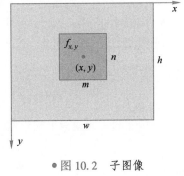

● 图 10.2　子图像

绝对误差和算法（Sum of Absolute Differences，SAD）的相似性测度公式为

$$\text{sad}(x,y) = \frac{1}{mn} \sum_{u=-a}^{a} \sum_{v=-b}^{b} |f(x+u,y+v) - t(u,v)|$$

$$= \frac{1}{mn} \sum |f_{x,y}(u,v) - t(u,v)|$$

$$(10.1)$$

式中，为了减轻符号压力，用 $\sum \cdot$ 表示 $\sum_{u=-a}^{a} \sum_{v=-b}^{b} \cdot$，在本节后面的公式中，$\sum \cdot$ 表示的意义相同。误差平方和算法（Sum of Squared Differences，SSD）的相似性测度公式为

$$\text{ssd}(x,y) = \frac{1}{mn} \sum [f_{x,y}(u,v) - t(u,v)]^2 \qquad (10.2)$$

对于灰度等级为 $L$ 的图像，式（10.1）计算出的匹配值范围为 $[0, L-1]$，式（10.2）的范围为 $[0, (L-1)^2]$。显然，目标与模板越相近，匹配值越小，当两者完全相同时，匹配值为 0。图 10.1c 就是用式（10.1）计算的结果，由于图 10.1b 的模板取自图 10.1a，所以图 10.1c 中的最小灰度值为 0。与其他邻域运算一样，在不对图像边缘进行扩展的情况下，无法对图像边缘进行处理，即图 10.1c 中的灰色边框部分。但与其他邻域运算不同的是，图像匹配一般并不需要对边缘进行扩展，除非是需要搜索边缘处的非完整目标。

SAD 算法如下。

```
算法 10.1　SAD 算法
输入：待匹配图像 f(x,y)，尺寸 w×h；模板 t(u,v)，奇数尺寸 m×n
输出：SAD 图像 g(x,y)
1:    a=(m-1)/2, b=(n-1)/2;
2:    for (i=b; i<h-b; i++){              //y
3:        for (j=a; j<w-a; j++){          //x
4:            temp=0;
5:            for (v=0; v<n; v++){        //y
6:                for (u=0; u<m; u++)     //x
7:                    temp=temp+|f(j+u-a,i+v-b)-t(u,v)|;
8:            }
9:            g(j,i)=temp/(m*n);
10:       }
11: }
```

该算法十分简单，但却是所有其他灰度匹配算法的基础。该算法的计算复杂度为 $O(whmn)$，计算量并不小，图 10.1 的例子用时 675 ms。

在光照条件不变的情况下，SAD 和 SSD 算法工作良好，但在光照条件发生变化，图像变暗时，如图 10.1e 所示，这时的结果就很糟，如图 10.1f 所示，目标点不再是图中最暗的点。无论如何调整阈值，都无法将目标点单独分割出来，如图 10.1g 所示。对此，可以通过减去平均灰度实现灰度归一化来消除图像亮度变化带来的影响。归一化 SAD 算法的相似性测度公式为

$$\mathrm{sad}(x,y) = \frac{1}{mn}\sum \left| f_{x,y}(u,v) - \overline{f_{x,y}} - t(u,v) + \bar{t} \right| \tag{10.3}$$

式中，$\bar{t}$ 和 $\overline{f_{x,y}}$ 分别为模板平均灰度值和在 $(x,y)$ 处的子图像的平均灰度值

$$\bar{t} = \frac{1}{mn}\sum t(u,v), \quad \overline{f_{x,y}} = \frac{1}{mn}\sum f_{x,y}(u,v) \tag{10.4}$$

虽然在理论上是完全消除了图像亮度变化带来的影响，但在实际中，光照条件的变化不仅会造成图像亮度的变化，同时也会改变图像局部对比度，因此该算法并不能完全消除因光照条件变化而带来的影响。归一化 SAD 算法匹配示例如图 10.3 所示，图 10.3a 是用式（10.3）对图 10.1a 匹配的结果，与图 10.1c 完全相同，其二值化结果如图 10.3b 所示，黑点为目标点。图 10.3c 也是用式（10.3）对图 10.1e 匹配的结果，与图 10.3a 的差异并不明显。其二值化结果如图 10.3d 所示，目标点也被成功分割出来。因此，通过灰度归一化能减小因图像亮度变化对匹配带来的不利影响。

 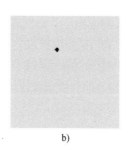  

a)        b)        c)        d)

●图 10.3　归一化 SAD 算法

a）对图 10.1a 匹配的结果　b）对图 a 二值化（阈值 40）
c）对图 10.1e 匹配的结果　d）对图 c 二值化（阈值 40）

总之，这两种算法虽然简单，但实用性并不强，除了双目视觉的密集匹配外，一般很少使用。

## ▶▶ 10.1.2　序贯相似性检测法

Barner 和 Silverman 在 1972 年提出了序贯相似性检测算法（Sequential Similarity Detection Algorithm，SSDA）［Barner,1972］。SSDA 算法定义了匹配窗口内子图像与模板之间的一对像素

的归一化误差

$$\varepsilon(x,y,u,v)= \left| f_{x,y}(u,v)-\overline{f_{x,y}}-t(u,v)+\bar{t} \right| \tag{10.5}$$

式中，$\varepsilon(x,y,u,v)$ 表示在图像 $(x,y)$ 处的子图像中的点 $(u,v)$ 与模板对应点的归一化像素灰度值之间的绝对误差。式（10.5）与归一化 SAD 算法式（10.3）很相似，式（10.3）是计算整个子图像区域内的平均误差，而式（10.5）是计算一个像素点的误差。

在 SSDA 实现中，引入了一个常数阈值 $T$。在点 $(x,y)$ 处的子图像 $f_{x,y}$ 中随机选择不重复的像素点，用式（10.5）计算子图像与模板对应点之间的绝对误差，并累加这些随机点的绝对误差。当误差累加值超过了 $T$ 时，停止对点 $(x,y)$ 的操作，记录当前累加次数 $R$，并转到对下一个子图进行计算。遍历完整幅图像后，所有点的累加次数 $R$ 构成一个 SSDA 曲面 $I(x,y)$，$I(x,y)$ 定义为

$$I(x,y) = \left\{ R \,\middle|\, \min_{1 \leqslant R \leqslant mn} \left[ \sum_{r=1}^{R} \varepsilon(x,y,u_r,v_r) \geqslant T \right] \right\} \tag{10.6}$$

式中，$(u_r,v_r)$ 为子图像内第 $r$ 个随机点。对于目标点来说，因为子图像中的每个点的误差较小，因此需要累加更多点的误差来达到 $T$ 值，累加次数 $R$ 也就更大，因此 $I(x,y)$ 值最大的点被认为是目标点。如图 10.4 所示，图中给出了 $A$、$B$、$C$ 三点的误差累积增长曲线，其中 $A$、$B$ 两点偏离目标位置，因此误差增长得快；$C$ 点增长缓慢，说明很可能是目标点。

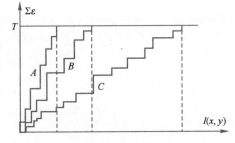

●图 10.4　SSDA 算法原理

由于随机点累加值超过阈值 $T$ 后便结束当前子图的计算，所以不需要计算子图所有像素，极大地提高了运算速度。如果不考虑随机取点，可以认为在用式（10.3）计算时，实时监控累积误差，一旦超过阈值 $T$ 就立即停止当前点的误差累加。在 10.2.2 节的边缘梯度匹配算法讨论中，也是用这种策略来提高运算速度的。

## ▶▶ 10.1.3　相关系数法

### 10.1.3.1　算法实现

在 4.1.1 节和 12.6.3 节中讨论了互相关函数，指出互相关函数可作为两幅图像相似程度的测度。我们将式（4.2）以图像匹配的形式重写出来

$$\rho(x,y) = \sum_{u=-a}^{a} \sum_{v=-b}^{b} f(x+u,y+v)t(u,v) = \sum f_{x,y}(u,v)t(u,v) \tag{10.7}$$

显然，如果图像变亮，用上式计算的相关函数值就会增加，事实上，当图像是均匀的白色时，该函数达到最大值。同样，如果模板尺寸增加，相关函数值也会增大。因此我们需要一个

归一化的相似性测度指标，做到与模板尺寸和图像亮度无关。接下来我们推导归一化的相关系数计算公式。

图像灰度可以看成是随机变量，对于二维随机变量$(X, Y)$，其相关系数定义（见 12.4.3 节）为

$$\rho_{XY} = \frac{\mathrm{Cov}(X, Y)}{\sqrt{D(X)} \cdot \sqrt{D(Y)}} \tag{10.8}$$

式中，$\mathrm{Cov}(X, Y)$为协方差，可表示为$\mathrm{Cov}(X, Y) = E(XY) - E(X)E(Y)$，$E(\cdot)$为数学期望；$D(X)$为方差，可表示为$D(X) = E(X^2) - [E(X)]^2$。于是有

$$\rho_{XY} = \frac{E(XY) - E(X)E(Y)}{\sqrt{E(X^2) - [E(X)]^2} \cdot \sqrt{E(Y^2) - [E(Y)]^2}} \tag{10.9}$$

数学期望可以用算术平均值近似表示，有$E(X) = \left( \sum_i x_i \right) \big/ N$和$E(X^2) = \left( \sum_i x_i^2 \right) \big/ N$，$N$为样本数量，代入上式

$$
\begin{aligned}
\rho_{XY} &= \frac{\frac{1}{N} \sum_i x_i y_i - \left( \frac{1}{N} \sum_i x_i \right) \left( \frac{1}{N} \sum_i y_i \right)}{\sqrt{\frac{1}{N} \sum_i x_i^2 - \left( \frac{1}{N} \sum_i x_i \right)^2} \cdot \sqrt{\frac{1}{N} \sum_i y_i^2 - \left( \frac{1}{N} \sum_i y_i \right)^2}} \\
&= \frac{N \sum_i x_i y_i - \left( \sum_i x_i \right) \left( \sum_i y_i \right)}{\sqrt{\left[ N \sum_i x_i^2 - \left( \sum_i x_i \right)^2 \right] \left[ N \sum_i y_i^2 - \left( \sum_i y_i \right)^2 \right]}}
\end{aligned} \tag{10.10}
$$

进一步写成图像匹配形式的相关系数计算公式

$$\rho(x, y) = \frac{mn \sum f_{xy}(u, v) t(u, v) - \left[ \sum f_{xy}(u, v) \right] \sum t(u, v)}{\sqrt{\left[ mn \sum f_{xy}^2(u, v) - \left[ \sum f_{xy}(u, v) \right]^2 \right] \left[ mn \sum t^2(u, v) - \left[ \sum t(u, v) \right]^2 \right]}} \tag{10.11}$$

式中，$mn$为模板面积（参见图 10.2）。上式还可以改写为另外一种在图像匹配中常用的形式

$$\rho(x, y) = \frac{\sum \left[ f_{x,y}(u, v) - \overline{f_{x,y}} \right] \left[ t(u, v) - \overline{t} \right]}{\sqrt{\sum \left[ f_{x,y}(u, v) - \overline{f_{x,y}} \right]^2} \cdot \sqrt{\sum \left[ t(u, v) - \overline{t} \right]^2}} \tag{10.12}$$

式中，$\overline{f_{x,y}}$为模板窗口处的子图像均值；$\overline{t}$为模板均值。式（10.11）和式（10.12）就是相关系数法的计算公式。相关系数取值范围为$[-1, 1]$，值越大，子图像与模板的相似程度越高。当子图像与模板完全相同时，相关系数为 1；当子图像与模板取反时，相关系数为$-1$。相关系数法又称为归一化互相关系数（Normalized Cross-Correlation，NCC）法，稳定性好，是灰度匹配

中最常用的算法之一。

由于模板是事先确定的，因此式（10.11）中的 $\sum t(u,v)$ 和 $\sum t^2(u,v)$ 可以预先计算出来，这一阶段我们称之为预处理阶段，不占用匹配时间。在匹配时只需要计算 $\sum f_{xy}(u,v)$、$\sum f_{xy}(u,v)t(u,v)$ 和 $\sum f_{xy}^2(u,v)$ 三项。采用式（10.11）的匹配算法如下。

```
算法 10.2   相关系数法算法
输入：待匹配图像 f(x,y)，尺寸 w×h；模板 t(u,v)，奇数尺寸 m×n
输出：匹配结果图像 g(x,y)，尺寸为 w×h，为浮点数类型图像
1:    Q=m*n;                              //像素数量
      //预处理：计算模板参数，一次性计算
2:    SigmT=0, SigmTT=0;                   //数据较大，建议用 64 位数据类型，以防溢出
3:    for(i=0; i<n; i++){                  //y
4:       for(j=0; j<m; j++){              //x
5:           SigmT+=t(j,i);
6:           SigmTT+=t(j,i)*t(j,i);
7:       }
8:    }
9:    p3=Q*SigmTT-SigmT*SigmT;
      //匹配
10:   a=(m-1)/2, b=(n-1)/2;
11:   for(i=0; i<h-n; i++){
12:      for(j=0; j<w-m; j++){
13:          SigmI=0; SigmII=0; SigmTI=0;
14:          for(u=0; u<n; u++){
15:              for(v=0; v<m; v++){
16:                  SigmI+=f(j+v,i+u);
17:                  SigmII+=f(j+v,i+u)*f(j+v,i+u);
18:                  SigmTI+=f(j+v,i+u)*t(v,u);
19:              }
20:          }
21:          p1=Q*SigmTI-SigmI*SigmT;
22:          p2=Q*SigmII-SigmI*SigmI;
23:          g(j+a,i+b)=p1/sqrt(p2*p3);    //sqrt():开方，式(10.11)
24:      }
25:   }
```

用算法 10.2 对图 10.1 匹配的结果如图 10.5 所示。图 10.5a 是用图 10.1b 的模板对图 10.1a 匹配的结果，图 10.5b 是对图 10.1e 匹配的结果，图中的高亮点为目标位置。从图中可以看出，两幅图像的匹配结果几乎一模一样，说明光照的变化对相关系数法影响不大。事实上，图 10.5a 目标点处的相关系数为 1.0，而图 10.5b 的为 0.989，降幅极小。与图 10.1 的 SAD 算法以及图 10.3 的归一化 SAD 算法相比，相关系数法的优势十分明显。因此，相关系数法也是灰度匹配中最常用的算法之一。

图 10.5c 是对图 10.1a 取反的结果，用图 10.1b 的模板对其匹配的结果如图 10.5d 所示，图像中的黑点为目标点，其相关系数为-1.0。因此，在一些图像取反的应用中，可以通过最小相关系数判断目标位置。

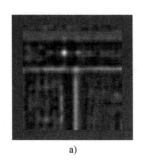 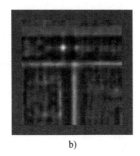  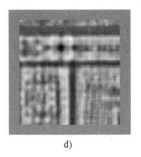

a)　　　　　　　　　b)　　　　　　　　　c)　　　　　　　　　d)

●图 10.5　相关系数法

a) 对图 10.1a 匹配的结果（浮点数结果映射到[0,255]）　b) 对图 10.1e 匹配的结果

c) 对图 10.1a 取反　d) 对图 c 匹配的结果

#### 10.1.3.2　快速匹配

相关系数法的计算复杂度为 $O(whmn)$。图 10.5 中的图像和模板尺寸都很小，但匹配用时多达 700 ms（Debug 模式）。对于对实时性要求很高的工业图像处理来说，这个速度显然是不能被接受的。因此，在这一节中将讨论如何提高算法的运算速度。

用式（10.11）计算相关系数需要遍历完整幅子图像，不能实时监控相关系数的累加，因此无法采用与 SSDA 算法类似的提前停止当前计算的策略。对于相关系数法，提高匹配速度的最有效方法就是采用分层搜索（Hierarchical Search）策略。如图 10.6 所示，首先构建向下抽样的目标图像金字塔以及模板金字塔（见5.3 节），然后用最顶层（图中第 4 层）模板在最顶层的目标图像中进行搜索，将搜索到的目标位置映射到下一层（图中第 3 层），接着在该层目标点位的邻域内进行搜索，如此反复，直至在原图（图中第 1 层）中搜索目标。分层搜索策略是一个从低分辨率图像搜索逐步过渡到高分辨率图像搜索的过程，通过在分辨率越来越高的图像中搜索来不断地提高目标位置精度，确保最终在原图中搜索到目标的准确位置。

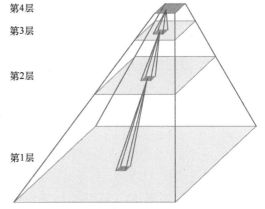

第4层

第3层

第2层

第1层

●图 10.6　分层搜索策略

图中各层的深灰色区域为需要搜索的区域

图像金字塔每加一层，模板和目标图像长宽减半，面积减少 4 倍，进而匹配提速 16 倍。例如，在第 4 层执行一层完整匹配的计算量只有第 1 层的 1/4096，计算速度得到了极大的提高。在顶层快速匹配到可能的候选目标后，将目标坐标通过乘以 2 映射到下一层，由于大致位置已经确定，所以在这一层的搜索范围很小，一般取 5×5 的邻域，因此计算量很小。如

图 10.6 所示，第 4 层加上其他各层的深灰色区域为进行匹配计算的区域，其面积远远小于第 1 层的面积。

金字塔的层数根据模板的尺寸来确定，一般来说要保证最上层的模板尺寸不小于 8×8，但总的层数一般不大于 8 层。过小的模板尺寸导致信息量过少，可能会造成匹配不到目标或匹配到错误的目标。构造图像金字塔有两种算法：高斯金字塔和均值金字塔（见 5.3 节），从构造速度的角度考虑，我们选用均值金字塔。构造时，采用 2×2 均值滤波器逐层构造，2×2 均值滤波器的一个优点就是没有频率响应的问题（见 4.1.2.1 节）。图 10.7a ~ 10.7c 为图 10.1e 和图 10.1b 的图像金字塔的第 2~4 层，第 4 层的模板尺寸为 5×5，但由于图案简单，仍然可以完成匹配。

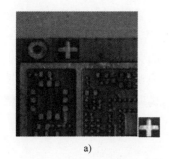 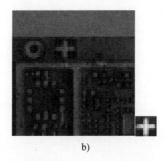 

a)　　　　　　　　　　　　b)　　　　　　　　　　　　c)

● 图 10.7　图 a~c 为图 10.1e 和图 10.1b 的图像金字塔的第 2~4 层

对图 10.1e 的原图以及图 10.7 的 2~4 层图像金字塔的完全匹配的时间以及目标点的相关系数见表 10.1。相邻层之间的匹配用时基本上相差 16 倍，与前面的分析一致，第 4 层更是达到了惊人的 0.28 ms，极大地提高了匹配效率。随着层次的增加，相关系数总体呈下降趋势，这就要求在顶层匹配时降低相关系数阈值，并逐层加大，到第 1 层时达到设定阈值，否则可能出现匹配不到目标的情况。

表 10.1　各层匹配用时及相关系数（Debug 模式）

| 层　　次 | 1 | 2 | 3 | 4 |
|---|---|---|---|---|
| 时间/ms | 702.10 | 52.13 | 3.78 | 0.28 |
| 相关系数 | 0.989 | 0.923 | 0.948 | 0.916 |

如果在顶层图像搜索中遍历每个像素，虽然图像的分辨率非常低，但该阶段搜索仍然占用了大部分计算时间。在对顶层图像搜索中，目标点周围的像素点的相关系数往往接近目标点的相关系数，我们称这些像素点组成的区域为匹配峰（Match Peak），对于大多数模板，匹配峰有几个像素宽。对于较宽的匹配峰，可以通过采用隔像素搜索策略来缩短搜索时间。所谓隔像素搜索策略就是在搜索时不是逐像素搜索，而是间隔一个或两个像素进行搜索。采用隔像素搜索策略可能在顶层搜索不到最优点，但在其余层的搜索中，可逐步矫正目标点位置，最终在底

层搜索到准确位置。因此，在预处理阶段，通过分析模板产生的匹配峰的形状来制定不同的搜索策略，可以缩短搜索时间。当然，对于那些很窄的匹配峰来说，只能采用逐像素搜索策略。图 10.8 是图 10.7c 的匹配结果，匹配峰只有一个像素宽（高亮像素点与邻域像素点灰度值差别较大），对于这种情况，只能采用逐像素搜索策略。

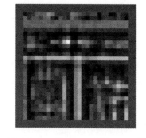

● 图 10.8　图 10.7c 的匹配结果

虽然对于某一像素点，相关系数法无法提前停止计算，但可以通过设置信任阈值提前终止对整幅图像的搜索。信任阈值是一个高于接受阈值的阈值，一旦在最顶层搜索中发现相关系数高于信任阈值的目标，立即停止搜索，进而提高搜索速度。虽然设置信任阈值可以提高搜索速度，但也有陷入局部最优的可能，因此一般信任阈值要比接受阈值高 10% ~ 20%。

在采用分层搜索策略的图像匹配中，有时会发生看似违反直觉的现象，那就是大模板比小模板匹配速度更快。这是因为金字塔的层数取决于模板的尺寸，小模板限制了金字塔层数，搜索只能在尺寸较大的顶层图像中进行，因此搜索时间也较长；而大模板正好与之相反，可构建层数更多的金字塔，顶层图像尺寸较小，搜索时间也更短。

根据前面的讨论，相关系数法分为以下两个阶段。

**1）预处理阶段：** 包括生成模板图像金字塔以及计算各层的 $\sum t(u,v)$ 和 $\sum t^2(u,v)$，还有匹配峰参数。这一阶段是离线进行的，不占用匹配时间。

**2）匹配阶段：** 包括生成待匹配图像金字塔以及在各层中搜索目标。这一阶段是在线进行的，所用时间为匹配用时。

### 10.1.3.3　精确匹配

在第 1 层匹配完毕后，得到像素级的目标点位置精度，对于大多数应用来说，像素级精度是不够的，需要亚像素级精度。可以通过将目标点的 3×3 或 5×5 邻域内的相关系数拟合成抛物面或高斯曲面，曲面顶点坐标就是目标点的亚像素坐标。下面通过一个例子来说明如何计算目标点的亚像素坐标。

**例 10.1**　计算亚像素坐标

图 10.1e 的匹配结果为图 10.5b，其中目标点的整像素坐标为（107,75）。现将坐标原点移至（107,75），并对原点的 5×5 邻域的相关系数拟合成旋转抛物面，如图 10.9 所示。图中的彩色点为 5×5 邻域各像素点的相关系数。拟合后的抛物面顶点坐标为（-0.118,0.000,0.959），其中水平坐标（-0.118,0.000）就是相对于目标点的亚像素偏移量，将其加到目标点的整像素坐标上就得到目标点的亚像素坐标（106.882,75.0），而垂直坐标 0.959 则是拟合后的相关系数。如果拟合成高斯曲面，其顶点坐标为（-0.120,-0.000,0.968），与抛物面结果基本一致。

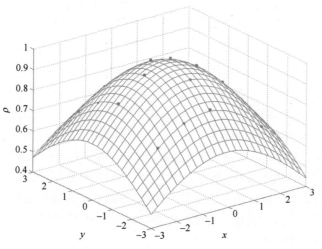

● 图 10.9  原点 5×5 邻域的相关系数拟合成旋转抛物面

为了进一步测试位置精度，现将图 10.1e 通过双线性插值平移(2.35,3.67)，如图 10.10 所示。这时目标点的整像素位置坐标为(109,79)。拟合后的抛物面顶点坐标为(0.197,-0.269,0.967)，加到整像素坐标上得到亚像素坐标(109.197,78.731)，该坐标与原始坐标的差为(2.315,3.731)，与平移量之间的误差为(-0.035,0.061)。如果拟合成高斯曲面，最终误差为(-0.032,0.037)。对比这两组数据，高斯曲面的误差更小，因此我们更倾向于采用高斯曲面。

从这个例子可以看出，无论采用哪种曲面，拟合后的位置精度都高于 1/10 个像素，能够满足绝大多数应用的需求。

● 图 10.10  将图 10.1e 通过双线性插值平移(2.35,3.67)

### 10.1.3.4  旋转和缩放匹配

显然，灰度匹配并不具有旋转不变性，当然也包括相关系数法。为支持旋转匹配，只能对模板进行旋转，生成一系列间隔一定角度的模板，在匹配时遍历各角度的模板，找到最佳匹配的模板，从而确定目标的角度。虽然在预处理阶段生成了角度模板，但在搜索时需要依次匹配各角度模板，因此旋转匹配远比固定角度匹配的计算量大。

如果目标的角度范围为 [-10°,10°]，那么就要生成从-15°到 15°一系列间隔 5°左右的顶层模板，如图 10.11 所示，图中的模板是通过对图 10.1b 的模板旋转后构造金字塔得到的。由于旋转匹配对图像质量要求较高，我们这里将第 3 层设为顶层。为了保证模板的完整性，在旋转时不能裁剪，因此生成的是一系列尺寸不同的模板。对于旋转后产生的空白区域的像素，我们称之为"不关心"像素，在匹配时不参与计算。

● 图 10.11　角度模板，−15° 到 15°，间隔 5°

顶层的角度模板在预处理阶段生成，不占用匹配时间，而其他层的角度模板则在匹配时生成，否则占用的内存空间过大。在顶层匹配完成后，得到目标的大致角度，在下一层匹配时则在该角度的 ±5° 范围内生成间隔 2.5° 的一系列模板。通过匹配，不断修正角度，直至在第 1 层匹配时使用间隔 1° 甚至更小的系列模板。最后，在相关系数取最大值的角度的左右各取 1 个或 2 个角度的相关系数，通过拟合成抛物线或高斯曲线来确定目标的精确角度。旋转匹配有一个特点：越小的模板对旋转越不敏感。也就是说，对于顶层的小模板，匹配时可以设置较大的角度间隔，逐层向下匹配时，模板尺寸越来越大，角度间隔也需要越来越小。对于这一点可以理解为，在相同转角下，大尺寸模板远端像素的移动距离比小尺寸模板大，与目标匹配像素之间的距离更远，进而造成相关系数变小。

对于缩放匹配，也是采用相同的策略，通过一系列不同尺寸的模板来完成缩放匹配。

下面通过两个例子结束这一节的讨论。第一个例子是单纯的旋转匹配，第二个例子是多目标的旋转匹配，并且目标有缺损及遮挡的情况。对于多目标匹配，其算法与单目标匹配基本相同，只是在初始层搜索时，搜索出指定数量的目标或根据阈值搜索出全部目标，并在接下来的各层搜索中，搜索出各自对应的目标。为了提高多目标搜索的稳定性，一般在初始层搜索中多搜索 1~2 个目标，在后面各层的搜索中根据相关系数逐步淘汰假目标。这是因为初始层的分辨率很低，相关系数未必能准确反映模板与目标的相似程度，如果只搜索指定数量的目标，可能会漏掉真正的目标。这两个示例是用 RSIL 软件完成的。

**例 10.2　相关系数法用于旋转匹配**

如图 10.12 所示。这是一个旋转匹配的示例，图 10.12a 是一幅卡环的图像，从中提取的模板如图 10.12b 所示，图 10.12c 是用双线性插值对图 10.12a 旋转 12.33° 后的图像以及匹配结果，角度误差仅为 0.034°，能够满足绝大部分工业图像处理要求。

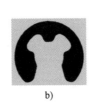
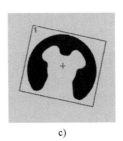

a)　　　　　　　　　b)　　　　　　　　　c)

● 图 10.12　旋转匹配

a）原图　b）模板　c）对图 a 旋转 12.33° 后的图像以及匹配结果：相关系数 0.997，
角度 12.296°（旋转后的空白区域用背景色填充）

**例 10.3** 相关系数法用于多目标旋转匹配

如图 10.13 所示，这是一个多目标匹配示例。图 10.13a 中的卡环有重叠以及破损的情况，但是用图 10.12b 的模板依然能准确搜索到所有目标，如图 10.13b 所示。具体匹配结果见表 10.2。

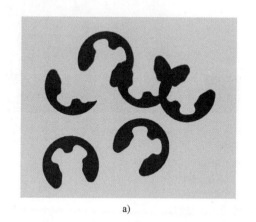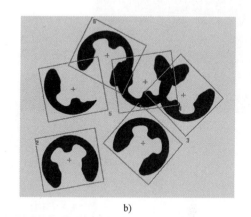

a)                                      b)

● 图 10.13　多目标旋转匹配

a）多目标图像　b）匹配结果

表 10.2　多目标旋转匹配结果

| 目　　标 | 1 | 2 | 3 | 4 | 5 | 6 |
|---|---|---|---|---|---|---|
| 相关系数① | 0.984 | 0.997 | 0.887 | 0.823 | 0.686 | 0.936 |
| 角度/° | 41.255 | -10.019 | -135.291 | 171.476 | 168.657 | 26.897 |

① RSIL 中的结果为相关系数的平方，这里对其进行了开方处理。

### 10.1.3.5　掩膜的使用

我们在进行图像匹配时，有时会需要屏蔽模板的某些区域，不让其参与匹配。这些区域可能是：噪声像素，例如光照等因素造成模板和目标的某些区域图像差异较大；与搜索内容无关的区域；目标的某些区域的图像发生变化，例如产品序列号或时钟的数字等。在这种情况下，可以使用掩膜来设置模板的不感兴趣区域，使其不参与匹配（见 2.1.6 节）。

如图 10.14 所示，图 10.14a 是一块 PCB，需要搜索 4 个角上的焊盘，由于焊锡的不规则以及量的不同，导致目标图像差异较大。如果使用如图 10.14b 所示的普通模板（取左上角焊盘为模板），匹配结果如图 10.14d 所示，相关系数见表 10.3。由于图像差异较大，匹配结果并不理想，有两个目标的相关系数不到 50%。观察这 4 个焊盘，会发现图像差异主要表现在中孔上，通过设置掩膜，将中孔设为不感兴趣区域，如图 10.14c 中颜色区域所示。使用图 10.14c

带掩膜的模板匹配的相关系数对比见表 10.3。对比普通模板，使用掩膜使相关系数明显提升，最大提升幅度达 18.7%。

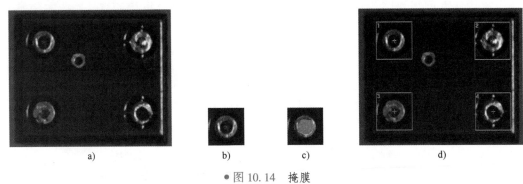

● 图 10.14　掩膜

a）PCB　b）普通模板　c）带掩膜的模板　d）匹配结果

表 10.3　不同模板匹配的相关系数对比

| 目标序号 | 1 | 2 | 3 | 4 |
| --- | --- | --- | --- | --- |
| 普通模板 | 1.000 | 0.494 | 0.610 | 0.455 |
| 带掩膜的模板 | 1.000 | 0.642 | 0.797 | 0.548 |

使用掩膜进行图像匹配的算法与算法 10.2 基本相同，只是在计算相关系数前，根据掩膜的标识判断当前像素是否参与计算。另外，在预处理阶段，计算模板参数时，也需要根据掩膜来决定哪些像素参与计算。

需要指出的是，掩膜适用于所有匹配算法，在下一节中介绍的边缘梯度法中，也可通过使用掩膜来提高匹配的稳定性。

## 10.2　特征匹配

如图 10.15 所示，图 10.15a 是图 5.13a 的局部图像，为一矩形图案。用 Canny 算子提取并细化的轮廓如图 10.15b 所示，对比图 10.15a，除了矩形的灰度值外，其他信息都得以保留。接下来对图 10.15b 进一步简化，只保留 4 个顶点附近的轮廓，如图 10.15c 所示，依然能够表示图 10.15a 中的矩形，甚至可以直接简化为 4 个顶点，如图 10.15d 所示。表示矩形的信息量从图 10.15a 的 150×150 = 22500 个字节缩减到图 10.15d 的 4×2×4 = 32 个字节（像素坐标用 4 字节的整型数表示），极大地压缩了信息量。信息量的减少往往意味着在图像匹配过程中的计算量减少，匹配速度提高。

 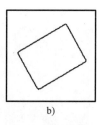 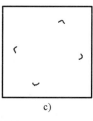 
a) b) c) d)

● 图 10.15　特征匹配

a) 图 5.13a 的局部图像（尺寸 150×150）　b) 轮廓　c) 顶点附近的轮廓　d) 4 个顶点

　　图 10.15b ~ 10.15d 中的图像边缘、角点都属于图像的特征，基于这一类信息的图像匹配算法称为特征匹配。本节将介绍几种有代表性的特征匹配算法：边缘距离法、边缘梯度法、形状上下文法和特征点法。

#### ▶▶ 10.2.1　边缘距离法

　　一种最简单的算法就是在匹配窗口内，计算所有模板边缘点到最近的图像边缘点的距离之和，距离之和取最小值时的点就是目标点。但是这种算法计算量很大，对于每个模板边缘点，都需要遍历子图像的所有边缘点。由于我们感兴趣的是模板边缘点到图像边缘的最小距离，并不需要知道具体是哪个边缘点，于是，一种基于 3.6 节的距离变换的快速计算距离的算法被提出，也就是 CM（Chamfer Matching）算法［Borgefors,1988］。

　　如图 10.16 所示，图 10.16a 是图 5.13a 的局部图像，待匹配目标为图中的斜矩形。模板为图 10.15b 中的矩形框。第一步就是用 Canny 算子提取图 10.16a 的边缘，并对其细化，结果如图 10.16b 所示。然后对图 10.16b 中的背景（白色区域）进行距离变换，如图 10.16c 所示。这里使用最接近欧氏距离的 chamfer-3-4 距离，这也是 Chamfer Matching 名字的由来。接下来就是用图 10.15b 的模板遍历图 10.16c，这里对模板进行了裁剪，去掉无用的区域，并使尺寸为奇数。当模板移动到图 10.16c 的某一位置时，提取模板边缘点对应的图 10.16c 上的像素点的灰度值（即该点到图像边缘的最近距离），并求和，然后通过除以模板边缘像素点总和做归一化处理，用公式表示就是

$$cm(x,y) = \frac{1}{n} \sum_{(u,v) \in T} d(x+u, y+v) \tag{10.13}$$

式中，$n$ 为模板边缘点总数、$T$ 为模板边缘点的集合、$d(x+u,y+v)$ 为在子图像坐标 $(u,v)$ 处的灰度值（也就是到图像边缘最小距离）。通过遍历整幅图像，上式的计算结果构造成一幅最小距离图像，如图 10.16d 所示。图中灰度值最小的点出现在 $(111,97)$，灰度值为 0。该点就是模板边缘距图像边缘最近的点，也就是目标点。

　　CM 算法如下。

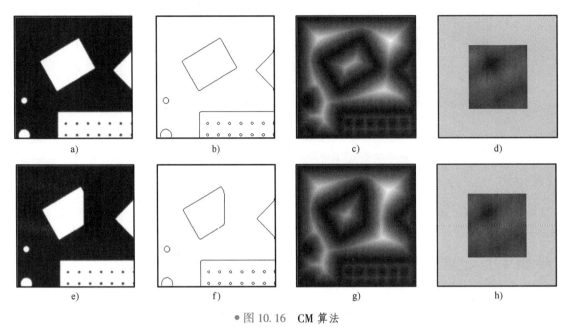

● 图 10.16  CM 算法

a）图 5.13a 的局部图像（尺寸 250×250 像素）  b）提取图 a 的边缘  c）对图 b 中白色区域进行距离变换
（距离映射到[0,255]）  d）用图 10.15b 模板遍历图 c 得到的归一化最小距离  e）图 a 中的目标被部分遮挡
f）提取图 e 的边缘  g）对图 f 进行距离变换  h）用模板遍历图 g 得到的归一化最小距离

```
算法 10.3  CM算法
输入：待匹配图像的边缘背景的距离变换 f(x,y)（如图 10.16c 所示），尺寸 w×h；模板 t(u,v)，奇数尺寸 m×
      n，模板边缘点总数 q
输出：最小距离图像 g(x,y)（如图 10.16d 所示），尺寸 w×h，为浮点数类型图像
1:    a=(m-1)/2, b=(n-1)/2;
2:    for (i=b; i<h-b; i++){                      //y
3:       for (j=a; j<w-a; j++){                   //x
4:          temp=0;
5:          for (v=0; v<n; v++){                  //y
6:             for (u=0; u<m; u++){               //x
7:                if(t(u,v)=0)                    //模板边缘点
8:                   temp+=f(j+u-a,i+v-b);
9:             }
10:         }
11:         g(j,i)=temp/q;
12:      }
13: }
```

当部分目标被遮挡时，如图 10.16e 所示，这时的 Canny 边缘和距离变换分别为图 10.16f 和图 10.16g，用图 10.15b 的模板匹配后的距离如图 10.16h 所示。目标位置没有发生变化，因此，该算法具有识别被遮挡目标的能力。图中灰度值最小的点出现在（111,97），灰度值为 19。

## 10.2.2 边缘梯度法

前面介绍的边缘距离算法仅利用边缘位置信息，而梯度法[Ulrich,2001][Ulrich,2002a][Ulrich,2002b][Steger,2019]则除了利用边缘位置信息外，还利用了边缘梯度信息。

### 10.2.2.1 算法实现

首先用 Canny 算子提取模板的边缘，并设边缘点的梯度集合为 $G=\{\boldsymbol{g}_1,\boldsymbol{g}_2,\cdots,\boldsymbol{g}_n\}$，其中，$\boldsymbol{g}_i=(g_{xi},g_{yi})$，$i=1,2,\cdots,n$，为边缘点的梯度向量。当模板在图像 $f$ 上移动时，被模板覆盖的子图像 $f_{xy}$ 上对应点梯度向量为 $\boldsymbol{g}_i'=(g_{xi}',g_{yi}')$。模板与目标之间的相似性测度可以通过模板边缘点与子图像对应点的梯度向量的数量积计算

$$s = \frac{1}{n}\sum_{i=1}^{n}\boldsymbol{g}_i\cdot\boldsymbol{g}_i' = \frac{1}{n}\sum_{i=1}^{n}(g_{xi}g_{xi}'+g_{yi}g_{yi}') \tag{10.14}$$

根据向量数量积的定义有 $\boldsymbol{g}_i\cdot\boldsymbol{g}_i'=\|\boldsymbol{g}_i\|\|\boldsymbol{g}_i'\|\cos\theta$，$\theta$ 为 $\boldsymbol{g}_i$ 与 $\boldsymbol{g}_i'$ 的夹角，因此当模板与子图像之间的对应点的梯度方向完全相同时，式（10.14）取到最大值；方向垂直时，值为 0；方向相反时，取到最小值。因此，式（10.14）是一个判断模板和目标之间相似程度的测度。该算法并不需要提取被搜索图像的边缘，只需要计算模板边缘对应点的梯度即可。

但当光照发生变化时，图像像素间的对比度发生变化，梯度幅值发生变化，式（10.14）的值也会发生变化。通过对式（10.14）进行归一化处理可以消除光照变化的影响

$$s = \frac{1}{n}\sum_{i=1}^{n}\frac{\boldsymbol{g}_i\cdot\boldsymbol{g}_i'}{\|\boldsymbol{g}_i\|\|\boldsymbol{g}_i'\|} = \frac{1}{n}\sum_{i=1}^{n}\frac{g_{xi}g_{xi}'+g_{yi}g_{yi}'}{\sqrt{g_{xi}^2+g_{yi}^2}\cdot\sqrt{g_{xi}'^2+g_{yi}'^2}} \tag{10.15}$$

上式计算出匹配值的范围为 $[-1.0,1.0]$，当模板与目标完全相同时，取最大值 1.0，当目标的边缘点的梯度方向与模板的相反时，取最小值 $-1.0$。因此，在不考虑边缘极性时，可以通过对上式取绝对值来计算匹配值。

为了提高运算速度，边缘梯度算法同样可以采用 10.1.3.2 节的分层搜索策略。除此之外，观察式（10.15）可以发现，$s$ 值是逐点累加的，累加到第 $j$ 点的匹配值 $s_j$ 为

$$s_j = \frac{1}{n}\sum_{i=1}^{j}\frac{\boldsymbol{g}_i\cdot\boldsymbol{g}_i'}{\|\boldsymbol{g}_i\|\|\boldsymbol{g}_i'\|}, \quad 0<j<n \tag{10.16}$$

因此可以采用提前终止计算的策略。例如一个模板有 100 个边缘点，匹配阈值为 0.7，当完成 31 个点匹配后，$s_j$ 依然为 0，即便剩余 69 个点完全匹配，那么最后的匹配值也只有 0.69，小于阈值，因此这时可以提前终止计算。根据这个例子可概括出提前终止计算的条件为

$$s_j+\frac{n-j}{n}<T, \quad j>n(1-T) \tag{10.17}$$

具有提前终止计算功能的边缘梯度匹配算法如下。

```
算法 10.4   边缘梯度匹配算法
输入: 待匹配图像 f(x,y),尺寸 w×h;模板 t(u,v),奇数尺寸 m×n,边缘像素数量 N,位置 p[N],x 方向梯
      度、y 方向梯度和梯度幅值 Gx_t[N], Gy_t[N], G_t[N];匹配阈值 T
输出: 匹配结果图像 g(x,y),尺寸 w×h,浮点数类型
          //模板预处理
1:    用 Canny 算子提取模板边缘,并进行形态学细化,然后将边缘点位置坐标以及梯度保存到 p、Gx_t、Gy_t
      和 G_t 中;
2:    exit_num=N * (1.0-T);                              //提前退出的起始数量
3:    T1=T * N;
4:    g(x,y)=0;                                          //清零
5:    a=(m-1)/2, b=(n-1)/2;
          //匹配
6:    for(i=0; i<h-n; i++){
7:        for(j=0; j<w-m; j++){
8:            score=0;
9:            for(k=0; k<N; k++){
10:               Gx=(f(j+p.x+1,i+p.y-1)+f(j+p.x+1,i+p.y) * 2+f(j+p.x+1,i+p.y+1))-
11:                  (f(j+p.x-1,i+p.y-1)+f(j+p.x-1,i+p.y) * 2+f(j+p.x-1,i+p.y+1));
                        //梯度
12:               Gy=(f(j+p.x-1,i+p.y+1)+f(j+p.x,i+p.y+1) * 2+f(j+p.x+1,i+p.y+1))-
13:                  (f(j+p.x-1,i+p.y-1)+f(j+p.x,i+p.y-1) * 2+f(j+p.x+1,i+p.y-1));
14:               if (Gx=0 and Gy=0) continue;           //梯度为 0 时,不计算该点
15:               G=sqrt(Gy * Gy+Gx * Gx));              //梯度幅值
16:               score+=(Gx_t[k] * Gx+Gy_t[k] * Gy)/(G_t[k] * G); //式(10.16)
17:               if (k>exit_num){
18:                   if ((score+N-(k+1))<T1) break;     //提前终止计算,式(10.17)
19:               }
20:           }
21:           g(j+a,i+b)=score/N;                        //结果
22:       }
23: }
```

用以上算法进行匹配的示例如图 10.17 所示。图 10.17a 为待匹配原图,卡环有破损和重叠情况。图 10.17b 是根据图 10.12b 生成的模板。需要注意的是,用 Canny 提取边缘后需要进行一次细化,否则得到的可能不是 m 连通的单像素边缘。图 10.17c 是用图 10.17b 的模板对图 10.17a 搜索的结果。从图中可以看到,5 个目标点处的图像呈高亮状态,准确搜索到目标。在 RSIL 中对图 10.17a 进行实际匹配的结果如图 10.17d 所示。图 10.17e 为图 10.17d 叠加到图 10.17a 的结果。可以发现,虽然目标 3 相对于模板有一定的旋转角度,但仍能完成匹配。这说明边缘梯度法对微小角度目标具有一定的容忍度。

边缘梯度法不支持旋转不变性和缩放不变性。对于这类匹配,采用与 10.1.3 节相关系数法相同的策略,通过对模板的旋转和缩放实现对旋转和缩放目标的匹配。

### 10.2.2.2   高精度匹配

与相关系数法一样,边缘梯度法也可以通过对匹配值最大点的邻域进行插值来获得目标的高精度位置及角度数据,但这种算法并不是最优的算法。本节将要讨论的高精度匹配算法的基本思想是:当模板通过适当的刚性变换后,使得模板与目标对应点之间的距离之和取到最小值

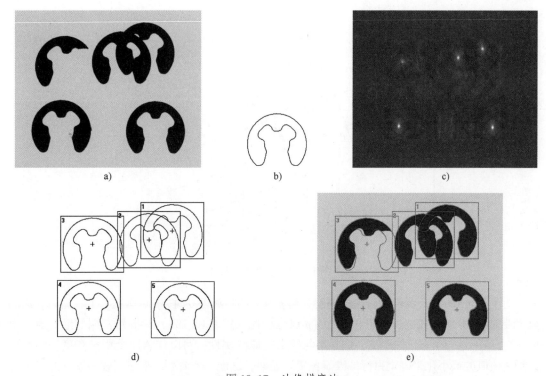

a) 待匹配图像  b) 根据图 10.12b 生成的模板  c) 匹配结果（浮点数图像映射到[ 0,255 ]）
d) 在 RSIL 中实际匹配的结果  e) 图 d 叠加图 a 上

● 图 10.17  边缘梯度法

时，我们认为这时的模板姿态（位置和角度）就是目标的准确姿态。不过在实际算法中并不需要在子图像中提取目标的完整边缘，只是在模板边缘点的小邻域内搜索目标边缘点即可。

在完成第 1 层匹配后，我们认为这时的模板与目标的姿态已经十分接近，大部分目标边缘点位于模板边缘点的小的邻域范围内。另外，为了提高匹配精度，需要在预处理阶段用 9.2.2 节的算法提取模板的亚像素边缘及其梯度。如图 10.18 所示，图中的背景网格为目标图像，像素中心位于节点上。图中的曲线是模板亚像素边缘，$p_0$ 为亚像素边缘上的一点，$l_1$ 为该点的法线（梯度方向），$l_2$ 为与之正交的 $p_0$ 点的切线。算法第一步是通过插值，在目标图像的 $l_1$ 方向上构造图 10.18 所示的 7×3 的 $p_0$ 点的邻域像素灰度值。接下来用 Sobel 算子计算 $p_0 \sim p_4$ 的梯度幅值，如果存在局部极值点，则通过 3 点拟合抛物线确定目标的亚像素边缘点，如图中的 $p$ 点，这样 $p_0$ 和 $p$ 点就是模板和目标之间的对应点；如果不存在局部极值点，则忽略该点。通过遍历模板边缘点，求出所有与之对应的目标边缘点（如果有的话），并计算出所有的目标边缘点到对应模板边缘点所在切线的距离，如图中 $p$ 到 $l_2$ 的距离。当所有点的距离之和取到最小值时，这时的模板位置就是目标的精确位置。设 $p_0$ 的坐标为 $(x_0, y_0)$，梯度为 $(g_x, g_y)$，则 $l_2$ 的直线方

程为

$$g_x(x-x_0)+g_y(y-y_0)=0 \tag{10.18}$$

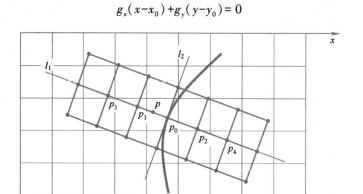

● 图 10.18　提高精度匹配

对于式（10.18）我们可以这样理解，当 $p$ 到 $l_2$ 的距离为 0 时，$p$ 点落在 $l_2$ 上，这时 $p$ 点的坐标使式（10.18）成立。而将非 $l_2$ 上的 $p$ 点坐标代入式（10.18），其等号左端的绝对值大于 0，这个值不是一个真正的距离，但具有与距离类似的属性，可以作为一个距离测度，因此可以通过该值的最小化来确定目标的准确位置。显然，这是一个最小二乘法问题。设一组目标边缘点的坐标为 $(x_i,y_i)$，$i=1,2,\cdots,n$，其对应的模板边缘点坐标为 $(u_i,v_i)$，梯度为 $(g_{u_i},g_{v_i})$，通过使下式

$$Q = \sum_{i=1}^{n} \left[ g_{u_i}(x_i - u_i) + g_{v_i}(y_i - v_i) \right]^2 \tag{10.19}$$

为最小值来确定目标的精确位置。其中 $(x_i,y_i)$ 由当前目标边缘点（如图 10.18 中的 $p$ 点）通过刚性变换（旋转加平移）得到，二维刚性变换矩阵为

$$T(X,Y,\theta)=\begin{bmatrix} \cos\theta & -\sin\theta & X \\ \sin\theta & \cos\theta & Y \\ 0 & 0 & 1 \end{bmatrix} \tag{10.20}$$

式中，$X$、$Y$ 为平移量，$\theta$ 为转角，就是我们需要求解的参数。为了得到代数矩阵，我们利用三角替换：设 $t=\tan(\theta/2)$，有 $\sin\theta=2t/(1+t^2)$，$\cos\theta=(1-t^2)/(1+t^2)$。则式（10.20）可化为代数矩阵

$$\text{Mat}(X,Y,t)=\begin{bmatrix} 1-t^2 & -2t & X(1+t^2) \\ 2t & 1-t^2 & Y(1+t^2) \\ 0 & 0 & 1+t^2 \end{bmatrix} \tag{10.21}$$

注意，$T(X,Y,\theta)=(1+t^2)\,\text{Mat}(X,Y,t)$。这是一个非线性最小二乘法问题，因此不能直接用

12.5.1 节的最小二乘法进行求解。对于这类非线性最小二乘法问题的求解，可以采用 Wallack 和 Manocha 提出的基于结式（Resultant）、线性代数和数值分析的算法 [Wallack, 1998]。求解出的 $X$、$Y$ 和 $t$ 是目标边缘点到模板边缘点切线的变换参数，但由于目标到模板和模板到目标变换的对偶性，所以只要对上述变换参数取反就可得到模板到目标的变换参数。经过变换，模板在目标图像中姿态发生改变，模板与目标边缘点的相对位置发生变化，因此需要通过迭代的方式不断优化模板的姿态。一般来说，迭代 2~6 次即可，迭代次数越多精度越高。如果模板的初始位置与目标位置很接近，一般迭代两次就能达到很高的精度，反之，可能需要迭代 6 次。Wallack 算法涉及矩阵求逆以及稀疏矩阵的特征值求解，计算量比较大，不适合对实时性要求高的场合，一般多用于对角度精度要求很高的离线场合。

接下来用两个例子来对比边缘梯度法和相关系数法。需要指出的是，当边缘梯度法涉及旋转匹配时，角度计算采用了 Wallack 算法。这两个示例也是用 RSIL 软件完成的。

**例 10.4** 高精度边缘梯度法

如图 10.19 所示，图 10.19a 是对图 10.12a 平移 (2.350, 3.670) 后的图像。用图 10.17b 的模板对图 10.12a 匹配的目标的坐标为 (111.004, 105.005)，对图 10.19a 匹配的结果如图 10.19b 所示，目标坐标为 (113.330, 108.698)，位置误差为 (-0.024, 0.023)。对于同样的图像，采用相关系数法的误差则为 (-0.040, 0.034)。显然，边缘梯度法的误差小于相关系数法的误差。对于旋转匹配，对图 10.12c 的匹配结果的角度为 12.332°，如图 10.19c 所示，与标准值的误差仅为 0.002°，而相关系数法的角度误差为 0.034°。显然，边缘梯度法的角度精度要远高于相关系数法。

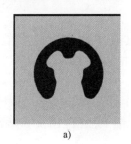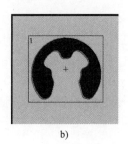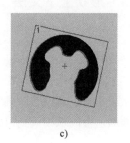

a)          b)          c)

● 图 10.19 边缘梯度法高精度匹配

a) 对图 10.12a 平移后的图像   b) 边缘梯度法匹配结果   c) 对图 10.12c 匹配的结果（迭代 3 次）

**例 10.5** 边缘梯度法用于多目标匹配

如图 10.20 所示，图 10.20a 是对图 10.13a 匹配的结果，图 10.20b 是叠加到原图上的效果，具体结果见表 10.4。对比例 10.3 的相关系数法，由于算法不同，因此匹配顺序不同，但根据标号可以找出对应的目标。通过分析两个示例的数据，可以发现在目标部分缺失或遮挡情况下，二者的匹配结果可能会有较大的差异。

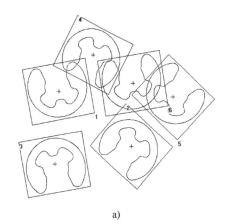

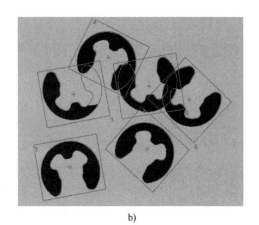

a)                                    b)

● 图 10.20　边缘梯度法多目标匹配

a) 对图 10.13a 匹配的结果　b) 叠加到原图上的效果

表 10.4　边缘梯度法多目标匹配结果

| 目　标 | 1 | 2 | 3 | 4 | 5 | 6 |
|---|---|---|---|---|---|---|
| 匹配值 | 0.6639 | 0.9975 | 0.9992 | 0.9190 | 0.8572 | 0.7334 |
| 角度/° | 169.424 | 41.799 | -9.983 | 26.445 | -136.286 | 170.669 |

## ▶▶ 10.2.3　形状上下文法

　　形状上下文（Shape Contexts）匹配是一种对边缘点附加其在边缘中相对位置信息的匹配算法[Belongie,2002][Mori,2005]。通过给每个边缘点附加一个描述符，即形状上下文，来确定其相对于其余点的分布，从而提供全局判别特征。模板和目标中两个相似形状上的对应点具有相似的形状上下文，通过求解最优分配问题得到模板与目标边缘点的对应关系。根据这种对应关系，找到最适合的从模板到目标的变换。如图 10.21 所示，图 10.21a~10.21c 都是手写的字

a)                          b)                          c)

● 图 10.21　手写字母"A"

a) 模板　b) 目标　c) 逆时针旋转 20° 后的目标

母 "A"，其中图 10.21c 是图 10.21b 旋转后的图像。在接下来的讨论中，以图 10.21a 作为模板，匹配图 10.21b 和图 10.21c 中的目标。

形状上下文匹配算法将对象视为一个点集，其形状是由从物体的轮廓中采样的一组离散点来表示的。这些点可以通过边缘检测算子获得，以大致均匀的间距对形状进行采样即可，通常不需要对应于关键点，比如曲率最大值或拐点。用 Canny 算子提取图 10.21a 和 10.21b 的顺序轮廓，并以 10 为间隔进行采样，结果如图 10.22a 和 10.22b 所示。显然，这些点足以描述图 10.21a 和 10.21b 中 "A" 的形状。

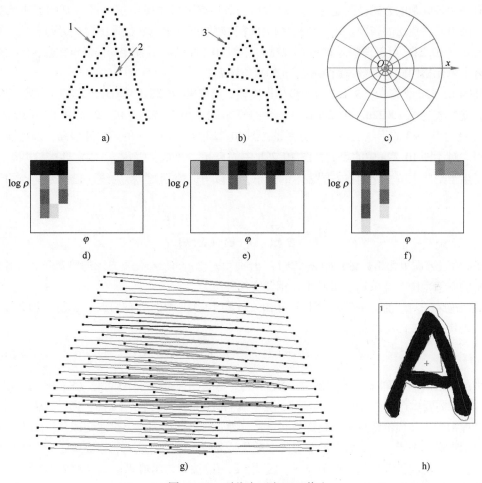

● 图 10.22　形状上下文匹配算法

a）图 10.21a 的轮廓点　b）图 10.21b 的轮廓点　c）对数极坐标系

d）~f）图 a 和图 b 中点 1~3 的形状上下文直方图（$\varphi$ 为极角、$\log\rho$ 为对数矢径。

数据映射到 [0,255]，其中白色为 0，颜色越深数值越大）

g）模板与目标轮廓点对应关系　h）匹配结果

将图 10.22a 中的点表示为集合 $P = \{p_1, p_2, \cdots, p_n\}$，图 10.22b 中的点表示为集合 $Q = \{q_1, q_2, \cdots, q_m\}$。对于图 10.22a 中的每个点 $p_i$，$i = 1, 2, \cdots, n$，我们要在图 10.22b 中找到"最佳"匹配点 $q_j$，$j = 1, 2, \cdots, m$。这种匹配可以通过使用局部描述符，也就是形状上下文来实现。对于形状上的点 $p_i$，我们计算剩余 $n-1$ 个点的相对坐标的二维直方图 $h_i$

$$h_i(k) = |\{q \neq p_i : (q - p_i) \in \text{bin}(k)\}| \tag{10.22}$$

式中，绝对值表示集合的基数，即集合中元素数量；$\text{bin}(k)$ 为二维直方图中的第 $k$ 个单元格。该直方图被定义为 $p_i$ 的形状上下文。直方图采样极坐标形式，如图 10.22c 所示，在径向方向并没有采用等间距的方式，而是采用了对数值。最后就形成了图中这种极点 $O$ 附近单元格致密，外围单元格疏松的布局。这种布局使得描述符对附近样本点的位置比对更远的点的位置更敏感。式（10.22）可以理解为将图 10.22a 移至图 10.22c 中，并使得 $p_i$ 与极点重合，然后统计落入各个单元格的样本点数量就形成了 $p_i$ 的直方图 $h_i$。

将图 10.22c 做类似于 5.1.3 节的极坐标变换，沿极轴 $Ox$ 展开并将单元格尺寸调整为同一尺寸，就形成的图 10.22d ~ 10.22f 的 $12 \times 5$ 的直方图。图 10.22d ~ 10.22f 分别为图 10.22a ~ 10.22b 中的点 1~3 的形状上下文。很明显，图 10.22d 与图 10.22f 的相似度很高，很可能就是对应点。对于图 10.22a 中的点 $p_i$ 和图 10.22b 中的点 $q_j$，设 $C_{ij} = C(p_i, q_j)$ 表示匹配这两个点的代价。由于形状上下文是用直方图表示的分布，所以可以使用 $\chi^{2\ominus}$ 检验统计量作为两点的代价测度

$$C_{ij} = \frac{1}{2} \sum_{k=1}^{K} \frac{[h_i(k) - h_j(k)]^2}{h_i(k) + h_j(k)} \tag{10.23}$$

式中，$k$ 为直方图单元格数量；$h_i(k)$ 和 $h_j(k)$ 分别为 $p_i$ 和 $q_j$ 的归一化直方图的第 $k$ 个单元格的数值。$C_{ij}$ 的取值范围为 $[0, 1]$，值越小，相似度越高。

在匹配为一对一的约束下，对于由图 10.22a 和 10.22b 中的所有的点对 $p_i$ 和 $q_j$ 之间的代价 $C_{ij}$ 组成的集合，在匹配的总代价

$$H(\pi) = \sum_i C(p_i, q_{\pi(i)}) \tag{10.24}$$

取最小值时的排列 $\pi$ 就是我们需要的排列。这是一个平方分配问题（Square Assignment Problem），需要构造一个 $N \times N$ 代价矩阵，其中 $N = \max(m, n)$。当 $m \neq n$ 时，通过在较小的点集中添加虚拟节点使代价矩阵平方化。除此之外，为了对离群点进行鲁棒性处理，可以为每个点集额外添加虚拟节点。一般取虚拟节点的匹配代价为较大值的常数 $\epsilon_d$，当没有比 $\epsilon_d$ 更小的真实匹配时，一个点将被匹配到虚拟节点上。因此，$\epsilon_d$ 可以被视为离群点检测的阈值参数。这类平方分配问题可以采用最短增广路径算法求解 [Jonker, 1987]。最后求解出的对应关系如图 10.22g 所示，如图中黑色粗线所示，图 10.22a 中的点 1 和图 10.22b 中的点 3 是一对最佳的

---

⊖ $\chi^2$ 读作"卡芳"。

匹配点。有了这种一对一的点的匹配关系就可以确定模板到目标的变换，在不考虑旋转的情况下，这是一种简单的平移变换，通过点集的质心即可确定目标的位置。最后模板变换到目标图像上的结果如图 10.22h 所示。

平移不变性是形状上下文定义固有的，因为所有的测量都是相对于目标上的点进行的；为了实现尺度不变性，我们通过形状中所有点之间的平均距离将所有径向距离归一化；由于形状上下文是非常丰富的描述符，它们天生对形状部分的小扰动不敏感，对小非线性变换、遮挡和异常值存在的匹配具有良好的鲁棒性。在形状上下文框架中，如果需要，也可以提供完整的旋转不变性，代替使用绝对框架来计算每个点的形状上下文，可以使用相对框架，基于将每个点的梯度方向视为正 $x$ 轴。这样，参照系随梯度方向转动，得到一个完全旋转不变的描述符。如图 10.23 所示，图 10.23a 是采用根据梯度方向构造的相对旋转形状上下文的匹配结果。很明显，没有图 10.22g 的非旋转模式下的匹配效果好，有几个明显的匹配错误。对于这些错误匹配，可以通过点对的代价值进行剔除。图 10.23b 为剔除 10% 代价值大的点对后的匹配效果，有了这些匹配的点对就可以确定模板到目标的变换。显然，这是一个点到点的刚性变换，与10.2.2 节的点到线的刚性变换并不相同。对于点到点的二维刚性变换，有三个自由度：$x$、$y$、$\theta$，通过解耦这些自由度，将非线性最小二乘问题简化，可以在恒定时间内精确求解。由于点集的质心具有旋转不变性，因此无论如何旋转，都可以精确地确定点集的位置$(x,y)$。通过奇异值分解求解该问题的具体算法可以参考[Sorkine-Hornung,2017]。

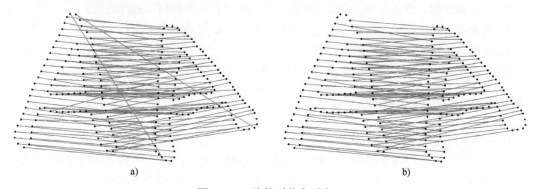

a)                                     b)

● 图 10.23　旋转形状上下文匹配

a）模板与目标轮廓点对应关系　b）剔除 10% 代价值大的点对后的匹配效果

形状上下文匹配算法如下。

| 算法 10.5　形状上下文匹配算法 |
| --- |
| 1：　Canny 算子提取模板和目标边缘； |
| 2：　通过形态学细化得到 m 连通的单像素边缘； |
| 3：　顺序提取边缘； |
| 4：　根据一定间隔对模板和目标边缘进行采样； |
| 5：　构造对数极坐标直方图； |

```
6:   构造代价矩阵；
7:   用最短增广路径算法求出模板和目标边缘点之间的对应关系；
8:   确定模板到目标的变换.
```

## ▶▶ 10.2.4　特征点法

与上一节介绍的基于边缘信息的匹配算法不同，本节介绍的匹配算法是基于尺度不变特征变换（Scale Invariant Feature Transform，SIFT）[Lowe, 1999] [Lowe, 2004] [Hess, 2010] [Gonzalez, 2020]。这种方法之所以被称为 SIFT，是因为它将图像数据转换为相对于局部特征的尺度不变坐标。SIFT 特征点（又称为关键点）对图像尺度和旋转具有不变性，并且对仿射失真、三维视点变换、噪声和光照变化具有很强的鲁棒性。SIFT 检测也是借鉴人眼看物体的过程，我们人眼看物体时不仅要看物体的局部细节还要看物体的整体轮廓；此外，我们人眼看物体，是近大远小，这和相机拍照是一致的。SIFT 就把图像处理成不同尺度空间的一系列图片，这一系列图片既有局部的清晰细节又有整体的模糊轮廓，还有不同的大小尺寸（近大远小的效果），然后再在这一系列图片中找一些稳定的点作为特征点提取。

SIFT 算法十分复杂，共分 5 个步骤。

**1）尺度空间极值检测**：搜索所有尺度和图像位置。利用高斯差分（DoG）函数来识别具有尺度和方向不变性的潜在极值点。

**2）关键点定位**：调整极值点位置，精确定位极值点，并对极值点进行筛选。

**3）方向分配**：根据局部图像梯度方向为每个关键点位置分配一个或多个方向。

**4）关键点描述符**：根据关键点周围的局部图像的梯度生成关键点的描述符。

**5）关键点匹配**：在目标图像中搜索模板关键点的最近邻。

接下来我们详细介绍这些步骤。在涉及经验参数以及具体实现细节时，我们更多地参考了 Hess [2010] 的 SIFT 代码。

### 10.2.4.1　尺度空间极值检测

该步骤又分为两小步：构建尺度空间和极值点检测。在 SIFT 中，尺度空间是类似于高斯金字塔（见 5.3.1 节）的图像序列，如图 10.24 所示，其中左侧浅灰色图像序列就是尺度空间。与高斯金字塔不同的是，每一尺寸的图像不是一幅图像，而是一组用不同标准差平滑后的图像，又称为倍频程（octave）。用于控制平滑的标准差称为尺度参数。对于尺寸为 $w \times h$ 的图像，确定分组数量的公式为

$$\text{octaves} = \text{round}[\log_2[\min(w,h)]] - 2 \tag{10.25}$$

这是一个经验公式。另外，每组中的图像数量一般为 5~6 幅，具体的确定方法见后面的讨论。

在构建高斯尺度空间之初，可以先用双线性插值将原图尺寸放大一倍，增加由 SIFT 检测到的稳定特征点的数量，不过这一步也不是必须的。对于图像 $f(x,y)$，其尺度空间 $L(x,y,\sigma)$

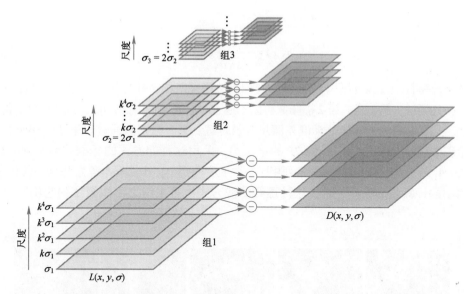

● 图 10.24　尺度空间：左侧为高斯尺度空间，右侧为高斯差分尺度空间

是一个变尺度高斯核 $G(x,y,\sigma)$ 与图像 $f$ 的卷积

$$L(x,y,\sigma)=G(x,y,\sigma)*f(x,y) \qquad (10.26)$$

式中，$G$ 为

$$G(x,y,\sigma)=\frac{1}{2\pi\sigma^2}e^{-\frac{(x^2+y^2)}{2\sigma^2}} \qquad (10.27)$$

　　显然，该卷积就是对图像进行高斯平滑。

　　首先我们讨论尺度空间中第一组图像序列的构造。如图 10.24 左下角所示，由标准差为 $\{\sigma_1,k\sigma_1,k^2\sigma_1,k^3\sigma_1,k^4\sigma_1\}$ 的高斯核与原图进行卷积，产生在尺度空间中以常数因子 $k$ 分隔的图像序列。图 10.25 给出了生成尺度空间的具体示例，由 $k=\sqrt{2}$、$\sigma_1=1.6$ 构造出的标准差为 $\{1.60,2.26,3.20,4.53,6.40\}$ 的高斯核与图 2.10a 进行卷积，就得到了第一组图像序列。但在实际算法中 [Hess,2010]，除了第一幅图像是通过对原图进行平滑处理得到外，后续的其他图像都是通过对前一幅图像进行平滑处理得到的。根据 12.6.3.1 节的卷积结合律性质可知，图像 $f$ 先用核 $g$ 滤波，结果再用核 $h$ 滤波，等于核 $g$ 与 $h$ 先卷积后再对图像 $f$ 滤波。设 $g_1(x)$ 和 $g_2(x)$ 为两个高斯核

$$g_1(x)=\frac{1}{\sqrt{2\pi}\,\sigma_1}e^{-\frac{x^2}{2\sigma_1^2}},\quad g_2(x)=\frac{1}{\sqrt{2\pi}\,\sigma_2}e^{-\frac{x^2}{2\sigma_2^2}} \qquad (10.28)$$

　　根据式（12.120）的卷积定义，$g_1$ 和 $g_2$ 的卷积为

$$h(x)=g_1(x)*g_2(x)=\int_{-\infty}^{+\infty}g_1(\tau)g_2(x-\tau)\mathrm{d}\tau \qquad (10.29)$$

将式（10.28）代入上式，最终推导出

$$h(x) = \frac{1}{\sqrt{2\pi}\,\sigma_3} e^{-\frac{x^2}{2\sigma_3^2}} \qquad (10.30)$$

式中，$\sigma_3^2 = \sigma_1^2 + \sigma_2^2$。上式说明两个高斯核的卷积仍然是高斯核，并且其方差为两个高斯核的方差之和。换句话说，第 1 组的第 2 幅图像可以不通过对原图卷积得到，而是通过对第 1 幅图像卷积得到，只要三者的高斯核的标准差满足勾股定理。第 3 幅图像通过对第 2 幅图像卷积得到，其余图像以此类推。对于图 10.25 的第 1 组，采用这种的方式的标准差为 $\{1.60, 1.60, 2.26, 3.20, 4.53\}$，与前面的标准差序列相比，数值明显要小，小的标准差意味着小的核尺寸，也意味着小的计算量。除此之外，这种逐级滤波方式对第 1 组之后图像序列的构造也很有帮助。

●图 10.25　高斯尺度空间示例（$k = \sqrt{2}$、$\sigma_1 = 1.6$）

如图 10.24 所示，第 2 组的图像序列是用高斯金字塔方式生成的，由标准差为 $\{\sigma_2 = 2\sigma_1, k\sigma_2, k^2\sigma_2, k^3\sigma_2, k^4\sigma_2\}$ 的高斯核与原图进行卷积，然后通过向下抽样得到尺寸减半的图像序列，具体图像如图 10.25 第 2 行（组 2）所示。但实际上我们并不需要用高斯金字塔来生成该组的图像序列，组 1 的倒数第 3 幅图像的标准差为 $k^2\sigma_1$，当 $k = \sqrt{2}$ 时，$k^2\sigma_1 = 2\sigma_1$，也就是生成第 2 组第 1 幅图像的标准差，因此第 2 组的第 1 幅图像可以直接对第 1 组倒数第 3 幅图像进行向下抽样得到，这也是为什么 $k$ 取 $\sqrt{2}$ 的原因。第 2 组余下的 4 幅图像则通过逐级滤波的方式获取，使用的标准差为 $\{1.60, 2.26, 3.20, 4.53\}$。其余组的处理方式与第 2 组相同。对于图 2.10a 的原图，根据式（10.25），需要生成 6 组图像，图 10.25 给出其中的前 3 组图像。可以看出，随着尺度参数的增大，图像变得更加模糊，细节也明显减少。

构造完尺度空间这一步后，接下来的一步就是极值点检测。为了有效地检测尺度空间中稳定的关键点位置，SIFT 采用高斯差分算子与图像卷积后的尺度空间极值点作为候选关键点，该极值为常数因子 $k$ 分隔的两个相邻尺度之差

$$D(x,y,\sigma)=\left[\,G(x,y,k\sigma)-G(x,y,\sigma)\,\right]*f(x,y)=L(x,y,k\sigma)-L(x,y,\sigma) \qquad (10.31)$$

由上式可知，生成一幅高斯差分图像 $D(x,y,\sigma)$ 需要通过两幅相邻的高斯平滑图像 $L(x,y,\sigma)$ 相减得到，如图 10.24 右侧所示，每一组高斯差分图像只有 4 幅。图 10.26 是用图 10.25 的高斯尺度空间生成的高斯差分尺度空间。高斯差分算子属于二阶微分算子，用于提取边缘等灰度急剧变化的区域，因此图 10.26 中的边缘呈高亮状态。

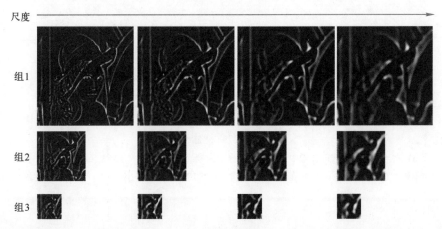

● 图 10.26　高斯差分尺度空间示例（对相减后的负值做了截断处理，并将灰度值映射到 $[\,0,255\,]$）

在构造完高斯差分尺度空间后就是查找候选关键点。如图 10.27a 所示，为了检测高斯差分图像的局部最大值或最小值，将当前像素与其当前图像中的 8 个邻居以及上下尺度中的各 9 个邻居，共计 26 个像素进行比较。只有当它大于（或小于）所有邻居时才会被选中。从图 10.27a 可以看出，需要 3 幅相邻的高斯差分图像才能在中间这幅图像中提取关键点。设在一组中提取关键点的图像数量为 $s$，则在图 10.24 中，$s=2$，即提取关键点的图像数量为 2。那么可以倒推需要生成的高斯平滑图像为 $s+3$，在图 10.24 中则为 5 幅高斯平滑图像。另外，在前面构造尺度空间时的常数因子 $k=2^{1/2}$，可以写成一般形式：$k=2^{1/s}$，当 $k$ 满足该式时，就能保证高斯尺度空间中每组的倒数第 3 张图像标准差等于下一组第 1 张图像的标准差。

### 10.2.4.2　关键点定位

找到关键点候选点的下一步就是通过对其附近数据进行拟合，以确定其精确位置。实验表明，将三维二次函数拟合到局部样本点上，以确定最大值的插值位置，这种方法能大大提高匹配的稳定性。SIFT 的方法使用尺度空间函数 $D(x,y,\sigma)$ 的泰勒级数展开式（直到二次项），设原点位于样本点上，则泰勒级数展开式为

$$D(\boldsymbol{x})=D+\left(\frac{\partial D}{\partial \boldsymbol{x}}\right)^{\mathrm{T}}\boldsymbol{x}+\frac{1}{2}\boldsymbol{x}^{\mathrm{T}}\frac{\partial^2 D}{\partial \boldsymbol{x}^2}\boldsymbol{x} \qquad (10.32)$$

式中，$D$ 和它的导数是在样本点处求值的，$\boldsymbol{x}=(x,y,\sigma)^{\mathrm{T}}$ 是到样本点的偏移量；另外，$\partial D/\partial \boldsymbol{x}$

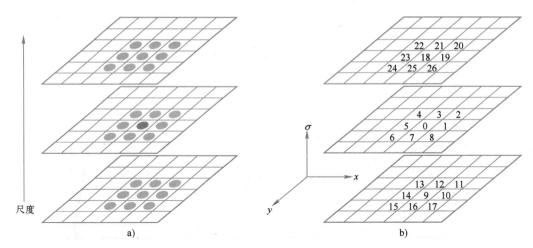

● 图 10.27　极值检测

a) 在当前和相邻尺度图像中，通过比较当前像素（黑色圆点）与 3×3 区域内的 26 个
相邻像素（灰色圆点）的灰度值，检查高斯差分图像的最大值和最小值　b) 精确定位关键点

为梯度

$$\frac{\partial D}{\partial \boldsymbol{x}} = \begin{bmatrix} \partial D/\partial x \\ \partial D/\partial y \\ \partial D/\partial \sigma \end{bmatrix} \tag{10.33}$$

$\partial^2 D/\partial \boldsymbol{x}^2$ 为黑塞矩阵

$$\frac{\partial^2 D}{\partial \boldsymbol{x}^2} = \begin{bmatrix} \partial^2 D/\partial x^2 & \partial^2 D/\partial x\partial y & \partial^2 D/\partial x\partial \sigma \\ \partial^2 D/\partial x\partial y & \partial^2 D/\partial y^2 & \partial^2 D/\partial y\partial \sigma \\ \partial^2 D/\partial x\partial \sigma & \partial^2 D/\partial y\partial \sigma & \partial^2 D/\partial \sigma^2 \end{bmatrix} \tag{10.34}$$

对于离散图像来说，式（10.33）和（10.34）中的偏导数用差分来近似。如图 10.27b 中的坐标系所示，关于 $x$、$y$ 的偏导数及混合偏导数计算仅涉及中间这幅图像，而关于 $\sigma$ 的偏导数则横跨 3 幅图像

$$\frac{\partial D}{\partial \sigma} = \frac{D_{18} - D_9}{2}, \quad \frac{\partial^2 D}{\partial \sigma^2} = D_{18} + D_9 - 2D_0,$$

$$\frac{\partial^2 D}{\partial x\partial \sigma} = \frac{(D_{19} + D_{14}) - (D_{23} + D_{10})}{4}, \quad \frac{\partial^2 D}{\partial y\partial \sigma} = \frac{(D_{25} + D_{12}) - (D_{21} + D_{16})}{4} \tag{10.35}$$

式中，$D_{18}$ 为图 10.27b 像素点 18 的值，其他以此类推。

式（10.32）是局部样本点的拟合函数，取该式关于 $\boldsymbol{x}$ 的导数并令其为 0，可确定极值位置 $\hat{\boldsymbol{x}}$ 为

$$\hat{\boldsymbol{x}} = -\left(\frac{\partial^2 D}{\partial \boldsymbol{x}^2}\right)^{-1} \frac{\partial D}{\partial \boldsymbol{x}} \tag{10.36}$$

在计算出梯度和黑塞矩阵后，通过解线性方程组，很容易求出上式中偏移量$\hat{x}$。实际算法采用的是迭代方式：

1）如果偏移量$\hat{x}$的各分量都小于 0.5，说明位移量已经很小了，接近极值位置，于是停止迭代。

2）如果偏移量$\hat{x}$的任意分量大于 0.5，则意味着极值更靠近不同的样本点。在这种情况下，改变采样点，并围绕该点执行插值。

3）如果超过了迭代次数，$\hat{x}$的各分量还是没有全部小于 0.5，我们就认为不能收敛，停止迭代，并且把这个点剔除。

迭代次数可设为 5[Hess,2010]。将最终的偏移量$\hat{x}$添加到其样本点的位置，可获得极值位置的插值估计。其中$(\hat{x},\hat{y})$直接加到样本点的坐标上即可，而归一化的$\hat{\sigma}$值为极值点到样本点所在层的距离，极值点的尺度计算公式为

$$\text{scale}=\sigma_1 2^{i-1}2^{\frac{j-1+\hat{\sigma}}{s}} \tag{10.37}$$

式中，$\sigma_1$为第 1 组初始标准差；$i=1,2,\cdots,n$，为样本点所在的组别；$j=1,2,\cdots,n$，为样本点所在的层。除此之外，还有一个特征点的组尺度

$$\text{scale}_{\text{octave}}=\sigma_1 2^{\frac{j-1+\hat{\sigma}}{s}} \tag{10.38}$$

相当于特征点映射到第 1 组中的尺度，该尺度在后面讨论的高斯权重函数以及构建描述符邻域尺寸时都要用到。

将式（10.36）代入式（10.32）可得极值点的函数值 $D(\hat{x})$

$$D(\hat{x})=D+\frac{1}{2}\left(\frac{\partial D}{\partial x}\right)^{\text{T}}\hat{x} \tag{10.39}$$

对于那些局部对比度过低的点需要剔除。在 SIFT 算法中，当图像的值归一化到范围 [0, 1] 时，所有$|D(\hat{x})|$小于 0.03 的极值点都会被剔除。但是采用 0.03 的固定阈值并不恰当，因为用于分隔图像序列的 $k$ 会随着提取特征点的图像数量 $s$ 增大而减小。对此，Hess[2010]给出了另外的阈值公式：$\text{threshold}=T/s$，其中 $T=0.04$。

在 SIFT 中，我们感兴趣的点是那些角点，但高斯函数的差值沿边缘会有很强的响应，如图 10.26 所示。因此，为了提高算法的稳定性，只剔除低对比度的关键点是不够的，还需要消除边缘响应。在高斯差分函数中，边缘在梯度方向上的主曲率很大，但在正交方向的主曲率很小；而角点则在两个方向上的主曲率差异较小。SIFT 利用这一差别来剔除那些位于边缘的候选关键点。主曲率可以用一个 2×2 黑塞矩阵 $H$ 计算

$$H=\begin{bmatrix} \partial^2 D/\partial x^2 & \partial^2 D/\partial x\partial y \\ \partial^2 D/\partial x\partial y & \partial^2 D/\partial y^2 \end{bmatrix}=\begin{bmatrix} D_{xx} & D_{xy} \\ D_{xy} & D_{yy} \end{bmatrix} \tag{10.40}$$

$H$ 的特征值与 $D$ 的主曲率成正比，但我们可以避免计算特征值，因为我们只关心它们的比

值。设 $\alpha$ 为最大的特征值，而 $\beta$ 为较小的特征值。然后，我们可以通过 $H$ 的迹（见12.3.1节）计算特征值的和，并通过行列式中计算它们的乘积

$$\mathrm{tr}(H) = D_{xx} + D_{yy} = \alpha + \beta \tag{10.41}$$

$$\det(H) = D_{xx}D_{yy} - (D_{xy})^2 = \alpha\beta \tag{10.42}$$

在不太可能的情况下，行列式为负值，两个曲率的符号不同，说明候选关键点不是极值点，需要将其剔除。设 $r$ 为最大的特征值与较小的特征值之比，于是有 $\alpha = r\beta$。无量纲比值

$$\frac{\mathrm{tr}(H)^2}{\det(H)} = \frac{(\alpha+\beta)^2}{\alpha\beta} = \frac{(r\beta+\beta)^2}{r\beta^2} = \frac{(r+1)^2}{r} \tag{10.43}$$

显然，上式只取决于特征值的比值而不是它们各自的值。当两个特征值相等时，$r=1$，$(r+1)^2/r$ 取最小值4，并且随着 $r$ 的增加而增加。因此，为了检查主曲率比是否低于某个阈值 $r$，我们只需要检查

$$\frac{\mathrm{tr}(H)^2}{\det(H)} < \frac{(r+1)^2}{r} \tag{10.44}$$

与直接计算特征值相比，上式的计算量要小很多。SIFT 给出的经验值是 $r=10$，剔除那些主曲率之间的比率大于 10 的关键点。

最后，所有的关键点的坐标都要通过乘以 $2^{i-1}$（$i=1,2,\cdots,n$，为关键点所处的组别）映射到原图上。

### 10.2.4.3 方向分配

根据局部图像属性为每个关键点分配一个一致的方向，下一步将要讨论的关键点描述符可以用相对于此方向的方式表示，从而实现图像旋转的不变性。SIFT 的方法是根据关键点的尺度来选择尺度最接近的高斯平滑图像 $L$，使所有计算以尺度不变的方式进行。对于这个尺度下的每个图像样本 $L(x,y)$，用差分计算梯度幅值 $M(x,y)$ 和方向 $\theta(x,y)$

$$M(x,y) = \sqrt{(L(x+1,y)-L(x-1,y))^2 + (L(x,y+1)-L(x,y-1))^2} \tag{10.45}$$

$$\theta(x,y) = \arctan\frac{L(x,y+1)-L(x,y-1)}{L(x+1,y)-L(x-1,y)} \tag{10.46}$$

方向直方图由关键点邻域内样本点的梯度方向组成。方向直方图分 36 列（bin），覆盖 360° 的方向范围。添加到直方图中的每个样本都由其梯度幅值和一个二维高斯函数加权。通过关键点的组尺度乘以 1.5 就得到高斯加权函数的标准差。采用高斯函数加权的目的是使那些靠近关键点的样本点具有更大的权重，对关键点方向具有更大的影响力。为了便于读者理解方向直方图的生成，下面给出构造方向直方图的算法[Hess,2010]。

**算法10.6 方向直方图生成算法**
**输入:** 高斯平滑图像 L、样本点坐标(x,y)、高斯加权函数标准差 sigma
**输出:** 直方图 hist[36]

```
1:    rad=3*sigma;                              //rad 为高斯加权函数的窗口半径
2:    hist[36]=0;                               //清零
3:    for (i=-rad; i≤rad; i++) {
4:        for (j=-rad; j<=rad; j++) {
5:            if (calc_grad_mag_ori(img,y+i,x+j,&mag,&ori)){    //用式(10.45)和式(10.46)
                //计算邻域点的梯度幅值 mag 和方向 ori
6:                w=exp(-(i*i+j*j)/(2.0*sigma*sigma));          //权重
7:                bin=round(36*ori/360);
8:                hist[bin]+=w*mag;
9:            }
10:       }
11:   }
```

应用上述算法生成的直方图并不能直接使用，还需要对其进行高斯平滑，提高稳定性。

接下来就是检测直方图中的最高峰，然后使用最高峰以及高于最高峰 80% 的任何其他局部峰值来创建具有该方向的关键点。因此，对于具有多个相似大小的峰的位置，会在相同的位置和尺度上创建多个关键点，但方向不同。只有大约 15% 的点被分配了多个方向，但这对匹配的稳定性有很大的贡献。最后，与 9.2.1 节的一维亚像素边缘检测类似，对每个峰值附近的 3 列直方图值进行抛物线拟合，通过插值获取峰值更精确的位置。

在定位关键点的过程中，可能会出现关键点重复的问题，因此，在分配了方向之后需要检查所有的关键点，删除那些重复的关键点。图 10.28 给出了关键点的示例，图中的圆代表关键点，关键点位于圆心处，圆的大小代表关键点尺度，半径的方向为关键点的方向。有多个半径的圆表示该点有多于一个的不同方向的关键点。

● 图 10.28  关键点

共 95 个关键点，其中坐标(194,112)处有两个
同方向的关键点，方向分别为 140° 和 340°

#### 10.2.4.4  关键点描述符

有了特征点的坐标、尺度和方向，就可以开始计算描述符，其中特征点坐标加上尺度，确定了在高斯尺度空间中构造描述符的位置，而特征点方向则用于描述符的旋转。与前面介绍的形状上下文匹配中的描述符一样，特征点描述符也是用于图像匹配的，所不同的是：形状上下文描述符是一个全局描述符，而特征点描述符是一个局部描述符。该描述符具有高度的独特性，并且对尺度、方向、照明和 3D 视点的变化尽可能保持不变。

计算描述符的图像依然选择最接近关键点的尺度的高斯平滑图像 $L$。图 10.29 演示了关键点描述符的计算。关键点的邻域如图 10.29a 所示，为一个正方形区域，关键点位于矩形中心，其中的粗线部分将邻域分为 2×2 个子区域，每一个子区域的边长等于关键点的组尺度乘以 3，邻域的宽度为 2×3×$\sigma$，其中 $\sigma$ 为关键点的组尺度。由于在计算梯度时需要先将邻域转到关键点的方向上，因此要保证旋转后的邻域宽度，旋转前的邻域尺寸应该更大。对于这一点，可以参考图 5.4，如果要将图 5.4c 的图像旋转到图 5.4a，图 5.4c 需要的区域尺寸要大于图 5.4a，在极限情况下（旋转 45°时），尺寸相差 $\sqrt{2}$ 倍。另外，在计算梯度时，涉及样本点的 3×3 邻域，最终 Hess 给出的邻域宽度的计算公式为

$$width = 3 \times \sigma \times \sqrt{2} \times (d+1) \tag{10.47}$$

式中，$\sigma$ 为特征点的组尺度；$d$ 为描述符窗口宽度，等于宽度方向上子区域数量，例如在图 10.29 中，$d=2$。

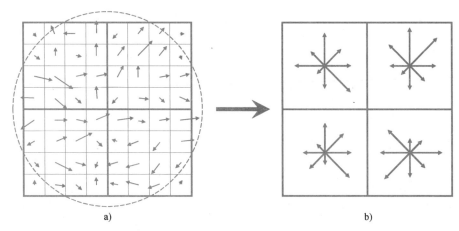

a)                                                    b)

● 图 10.29　关键点描述符的计算

a）图像梯度　b）关键点描述符

　　在确定区域尺寸后，接下来用式（10.45）和式（10.46）计算每个子区域内像素的梯度。为了实现方向不变性，需要对描述符坐标和梯度方向进行相对于关键点方向的旋转。如图 10.29a 所示，每个子区域有 4×4 个样本点，每个样本位置的梯度用小箭头表示，其中长度表示幅值。然后使用标准差等于描述符窗口宽度 $d$ 的一半的高斯加权函数，为每个样本点的梯度幅值分配权重，如图 10.29a 中的圆形窗口。这个高斯窗口的目的是避免描述符随窗口位置的微小变化而突然变化，对远离描述符中心的梯度给予较小的权重，因为这些梯度最容易受到误配误差（Misregistration Errors）的影响。

　　接下来将图 10.29a 中每个子区域中的所有梯度方向量化为 8 个间隔 45°的方向，如图 10.29b 所示，其中每个箭头的长度对应于子区域内该方向附近梯度幅度的总和。SIFT 并不是将图 10.29a 中梯度直接分配给图 10.29b 中最近的方向，而是通过乘以权重的方式分配给相邻的两个方向。如图 10.30 所示，$a$ 为图 10.29a 中的某一样本点的梯度，与 0°方向的夹角为 $\theta$，分配到 0°方向的梯度幅值为 $|a_1| = |a|(1-\theta/45)$，分配到 45°方向的梯度幅值为 $|a_2| = |a| - |a_1|$。在实际算法中，是借助一个具有 8 列的直方图进行分配的，权重为 $1-d$，其中 $d$ 为梯度到最近列中心的距离，$d$ 的最大值为 1。采用这种乘以权重的分配梯度的好处是：可以避免因

样本梯度方向的微小变化而导致分配方向的突然改变，从而避免"边界"效应。

如图 10.29b 所示，经过梯度分配，一个描述符由 2×2 阵列组成，每个阵列包含 8 个方向值，构成一个 32 维向量。为了降低光照变化的影响，还需要对向量进行归一化处理，即对每一个分量除以向量的模。在实际算法中，SIFT 的描述符采用的是 4×4 阵列，共 128 维的向量。至此，我们就完成 SIFT 特征点的构造。

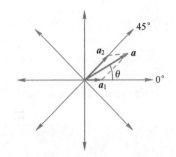

● 图 10.30　梯度分配（图中四边形并非平行四边形，演示的不是向量分解）

### 10.2.4.5　关键点匹配

SIFT 匹配算法是通过关键点匹配实现的。关键点匹配的方法是在目标图像中搜索模板关键点的最近邻。最近邻定义为描述符向量具有最小欧氏距离的关键点。对于两个 $n$ 维向量 $\boldsymbol{u} = (u_1, u_2, \cdots, u_n)^{\mathrm{T}}$ 和 $\boldsymbol{v} = (v_1, v_2, \cdots, v_n)^{\mathrm{T}}$，它们之间的欧氏距离（$L_2$ 范数）为

$$\mathrm{dist}(\boldsymbol{u}, \boldsymbol{v}) = \|\boldsymbol{u} - \boldsymbol{v}\| = \left[\sum_{i=1}^{n} (u_i - v_i)^2\right]^{1/2} \tag{10.48}$$

当模板和目标图像中的关键点之间的欧氏距离取最小值时，即完成匹配。

最简单的关键点匹配算法是暴力匹配（Brute Force Matching）。顾名思义，该算法简单粗暴：对于模板图像中的每一个关键点的描述符，通过遍历，在目标图像中找到欧氏距离最小的描述符。如图 10.31 所示，图 10.31a 就是用图 10.28 中 95 个关键点匹配的结果，对应的关键点之间用直线连接。可以看到，其中有部分关键点匹配错误。如图 10.31b 所示，通过对距离排序筛选，取前 60 个距离最小的关键点，错误匹配明显减少很多。如果进一步缩小到前 30 个关键点，错误匹配被完全剔除，如图 10.31c 所示。

从图 10.31a 可以看出，SIFT 算法会出现很多错误匹配，虽然可以通过剔除距离过大的匹配来提高匹配准确率，如图 10.31b~10.31c 所示，但是匹配数量阈值随图像幅面大小以及复杂程度变化而不同，因此并不是一种好的解决方案。对此，Lowe 提出了通过比较最近邻和次近邻距离来改进匹配准确率的算法：对模板图像中的每个关键点，在目标图像中搜索两个距离最近的关键点，然后根据这两个距离的比值来确定是否接受该匹配：$\mathrm{dist}_1/\mathrm{dist}_2 < T$，其中 $\mathrm{dist}_1$ 为最近邻距离、$\mathrm{dist}_2$ 为次近邻距离。当比值小于阈值 $T$ 时，接受该匹配，否则拒绝该匹配。Lowe 给出的推荐阈值是 $T = 0.8$，这将消除了 90% 的错误匹配，同时丢失了不到 5% 的正确匹配。图 10.31d 就是采用 0.8 阈值的最近邻次近邻算法的匹配结果。同样为 60 个关键点，但是错误匹配明显少于图 10.31b。

有了这些匹配的点对就可以确定模板到目标的变换。对于图 10.31 这类没有尺寸缩放的匹配，与 10.2.3 节一样，是一个点到点的刚性变换，可以通过奇异值分解求解该变换。对于在三维空间中旋转的非平面目标，一般的解决方案是求解基本矩阵（fundamental matrix），但求解基本矩阵至少需要 7 对匹配点。因此 Lowe 给出了允许存在一定误差，但只需要 3 对匹配点

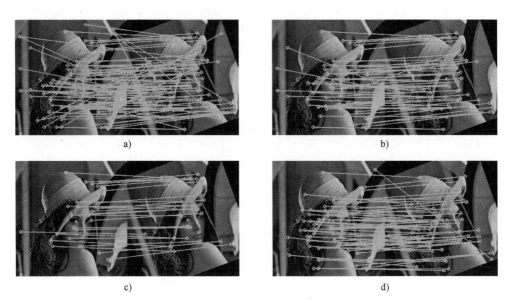

● 图 10.31　关键点匹配

a) 全部 95 个关键点（目标图像旋转-20°）　b) 前 60 个距离最小的关键点
c) 前 30 个距离最小关键点　d) 阈值为 0.8 时的最近邻次近邻算法（60 个关键点）

的仿射变换解决方案 [Lowe，2004]。

### 10.2.4.6　算法改进

从上述讨论可知，SIFT 算法十分复杂，计算量大。针对这个问题，Bay 等人在 2006 年提出了加速鲁棒特征（Speeded Up Robust Features，SURF）算法 [Bay,2006]。SURF 算法的思想与 SIFT 算法的基本思想大体一样，稍微不同的是，SURF 算法提取特征点时不改变图像本身尺度，而只改变滤波窗口尺寸，并利用积分图像（见 2.4.3 节）来简化计算，导致其计算速度是 SIFT 算法的很多倍。相对于 SIFT 算法，使用 SURF 算法获得的特征点对噪声改变具有更强的鲁棒性。由于目前该算法尚处于专利保护期，所以本书不对其展开讨论。网络上有很多该算法的资料，感兴趣的读者可以自行搜索。

## 10.3　图像匹配应用

图像匹配的应用极其广泛，特别是在工业图像处理中，大量的自动化设备需要通过图像匹配完成对物料的定位。在这一节中，我们给出一个真实的案例。另外，通过前两节的讨论可知，除了 SIFT 算法外，其他算法并不复杂，但是开发一个具有实用性的算法，特别是旋转匹配，却并非易事，代码极其烦琐，因此我们也给出了调用 RSIL 函数的简洁匹配例程。除此之外，不合适的模板提取对匹配的稳定性也有一定的影响，因此我们最后讨论模板提取技巧。

## 10.3.1 应用案例

例 10.6 传送带上的锂电池定位

如图 10.32 所示，图 10.32a~10.32c 是锂电池在传送带上的各种姿态，也有可能出现图 10.32c 所示的靠在一起的情况。先需要定位电池，然后通过机械手将电池抓取并摆放到物料盒中，因此这是一个多目标的旋转匹配问题。模板取图 10.32a 中虚线框部分。图 10.32d~10.32f 是用相关系数法匹配的结果；图 10.32g~10.32i 是用边缘梯度法匹配的结果。对于电池的各种姿态，特别是对图 10.32c 这种极端情况，两种算法都准确匹配到锂电池的位置和角度，说明这两种算法很优秀。对于这类旋转匹配，角度范围尽量控制在较小的范围，满足需要即可。过大的角度范围，不但会增加匹配时间，还会增加匹配错误的风险。

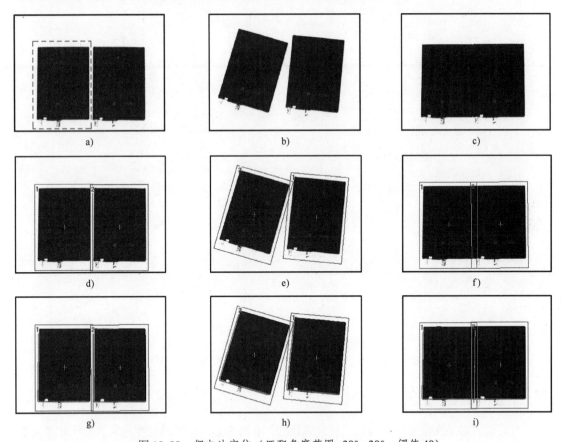

● 图 10.32  锂电池定位（匹配角度范围-30°~30°、阈值 40）

a）~c）传送带上锂电池各种姿态  d）~f）相关系数法匹配的结果  g）~i）边缘梯度法匹配的结果

接下来我们给出调用 RSIL 函数实现上述示例中相关系数法匹配的部分代码。RSIL 开发包包含多个相对独立的图像处理模块，能够满足绝大部分图像处理需求，特别是工业图像处理。相关系数法提取模板以及匹配的 C++代码如下。

```
RSIL 相关系数法的图像匹配代码
      //提取模板
 1:   RS_ID Image;                                      //包含模板的图像 ID
 2:   Buf.Restore("图 10.32a.png", &Image);  //导入包含模板的图像
 3:   CRSPat Pat;                                       //匹配类的实例化
 4:   RS_ID Model;                                      //模板 ID
 5:   Pat.AllocModel(Image, 41, 56, 126, 182, R_NORMALIZED, &Model); //分配模板,图 10.32a
      //的虚线框
      //设置参数
 6:   Pat.SetAcceptance(Model, 40);                     //阈值
 7:   Pat.SetNumber(Model, R_ALL);                      //搜索所有的模板
      //设置旋转匹配参数
 8:   Pat.SetAngle(Model, R_SEARCH_ANGLE_MODE, R_ENABLE);
 9:   Pat.SetAngle(Model, R_SEARCH_ANGLE_DELTA_NEG, 30);
10:   Pat.SetAngle(Model, R_SEARCH_ANGLE_DELTA_POS, 30);
11:   Pat.PreprocModel(Image, Model, R_DEFAULT);        //模板预处理
12:   Buf.Free(Image);                                  //释放图像内存
13:   Buf.Restore("图 10.32b.png", &Image);  //导入待匹配图像
      //匹配
14:   RS_ID Result;                                     //结果 ID
15:   Pat.AllocResult(1, &Result);                      //分配结果
16:   Pat.FindModel(Image, Model, Result);              //图像匹配
17:   Buf.Free(Image);
      //提取结果
18:   int n=Pat.GetNumber(Result, R_NULL);
19:   if (n>0){
20:       double *x=new double[n], *y=new double[n], *s=new double[n], *a=new double
          [n];                                          //结果
21:       Pat.GetResult(Result, R_POSITION_X, x);
22:       Pat.GetResult(Result, R_POSITION_Y, y);
23:       Pat.GetResult(Result, R_SCORE, s);
24:       Pat.GetResult(Result, R_ANGLE, a);
25:       delete []x; delete []y; delete []s; delete []a;
26:   }
27:   Pat.Free(Result);                                 //释放
28:   Pat.Free(Model);
```

以上代码简洁、清晰，几十行代码即可完成多目标的旋转匹配。

## ▶▶ 10.3.2　使用技巧

良好的算法是图像匹配的核心，但只靠算法，有时未必能取得满意的结果。对于相关系数法来说，在提取模板时，模板的位置和尺寸也可能会影响匹配的稳定性。如图 10.33 所示，图 10.33a 是图 10.32a 中虚线框内的模板图像。用图 10.33a 的模板匹配图 10.32c 的结果如

图 10.33b 所示，目标点位于左右两个高亮区域内，左边高亮点的灰度值（相当于相关系数）为 255，目标区域之外的最大灰度值为 210（位于两个目标点之间的区域），两者差值为 45；如果我们缩小模板图像区域，不保留白色背景，如图 10.33c 所示，用该模板匹配图 10.32c 的结果如图 10.33d 所示，目标点的最大灰度值仍为 255，但目标区域之外的最大灰度值为 242，两者差值为 13。对于同一匹配，模板尺寸的改变导致目标区域与非目标区域的灰度差值从 45 减小到 13，更小的差值意味着更差的匹配稳定性，出现目标匹配错误的概率更大。出现这种情况的原因是在提取模板时没有体现出模板是位于白色背景之中的这一特点。当不考虑背景时，两个电池与其间的图像很相似，从而造成相关系数差值很小。这一点类似形态学中腐蚀匹配和击中击不中匹配之间的差异。

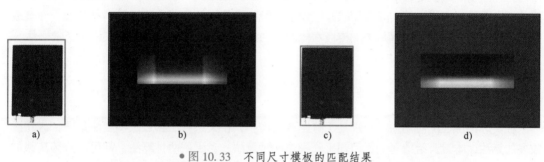

● 图 10.33　不同尺寸模板的匹配结果

a）原模板　b）图 a 模板匹配图 10.32c 的结果，目标点之间的区域的最大灰度值为 210

（浮点数的结果映射到[0,255]）　c）缩小后的模板　d）图 c 模板匹配图 10.32c 的结果，

目标点之间的区域的最大灰度值为 242

接下来我们看另外一个示例，同样采用相关系数法进行匹配。如图 10.34 所示，图 10.34a 是一张菲林图像，我们要定位其中的独立焊盘。如果取图 10.34b 所示的模板，匹配结果如图 10.34d 所示，具体匹配值见表 10.5。现将模板区域拉长，如图 10.34c 所示，使用该模板的匹配值也写入表 10.5。从该表可以看出，用图 10.34b 模板匹配时，独立焊盘与其他有线路焊

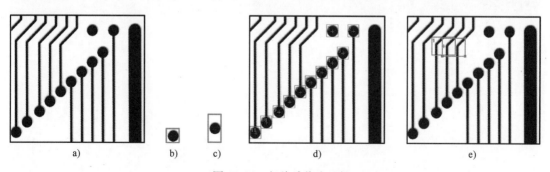

● 图 10.34　相关系数法示例

a）菲林图像　b）~c）模板　d）用图 b 模板匹配图 a　e）深色框：模板，浅色框：匹配结果

盘的匹配值相差不大；而图 10.34c 模板的匹配值差异更大。显然，图 10.34c 模板的匹配结果更好，不易出现误匹配的问题。之所以图 10.34c 模板的匹配结果更好，是因为增加了模板的高度，凸显了焊盘上下的空白区域，增加了模板的辨识度，从而不易与其他有线路焊盘混淆。

表 10.5  匹配结果

| 目　　标 | 1 | 2 | 3 | 4 | 5 | 6 | 7 | 8 | 9 | 10 |
|---|---|---|---|---|---|---|---|---|---|---|
| 图 10.34b 模板匹配值 | 1.000 | 0.951 | 0.929 | 0.947 | 0.950 | 0.912 | 0.939 | 0.947 | 0.942 | 0.926 |
| 图 10.34c 模板匹配值 | 1.000 | 0.775 | 0.763 | 0.745 | 0.754 | 0.756 | 0.739 | 0.777 | 0.768 | 0.786 |

另外一个问题就是选取的模板要具有唯一性，避免在匹配时引起歧义。如图 10.34e 所示，深色框内图像为模板，但实际匹配时却错误地匹配到浅色框的位置，这就是不具有唯一性造成的。解决这个问题的方法就是增加模板右侧的空白区域，因为该区域对模板来说具有唯一性。

## 10.4　小结

在实际图像匹配应用中，特别是工业图像处理中，相关系数法和边缘梯度法是两种应用比较多的算法，本章都给予了大量篇幅来介绍这两种算法。对于这两种算法，都可以分为离线的预处理阶段和在线的匹配阶段。

1）**预处理阶段**：计算与模板有关的参数、构造模板金字塔以及计算匹配峰参数。对于旋转匹配，还要计算各个角度的模板参数。

2）**匹配阶段**：构造待匹配图像金字塔、计算匹配值以及通过插值或 Wallack 算法实现高精度匹配。

在多数实际应用中，边缘梯度法具有更好的稳定性，因此我们更倾向于采用边缘梯度法。但相关系数法并非一无是处，对于那些边缘不够清晰或很杂乱的目标来说，相关系数法往往是更好的选择。

# 第11章

# 机器学习

机器学习是指机器通过统计学算法，对大量历史数据进行学习，进而利用生成的经验模型指导业务。它是一门多领域交叉学科，专门研究计算机怎样模拟或实现人类的学习行为，以获取新的知识或技能，重新组织已有的知识结构使之不断改善自身的性能。

机器学习技术的发展历程可以追溯到 20 世纪 40 年代，当时提出了感知机、神经网络等概念。20 世纪 80 年代末期，反向传播算法的发明，给机器学习带来了希望，掀起了基于统计模型的机器学习热潮。21 世纪以来，随着数据量的增加、计算能力的提升和算法的改进，机器学习技术进入了以深度学习算法为代表的时代，在图像识别、自然语言处理等方面取得了令人瞩目的成果。这些成果已经应用到自动驾驶、疾病诊断等很多领域，并且效果惊人，例如，在有些疾病诊断准确率方面已经超过了人类。

深度学习算法虽然效果惊人，但对数据量以及硬件的要求都很高，往往并不适合工业现场，因此本章介绍一些在工业图像处理领域应用比较多的机器学习算法：$k$ 近邻法、贝叶斯分类器、高斯混合模型、支持向量机和神经网络。其中前三个为基于估计概率的算法，后两个为基于构造分离超曲面（Separating Hypersurface）的算法。除 $k$ 近邻法外，其余算法都给出了具体的应用示例。本章的重点放在算法原理以及工业应用方面，如果读者关注算法细节，可以参考相关资料[李，2019][周，2016][Goodfellow，2017][Theodoridis，2021]。此外，互联网上也有一些很优秀的机器学习视频，比如讲解支持向量机的视频[FunInCode，2021]，观看这些视频可以起到事半功倍的效果。

## 11.1 基本概念

要进行机器学习，就必须有数据集。如图 11.1 所示，图中的这些不同颜色的点构成了一个数据集，其中的每个点称为一个样本（Sample）或示例（Instance），反映其位置信息的坐标称为属性（Attribute）或特征（Feature），坐标值则称为属性值，属性张成的空间称为属性空间、特征空间、样本空间或输入空间。由于每个点对应一个坐标向量，因此一个示例也称为一个特征向量（Feature Vector）。而点的颜色则称为标记（Label），标识其所属类别。一般地，令 $D = \{x_1, x_2, \cdots, x_m\}$ 表示包含 $m$ 个样本的数据集，其中第 $i$ 个样本描述为：$x_i = (x_i^{(1)}, x_i^{(2)}, \cdots, x_i^{(n)})^{\mathrm{T}}$，是 $n$ 维样本空间 $\mathcal{X}$ 中的一个向量，$x_i \in \mathcal{X}$，$x_i^{(j)}$ 是 $x_i$ 的第 $j$ 个属性的值，$n$ 称为样本 $x_i$ 的维数；拥有标记信息的数据集表示为：$D = \{(x_1, y_1), (x_2, y_2), \cdots, (x_m, y_m)\}$，其中 $(x_i, y_i)$ 表示第 $i$ 个样本、$y_i \in \mathcal{Y}$ 是样本 $x_i$ 的标记、$\mathcal{Y}$ 是所有标记的集合，也称为标记空间（Label Space）或输出空间。

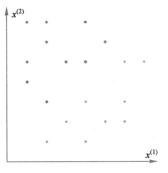

● 图 11.1　数据集

从数据中学得模型的过程称为学习（Learning）或训练（Training），用于训练的数据集称为训练集，其中的样本称为训练样本。显然，需要这个训练集能够代表实际应用中可能出现的各种情况，但在有些实际应用中，很难得到包含所有可能变化的训练集，这时就需要人为地为训练集加入一些变化。比如在 OCR（光学字符识别）训练中，可以对训练字符进行一些灰度变化、添加高斯噪声以及高斯平滑等，使字符更具一般性。学得模型后，用来对模型进行测试（Testing）的数据集称为测试集，其中的样本称为测试样本。最后，为了达到最佳性能，时常需要调整模型的一些超参数（Hyper-Parameter）。为此，必须使用第三个数据集，即验证集（Validationset），它必须独立于训练集和测试集。为了确定最优的超参数，验证集的错误率必须优化。

根据训练数据是否拥有标记信息，机器学习任务可大致分为两大类：监督学习（Supervise Learning）和无监督学习（Unsupervised Learning）。监督学习是指从有标记数据中学习预测模型的学习任务；而无监督学习则是指从无标记数据中学习预测模型的学习任务。事实上，7.4.2 节的 $k$-means 聚类算法就属于无监督学习算法。另外，根据预测值是否连续，机器学习任务可分为分类（Classification）和回归（Regression）两类：如果预测的是离散值，这类学习任务称为分类，这一类模型称为分类器；如果预测的是连续值，则这类学习任务称为回归。

机器学习的目标是使学得的模型能够很好地对新样本进行预测，而不仅仅是在训练样本上工作得很好。这种模型适用于新样本的能力称为泛化（Generalization）能力。如果学得的模型把训练样本自身的一些特点当作了所有潜在样本都具有的一般性质，这样就会导致泛化能力下降，这种现象称为过拟合（Overfitting）；如果对训练样本的一般性质没有学好，则称为欠拟合（Underfitting）。一般用交叉验证法（Cross Validation）对学得的模型的预测性能进行评估。交叉验证法先将训练集分割成 $k$ 个大小相似的互斥子集，每次将一个单独的子集作为验证模型的测试集，其他 $k-1$ 个子集作为训练集。这样一共可以进行 $k$ 次训练和预测，每个子集验证一次，最终返回 $k$ 次结果的均值。交叉验证法又称为 $k$ 折交叉验证（$k$-Fold Cross Validation）。

在一个 OCR 应用中，可能分类器只能识别数字 0~9。在预测时，如果一串数字中的某一位被灰尘遮挡或混入了字母，那么分类器也会将这一字符分配给 0~9 的数字中的一个，因为分类器知道的就是这 10 个类别。同样，在表面缺陷检测中，由于缺陷的表现形式多样，并且不易划定其范围，因此训练集只包含正常表面的图像特征，而那些缺陷只能在预测时当作异类来处理。因此，对于工业图像处理来说，分类器必须具备识别不属于任何一个已经训练类别的特征向量的能力。这个问题被称为异常检测（Anomaly Detection），是分类器的一个重要特征。

## 11.2  $k$ 近邻法

$k$ 近邻（$k$-Nearest Neighbor，KNN）法是一种简单的机器学习算法，属于监督学习。KNN 是一种分类算法，属于懒惰学习，即 KNN 没有显式的训练过程。该算法在训练阶段仅是缓存所有训练样本，在收到测试样本后，通过投票等方法分析离测试样本最近的 $k$ 个样本来预测测试样本的分类。由此可见，$k$ 邻近的含义就是 $k$ 个最邻近的邻居，每个样本可以用它 $k$ 个邻居来代表。

图 11.2 给出了 KNN 的原理示意图。当 $k=1$ 时，测试样本被分到离它最近的 ▲ 类中；当 $k=3$ 时，离测试样本最近的 3 个样本中有两个为 ■ 类，根据投票结果，测试样本被分到 ■ 类中；同理，当 $k=5$ 时，测试样本被分到的 ▲ 类中。可见，当 $k$ 取不同值时，分类结果会有显著的不同。另外，$k$ 不能取偶数，否则可能会造成不同类的得票数相同，从而无法分类。

另外，如果采用不同的距离计算方式，则找出的近邻可能有显著差别，从而导致分类结果的不同。2.1.2 节中给出了二维平面上两点之间的距离公式，在这里我们将其推广到一般形式。设在 $n$ 维实数样本空间 $\mathcal{X}$ 中，$\boldsymbol{x}_1$、$\boldsymbol{x}_2 \in \mathcal{X}$、$\boldsymbol{x}_1$、$\boldsymbol{x}_2$ 之间的距离 $L_p$ 定义为

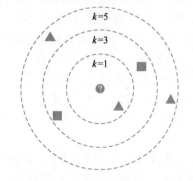

● 图 11.2  KNN 原理示意图：带问号的图符 ❓ 为测试样本，■ 和 ▲ 代表不同类别的训练样本

$$L_p(\boldsymbol{x}_1, \boldsymbol{x}_2) = \left( \sum_{i=1}^{n} |x_1^{(i)} - x_2^{(i)}|^p \right)^{1/p}, p \geq 1 \qquad (11.1)$$

当 $p=2$、$p=1$ 和 $p=\infty$ 时的欧氏距离、曼哈顿距离和棋盘距离分别为

$$L_2(\boldsymbol{x}_1, \boldsymbol{x}_2) = \left( \sum_{i=1}^{n} |x_1^{(i)} - x_2^{(i)}|^2 \right)^{1/2} \qquad (11.2)$$

$$L_1(\boldsymbol{x}_1, \boldsymbol{x}_2) = \sum_{i=1}^{n} |x_1^{(i)} - x_2^{(i)}| \qquad (11.3)$$

$$L_\infty(\boldsymbol{x}_1, \boldsymbol{x}_2) = \max_i \left| x_1^{(i)} - x_2^{(i)} \right| \tag{11.4}$$

在实际算法中，更多地还是采用欧氏距离。

KNN 具有异常检测能力。所谓异常样本，是指远离大部分正常点的样本点。因此可以使用测试样本 $\boldsymbol{x}$ 到 $k$ 个最邻近的距离的均值或中位数来检测异常样本，如果距离太大，就将 $\boldsymbol{x}$ 标记为异常样本。不过这种方法只能找出异常点，无法找出异常簇。

根据 KNN 的原理，最简单的算法就是遍历训练集，计算测试样本与每个训练样本之间的距离。但当训练集很大时，计算量会非常大，因此这种算法并不可行。为了提高 $k$ 近邻搜索的效率，可以考虑使用特殊的结构存储训练数据，减少计算距离的次数，其中最著名的算法就是 $kd$ 树（$k$-dimensional tree）法。$kd$ 树是一种对 $k$ 维空间中的样本点进行存储以便对其进行快速检索的树形数据结构，可以运用在 KNN 中，实现快速 $k$ 近邻搜索。$kd$ 树是每个节点都为 $k$ 维点的二叉树。

构造 $kd$ 树时，从根节点开始，不断地用垂直于坐标轴的超平面将 $k$ 维空间切分，构成一系列的 $k$ 维超矩形区域（子节点），直至无法进一步切分的叶节点。搜索 $kd$ 树时，首先找到包含测试样本的叶节点，然后从该叶节点出发，依次退回到父节点，直至根节点。不断查找与测试样本最邻近的节点，当确定不可能存在更接近的节点时终止。下面通过一个例子来说明 $kd$ 树的构造及搜索方法。

设一个二维空间的训练集：$D = \{(1,3)^T, (3,5)^T, (5,4)^T, (7,2)^T, (8,1)^T, (9,6)^T\}$，其分布如图 11.3a 中的小圆圈所示。首先构造一个包含所有样本点的 $10 \times 10$ 的矩形区域，也就是根节点。然后按 $x^{(1)}$ 坐标对 $D$ 排序，过中位数点作垂直于 $x^{(1)}$ 轴的直线。由于 $D$ 的样本数量是偶数，所以右移一位，过 $(7,2)^T$ 作一垂线，将空间分为左右两部分。接下来对左矩形中的 3 个点按 $x^{(2)}$ 坐标进行排序，过中位数点 $(5,4)^T$ 作垂直于 $x^{(2)}$ 轴的垂线，如图 11.3b 所示。对于右矩形，由于样本数量为偶数，因此上移一位，过 $(9,6)^T$ 作垂线。经过这样的切分，各个矩形内仅包含一个样本，因此不再进一步分割，这些矩形称为叶节点。最后，构造好的 $kd$ 树如图 11.3c 所示。

设测试样本为 $(2.7, 3.5)^T$，如图 11.3d 中的 "×" 点所示。首先从根节点 $(7,2)^T$ 出发，递归向下访问 $kd$ 树，找到包含该样本点的叶节点。由于 2.7<7，因此进入左节点 $(5,4)^T$，接下来由于 3.5<4，因此进入左下的叶节点 $(1,3)^T$，形成搜索路径：$(7,2)^T \rightarrow (5,4)^T \rightarrow (1,3)^T$。然后再沿该路径逆向搜索最近邻。首先将该区域中的样本点 $(1,3)^T$ 作为当前最近邻，并作一个以 $(2.7, 3.5)^T$ 为圆心，过点 $(1,3)^T$ 的圆。显然，$(2.7, 3.5)^T$ 的最近邻一定位于圆周上或圆的内部。然后递归向上回退到上一级父节点 $(5,4)^T$，由于 $(5,4)^T$ 距离 $(2.7, 3.5)^T$ 更远，因此忽略该点，但是该点的另一子节点 $(3,5)^T$ 所在的区域与圆相交，并且点 $(3,5)^T$ 位于圆内，因此将点 $(3,5)^T$ 作为新的最近邻。然后再回退到根节点 $(7,2)^T$，显然根节点不是最近邻，因此，$(3,5)^T$ 就是测试样本的最近邻。

最后通过一个例子结束这一节的讨论。

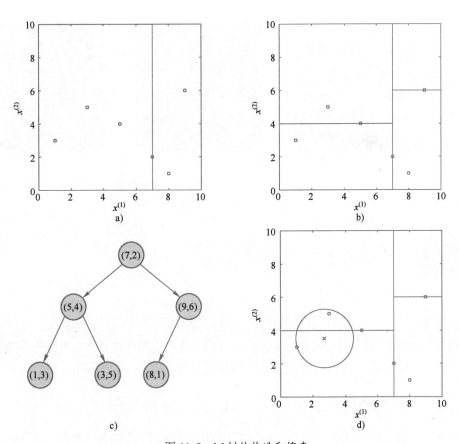

● 图 11.3　*kd* 树的构造和搜索

a）垂直于 $x^{(1)}$ 轴的切分　b）垂直于 $x^{(2)}$ 轴的切分　c）*kd* 树　d）搜索

**例 11.1**　不同 *k* 值的分割结果

将图 11.1 中的数据集作为训练集，采用欧氏距离，在 *k*=1、7、6 时，用 KNN 算法对样本空间分割的结果如图 11.4 所示（扫码查看彩图），其中浅红色点和浅绿色点为两类训练样本，深红色区域为分类结果，与浅红色样本为同一类；同理，深绿色区域也与浅绿色样本为同一类的分类结果。当 *k*=1 时，分界线呈现较大的锯齿状，如图 11.4a 所示。这时的预测只与一个最近邻的类别有关，容易发生过拟合；当 *k*=7 时，分界线变得更为光滑，如图 11.4b 所示，类似对图 11.4a 的分界线进行了平滑处理。当选择较大的 *k* 值时，相当于用较大邻域中的训练样本进行预测，可以理解为图像处理中的平滑滤波，因此分界线也更加光滑；当 *k*=6 时，分类结果如图 11.4c 所示，其中青色区域为得票数相同的区域，无法对样本点进行分类，因此 *k* 值不能取偶数。

在实际应用中，可采用交叉验证法来选取最优的 *k* 值。

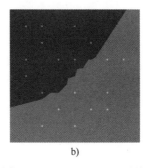
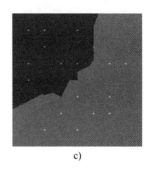

a)           b)           c)

● 图 11.4　不同 $k$ 值的分割结果

a) $k=1$　b) $k=7$　c) $k=6$

## 11.3　贝叶斯分类器

贝叶斯分类器是利用概率统计知识进行分类的算法，属于监督学习。其分类原理是通过样本的先验概率，利用贝叶斯定理计算出其后验概率，即该样本属于某一类的概率，选择具有最大后验概率的类作为该样本所属的类。根据不同的假设条件，贝叶斯分类器可分为朴素贝叶斯分类器（Naive Bayes Classifier）和正态贝叶斯分类器（Normal Bayes Classifier）。

### ▶▶ 11.3.1　贝叶斯决策论

贝叶斯决策论（Bayes Decision Theory）是概率框架下实施决策的基本方法。该理论认为样本是随机变量。对于分类任务，贝叶斯决策论考虑的是将测试样本分到概率最大的类别中。这也符合人们日常生活中的认知，因为这样分类，可能的分类错误概率最小。

设测试样本 $x$ 有 $N$ 种可能的分类，即 $\mathcal{Y}=\{c_1,c_2,\cdots,c_N\}$，其中 $c_k$ 为第 $k$ 个类别，则最小化分类错误率的贝叶斯最优分类器为

$$f(x)=\arg\max_{c_k\in\mathcal{Y}}P(c_k|x) \tag{11.5}$$

式中，$P(c_k|x)$ 是条件概率，表示样本为 $x$ 的条件下，类别为 $c_k$ 的概率。上式可以理解为：对于给定的测试样本 $x$，计算该样本分到各个类别中的概率，选取其中概率最大的类别作为 $x$ 的类别。但在现实中，很难直接计算 $P(c_k|x)$，这就需要引入贝叶斯定理（见 12.4.1.5 节）。根据贝叶斯定理，$P(c_k|x)$ 可写为

$$P(c_k|x)=\frac{P(c_k)P(x|c_k)}{P(x)} \tag{11.6}$$

式中，$P(c_k)$ 称为类先验概率，所谓先验概率，就是由以往数据（训练集）分析得到的事件概率；$P(c_k|x)$ 称为后验概率，所谓后验概率，是在得到新的信息（测试样本 $x$）之后再重新加

以修正的该事件概率$^\ominus$；$P(\boldsymbol{x}|c_k)$是类条件概率，或称为似然（likelihood）；$P(\boldsymbol{x})$表示$\boldsymbol{x}$出现的概率，可以由全概率公式（见 12.4.1.4 节）计算

$$P(\boldsymbol{x}) = \sum_{k=1}^{N} P(\boldsymbol{x}|c_k)P(c_k) \tag{11.7}$$

式中，$N=|\mathcal{Y}|$，即可能的分类数量。对于给定训练集和测试样本$\boldsymbol{x}$，$P(\boldsymbol{x})$与类别无关，是一常数。因此$P(c_k|\boldsymbol{x})$的问题就转化为如何根据训练集来估计$P(c_k)$和$P(\boldsymbol{x}|c_k)$。由于$P(\boldsymbol{x})$表示测试样本$\boldsymbol{x}$出现的概率，因此可以用于异常检测。

根据上述讨论，式（11.5）的贝叶斯分类器可以改写为

$$f(\boldsymbol{x}) = \arg \max_{c_k \in \mathcal{Y}} P(c_k)P(\boldsymbol{x}|c_k) \tag{11.8}$$

$P(c_k)$为样本空间中各类样本所占的比例。我们通过一个图例对贝叶斯分类器做进一步的

解释。设样本空间为 1 维，即$\boldsymbol{x}=(x)$；分类数量为 2，即$\mathcal{Y}=\{c_1,c_2\}$；$P(c_1)=0.4$，$P(c_2)=0.6$；两个类都服从正态分布，$p(\boldsymbol{x}|c_1)\sim N(-3,1.5)$、$p(\boldsymbol{x}|c_2)\sim N(3,2)$。对应的$P(c_1)p(\boldsymbol{x}|c_1)$和$P(c_2)p(\boldsymbol{x}|c_2)$如图 11.5 所示。两条曲线相交于$x=-0.485$处，如图中直线所示。显然，对于那些$x<-0.485$的样本，有$P(c_1)p(\boldsymbol{x}|c_1)>P(c_2)p(\boldsymbol{x}|c_2)$，样本被分为$c_1$类；而对于那些$x>-0.485$的样本，有$P(c_1)p(\boldsymbol{x}|c_1)<P(c_2)p(\boldsymbol{x}|c_2)$，样本被分为$c_2$类。

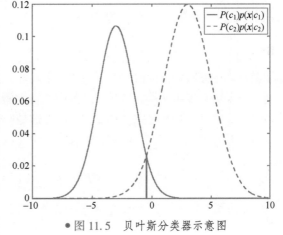

● 图 11.5　贝叶斯分类器示意图

根据伯努利大数定律［浙，1979］，当样本集包含足够多的独立同分布样本时，可以用频率来代替概率$P(c_k)$。但是直接根据样本出现的频率来估计$P(\boldsymbol{x}|c_k)$会十分困难，因为涉及关于$\boldsymbol{x}$所有属性的联合概率。下面通过一个例子来说明这个问题。

**例 11.2**　直接估计$P(c_k)$和$P(\boldsymbol{x}|c_k)$

设表 11.1 为训练集$D$，用该训练集训练一个贝叶斯分类器，对测试样本$\boldsymbol{x}=(3,3)^{\mathrm{T}}$进行分类。这是一个二分类问题。首先估计类先验概率$P(c_k)$：13 个样本中，$y=0$的样本为 6 个，因此$P(y=0)=6/13$；同理$P(y=1)=7/13$。而在估计$P(\boldsymbol{x}|c_k)$时，却发现样本$(3,3)^{\mathrm{T}}$并未出现在

训练集中，$P(\boldsymbol{x}=(3,3)^{\mathrm{T}}|y=0)=0/6=0$，$P(\boldsymbol{x}=(3,3)^{\mathrm{T}}|y=1)$ 的值也为 0。这将导致最后无法对测试样本进行分类。假设样本属性数量为 $n$，每个属性的可取值数量为 $m$，则样本特征排列为 $m^n$。对于本例则为 $4^2=16$，而样本数量仅为 13，无法覆盖全部的特征排列，这就导致测试样本的特征排列可能不出现在训练集中，进而无法估计类条件概率。如果属性数量 $n=50$，那么特征排列将是一天文数字，在有限的训练集中将很难找到测试样本的特征排列。这种"未被观测到"不等于"出现概率为零"，因此无法直接使用频率来估计 $P(\boldsymbol{x}|c_k)$。

表 11.1　训练集 $D$，其中属性 $x^{(1)}$、$x^{(2)} \in \{0,1,2,3\}$，标记 $y \in \{0,1\}$

| $x^{(1)}$ | 1 | 0 | 1 | 3 | 0 | 3 | 2 | 1 | 2 | 1 | 2 | 3 | 0 |
|---|---|---|---|---|---|---|---|---|---|---|---|---|---|
| $x^{(2)}$ | 0 | 3 | 1 | 2 | 1 | 0 | 2 | 2 | 1 | 3 | 3 | 1 | 0 |
| $y$ | 0 | 0 | 0 | 1 | 0 | 0 | 1 | 1 | 1 | 1 | 1 | 1 | 0 |

## ▶▶ 11.3.2　朴素贝叶斯分类器

从例 11.2 的分析可知，类条件概率 $P(\boldsymbol{x}|c_k)$ 是关于 $\boldsymbol{x}$ 所有属性的联合概率，难以从有限的训练样本中直接估计而得。为了解决这个问题，我们假设所有属性相互独立，即每个属性独立地对分类结果发生影响。这种属性条件独立性假设的贝叶斯分类器称为朴素贝叶斯分类器。在现实中，属性不可能是完全独立的，因此这是一个较强的假设，也是"朴素"二字的由来。

对于相互独立的属性，可将 $P(\boldsymbol{x}|c_k)$ 写为（见 12.4.1.4 节）

$$P(\boldsymbol{x}|c_k)=\prod_{i=1}^{n}P(x^{(i)}|c_k) \tag{11.9}$$

式中，$n$ 为属性数量、$x^{(i)}$ 为 $\boldsymbol{x}$ 的第 $i$ 个属性的值。根据式（11.8），朴素贝叶斯分类器可表示为

$$f(\boldsymbol{x})=\arg\max_{c_k \in \mathcal{Y}}P(c_k)\prod_{i=1}^{n}P(x^{(i)}|c_k) \tag{11.10}$$

参照例 11.2，我们给出式（11.10）中的 $P(c_k)$ 和 $P(x^{(i)}|c_k)$ 的计算公式。令 $D_k$ 表示训练集 $D$ 中第 $k$ 类样本组成的集合，则类先验概率 $P(c_k)$ 可估计为

$$P(c_k)=\frac{|D_k|}{|D|} \tag{11.11}$$

式中，$|\cdot|$ 表示集合中元素数量。

对于离散属性，令 $D_{k,x^{(i)}}$ 表示 $D_k$ 中在第 $i$ 个属性上取值为 $x^{(i)}$ 的样本组成的集合，则每个属性的条件概率 $P(x^{(i)}|c_k)$ 可估计为

$$P(x^{(i)}|c_k)=\frac{|D_{k,x^{(i)}}|}{|D_k|} \tag{11.12}$$

而对于连续属性,由于连续型随机变量在某一点的概率为 0,因此需要用概率密度代替概率。假设条件概率分布服从高斯分布,则有

$$p(x^{(i)} \mid c_k) = \frac{1}{\sqrt{2\pi}\,\sigma_k^{(i)}} e^{-\frac{(x^{(i)} - \mu_k^{(i)})^2}{2\sigma_k^{(i)2}}} \tag{11.13}$$

式中,$\mu_k^{(i)}$ 和 $\sigma_k^{(i)2}$ 是 $D_k$ 在第 $i$ 个属性上取值的均值和方差。

现在我们用朴素贝叶斯分类器对例 11.2 的测试样本分类。

**例 11.3** 朴素贝叶斯分类器

类先验概率 $P(c_k)$ 已经估计完毕,接下来估计每个属性的条件概率 $P(x^{(i)} \mid c_k)$,对于测试样本 $\boldsymbol{x} = (3,3)^{\mathrm{T}}$,根据式 (11.12) 有

$$P(x^{(1)} = 3 \mid y = 0) = \frac{1}{6}, \quad P(x^{(1)} = 3 \mid y = 1) = \frac{2}{7}$$

$$P(x^{(2)} = 3 \mid y = 0) = \frac{1}{6}, \quad P(x^{(2)} = 3 \mid y = 1) = \frac{2}{7}$$

于是根据式 (11.10) 有

$$P(0) \prod_{i=1}^{2} P(x^{(i)} \mid 0) = \frac{6}{13} \times \frac{1}{6} \times \frac{1}{6} = 0.0128$$

$$P(1) \prod_{i=1}^{2} P(x^{(i)} \mid 1) = \frac{7}{13} \times \frac{2}{7} \times \frac{2}{7} = 0.0440$$

由于 0.0128 < 0.0440,所以 $(3,3)^{\mathrm{T}}$ 被判为 "1" 类。

但是,如果我们对测试样本 $\boldsymbol{x} = (0,2)^{\mathrm{T}}$ 分类,会出现 $P(x^{(2)} = 2 \mid y = 0) = 0/6 = 0$ 的情况。这会导致连乘时结果为 0,抹去其他属性所携带的信息,使分类产生偏差。为了避免这种情况的发生,我们引入一个数值 "1",使得它的概率不可能为 0。式 (11.11) 和式 (11.12) 分别修正为

$$\hat{P}(c_k) = \frac{|D_k| + 1}{|D| + N} \tag{11.14}$$

$$\hat{P}(x^{(i)} \mid c_k) = \frac{|D_{k,x^{(i)}}| + 1}{|D_k| + N^{(i)}} \tag{11.15}$$

式中,$N$ 为训练集 $D$ 中可能的类别数量、$N^{(i)}$ 为第 $i$ 个属性可能的取值数量。分母引入 $N$ 和 $N^{(i)}$ 是为了保证概率和为 1。这种通过引入常数 "1" 来对类先验概率和属性的条件概率进行平滑处理的方法称为拉普拉斯平滑。

现在我们用上述公式重新计算例 11.3:

$$\hat{P}(y = 0) = \frac{6 + 1}{13 + 2} = \frac{7}{15}, \quad \hat{P}(y = 1) = \frac{7 + 1}{13 + 2} = \frac{8}{15}$$

$$\hat{P}(x^{(1)} = 3 \mid y = 0) = \frac{1 + 1}{6 + 4} = \frac{2}{10}, \quad \hat{P}(x^{(1)} = 3 \mid y = 1) = \frac{2 + 1}{7 + 4} = \frac{3}{11}$$

$$\hat{P}(x^{(2)}=3\mid y=0)=\frac{1+1}{6+4}=\frac{2}{10}, \quad \hat{P}(x^{(2)}=3\mid y=1)=\frac{2+1}{7+4}=\frac{3}{11}$$

根据式（11.10）计算出来的样本$(3,3)^{\mathrm{T}}$的分类为"0"和"1"的概率分别为 0.0187 和 0.0397，分类结果与例 11.3 相同。

朴素贝叶斯分类器具有异常检测能力。基于属性条件独立性假设，式（11.7）改写为

$$P(\boldsymbol{x})=\sum_{k=1}^{N}P(\boldsymbol{x}\mid c_k)P(c_k)=\sum_{k=1}^{N}P(c_k)\prod_{j=1}^{n}P(x^{(j)}\mid c_k) \tag{11.16}$$

式中，$N$ 为可能的分类数量、$n$ 为属性数量。由于 $P(\boldsymbol{x})$ 表示 $\boldsymbol{x}$ 出现的概率，因此对于那些异常样本来说，其出现的概率应该很小。因此，可以使用一个概率阈值来判断样本是否异常。接下来我们通过一个例子来讨论朴素贝叶斯分类器的异常检测能力。

**例 11.4** 用朴素贝叶斯分类器进行异常检测

我们使用例 11.2 中的训练集以及样本$(3,3)^{\mathrm{T}}$，再选取一个远离样本空间的异常点$(10,9)^{\mathrm{T}}$。其中$\hat{P}((3,3)^{\mathrm{T}})=0.0187+0.0397=0.0584$，而对于$(10,9)^{\mathrm{T}}$，有

$$\hat{P}(x^{(1)}=10\mid y=0)=\frac{0+1}{6+4}=\frac{1}{10}, \quad \hat{P}(x^{(1)}=10\mid y=1)=\frac{0+1}{7+4}=\frac{1}{11}$$

$$\hat{P}(x^{(2)}=9\mid y=0)=\frac{0+1}{6+4}=\frac{1}{10}, \quad \hat{P}(x^{(2)}=9\mid y=1)=\frac{0+1}{7+4}=\frac{1}{11}$$

$$\hat{P}((10,9)^{\mathrm{T}})=\frac{7}{15}\times\frac{1}{10}\times\frac{1}{10}+\frac{8}{15}\times\frac{1}{11}\times\frac{1}{11}=0.0047+0.0044=0.0091$$

$\hat{P}((10,9)^{\mathrm{T}})$ 远小于 $\hat{P}((3,3)^{\mathrm{T}})$，因此可以判断$(10,9)^{\mathrm{T}}$为异常点。

## ▶▶ 11.3.3　正态贝叶斯分类器

在上节中我们讨论了基于属性条件独立性假设的朴素贝叶斯分类器，但在现实中，这种独立性假设很难完全满足，比如人的身高和体重，二者往往是关联的，越高的人一般也越重。在这一节中，我们将讨论正态贝叶斯分类器，该模型不需要属性条件独立性假设，而是假设来自每个类的特征向量是正态分布（高斯分布）。因此，整个数据分布函数被假设为高斯混合分布，每个类为一个分量。虽然整个分布函数被假设为高斯混合分布，但在参数估计时，是对每一类单独估计，而非对高斯混合分布进行参数估算，从而区别于高斯混合模型（见 11.4 节）。由于假设每个类服从高斯分布，所以正态贝叶斯分类器只能处理属性是连续值的分类问题。

### 11.3.3.1　正态贝叶斯分类器

式（11.8）的贝叶斯分类器用于处理属性为离散值的分类问题，对于处理属性为连续值的正态贝叶斯分类器来说，需要用概率密度 $p(\boldsymbol{x}\mid c_k)$ 替代概率 $P(\boldsymbol{x}\mid c_k)$，即

$$f(\boldsymbol{x}) = \arg\max_{c_k \in \mathcal{Y}} P(c_k) p(\boldsymbol{x} \mid c_k) \tag{11.17}$$

对于上式，首先需要估计所有类别 $c_k$ 出现的概率 $P(c_k)$，可以采用两种方法对 $P(c_k)$ 进行估计。第一种方法就是从训练集中估计 $P(c_k)$，例 11.1 就是采用这种方法。需要注意的是，此时的训练集除了能够表示属性的变化外，还必须能够体现所有类别出现的频率。但在实际应用中，第二条往往难以保证。因此可以使用另一个估计 $P(c_k)$ 的方法，就是假设每个类别可能出现的概率相等，即 $P(c_k) = 1/N$。这样，贝叶斯决策规则就简化为取决于类条件概率密度 $p(\boldsymbol{x} \mid c_k)$ 的分类规则。此时的正态贝叶斯分类器表达式为

$$f(\boldsymbol{x}) = \arg\max_{c_k \in \mathcal{Y}} p(\boldsymbol{x} \mid c_k) \tag{11.18}$$

在 $n$ 维样本空间中，第 $k$ 类样本 $\boldsymbol{x}$ 的高斯概率密度为

$$p(\boldsymbol{x} \mid c_k) = \frac{1}{(2\pi)^{n/2} |\boldsymbol{\Sigma}_k|^{1/2}} e^{-\frac{1}{2}(\boldsymbol{x} - \boldsymbol{\mu}_k)^{\mathrm{T}} \boldsymbol{\Sigma}_k^{-1}(\boldsymbol{x} - \boldsymbol{\mu}_k)} \tag{11.19}$$

式中，$\boldsymbol{\mu}_k$ 是第 $k$ 类样本的均值向量、$\boldsymbol{\Sigma}_k$ 是第 $k$ 类样本的协方差矩阵、$|\boldsymbol{\Sigma}_k|$ 为 $\boldsymbol{\Sigma}_k$ 的行列式。其中，$\boldsymbol{\mu}_k = (\mu_k^{(1)}, \mu_k^{(2)}, \cdots, \mu_k^{(n)})^{\mathrm{T}}$，$\mu_k^{(i)}$ 是第 $k$ 类样本在第 $i$ 个属性上取值的均值，$n$ 为属性数量，$\boldsymbol{\mu}_k$ 的极大似然估计为

$$\mu_k^{(i)} = \frac{1}{|D_k|} \sum_{j=1}^{|D_k|} x_{k,j}^{(i)} \tag{11.20}$$

式中，$|D_k|$ 为第 $k$ 类样本的数量、$x_{k,j}^{(i)}$ 为第 $k$ 类的第 $j$ 个样本的第 $i$ 个属性的值。$\boldsymbol{\Sigma}_k$ 是一个 $n$ 阶方阵

$$\boldsymbol{\Sigma}_k = \begin{bmatrix} C_k^{(1,1)} & C_k^{(1,2)} & \cdots & C_k^{(1,n)} \\ C_k^{(2,1)} & C_k^{(2,2)} & \cdots & C_k^{(2,n)} \\ \vdots & \vdots & & \vdots \\ C_k^{(n,1)} & C_k^{(n,2)} & \cdots & C_k^{(n,n)} \end{bmatrix} \tag{11.21}$$

式中，$C_k^{(i,j)}$ 是第 $k$ 类中第 $i$ 属性 $\boldsymbol{x}_k^{(i)}$ 和第 $j$ 属性 $\boldsymbol{x}_k^{(j)}$ 的协方差。由于 $C_k^{(i,j)}$ 的极大似然估计为有偏估计，因此我们采用 $C_k^{(i,j)}$ 的无偏估计

$$C_k^{(i,j)} = \mathrm{Cov}(\boldsymbol{x}_k^{(i)}, \boldsymbol{x}_k^{(j)}) = \frac{1}{|D_k| - 1} \sum_{m=1}^{|D_k|} (x_{k,m}^{(i)} - \mu^{(i)})(x_{k,m}^{(j)} - \mu^{(j)}) \tag{11.22}$$

由于 $C_k^{(i,j)} = C_k^{(j,i)}$，因此 $\boldsymbol{\Sigma}_k$ 是一个对称矩阵。

有时为了计算方便，可对式（11.19）取对数

$$\ln p(\boldsymbol{x} \mid c_k) = -\frac{1}{2} [\ln |\boldsymbol{\Sigma}_k| + (\boldsymbol{x} - \boldsymbol{\mu}_k)^{\mathrm{T}} \boldsymbol{\Sigma}_k^{-1}(\boldsymbol{x} - \boldsymbol{\mu}_k) + n\ln(2\pi)] \tag{11.23}$$

显然，求上式极大值问题可以转换为求式中方括号 $[\cdot]$ 内的极小值问题，其中最后一项 $n\ln(2\pi)$ 是常数，可以不用计算。下面通过一个例子来说明正态贝叶斯分类器的分类过程。

例 11.5 用正态贝叶斯分类器进行分类

表 11.2 是帕尔默企鹅数据集中 Torgersen 岛企鹅特征的部分统计数据[⊖]。将这些数据作为训练样本，对喙长度 43.3mm、脚蹼长度 197 mm、体重 4300 g 的企鹅作性别预测。

表 11.2 企鹅特征的统计数据（为了简化例程，本例没有使用原数据集中喙高度属性）

| 喙长度/mm | 35.9 | 41.8 | 33.5 | 39.7 | 39.6 | 45.8 | 35.5 | 42.8 |
| 脚蹼长度/mm | 190 | 198 | 190 | 190 | 196 | 197 | 190 | 195 |
| 体重/g | 3050 | 4450 | 3600 | 3900 | 3550 | 4150 | 3700 | 4250 |
| 性别 | 母 | 公 | 母 | 公 | 母 | 公 | 母 | 公 |

首先用式（11.20）计算均值向量

$$\mu_{公}^{(喙长度)} = \frac{41.8+39.7+45.8+42.8}{4} = 42.525$$

同理可计算出其他属性的均值，得到均值向量

$$\boldsymbol{\mu}_{公} = (\mu_{公}^{(喙长度)}, \mu_{公}^{(脚蹼长度)}, \mu_{公}^{(体重)})^{\mathrm{T}} = (42.525, 195, 4187.5)^{\mathrm{T}}$$

$$\boldsymbol{\mu}_{母} = (\mu_{母}^{(喙长度)}, \mu_{母}^{(脚蹼长度)}, \mu_{母}^{(体重)})^{\mathrm{T}} = (36.125, 191.5, 3475)^{\mathrm{T}}$$

然后用式（11.22）计算协方差，这里以公企鹅喙长度和脚蹼长度为例计算它们的协方差

$$C_{公}^{(喙长度,脚蹼长度)} = \frac{1}{4-1}[(41.8-42.525)(198-195)+(39.7-42.525)(190-195)+$$

$$(45.8-42.525)(197-195)+(42.8-42.525)(195-195)] = 6.167$$

最后，协方差矩阵为

$$\Sigma_{公} = \begin{bmatrix} 6.436 & 6.167 & 172.083 \\ 6.167 & 12.667 & 716.667 \\ 172.083 & 716.667 & 52291.667 \end{bmatrix}, \quad \Sigma_{母} = \begin{bmatrix} 6.469 & 6.95 & -37.5 \\ 6.95 & 9 & 150 \\ -37.5 & 150 & 84166.667 \end{bmatrix}$$

我们需要的是协方差矩阵的逆矩阵和行列式的值

$$\Sigma_{公}^{-1} = \begin{bmatrix} 1.2968 & -1.7361 & 0.01953 \\ -1.7361 & 2.6756 & -0.031 \\ 0.01953 & -0.031 & 0.000379 \end{bmatrix}, \quad \Sigma_{母}^{-1} = \begin{bmatrix} 1.2283 & -0.9869 & 0.00231 \\ -0.9869 & 0.90752 & -0.00206 \\ 0.00231 & -0.00206 & 0.000017 \end{bmatrix}$$

$$|\Sigma_{公}| = 0.0000115, \quad |\Sigma_{母}| = 0.0000598$$

至此，式（11.23）中的所有类别的参数都已确定。将测试样本 $\boldsymbol{x} = (43.3, 197, 4300)^{\mathrm{T}}$ 代入式（11.23），可分别得出

$$\ln p(\boldsymbol{x}\,|\,公) = -\frac{1}{2}[\ln|\Sigma_{公}| + (\boldsymbol{x}-\boldsymbol{\mu}_{公})^{\mathrm{T}}\Sigma_{公}^{-1}(\boldsymbol{x}-\boldsymbol{\mu}_{公}) + n\ln(2\pi)]$$

---

⊖ 下载地址：https://www.kaggle.com/datasets/parulpandey/palmer-archipelago-antarctica-penguin-data? resource = download

$$= -\frac{1}{2}(11.6502+0.3722+3.6758) = -7.8491$$

$$\ln p(\boldsymbol{x} | 母) = -\frac{1}{2}(13.3020+32.7057+3.6758) = -24.8417$$

因为 $\ln p(\boldsymbol{x}|公) > \ln p(\boldsymbol{x}|母)$，所以这是一只公企鹅。

从上述例子可以看出，整个计算仍稍显复杂，涉及矩阵求逆。在实际计算中，采用特征分解会使程序更简洁。由于协方差矩阵 $\boldsymbol{\Sigma}_k$ 是对称矩阵，所以它的特征分解为

$$\boldsymbol{\Sigma}_k = Q \Lambda Q^{\mathrm{T}} \tag{11.24}$$

式中，$Q$ 是 $\boldsymbol{\Sigma}_k$ 的特征向量组成的正交矩阵，$\Lambda$ 是 $\boldsymbol{\Sigma}_k$ 的特征值组成的对角矩阵，对角线上的特征值 $\lambda_i$ 对应 $Q$ 的第 $i$ 列特征向量。正交矩阵 $Q$ 具有 $Q^{-1}=Q^{\mathrm{T}}$ 的性质，则 $\boldsymbol{\Sigma}_k$ 的逆矩阵为

$$\boldsymbol{\Sigma}_k^{-1} = (Q\Lambda Q^{\mathrm{T}})^{-1} = (Q^{\mathrm{T}})^{-1}(Q\Lambda)^{-1} = (Q^{-1})^{-1}\Lambda^{-1}Q^{-1} = Q\Lambda^{-1}Q^{\mathrm{T}} \tag{11.25}$$

设 $S = \boldsymbol{x} - \boldsymbol{\mu}_k$，则

$$(\boldsymbol{x}-\boldsymbol{\mu}_k)^{\mathrm{T}}\boldsymbol{\Sigma}_k^{-1}(\boldsymbol{x}-\boldsymbol{\mu}_k) = S^{\mathrm{T}}Q\Lambda^{-1}Q^{\mathrm{T}}S = (S^{\mathrm{T}}Q)\Lambda^{-1}(Q^{\mathrm{T}}S) \tag{11.26}$$

因为矩阵乘积的转置等于矩阵转置的乘积（顺序相反），因此有 $(S^{\mathrm{T}}Q)^{\mathrm{T}}=Q^{\mathrm{T}}(S^{\mathrm{T}})^{\mathrm{T}}=Q^{\mathrm{T}}S$，所以

$$(\boldsymbol{x}-\boldsymbol{\mu}_k)^{\mathrm{T}}\boldsymbol{\Sigma}_c^{-1}(\boldsymbol{x}-\boldsymbol{\mu}_k) = (S^{\mathrm{T}}Q)\Lambda^{-1}(S^{\mathrm{T}}Q)^{\mathrm{T}} \tag{11.27}$$

式中，$S^{\mathrm{T}}Q$ 为行向量，设该行向量的元素为 $a_i, i=1,2,\cdots,n$。由于 $\Lambda$ 是对角矩阵，因此 $\Lambda^{-1}$ 也是对角矩阵，并且其对角线上的元素为 $1/\lambda_i$，则上式改写为

$$(\boldsymbol{x}-\boldsymbol{\mu}_k)^{\mathrm{T}}\boldsymbol{\Sigma}_k^{-1}(\boldsymbol{x}-\boldsymbol{\mu}_k) = \begin{bmatrix} a_1 & a_2 & \cdots & a_n \end{bmatrix} \begin{bmatrix} 1/\lambda_1 & 0 & \cdots & 0 \\ 0 & 1/\lambda_2 & \cdots & 0 \\ \vdots & \vdots & & \vdots \\ 0 & 0 & \cdots & 1/\lambda_n \end{bmatrix} \begin{bmatrix} a_1 \\ a_2 \\ \vdots \\ a_n \end{bmatrix} = \sum_{i=1}^{n} \frac{a_i^2}{\lambda_i} \tag{11.28}$$

另外，对于一个 $n$ 阶方阵，它的行列式的值等于它所有特征值的乘积。因此有

$$|\boldsymbol{\Sigma}_k| = \prod_{i=1}^{n} \lambda_i \tag{11.29}$$

将式（11.28）和式（11.29）代入式（11.23），则有

$$\ln p(\boldsymbol{x}|c_k) = -\frac{1}{2}\left[ \ln \prod_{i=1}^{n} \lambda_i + \sum_{i=1}^{n} \frac{a_i^2}{\lambda_i} + n\ln(2\pi) \right] \tag{11.30}$$

显然，相比例 11.5 的计算方法，采用特征分解法更为简洁高效。

### 11.3.3.2 异常检测

正态贝叶斯分类器具有异常检测能力，其异常检测算法可分为以下三种。

**1. 基于概率密度的异常检测**

基于假设 $P(c_k)=1/N$，以及用概率密度代替概率，式（11.7）改写为

$$p(\pmb{x}) = \frac{1}{N} \sum_{k=1}^{N} p(\pmb{x} \,|\, c_k) \tag{11.31}$$

式中，$p(\pmb{x})$ 表示 $\pmb{x}$ 出现的概率密度，那些异常样本的概率密度远小于正常样本，因此 $p(\pmb{x})$ 可以用于异常检测。一般情况下，$p(\pmb{x})$ 的值都很小，特别是对于异常样本。为了便于阈值设定，我们可对上式取对数

$$\ln p(\pmb{x}) = \ln \sum_{k=1}^{N} p(\pmb{x} \,|\, c_k) - \ln N \tag{11.32}$$

由于 $\ln N$ 是常数，所以异常检测时只需要比较式中第一项即可。

由于在分类时已经计算了所有类别的 $\ln p(\pmb{x} \,|\, c_k)$，因此计算 $\ln p(\pmb{x})$ 不会增加额外的计算量。在进行异常检测时，如果样本的 $\ln p(\pmb{x})$ 值远小于正常值或小于指定的阈值，我们就将该样本标记为异常样本。例如，例 11.5 中的正常企鹅样本 $\pmb{x} = (43.3, 197, 4300)^T$，其 $\ln p(\pmb{x}) = -8.5422$。设异常企鹅样本为 $\pmb{x} = (48.5, 233, 6700)^T$，其 $\ln p(\pmb{x}) = -103.3312$，远小于正常值，因此可以将其标记为异常样本。接下来我们通过一个图像形式的例子进一步讨论异常检测。

例 11.6　正态贝叶斯分类器的异常检测

如图 11.6 所示（扫码查看彩图），图 11.6a 是训练集，分 3 类，$R$、$G$、$B$ 各代表一类，每类 200 个样本。图 11.6b 是用正态贝叶斯分类器对样本空间所有点分类的结果，每种颜色的浅色与深色为同一类。图 11.6c 是样本空间内所有点的 $\ln p(\pmb{x})$ 值。从图中可以看到，离训练集样本越远的点，$\ln p(\pmb{x})$ 值越小。图 11.6d 是阈值分割后的结果。图 11.6e 是对图 11.6d 二值化的结果。图中黑色区域为异常样本区域。图 11.6f 是将图 11.6e 叠加到图 11.6a 的结果，可以看到样本之外的区域为异常区域。

**2. 基于 $k\sigma$ 概率的异常检测**

由于 $p(\pmb{x})$ 表示的是概率密度，其取值范围不受限制，因此设置阈值有一定困难。另外一个可用于异常检测的测度就是由 $k\sigma$ 误差椭球（Error Ellipsoid）推导出的 $k\sigma$ 概率 [Steger，2019]。一个 $k\sigma$ 误差椭球定义为

$$(\pmb{x} - \pmb{\mu})^T \pmb{\Sigma}^{-1} (\pmb{x} - \pmb{\mu}) = k^2 \tag{11.33}$$

该式表示点的轨迹，一维时的轨迹为两点、二维时的轨迹为椭圆、三维时的轨迹为椭球、更高维时的轨迹为超椭球。对于一维情况，可推导出 $x = \mu \pm k\sigma$，存在区间 $[\mu - k\sigma, \mu + k\sigma]$。当随机变量为高斯分布时：当 $k=1$ 时，约 68.26% 的随机变量在区间 $[\mu-\sigma, \mu+\sigma]$ 出现；$k=3$ 时，也就是大家熟悉的 $3\sigma$ 准则，约 99.74% 的随机变量在区间 $[\mu-3\sigma, \mu+3\sigma]$ 出现。与之相对应的则是：$k=1$ 和 $k=3$ 时，在对应区间之外产生的随机变量的概率分别约为 31.74% 和 0.26%，我们称这个概率为 $k\sigma$ 概率，用 $P(k)$ 表示。显然，$P(k)$ 值越小，测试样本为异常样本的概率就越大，因此 $P(k)$ 可以作为异常检测的测度。由于在分类时已经计算出了 $(\pmb{x} - \pmb{\mu})^T \pmb{\Sigma}^{-1} (\pmb{x} - \pmb{\mu})$，因此得到 $k$ 值不需要额外的计算开销。由于 $P(k)$ 仅与 $k$ 有关，因此我们可以选择最简单的一维标准正态分布来计算 $P(k)$，这时有 $x = \pm k$。由于分布的对称性，我们可只计算左侧的概率，对于第 $k$ 类样本，有

$$P(k_k) = \frac{1}{\sqrt{2\pi}} \int_{-\infty}^{-k_k} e^{-\frac{t^2}{2}} dt \qquad (11.34)$$

式中，$k_k$ 为样本在第 $k$ 类中的 $k$ 值（下标 $k$ 表示第 $k$ 类）。由于高斯分布的定积分不存在解析解，因此只能通过数值计算求解 $P(k_k)$。由于假设每个类别可能出现的概率相等，因此 $k\sigma$ 概率的计算公式为

$$P(k) = \frac{1}{N} \sum_{k=1}^{N} P(k_k) \qquad (11.35)$$

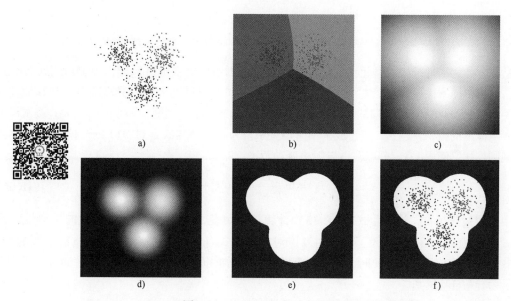

● 图 11.6　正态贝叶斯分类器分类及异常检测

a) 训练集　b) 对样本空间所有点分类的结果　c) 样本空间所有点的 $\ln p(\boldsymbol{x})$ 值构成的图像（原图为浮点数，将其线性映射到[0,255]）　d) 用阈值-15 对图 c 的原图（非映射后的图像）分割。小于-15 的值设为黑色，由于动态范围缩小，映射后对比度加大　e) 对图 d 二值化的结果。图中黑色区域为异常样本区域　f) 图 e 叠加图 a

　　现在我们用上式对例 11.6 的样本空间进行异常检测，如图 11.7 所示。图 11.7a 为样本空间的 $P(k)$ 值构成的图像。用阈值 0.0001 对图 11.7a 分割并二值化，然后将其叠加到图 11.6a 上，结果如图 11.7b 所示。图中黑色区域为异常样本区域。可以看到，图 11.7b 与图 11.6f 很相似。由于概率的取值范围为[0,1]，相比概率密度，概率阈值设置会更容易些。

　　**3. 基于 $k$ 值的异常检测**

　　用 $p(\boldsymbol{x})$ 作为异常检测的测度时，可能会遇到一个数值问题：当样本一致性很好时，协方差会很小，从而造成 $(\boldsymbol{x}-\boldsymbol{\mu}_k)^{\mathrm{T}}\boldsymbol{\Sigma}_k^{-1}(\boldsymbol{x}-\boldsymbol{\mu}_k)$ 值很大。其结果就是，无论是对正常样本还是异常样本，式（11.31）中的 $p(\boldsymbol{x}|c_k)$ 的值均为 0，造成无法检测异常样本。因此在有些情况下 $p(\boldsymbol{x})$ 不能作为异常检测的测度，用 $P(k)$ 作为异常检测的测度时也会遇到类似的问题。由于异常检

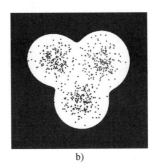

● 图 11.7　用 $k\sigma$ 概率进行异常检测

a）样本空间的 $P(k)$ 值构成的图像　b）用阈值 0.0001 对图 a 分割并二值化叠加图 11.6a

测是在分类之后进行的，因此我们可以考虑只在样本所属类别中进行异常检测。例如在 OCR 中，当一个样本被预测为"7"时，我们可以仅在"7"这个类别中做异常检测，与其他类别无关。因此，我们可以用样本所属类别的 $k$ 值作为异常检测的测度，因为 $k$ 值越大，测试样本为异常样本的概率就越大，二者成单调递增关系。为了保持与式（11.31）一致的异常样本判断规则，我们使用 $1/k$，并取对数以缩小变动范围，即

$$f(k_k)= \ln \frac{1}{k_k^2+1}=-\ln(k_k^2+1) \tag{11.36}$$

式中，用 $k_k^2$ 代替 $k_k$，是因为式（11.33）计算结果就是 $k_k^2$，用 $k_k^2$ 不影响函数的单调性。因为 $k_k^2$ 可能为 0，"+1"是为了避免对 0 取对数。与式（11.31）或式（11.35）不同的是，用式（11.36）作异常检测时，只需计算样本在所属类别 $k$ 中的 $f(k_k)$ 值，然后通过阈值判断是否为异常样本即可。

对例 11.6 重新计算的结果如图 11.8 所示。图 11.8a 为用式（11.36）计算的结果。图 11.8b 是阈值分割过的结果，可以发现，与图 11.6f 或图 11.7b 相比，异常区域类似，但不同类交界处的过渡更加锐利。

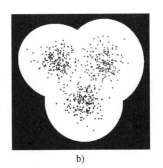

● 图 11.8　用 $k$ 值进行异常检测

a）例 11.6 中样本空间的 $f(k_k)$ 值构成的图像　b）用阈值 -3.0 对图 a 分割并叠加图 11.6a

根据以上讨论，正态贝叶斯算法总结如下。

---

**算法 11.1　正态贝叶斯算法**
**输入：**训练集 $D$；测试样本 $x$
**输出：**$x$ 分类结果
　　　　//训练阶段
1：　根据训练集 $D$，用式(11.20)和式(11.21)估计所有分类的 $\boldsymbol{\mu}_k$ 和 $\boldsymbol{\Sigma}_k$；
2：　计算所有分类的 $\boldsymbol{\Sigma}_k$ 的特征值和特征向量；
3：　用式(11.29)计算所有分类的 $|\boldsymbol{\Sigma}_k|$；
　　　　//预测阶段
4：　计算测试样本 $x$ 在所有分类中的 $S = x - \boldsymbol{\mu}_k$；
5：　在所有分类中计算式(11.27)中的 $S^{\mathrm{T}}Q$，结果为一个元素为 $a_i$ 的行向量；
6：　在所有分类中用式(11.28)计算 $(x - \boldsymbol{\mu}_k)^{\mathrm{T}} \boldsymbol{\Sigma}_k^{-1}(x - \boldsymbol{\mu}_k)$；
7：　比较各类别的 $\ln|\boldsymbol{\Sigma}_k| + (x - \boldsymbol{\mu}_k)^{\mathrm{T}} \boldsymbol{\Sigma}_k^{-1}(x - \boldsymbol{\mu}_k)$，将 $x$ 分到值最小的类中；
8：　如果需要，用式(11.31)、式(11.32)、式(11.35)或式(11.36)对 $x$ 进行异常检测.

---

## ▶▶ 11.3.4　贝叶斯分类器在 OCR 中的应用

从早期的邮政编码识别到如今无处不在的文字提取，光学字符识别（Optical Character Recognition，OCR）有着广泛的应用。OCR 分文本检测和文本识别两个步骤，即首先定位文本，然后再进行识别。

在工业图像处理领域，OCR 有其自身的一些特点：

1）字符以印刷体为主，一致性好。

2）需要识别的字符数量较少，如产品的序列号。

3）所能提供的标准字符图像不多，有时甚至只有一幅图像。

4）文本位置固定。

5）用于字符识别的计算机配置一般。

近年来，以深度学习为代表的算法在 OCR 应用中取得了惊人的成就，各种环境下的字符识别率极高。但深度学习算法需要大量训练数据以及高性能计算机，因此并不适合大多数工业OCR 场景。另外，由于工业 OCR 中的文本位置固定，因此我们不讨论文本检测算法，感兴趣的读者可以参考 [Tian, 2016]，文中提出了一种名为 CTPN（Connectionist Text Proposal Network）的文本检测模型，文本定位效果很好。

在只有很少标准字符图像，并且识别的字符不多的情况下，用第 10 章的图像匹配算法即可。除此之外，大部分工业 OCR 应用可采用贝叶斯分类器、SVM（见 11.5 节）等算法。本节讨论的内容包括应用传统图像处理技术对字符进行分割、提取特征以及用贝叶斯分类器对字符进行分类。

### 11.3.4.1　字符分割

用贝叶斯分类器等机器学习算法进行字符识别的第一步就是将文本分割成单个字符。在字符分割前，对于图 5.8 和图 5.11 这类图像，需要通过投影变换和极坐标变换将文本变换成矩形排列。对于大部分字符分割，采用第 7 章介绍的分割技术已经足够了，但是对于粘连字符需要采用针对性技术。如图 11.9 所示，图 11.9a 是 MingLiU-ExtB 字体的文本，两个字符呈粘连状态。对于这类粘连字符，首选方案就是用开或闭运算对其进行分割，这里采用 3×11 结构元对其进行闭运算（前景为白色），结果如图 11.9b 所示。之所以采用细长结构元，是为了防止在分割时造成字符在水平方向断开。此外，我们还可以将二维图像的像素灰度值投影到一维的水平轴上，即行剖面（见 2.4.5 节），然后根据波峰或波谷确定粘连位置。图 11.9c 为图 11.9a 行剖面，可以看到，在水平坐标 126 附近有一波峰，对应的就是粘连位置。

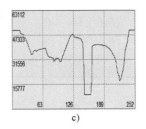

a)　　　　　　　　　　　　b)　　　　　　　　　　c)

●图 11.9　字符分割一

a) MingLiU-ExtB 字体的文本（尺寸 252×198 像素）　b) 用 3×11 结构元对二值化后的图 a 进行闭运算的结果

c) 图 a 的行剖面

但是，上述的形态学方法并不总有效。如图 11.10 所示，图 11.10a 为字符粘连的图像，图 11.10b 是对二值化后的图 11.10a 进行开运算的结果，由于图 11.10a 与图 11.9a 的前景相反，所以用了相反的形态学算法。从图中可以看到，除了 "C" 和 "8"，"1" 和 "A" 外，其他粘连字符并未分开。对于这类重度粘连的字符，如果是等宽字符，可以在确定了首字符的位置后，根据字符宽度进行分割。对于非等宽字符，如果不同宽度字符出现的位置是确定的，也可以根据字符宽度进行分割。

a)　　　　　　　　　　　　　　　b)

●图 11.10　字符分割二

a) 字符粘连的图像　b) 用 5×9 结构元对二值化后的图 a 进行开运算的结果

另外，对于诸如 "i" "j" 或点阵之类的字符，在分割前需要进行膨胀或腐蚀处理，以使单个字符连接到一起。如图 11.11 所示，图 11.11a 是产品包装上常见的点阵字符串，图 11.11b 是对图 11.11a 二值化后再腐蚀的结果。经过这样的处理，单个字符都连接起来了，不会出现一个字符分割成几部分的情况。

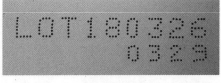

a)

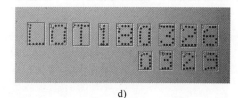

b)

c)

d)

● 图 11.11　字符分割三

a）点阵字符串　b）对图 a 二值化后腐蚀的结果（结构元 9×9）

c）对图 b 膨胀的结果（结构元 3×3）　d）图 a 叠加图 c 的区域分析结果

对字符分割完毕后，需要通过区域分析（见第 8 章），在图像上确定包含字符的外框。一般来说，我们希望外框与字符之间有一两个像素的间隙。我们以图 11.11 为例对此进行讨论。由于进行了腐蚀运算，如果直接提取图 11.11b 中的字符的外框，尺寸会过大。所以首先对图 11.11b 进行膨胀运算，如图 11.11c 所示。然后再提取外框，叠加到原图后的结果如图 11.11d 所示，外框与字符之间有一定的间隙。如果分割中没有进行形态学操作，可以在提取外框前做一次 3×3 的腐蚀运算（假设字符为黑色），以保证字符与外框之间有一个像素的间隙。

### 11.3.4.2　特征提取

字符分割完毕后，接下来就是特征提取。可以将多种图像信息作为样本的特征：灰度值、梯度、二值图像、行剖面、列剖面、高宽比、高度、宽度等，其中高宽比等为单一特征，一般与灰度值等组合使用，以提高对字符的分辨能力。

如图 11.12 所示，图 11.12a 是分割出来的字符。如果直接用图 11.12a 的像素灰度值序列作为特征，则样本的维数为 36×45 = 1620，维数过高，需要降维。此外，分割出来的字符尺寸不一，造成样本维数不同。因此，提取特征之前需要对字符进行缩放，对于工业应用来说，将字符缩放到 8×10 比较恰当［Steger，2019］。如果在应用中只有很少的字符类型，比如只有数字，则可以使用更小一点的尺寸；如果包含较多的字符类型，比如数字、大写字母和小写字母，则可使用更大的尺寸，比如 10×12。将图 11.12a 缩放到 8×10 后，如图 11.12b 所示，这时样本维数为 80。缩放建议采用双线性插值法（见 5.2.2 节），可以同时兼顾效率和质量。

但是这样直接缩放是有问题的。图 11.12d 是光照发生变化的字符 "9" 图像，图像亮度更高，缩放到 8×10 后的图像如图 11.12e 所示。图 11.12b 与图 11.12e 灰度值差异较大，这样会造成后续的分类很困难。解决这个问题的方法就是在缩放前对灰度值进行归一化处理。归一化

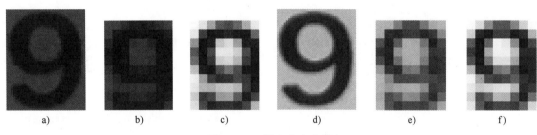

a)　　　　　b)　　　　　c)　　　　　d)　　　　　e)　　　　　f)

● 图 11.12　提取灰度值特征

a）深色字符"9"（尺寸 36×45）　b）将图 a 缩放到 8×10　c）对图 a 归一化后再缩放到 8×10（去掉直方图
两端 5% 的像素后的灰度值作为归一化最值。归一化后的浮点数图像映射到[0,255]）　d）浅色字符"9"
e）将图 d 缩放到 8×10　f）对图 d 归一化后再缩放到 8×10

可以理解为一种灰度拉伸（见 6.1 节），是将图像的动态范围[$r_1,r_2$]映射到[0,1]，即

$$s = \begin{cases} 0, & r < r_1 \\ \dfrac{r-r_1}{r_2-r_1}, & r_1 \leqslant r \leqslant r_2 \\ 1, & r \geqslant r_2 \end{cases} \quad (11.37)$$

式中，$s$ 为输出灰度值、$r$ 为输入灰度值。为了降低噪声的影响，我们不建议 $r_1$ 和 $r_2$ 取图像的灰度最小值和最大值，而是取去掉直方图两端一定比例的像素后的灰度最值。灰度值归一化后再缩放到 8×10 的字符如图 11.12c 和 11.12f 所示，这时二者的灰度值基本一致。

由于我们是将分割得到的包含字符外接矩形的图像缩放到一个标准尺寸，那么对于有些字体中的个别字符，比如等线字体中的"丨"和"－"，就不能分辨开，因为缩放后的图像是一样的。解决这个问题的方法就是额外增加一个特征，将分割得到的字符外接矩形的高宽比作为一个特征。这样，对于 8×10 的字符来说，样本维数就是 81。

由于梯度对光照变化不敏感，因此梯度也是一种常用的特征。与 10.2.4.4 节的构造 SIFT 关键点描述符类似，首先将图像缩放到一个标准尺寸，例如 35×35，然后再将图像细分为 5×5 个子区域，每个子区域尺寸为 7×7。最后计算每个像素点的梯度并离散到间隔为 45° 的 8 个方向，共构成 200 个梯度特征［Liu，2004］［Steger，2019］。提取行剖面、列剖面特征的算法见 2.4.5 节。

### 11.3.4.3　字符分类

我们使用正态贝叶斯分类器作为 OCR 分类器。在对字符分割以及特征提取后就得到了样本集，用分类器进行训练和测试即可。下面通过一个例子来演示 OCR 的完整过程。

例 11.7　用正态贝叶斯分类器进行 OCR 及异常检测

如图 11.13 所示，图 11.13a 是包含训练字符的原图，数字 0~9，共 10 行，每行 20 个字符。图 11.13b 是用自动阈值对图 11.13a 分割后再腐蚀的结果。图 11.13c 是区域分析后得到的

包含字符的矩形框。提取每个字符的特征并生成样本后，还需要标记每个样本。如果矩形框的排列顺序未知，那么可以用细长结构元对图 11. 13b 进行腐蚀，结果如图 11. 13d 所示，通过区域分析得到包含每行字符的矩形框。对于图 11. 13c 中那些矩形框中心落入图 11. 13d 同一矩形框内的字符做相同的标记。对样本标记后，就可用分类器进行训练了。

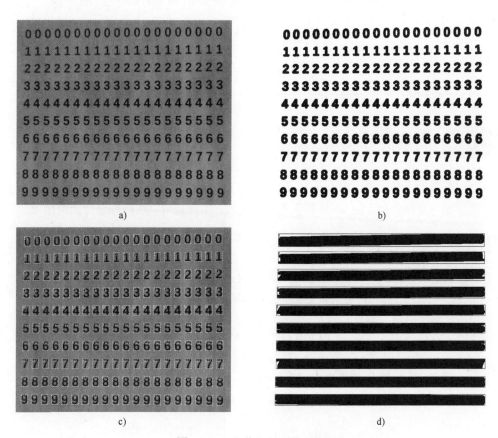

● 图 11. 13　字符分割及特征提取

a）包含训练字符的原图（尺寸 871×730 像素）　b）对图 a 分割后再腐蚀（自动阈值，5×5 八边形结构元）

c）对图 b 区域分析后得到的包含字符的矩形框　d）用 35×1 矩形结构元对图 b 腐蚀后再区域分析

　　训练完毕后即可进行字符分类。如图 11. 14 所示，图 11. 14a 是包含待识别字符的原图，其中有未训练字符 "M"。如果直接分类，结果如图 11. 14b 所示，"M" 识别成了 "7"。现在我们观察用式（11.36）计算的各字符的 $f(k_k)$ 值，见表 11. 3。可以发现，"M" 的 $f(k_k)$ 值要明显小于其他字符，因此我们用阈值，比如-26，进行异常检测，结果如图 11. 14c 所示，"?" 表示异常字符。

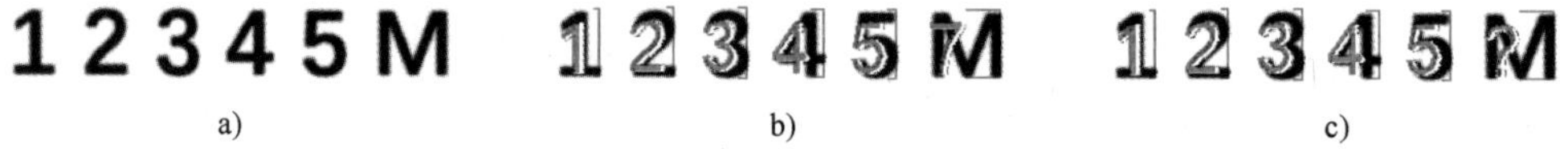

# 1 2 3 4 5 M     1 2 3 4 5 M     1 2 3 4 5 M

a)               b)               c)

● 图 11.14 用正态贝叶斯分类器进行字符识别

a) 包含待识别字符的原图    b) 不进行异常检测的识别结果    c) 进行异常检测的识别结果

表 11.3 字符的 $f(k_k)$ 值

| 字符 | 1 | 2 | 3 | 4 | 5 | M |
|---|---|---|---|---|---|---|
| $f(k_k)$ 值 | −24.84 | −24.42 | −24.31 | −24.69 | −24.31 | −29.21 |

## 11.4 高斯混合模型

高斯混合模型（Gaussian Mixture Model，GMM）与正态贝叶斯分类器有些相似，都是假设各类别数据服从高斯分布。但 GMM 属于无监督学习，不需要对训练数据进行分类标记。

### ▶▶ 11.4.1 高斯混合模型的定义

GMM 可以看作是由 $N$ 个单高斯模型混合而成的模型。设测试样本 $\boldsymbol{x}$ 有 $N$ 种可能的分类，即 $\mathcal{Y} = \{c_1, c_2, \cdots, c_N\}$，其中 $c_k$ 为第 $k$ 个类别，则 GMM 的概率密度函数可表示为

$$p(\boldsymbol{x}) = \sum_{k=1}^{N} \boldsymbol{\pi}_k p(\boldsymbol{x} \mid c_k) \tag{11.38}$$

式中，$\boldsymbol{\pi}_k$ 为第 $k$ 个混合成分（类）的权重，$\pi_k \geqslant 0$，$\sum_{k=1}^{N} \pi_k = 1$，可理解为第 $k$ 个类出现的概率；$p(\boldsymbol{x} \mid c_k)$ 为第 $k$ 个混合成分的概率密度（似然）。对于 $n$ 维样本，$p(\boldsymbol{x} \mid c_k)$ 为

$$p(\boldsymbol{x} \mid c_k) = \varphi(\boldsymbol{x}; \boldsymbol{\mu}_k, \Sigma_k) = \frac{1}{(2\pi)^{n/2} |\Sigma_k|^{1/2}} e^{-\frac{1}{2}(\boldsymbol{x} - \boldsymbol{\mu}_k)^{\mathrm{T}} \Sigma_k^{-1}(\boldsymbol{x} - \boldsymbol{\mu}_k)} \tag{11.39}$$

上式与式（11.19）相同，参数意义也完全相同。

与贝叶斯分类器类似，GMM 分类器可表示为

$$f(\boldsymbol{x}) = \arg \max_{c_k \in \mathcal{Y}} \pi_k p(\boldsymbol{x} \mid c_k) \tag{11.40}$$

即计算测试样本 $\boldsymbol{x}$ 在所有类中的似然 $\pi_k p(\boldsymbol{x} \mid c_k)$，取最大值时的类 $c_k$ 作为 $\boldsymbol{x}$ 的分类。

式（11.38）和式（11.39）中的 $\boldsymbol{\pi}_k$、$\boldsymbol{\mu}_k$ 和 $\Sigma_k$ 就是我们需要估计的参数。由于样本没有标记，并且 $\pi_k$ 也未知，因此无法用标准的极大似然法估计参数，只能通过迭代的方式估计参数，而最常用的迭代算法就是 EM 算法 [Dempster，1977]。EM 算法的每次迭代由两步组成：E 步，求期望（Expectation）；M 步，求极大（Maximization）。EM 算法求解 GMM 的过程如下。

**1. 参数初始化**

EM 算法与初值的选择有关，选择不同的初值可能得到不同的参数估计。一般采用 $k-means$ 聚类算法对输入样本进行预聚类，从而得到初始值。

**2. E 步**

根据数据集以及混合参数估计，来获取每个样本由每个混合成分生成的概率。第 $i$ 个样本 $\boldsymbol{x}_i$ 属于第 $k$ 个混合成分的概率为

$$\alpha_{ki} = \frac{\pi_k \varphi(\boldsymbol{x}_i; \boldsymbol{\mu}_k, \Sigma_k)}{\sum\limits_{j=1}^{N} \pi_j \varphi(\boldsymbol{x}_i; \boldsymbol{\mu}_j, \Sigma_j)} \tag{11.41}$$

称为第 $k$ 个混合成分对第 $i$ 个样本 $\boldsymbol{x}_i$ 的响应度。

**3. M 步**

通过极大似然估计，利用计算的概率对混合参数估计进行细化

$$\pi_k = \frac{1}{m} \sum_{i=1}^{m} \alpha_{ki} \tag{11.42}$$

$$\boldsymbol{\mu}_k = \frac{\sum\limits_{i=1}^{m} \alpha_{ki} \boldsymbol{x}_i}{\sum\limits_{i=1}^{m} \alpha_{ki}} \tag{11.43}$$

$$\Sigma_k = \frac{\sum\limits_{i=1}^{m} \alpha_{ki} (\boldsymbol{x}_i - \boldsymbol{\mu}_k)(\boldsymbol{x}_i - \boldsymbol{\mu}_k)^{\mathrm{T}}}{\sum\limits_{i=1}^{m} \alpha_{ki}} \tag{11.44}$$

式中，$m$ 为样本数量。

**4. 重复第 2、3 步骤，直至满足迭代终止条件**

可以采用迭代次数或两次迭代之间的似然变化量作为终止条件，或者二者结合起来作为终止条件。用于迭代终止判断的似然可以采用全部样本的对数似然之和

$$\sum_{i=1}^{m} \ln[\pi_k \varphi(\boldsymbol{x}_i; \boldsymbol{\mu}_k, \Sigma_k)] \tag{11.45}$$

式中，$m$ 为样本数量、$\pi_k$ 为第 $k$ 个混合成分的权重、$\varphi(\boldsymbol{x}_i; \boldsymbol{\mu}_k, \Sigma_k)$ 为第 $i$ 个样本在其所属的第 $k$ 个混合成分中的似然。

EM 算法的主要问题之一是需要估计的参数太多。根据式（11.39），对于 $n$ 维样本，每个混合成分需要估计 $(n^2 + 3n)/2$ 个参数，其中大多数参数来自协方差矩阵。然而，在许多实际问题中，协方差矩阵接近对角矩阵，甚至接近数量矩阵 $\lambda_k \boldsymbol{I}$（其中 $\boldsymbol{I}$ 是单位矩阵、$\lambda_k$ 是依赖于混

合的"尺度"参数）。因此，可以通过将协方差矩阵简化为对角矩阵或数量矩阵来降低计算复杂性。当协方差矩阵的类型为数量矩阵时，即 $\Sigma_k = \lambda_k I$，式（11.39）简化为

$$\varphi(\boldsymbol{x};\boldsymbol{\mu}_k,\Sigma_k) = \frac{1}{(2\pi\lambda_k)^{n/2}} e^{-\frac{\|\boldsymbol{x}-\boldsymbol{\mu}_k\|^2}{2\lambda_k}} \tag{11.46}$$

当协方差矩阵的类型为对角矩阵时，即 $\Sigma_k = \mathrm{diag}(\lambda_{k1},\lambda_{k2},\cdots,\lambda_{kn})$，式（11.39）简化为

$$\varphi(\boldsymbol{x};\boldsymbol{\mu}_k,\Sigma_k) = \frac{1}{\left[(2\pi)^n \prod\limits_{i=1}^{n}\lambda_{ki}\right]^{1/2}} e^{-\frac{1}{2}\sum\limits_{i=1}^{n}\frac{(x^{(i)}-\mu_k^{(i)})^2}{\lambda_{ki}}} \tag{11.47}$$

式中，$x^{(i)}$ 是 $x$ 的第 $i$ 个属性的值，$\mu_k^{(i)}$ 是 $\boldsymbol{\mu}_k$ 的第 $i$ 个分量的值。

GMM 同样具有异常检测能力。与正态贝叶斯分类器类似，可以用式（11.38）的概率密度 $p(\boldsymbol{x})$ 作为异常检测的测度。另外，也可用 $k\sigma$ 概率作为异常检测的测度，$k\sigma$ 概率的计算公式为

$$P(k) = \sum_{k=1}^{N}\pi_k P(k_k) \tag{11.48}$$

式中，$P(k_k)$ 为样本在第 $k$ 个混合成分中的 $k\sigma$ 概率（下标 $k$ 表示第 $k$ 个混合成分）。

我们只给出了求解 GMM 的 EM 算法的结论。如果读者对 EM 算法或推导过程感兴趣，可以参考［Bilmes，1998］［李，2019］［OpenCV，2012］，其中 OpenCV 有该算法的代码。

### ▶▶ 11.4.2　高斯混合模型在缺陷检测中的应用

缺陷检测是工业图像处理中经常遇到的问题。由于缺陷的表现形式差别很大，因此无法将其归为一个类别加以训练，而是将其归为异常值，也就是说，我们仅用正常图像对模型进行训练，预测时通过异常检测来筛选缺陷。

缺陷检测的第一步就是提取图像特征，构造训练样本。其中一种比较好的算法是通过 Laws 纹理提取图像特征［Laws，1980］［MVTec，2010］。其原理是将输入图像与一系列特殊滤波器进行卷积运算，进而生成一幅多通道纹理图像，各通道中同一点的灰度值则构成一个特征向量。

Laws 滤波器由以下 3 个集合中的一维向量构成。

1）从以下 3 个向量中得到 9 个 3×3 滤波器。

$$L3 = \begin{bmatrix} 1 & 2 & 1 \end{bmatrix}$$
$$E3 = \begin{bmatrix} -1 & 0 & 1 \end{bmatrix}$$
$$S3 = \begin{bmatrix} -1 & 2 & -1 \end{bmatrix}$$

2）从以下 5 个向量中得到 25 个 5×5 滤波器。

$$L5 = \begin{bmatrix} 1 & 4 & 6 & 4 & 1 \end{bmatrix}$$
$$E5 = \begin{bmatrix} -1 & -2 & 0 & 2 & 1 \end{bmatrix}$$
$$S5 = \begin{bmatrix} -1 & 0 & 2 & 0 & -1 \end{bmatrix}$$

$$R5 = \begin{bmatrix} 1 & -4 & 6 & -4 & 1 \end{bmatrix}$$

$$W5 = \begin{bmatrix} -1 & 2 & 0 & -2 & 1 \end{bmatrix}$$

3）从以下 6 个向量中得到 36 个 7×7 滤波器。

$$L7 = \begin{bmatrix} 1 & 6 & 15 & 20 & 15 & 6 & 1 \end{bmatrix}$$

$$E7 = \begin{bmatrix} -1 & -4 & -5 & 0 & 5 & 4 & 1 \end{bmatrix}$$

$$S7 = \begin{bmatrix} -1 & -2 & 1 & 4 & 1 & -2 & -1 \end{bmatrix}$$

$$R7 = \begin{bmatrix} -1 & -2 & -1 & 4 & -1 & -2 & 1 \end{bmatrix}$$

$$W7 = \begin{bmatrix} -1 & 0 & 3 & 0 & -3 & 0 & 1 \end{bmatrix}$$

$$O7 = \begin{bmatrix} -1 & 6 & -15 & 20 & -15 & 6 & -1 \end{bmatrix}$$

其中，L、E、S、R、W 和 O 分别为 Level、Edge、Spot、Ripple、Wave 和 Oscillation 的首字母，仅用于助记。每个向量可以看成是可分离滤波器中的一维核，因此第 1 组向量可以通过矩阵乘法构成 L3L3、L3E3、L3S3、E3E3、E3L3、E3S3、S3S3、S3L3、S3E3 共 9 个 Laws 滤波器，例如

$$E3L3 = \begin{bmatrix} -1 \\ 0 \\ 1 \end{bmatrix} \begin{bmatrix} 1 & 2 & 1 \end{bmatrix} = \begin{bmatrix} -1 & -2 & -1 \\ 0 & 0 & 0 \\ 1 & 2 & 1 \end{bmatrix}$$

滤波器的名称 E3L3 由所使用的两个向量的字符组成，其中 E3 表示垂直方向的卷积、L3 表示水平方向的卷积。除了 Level 向量之外，所有向量的元素之和都为 0。另外，每个集合中的向量是独立的，但不是正交的。1×3 向量构成了更大的向量集合的一组基。每个 1×5 向量可以由两个 1×3 向量卷积生成。例如，S5 = (E3) * (E3) = [ 0 0 -1 0 1 0 0 ] * [ -1 0 1 ] = [ -1 0 2 0 -1 ]。1×7 向量可以通过对 1×3 和 1×5 向量进行卷积得到，或者对 1×3 向量进行两次卷积得到。

对于大多数 Laws 滤波器来说，卷积后的灰度动态范围差异较大，需要通过除以常数将其缩小到大致相同的范围内，以此来保证对于不同的滤波器，输出图像中的纹理彼此之间更具可比性。在实际计算中，可以通过右移位来实现快速除法运算，右移 $n$ 位等于除以 $2^n$。

提取图像特征后，就可以对 GMM 进行训练，然后用于预测。接下来我们通过一个例子来演示用 GMM 进行表面缺陷检测的完整过程。

例 11.8　用 GMM 进行表面缺陷检测

如图 11.15 所示，图 11.15a 是 5 幅用于训练 GMM 的晶圆图像中的一幅，图 11.15g 是有划痕缺陷的待测图像。从特征提取、训练模型到检测的整个流程如下。

1）提取训练图像特征。图 11.15b ~ 11.15f 分别为用 E5L5、L5E5、E5S5、S5E5、E5E5 共 5 个 Laws 滤波器对图 11.15a 滤波后的纹理图像，并根据需要进行相应的右移位。5 幅纹理图像中相同点的灰度值则构成了一个 5 维的用于训练的样本。但是在生成样本之前，一般需要对纹理图像进行平滑滤波。此外，整数型的图像数据可能不是特别适合于 GMM 建模，可以通过添加高斯噪声来克服这个问题。

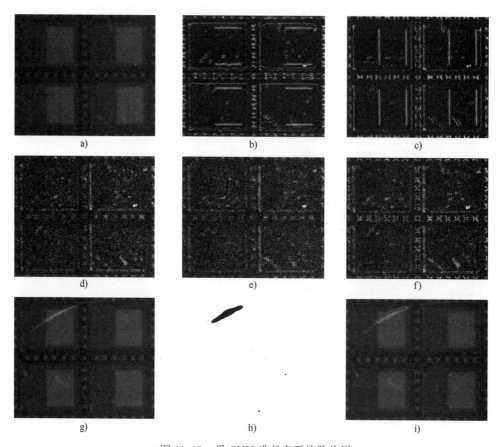

● 图 11.15　用 GMM 进行表面缺陷检测

a）用于训练 GMM 的晶圆图像中的一幅　b）~ f）分别为用 E5L5、L5E5、E5S5、S5E5、E5E5 滤波器对原图卷积后的纹理图像（各纹理图像分别右移 5、5、1、1、2 位。另外，由于纹理图像的大部分信息集中在低亮度区间，为了改进显示效果，通过 $\gamma = 0.1$ 的幂次变换拉伸了低亮度区间）　g）有缺陷的图像　h）异常检测结果（所属类别的似然阈值 $2 \times 10^{-7}$）　i）采用区域分析，剔除面积过小的区域，得到真正的缺陷，将缺陷叠加原图（面积阈值 300）

2）训练 GMM。用 EM 算法估计 GMM 参数。在训练前需要设置模型中类的数量，在本例中我们设置了 3 个类。

3）提取测试图像特征。除了不需要添加高斯噪声外，提取特征的方法与第 1 步相同。

4）用 GMM 检测缺陷。对测试样本逐一进行分类，并根据样本的概率密度 $p(\boldsymbol{x})$ 判断是否为异常值。在本例中并未使用 $p(\boldsymbol{x})$ 作为异常检测的测度，而是使用了样本所属类别的似然 $\pi_k p(\boldsymbol{x} \mid c_k)$ 作为异常检测的测度。根据阈值检测出来的异常区域如图 11.15h 中的黑色区域所示。

5）对图 11.15h 进行形态学运算及区域分析，提取真正的缺陷。根据面积阈值提取的缺陷叠加到原图上的效果如图 11.15i 所示。

以上算法是在 RSIL 中实现的，部分 VC++ 代码如下。

**例 11.8 部分代码**
**输入:** 训练图像;测试图像;图像尺寸 w×h
**输出:** 异常检测结果

```
1:   CRSCigmm Cigmm;                                              //实例化图像分类 GMM
2:   RS_ID CI = Cigmm.Alloc(R_NULL);                              //分配 ID
3:   Cigmm.Control(CI, R_TERMCRIT_ITER, 1000);                    //设置迭代终止条件
4:   Cigmm.Control(CI, R_TERMCRIT_EPS, 0.001);
5:   Cigmm.Control(CI, R_NUMBER_OF_CLUSTERS, 3);                  //分 3 类
6:   Cigmm.Control(CI, R_COV_MAT_TYPE, R_COV_MAT_GENERIC);        //用式(11.39)计算概率密度
7:   Cigmm.SetROI(CI, 10, 10, w-10, h-10);   //虽然在卷积运算中扩展了图像边缘，但是边缘部分并
     //不适合作为训练样本，所以这里剔除了 10 个像素宽的边缘部分
     //特征提取
8:   for (int i = 0; i < 5; i++) {
9:       CString strName;
10:      strName.Format("%d.png", i+1);
11:      RS_ID RImage;
12:      Buf.Restore((LPSTR)(LPCSTR)strName, &RImage);                    //导入训练图像
13:      RS_ID RImageEL = Buf.Alloc2d(w, h, 8+R_UNSIGNED, R_IMAGE+R_PROC); //分配内存
14:      RS_ID RImageLE = Buf.Alloc2d(w, h, 8+R_UNSIGNED, R_IMAGE+R_PROC);
15:      RS_ID RImageES = Buf.Alloc2d(w, h, 8+R_UNSIGNED, R_IMAGE+R_PROC);
16:      RS_ID RImageSE = Buf.Alloc2d(w, h, 8+R_UNSIGNED, R_IMAGE+R_PROC);
17:      RS_ID RImageEE = Buf.Alloc2d(w, h, 8+R_UNSIGNED, R_IMAGE+R_PROC);
18:      Im.TextureLaws(RImage, RImageEL, "el", 5, 5);    //生成 Laws 纹理图像
19:      Im.TextureLaws(RImage, RImageLE, "le", 5, 5);
20:      Im.TextureLaws(RImage, RImageES, "es", 1, 5);
21:      Im.TextureLaws(RImage, RImageSE, "se", 1, 5);
22:      Im.TextureLaws(RImage, RImageEE, "ee", 2, 5);
23:      RS_ID RImageDest = Buf.AllocColor(5, w, h, 8+R_UNSIGNED, R_IMAGE+R_PROC);
24:      Im.Compose5(RImageEL, RImageLE, RImageES, RImageSE, RImageEE, RImageDest);
         //合并成 5 通道图像
25:      Buf.Free(RImage); Buf.Free(RImageEL); Buf.Free(RImageLE);
26:      Buf.Free(RImageES); Buf.Free(RImageSE); Buf.Free(RImageEE);
27:      Im.GaussSmooth(RImageDest, RImageDest, R_NULL, 5);    //用标准差为 5 的高斯算子平
     //滑图像
28:      Cigmm.AddSampleImage(CI, RImageDest, 2.0);            //添加标准差为 2 的高斯噪声
     //后，将纹理图像添加到训练集中
29:      Buf.Free(RImageDest);
30:  }
     //训练模型
31:  Cigmm.Train(CI);
     //检测
32:  导入测试图像、生成 Laws 纹理图像，代码与 11~22 行相同;
33:  RS_ID RImageDest = Buf.AllocColor(5, w, h, 8+R_UNSIGNED, R_IMAGE+R_PROC);
34:  Im.Compose5(RImageEL, RImageLE, RImageES, RImageSE, RImageEE, RImageDest);
35:  Im.GaussSmooth(RImageDest, RImageDest, R_NULL, 5);
36:  RS_ID RResultImage = Buf.Alloc2d(w, h, 8+R_UNSIGNED, R_IMAGE+R_PROC);
37:  Cigmm.Classify(CI, RImageDest, RResultImage, 0.0000002);   //阈值: 0.0000002
38:  图像形态学及区域分析，提取缺陷;
39:  Cigmm.Free(CI); Buf.Free(RImageDest); Buf.Free(RResultImage);
```

## 11.5  支持向量机

支持向量机（Support Vector Machine，SVM）是机器学习的一个重要分类算法，于 1995 年由 Cortes 和 Vapnik 正式提出［Cortes，1995］。SVM 是通过找出一个决策超平面将训练集划分开，然后根据测试样本位于超平面的哪一侧来完成分类。SVM 属于监督学习算法，但通过扩展，可对无标记数据进行分布估计。

SVM 分类器相当复杂，除非出于特殊目的，一般不建议读者自行开发 SVM 分类器。读者可以从互联网上下载成熟的软件包，其中最著名就是开源软件包 LIBSVM［Chang，2022］，OpenCV［2012］中的 SVM 模块也是源自 LIBSVM。

### ▶▶ 11.5.1  支持向量机概述

为了简单起见，我们先在二维空间中讨论 SVM，然后再拓展到 $n$ 维空间。设在二维样本空间中，有训练集 $D=\{(\boldsymbol{x}_1,y_1),(\boldsymbol{x}_2,y_2),\cdots,(\boldsymbol{x}_m,y_m)\}$，$y_i \in \{-1,+1\}$，并且是线性可分的。训练集分布如图 11.16a 所示，图中"〇"表示正例，"△"表示负例。分类学习的目标是在平面上找到一条被称为决策边界（Decision Boundary）的直线，将两类实例正确分开。如图所示，这样的决策边界有无数条，哪一条才是最优的？凭直觉，图中的粗实线比细实线更优，因为样本点到粗实线的距离更远，对样本点的扰动有更好的容忍性，分类错误的可能性更小。如图 11.16b 所示，实线为决策边界。那些离决策边界最近的点被称为支持向量（Support Vector），图中分别用"●"和"▲"表示。过支持向量作与决策边界平行的两条虚线，决策边界为两条虚线的中线，也就是说两侧的支持向量到决策边界的距离相等。两条虚线之间的距离称为间隔（Margin），两条虚线称为间隔边界。间隔的大小可以体现出两类数据的差异大小，越大的间隔意味着两类数据差异越大，区分起来越容易。SVM 就是利用间隔最大化来求解这样一条唯一的最优决策边界，并根据最优决策边界对样本进行分类的算法。

如图 11.16b 所示，在决定决策边界时，只有支持向量起作用，而其他样本点并不起作用。如果移动支持向量，将改变决策边界；但是如果在间隔边界以外移动其他样本点，甚至去掉这些点，则不会对决策边界产生影响。由于支持向量在确定决策边界中起着决定性作用，所以将这种分类模型称为 SVM。

图 11.16b 中的决策边界的直线方程可以表示为

$$w_1 x^{(1)} + w_2 x^{(2)} + b = 0 \tag{11.49}$$

式中，$w_1$ 和 $w_2$ 组成的向量 $\boldsymbol{w}=(w_1,w_2)^{\mathrm{T}}$ 为法向量，决定了决策边界的方向；$b$ 为位移量，决定了决策边界与原点之间的距离。显然，决策边界由法向量 $\boldsymbol{w}$ 和位移 $b$ 决定，我们将其记为 $(\boldsymbol{w}, b)$。而正负间隔边界的直线方程可表示为

$$w_1 x^{(1)} + w_2 x^{(2)} + b = c \tag{11.50}$$

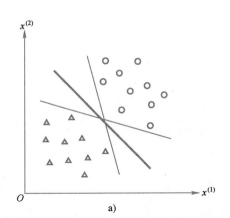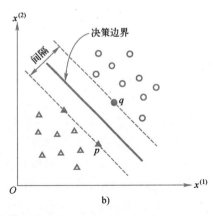

● 图 11.16　训练集分布

a）存在无穷多条决策边界将两类样本分开　b）决策边界、支持向量和间隔

$$w_1x^{(1)}+w_2x^{(2)}+b=-c \tag{11.51}$$

式中，$c$ 为常数。这两个方程可以看作式（11.49）在 $x^{(2)}$ 轴上截距偏移量分别为 $c/w_2$ 和 $-c/w_2$ 的两条直线。对式（11.49）~式（11.51）两端分别除以 $c$，并用符号 $w_1$、$w_2$、$b$ 替换 $w_1/c$、$w_2/c$、$b/c$，则可化为

$$w_1x^{(1)}+w_2x^{(2)}+b=0 \tag{11.52}$$

$$w_1x^{(1)}+w_2x^{(2)}+b=+1 \tag{11.53}$$

$$w_1x^{(1)}+w_2x^{(2)}+b=-1 \tag{11.54}$$

实际上这是一个缩放变换，并不影响对样本的正确分类。

根据解析几何，图 11.16b 中的支持向量 $p(x_p^{(1)},x_p^{(2)})$ 到决策边界的距离为

$$\gamma_p=\frac{|w_1x_p^{(1)}+w_2x_p^{(2)}+b|}{\sqrt{w_1^2+w_2^2}} \tag{11.55}$$

由于 $p$ 点位于负间隔边界上，满足式（11.54），即 $|w_1x_p^{(1)}+w_2x_p^{(2)}+b|=1$，上式简化为

$$\gamma_p=\frac{1}{\sqrt{w_1^2+w_2^2}} \tag{11.56}$$

由于支持向量 $q$ 到决策边界的距离等于 $\gamma_p$，因此间隔为

$$\gamma=\frac{2}{\sqrt{w_1^2+w_2^2}} \tag{11.57}$$

我们用更简洁的向量形式改写式（11.52）~式（11.54）以及式（11.57），有

$$w^{\mathrm{T}}x+b=0 \tag{11.58}$$

$$w^{\mathrm{T}}x+b=1 \tag{11.59}$$

$$w^\mathrm{T}x + b = -1 \qquad\qquad (11.60)$$

$$\gamma = \frac{2}{\|w\|} \qquad\qquad (11.61)$$

式中，$w = (w_1, w_2)^\mathrm{T}$、$x = (x^{(1)}, x^{(2)})^\mathrm{T}$，$\|w\|$是 $w$ 的 $L_2$ 范数。以上四式同样适用于 $n$ 维空间：在 $n$ 维样本空间中，$w = (w_1, w_2, \cdots, w_n)^\mathrm{T}$、$x = (x^{(1)}, x^{(2)}, \cdots, x^{(n)})^\mathrm{T}$，决策边界一般称为决策超平面 (Decision Hyperplane) 或分离超平面 (Separating Hyperplane)。为了便于读者理解以上四式，图 11.17 标注出了各公式对应的超平面及间隔。

对于训练集 $D$ 中的正类，由于那些非支持向量的正例离分离超平面更远，参考式（11.59），有

$$w^\mathrm{T}x_i + b \geqslant +1, \quad y_i = +1 \qquad (11.62)$$

式中，$(x_i, y_i) \subset D$。同样，对于负类，有

$$w^\mathrm{T}x_i + b \leqslant -1, \quad y_i = -1 \qquad (11.63)$$

将以上两式合并，训练集中的所有样本满足约束

$$y_i(w^\mathrm{T}x_i + b) \geqslant 1 \qquad (11.64)$$

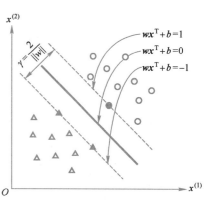

● 图 11.17　式（11.58）～式（11.61）对应的超平面及间隔

SVM 要找到间隔最大化时的最优分离超平面，等同于找到在满足式（11.64）约束下的参数 $(w, b)$，使得式（11.61）中的间隔 $\gamma$ 最大化，即

$$\max_{w,b} \frac{2}{\|w\|}$$

$$\text{s. t. } y_i(w^\mathrm{T}x_i + b) \geqslant 1, \quad i = 1, 2, \cdots, m \qquad (11.65)$$

式中，$m$ 为样本数量。由于最大化 $2/\|w\|$ 等价于最小化 $\|w\|^2/2$，于是式（11.65）可重写为

$$\min_{w,b} \frac{1}{2}\|w\|^2$$

$$\text{s. t. } y_i(w^\mathrm{T}x_i + b) \geqslant 1, \quad i = 1, 2, \cdots, m \qquad (11.66)$$

式中，1/2 和平方都是为了便于之后的求导。上式就是 SVM 的基本型。通过上式求解出分离超平面$(w, b)$，进而确定分类决策函数 (Decision Function)。分类决策函数可表示为

$$f(x) = \text{sign}(w^\mathrm{T}x + b) \qquad (11.67)$$

## ▶▶ 11.5.2　对偶问题

式（11.66）是一个最优化问题，将它作为原始最优化问题。使用拉格朗日乘子法（Lagrange Multipliers）可得到其对偶问题（Dual Problem），通过求解对偶问题得到原始问题的最优解。这样做有两个优点：一是对偶问题往往更容易求解；二是自然引入核函数，进而推广到非线性分类问题。

拉格朗日乘子法是一种寻找多元函数在一组约束下的极值的方法，通过引入拉格朗日乘子，可将约束优化问题转为无约束优化问题。对式（11.66）的每一条约束添加拉格朗日乘子 $\alpha_i \geqslant 0$，则该问题的拉格朗日函数可写为

$$L(\boldsymbol{w},b,\boldsymbol{\alpha}) = \frac{1}{2}\|\boldsymbol{w}\|^2 + \sum_{i=1}^{m} \alpha_i [1 - y_i(\boldsymbol{w}^{\mathrm{T}}\boldsymbol{x}_i + b)] \tag{11.68}$$

式中，$\boldsymbol{\alpha} = (\alpha_1, \alpha_2, \cdots, \alpha_m)^{\mathrm{T}}$。根据拉格朗日对偶性，原始问题的对偶问题是极大极小问题：

$$\max_{\boldsymbol{\alpha}} \min_{\boldsymbol{w},b} L(\boldsymbol{w},b,\boldsymbol{\alpha}) \tag{11.69}$$

所以，为了得到对偶问题的解，需要先求 $L(\boldsymbol{w},b,\boldsymbol{\alpha})$ 对 $\boldsymbol{w}$ 和 $b$ 的极小，再求对 $\boldsymbol{\alpha}$ 的极大。取 $L(\boldsymbol{w},b,\boldsymbol{\alpha})$ 关于 $\boldsymbol{w}$ 和 $b$ 的偏导数<sup>⊖</sup>，并令它们等于 0，得

$$\boldsymbol{w} = \sum_{i=1}^{m} \alpha_i y_i \boldsymbol{x}_i \tag{11.70}$$

$$\sum_{i=1}^{m} \alpha_i y_i = 0 \tag{11.71}$$

将式（11.70）代入式（11.68），可将 $L(\boldsymbol{w},b,\boldsymbol{\alpha})$ 中的 $\boldsymbol{w}$ 和 $b$ 消去，并利用式（11.71），可得

$$\min_{\boldsymbol{w},b} L(\boldsymbol{w},b,\boldsymbol{\alpha}) = -\frac{1}{2}\sum_{i=1}^{m}\sum_{j=1}^{m} \alpha_i \alpha_j y_i y_j \boldsymbol{x}_i^{\mathrm{T}}\boldsymbol{x}_j + \sum_{i=1}^{m} \alpha_i \tag{11.72}$$

接下来再求 $\min\limits_{\boldsymbol{w},b} L(\boldsymbol{w},b,\boldsymbol{\alpha})$ 对 $\boldsymbol{\alpha}$ 的极大，并将求极大转为求极小，就得到式（11.66）的对偶问题

$$\min_{\boldsymbol{\alpha}} \frac{1}{2}\sum_{i=1}^{m}\sum_{j=1}^{m} \alpha_i \alpha_j y_i y_j \boldsymbol{x}_i^{\mathrm{T}}\boldsymbol{x}_j - \sum_{i=1}^{m} \alpha_i$$

$$\text{s.t. } \sum_{i=1}^{m} \alpha_i y_i = 0, \quad \alpha_i \geqslant 0, \quad i = 1,2,\cdots,m \tag{11.73}$$

这是一个二次规划问题，可以采用序列最小最优化（Sequential Minimal Optimization，SMO）算法求解 [李，2019]。解出 $\boldsymbol{\alpha}$ 后，代入式（11.70）可求出 $\boldsymbol{w}$，而 $b$ 可通过下式计算 [李，2019]

$$b = y_j - \sum_{i=1}^{m} \alpha_i y_i \boldsymbol{x}_i^{\mathrm{T}}\boldsymbol{x}_j \tag{11.74}$$

式中，$j$ 为 $\boldsymbol{\alpha}$ 的任意一个正分量 $\alpha_j > 0$ 的下标 $j$，而 $(\boldsymbol{x}_j, y_j)$ 则是一支持向量。为了提高精度，也可使用所有支持向量求解的均值作为 $b$ 的估计值。

将式（11.70）代入式（11.58），可得到分离超平面

---

⊖ 对向量求导等于对每个分量求偏导。

$$\sum_{i=1}^{m}\alpha_i y_i \boldsymbol{x}_i^{\mathrm{T}}\boldsymbol{x} + b = 0 \tag{11.75}$$

以及分类决策函数

$$f(\boldsymbol{x}) = \mathrm{sign}\left(\sum_{i=1}^{m}\alpha_i y_i \boldsymbol{x}_i^{\mathrm{T}}\boldsymbol{x} + b\right) \tag{11.76}$$

### ▶▶ 11.5.3 核函数

在前面的讨论中，我们假设训练样本是线性可分的，然而在现实任务中，训练样本也许并不是线性可分的。如图 11.18 所示，图 11.18a 中的样本来自两个非线性可分的类，无法用一条直线将它们分开。对于这样的问题，可以采用多项式分类器将样本从原始空间映射到一个更高维的特征空间，使得样本在这个高维特征空间内线性可分。多项式分类器使用一个次数小于等于 $d$ 的多项式对样本进行变换，将其映射到高维特征空间 [Theodoridis, 2021] [Steger, 2019]。设样本 $\boldsymbol{x} = (x^{(1)}, x^{(2)}, \cdots, x^{(n)})^{\mathrm{T}}$，$\boldsymbol{\phi}(\boldsymbol{x})$ 表示将 $\boldsymbol{x}$ 映射后的特征向量，例如，当 $d=2$ 时，有

$$\boldsymbol{\phi}(\boldsymbol{x}) = (x^{(1)}, \cdots, x^{(n)}, (x^{(1)})^2, \cdots, x^{(1)}x^{(n)}, (x^{(2)})^2, \cdots, x^{(2)}x^{(n)}, \cdots, (x^{(n)})^2)^{\mathrm{T}} \tag{11.77}$$

对于图 11.18a 中的样本，可以用一个二次变换 $\boldsymbol{\phi}(\boldsymbol{x}) = (x^{(1)}, x^{(2)}, (x^{(1)})^2 + (x^{(2)})^2)^{\mathrm{T}}$ 把这些样本映射到三维空间中，结果如图 11.18b 所示。显然，在三维空间中，可以通过一个平面将两类样本分开，即样本变成线性可分了。

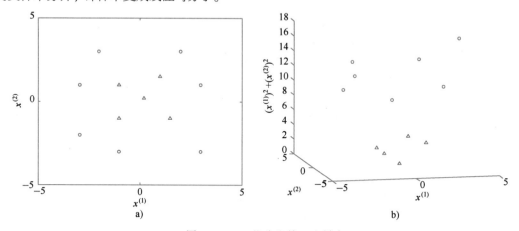

● 图 11.18　二维非线性可分样本

a）二维非线性可分样本　b）样本映射到三维空间

在特征空间中，分离超平面的方程为

$$\boldsymbol{w}^{\mathrm{T}}\boldsymbol{\phi}(\boldsymbol{x}) + b = 0 \tag{11.78}$$

原始优化问题为

$$\min_{\boldsymbol{w},b} \frac{1}{2} \|\boldsymbol{w}\|^2$$

$$\text{s. t. } y_i \left[ \boldsymbol{w}^{\mathrm{T}} \boldsymbol{\phi}(\boldsymbol{x}_i) + b \right] \geq 1, \quad i = 1, 2, \cdots, m \tag{11.79}$$

其对偶问题为

$$\min_{\boldsymbol{\alpha}} \frac{1}{2} \sum_{i=1}^{m} \sum_{j=1}^{m} \alpha_i \alpha_j y_i y_j \boldsymbol{\phi}(\boldsymbol{x}_i)^{\mathrm{T}} \boldsymbol{\phi}(\boldsymbol{x}_j) - \sum_{i=1}^{m} \alpha_i$$

$$\text{s. t. } \sum_{i=1}^{m} \alpha_i y_i = 0, \quad \alpha_i \geq 0, \quad i = 1, 2, \cdots, m \tag{11.80}$$

式中，$\boldsymbol{\phi}(\boldsymbol{x}_i)^{\mathrm{T}} \boldsymbol{\phi}(\boldsymbol{x}_j)$ 是样本 $\boldsymbol{x}_i$ 与 $\boldsymbol{x}_j$ 映射到特征空间后的内积。

但是在现实中，这种将样本映射到高维特征空间的方法并不可行，因为会产生维数灾难：特征空间的维数随多项式次数 $d$ 成指数增长。对于 $n$ 维样本空间，变换后特征空间的维数为

$$n' = C_{d+n}^d - 1 \tag{11.81}$$

当 $n = 10$、$d = 10$ 时，$n' = 184755$，也就是说，对于一个中等大小的样本空间维数及多项式次数，变换后的特征空间的维数也是极高的。因此，直接计算 $\boldsymbol{\phi}(\boldsymbol{x}_i)^{\mathrm{T}} \boldsymbol{\phi}(\boldsymbol{x}_j)$ 通常是困难的。幸运的是，我们不必直接计算 $\boldsymbol{\phi}(\boldsymbol{x}_i)^{\mathrm{T}} \boldsymbol{\phi}(\boldsymbol{x}_j)$，而是在原始样本空间中通过计算一个被称为核函数（Kernel Function）的函数得到相同的结果，即

$$k(\boldsymbol{x}_i, \boldsymbol{x}_j) = \langle \boldsymbol{\phi}(\boldsymbol{x}_i), \boldsymbol{\phi}(\boldsymbol{x}_j) \rangle = \boldsymbol{\phi}(\boldsymbol{x}_i)^{\mathrm{T}} \boldsymbol{\phi}(\boldsymbol{x}_j) \tag{11.82}$$

于是，式（11.80）可重写为

$$\min_{\boldsymbol{\alpha}} \frac{1}{2} \sum_{i=1}^{m} \sum_{j=1}^{m} \alpha_i \alpha_j y_i y_j k(\boldsymbol{x}_i, \boldsymbol{x}_j) - \sum_{i=1}^{m} \alpha_i$$

$$\text{s. t. } \sum_{i=1}^{m} \alpha_i y_i = 0, \quad \alpha_i \geq 0, \quad i = 1, 2, \cdots, m \tag{11.83}$$

分离超平面为

$$\sum_{i=1}^{m} \alpha_i y_i k(\boldsymbol{x}, \boldsymbol{x}_i) + b = 0 \tag{11.84}$$

以及分类决策函数

$$f(\boldsymbol{x}) = \text{sign} \left[ \sum_{i=1}^{m} \alpha_i y_i k(\boldsymbol{x}, \boldsymbol{x}_i) + b \right] \tag{11.85}$$

表 11.4 给出了几种常用的核函数。一般来说，首选 RBF 核，这是因为：这个核将样本非线性地映射到一个高维空间，因此，与线性核不同，它可以处理类标签和属性之间的关系是非线性的情况；线性核是 RBF 的一种特例。对于某些参数，Sigmoid 核的行为类似于 RBF 核；超参数的数量会影响模型选择的复杂性。多项式核比 RBF 核具有更多的超参数；RBF 核具有较少的数值困难。但在某些情况下，RBF 核是不合适的。特别是当特征数量非常大时，可以直接使用线性核函数 [Hsu, 2016]。

表 11.4　常用核函数

| 核名称 | 表达式 | 参数 |
|---|---|---|
| 线性 | $k(\boldsymbol{x}_i,\boldsymbol{x}_j)=\boldsymbol{x}_i^{\mathrm{T}}\boldsymbol{x}_j$ | |
| 多项式 | $k(\boldsymbol{x}_i,\boldsymbol{x}_j)=(\gamma\boldsymbol{x}_i^{\mathrm{T}}\boldsymbol{x}_j+r)^d$ | $\gamma>0$ |
| 径向基函数（Radial Basis Function，RBF） | $k(\boldsymbol{x}_i,\boldsymbol{x}_j)=\mathrm{e}^{-\gamma\|\boldsymbol{x}_i-\boldsymbol{x}_j\|^2}$ | $\gamma>0$ |
| Sigmoid | $k(\boldsymbol{x}_i,\boldsymbol{x}_j)=\tanh(\gamma\boldsymbol{x}_i^{\mathrm{T}}\boldsymbol{x}_j+r)$ | $\gamma>0$ |

注：其中 $\gamma$、$r$ 和 $d$ 为核参数。

## ▶▶ 11.5.4　支持向量机扩展

在前面的讨论中，我们假设训练样本在样本空间或高维特征空间中是线性可分的。然而在现实任务中，往往很难找到合适的核函数使得训练样本在特征空间中线性可分。解决这个问题的办法就是对 SVM 进行扩展，常用的 SVM 扩展有 $C$-SVM 和 $\nu$-SVM。此外，多分类任务以及异常检测也需要通过对 SVM 扩展来实现。

### 11.5.4.1　$C$-SVM

解决训练样本在特征空间中线性不可分的办法就是引入软间隔（Soft Margin）的概念，允许一些样本分类错误或位于间隔边界之间，如图 11.19 中的灰色样本所示。而前面讨论的样本都必须正确分类的间隔则称为硬间隔（Hard Margin）。

线性不可分意味着某些样本不能满足式（11.66）中的间隔大于等于 1 的约束条件。可以通过对 SVM 扩展来解决这个问题。对每个样本引进一个松弛变量（Slack Variables）$\xi_i\geqslant0,i=1,2,\cdots,m$，使得间隔加上松弛变量大于等于 1。同时，对每个松弛变量 $\xi_i$，支付一个代价 $\xi_i$。于是，式（11.66）改写为

$$\min_{\boldsymbol{w},b,\xi_i}\frac{1}{2}\|\boldsymbol{w}\|^2+C\sum_{i=1}^{m}\xi_i$$

$$\text{s. t. } y_i(\boldsymbol{w}^{\mathrm{T}}\boldsymbol{x}_i+b)\geqslant1-\xi_i,$$

$$\xi_i\geqslant0,\quad i=1,2,\cdots,m \qquad (11.86)$$

式中，$C>0$，为正则化常数（Regularization Constant），$C$ 值大时对误分类的惩罚增大，$C$ 值小时对误分类的惩罚减小。最小化目标函数包含两重含义：使间隔尽量大的同时，使误分类样本数量尽量小，$C$ 是调和二者的系数。其对偶问题为

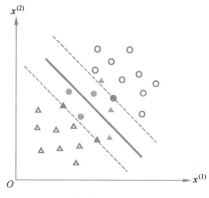

● 图 11.19　软间隔（图中灰色样本分类错误或位于间隔边界之间）

$$\min_{\alpha}\frac{1}{2}\sum_{i=1}^{m}\sum_{j=1}^{m}\alpha_i\alpha_jy_iy_jk(\boldsymbol{x}_i,\boldsymbol{x}_j)-\sum_{i=1}^{m}\alpha_i$$

$$\text{s. t. } \sum_{i=1}^{m} \alpha_i y_i = 0,$$

$$0 \leqslant \alpha_i \leqslant C, \quad i=1,2,\cdots,m \tag{11.87}$$

其分离超平面和决策函数仍由式（11.84）和式（11.85）给出。该 SVM 扩展被称为 $C$-SVM，是一个在实际中常用的 SVM 模型 [Chang，2022] [Cortes，1995]。

### 11.5.4.2 $\nu$-SVM

$\nu$-SVM 是另一个常用的 SVM 模型 [Schölkopf，2000]。$\nu$-SVM 引入了一个新的参数 $\nu \in (0,1]$ 来替换 $C$-SVM 中的 $C$。$\nu$ 的值是训练误差比例的上界，也是支持向量比例的下界。$\nu$-SVM 的原始优化问题为

$$\min_{w,b,\xi_i,\rho} \frac{1}{2} \|w\|^2 - \rho\nu + \frac{1}{m} \sum_{i=1}^{m} \xi_i$$

$$\text{s. t. } y_i(w^{\mathrm{T}}x_i+b) \geqslant \rho-\xi_i,$$

$$\xi_i \geqslant 0, \quad i=1,2,\cdots,m, \quad \rho \geqslant 0 \tag{11.88}$$

其对偶问题为

$$\min_{\alpha} \frac{1}{2} \sum_{i=1}^{m} \sum_{j=1}^{m} \alpha_i \alpha_j y_i y_j k(x_i, x_j)$$

$$\text{s. t. } 0 \leqslant \alpha_i \leqslant 1/m, \quad i=1,2,\cdots,m,$$

$$\sum_{i=1}^{m} \alpha_i \geqslant \nu, \quad \sum_{i=1}^{m} \alpha_i y_i = 0 \tag{11.89}$$

与 $C$ 相比，$\nu$ 的一个很好的特性就是它能有效地控制支持向量数量。其分离超平面和决策函数仍由式（11.84）和式（11.85）给出。

### 11.5.4.3 多分类任务

SVM 分类器本身只能处理二分类问题。为了将 SVM 分类器扩展为能处理多分类问题，可以采用拆解法：将多分类任务拆为若干个二分类问题，然后为拆出的每个二分类任务训练一个分类器；在预测时，对这些分类器的预测结果进行集成以获得最终的分类结果。

常用的拆分策略有以下两种。

1）在训练时，对所有类别进行两两分类。如果有 $N$ 个类别，则会生成 $N(N-1)/2$ 个分类器，每个分类器用两个类的数据进行训练。在测试时，将测试样本提交给所有的分类器，于是得到 $N(N-1)/2$ 个分类结果，最终结果根据投票产生：挑选得票最多的类别作为最终的分类结果。如果出现两个类得票相同的情况，Chang [2022] 给出的方法是选择在存储类名的数组中最先出现的类。显然，这是一种无奈的选择。这种两两分类的策略称为"一对一"（One vs. One，OvO）。图 11.20a 给出了 OvO 分类示意图。

2）在训练时，每次将一个类的数据作为正例，其余类的数据作为负例来训练 $N$ 个分类器。

在测试时，若仅有一个分类器预测为正类，则对应的类别标记作为最终分类结果。如果出现多个分类器预测为正类，则采用与 OvO 相同的方法。这种一个类对其余所有类的策略称为"一对其余"（One vs. Rest，OvR）。OvR 分类示意图如图 11.20b 所示。

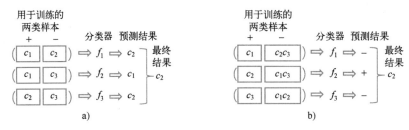

● 图 11.20　多分类任务

a）OvO（有 3 个类别：$\{c_1, c_2, c_3\}$，加外框的类为该类的样本集合）　b）OvR

表面上看，OvR 的效率可能更高一些，因为它与类别数量呈线性关系。但在一般情况下，OvR 比 OvO 需要的支持向量更多。由于运行时间与支持向量数量呈线性关系，因此只有支持向量数量增长比二次方慢时，OvR 的效率才更高。对于二者的效率问题，Hsu 和 Lin 给出了详细的比较，并得出 OvO 更有竞争力的结论［Hsu，2002］。

### 11.5.4.4　异常检测

作为非概率类模型，SVM 分类器并不具有异常检测能力，需要对 SVM 进行扩展来实现这一能力。构造用于异常检测的 SVM 的基本思路就是围绕由正常数据组成的训练样本构建一个分离超曲面，该超曲面把训练样本从样本空间中分离出来。这样一来，异常检测就变成了一个二分类任务：落入超曲面内部的测试样本为正例，即正常样本；落到超曲面外部的测试样本为负例，即异常样本。其实现策略是将训练数据映射到特征空间中，并通过最优超平面以最大距离将它们与原点分离。在对样本测试时，通过计算样本落在最优超平面的哪一边来确定其是否为异常样本。

如图 11.21 所示，图中的"○"表示训练样本，粗实线为将样本与原点分离的超平面，其方程为

$$w^{\mathrm{T}}\phi(x) - \rho = 0 \qquad (11.90)$$

式中，$\phi(x)$ 为 $x$ 映射后的特征向量。超平面到原点的距离为

$$\gamma = \frac{\rho}{\|w\|} \qquad (11.91)$$

我们的目标就是找到距离 $\gamma$ 最大化时的最优超

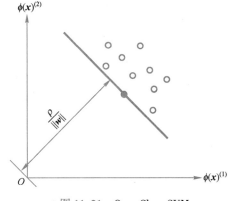

● 图 11.21　One-Class SVM

平面$(\boldsymbol{w},\rho)$，而实现这一目标的 SVM 扩展就是 One-Class SVM 分类器［Schölkopf, 2001］。

设无标记信息的训练集 $D = \{\boldsymbol{x}_1, \boldsymbol{x}_2, \cdots, \boldsymbol{x}_m\}$，One-Class SVM 的原始优化问题为

$$\min_{\boldsymbol{w},\xi_i,\rho} \frac{1}{2}\|\boldsymbol{w}\|^2 - \rho + \frac{1}{\nu m}\sum_{i=1}^{m}\xi_i$$

$$\text{s. t. } \boldsymbol{w}^{\mathrm{T}}\boldsymbol{x}_i \geqslant \rho - \xi_i, \quad \xi_i \geqslant 0, \quad i = 1, 2, \cdots, m \qquad (11.92)$$

其对偶问题为

$$\min_{\alpha} \frac{1}{2}\sum_{i=1}^{m}\sum_{j=1}^{m}\alpha_i\alpha_j k(\boldsymbol{x}_i, \boldsymbol{x}_j)$$

$$\text{s. t. } 0 \leqslant \alpha_i \leqslant \frac{1}{\nu m}, \quad i = 1, 2, \cdots, m,$$

$$\sum_{i=1}^{m}\alpha_i = 1 \qquad (11.93)$$

决策函数为

$$f(\boldsymbol{x}) = \text{sign}\left[\sum_{i=1}^{m}\alpha_i k(\boldsymbol{x}, \boldsymbol{x}_i) - \rho\right] \qquad (11.94)$$

该决策函数在包含大部分数据点的"小"区域中取+1，属于正常类，在其他区域取−1，属于异常类。

**例 11.9** 用 SVM 进行分类及异常检测

如图 11.22 所示，图 11.22a 是与图 11.6a 同样的训练集。图 11.22b 是用 $C$-SVM 对图 11.22a 样本空间分类的结果。图 11.22c 是用 One-Class SVM 对图 11.22a 样本空间进行异常检测的结果，图中黑色部分为异常区域，与图 11.6~图 11.8 的贝叶斯分类器的异常检测结果相比，差异还是比较明显的。

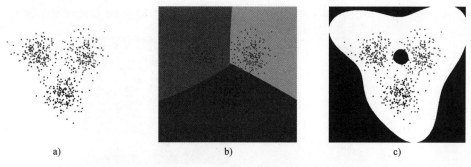

● 图 11.22　SVM 分类及异常检测

a）训练集　b）用 $C$-SVM 对图 a 的样本空间分类的结果（采用 RBF，$\gamma = 1/2$、$C = 1$）

c）用 One-Class SVM 对图 a 的样本空间进行异常检测，结果叠加到图 a 上（采用 RBF，$\gamma = 2$、$\nu = 0.001$）

### ▶▶ 11.5.5 支持向量机在缺陷检测中的应用

在应用 SVM 之前，对数据进行预处理，即对训练样本属性值进行缩放非常重要。缩放的主要优点是避免较大数值范围内的属性支配较小数值范围内的属性，特别是存在以不同单位表示的属性时，例如，"圆度"（单位：标量）和"面积"（单位：像素平方）的属性值往往差异巨大。另一个优点是在计算过程中避免了数值上的困难。由于核值通常依赖于特征向量的内积，例如线性核和多项式核，较大的属性值可能会导致数值问题。常用的缩放算法有两种：第一种算法是将每个属性线性缩放到区间 [-1,1] 或 [0,1] [Hsu，2016]。当然，对训练和测试样本也必须使用相同的方法进行缩放。例如，假设我们将训练样本的第一个属性从 [-10,10] 缩放到 [-1,1]。如果测试样本的第一个属性在范围 [-11,8] 内，我们必须将测试样本缩放到 [-1.1,0.8]。可见，对测试样本的缩放并不是归一化，而是用训练样本的缩放参数对测试样本进行缩放；另外一种算法是通过减去训练样本各属性的均值并将结果除以各属性的标准差来对训练样本属性进行缩放，缩放后各属性的均值为 0，标准差为 1 [MVTec，2010]。同样，对测试样本也必须使用相同的方法进行缩放，即减去训练样本的均值以及除以训练样本的标准差。

此外，与其他分类算法相比，SVM 有一个严重的缺点：由于在实际应用中支持向量的数量可能会很大，运行时间复杂度可能会相当高。因此在学得模型后，有必要对支持向量进行修剪，减少支持向量的数量。相关算法可以参考 [Geebelen，2012]。

下面我们给出一个用 One-Class SVM 进行表面缺陷检测的示例。

**例 11.10** 用 One-Class SVM 进行表面缺陷检测

在本例中，我们使用与例 11.8 相同的图像素材。提取 Laws 纹理特征的步骤也与例 11.8 完全相同，这里不再赘述。在学得 One-Class SVM 模型后，对图 11.15g 进行异常检测的结果如图 11.23a 所示。通过区域分析剔除面积过小的区域，得到真正的缺陷，然后将缺陷叠加到原图上，如图 11.23b 所示。当然，这里也可通过闭运算来剔除小的斑块，但闭运算也会对缺陷形状带来微小的改变。可以看到，这里的检测结果与例 11.8 中用 GMM 检测的结果基本一致。

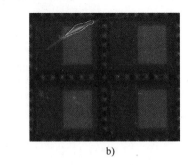

a)             b)

● 图 11.23　用 One-Class SVM 进行表面缺陷检测

a) 对图 11.15g 进行异常检测的结果（采用 RBF，$\gamma=0.1$、$\nu=0.001$）　b) 缺陷叠加到原图上（面积阈值 100）

神经网络是人工神经网络（Artificial Neural Network，ANN）的简称，是一种模仿生物神经网络的结构和功能的数学模型或计算模型。神经网络是当下实现人工智能（Artificial Intelligence，AI）最主要的技术研究方向之一，我们所看到的 AI 落地产品，大部分都使用了神经网络技术。神经网络既可以进行有监督学习，也可以进行无监督学习，本节仅讨论用于监督学习的神经网络模型。

### ▶▶ 11.6.1 神经元模型

神经元是神经网络中最基本的计算单元。在生物神经网络中，每个神经元与其他神经元相连，当它"兴奋"时，就会向相连的神经元发送化学物质，从而改变这些神经元内的电位；如果某神经元的电位超过某一"阈值"，那么它就会被激活，向其他神经元发送化学物质。根据生物神经元的这种功能，从 20 世纪 40 年代开始，先后提出的神经元模型有几百种之多 [焦，1989]，其中最著名的就是在 1943 年由美国心理学家 McCulloch 和数学家 Pitts 共同提出 MP 神经元模型 [McCulloch，1943]。

MP 模型如图 11.24 所示。在该模型中，神经元接收来自 $n$ 个其他神经元传递过来的输入信号 $\boldsymbol{x}=(x_1,x_2,\cdots,x_n)^{\mathrm{T}\ominus}$，这些输入信号通过带有连接权值 $\boldsymbol{w}=(w_1,w_2,\cdots,w_n)^{\mathrm{T}}$ 的连接进行传递，神经元接收到的总输入值为 $\sum_{i=1}^{n}w_ix_i=\boldsymbol{w}^{\mathrm{T}}\boldsymbol{x}$。将总输入值与神经元阈值 $\theta$ 进行比较，然后通过激活函数（Activation Function）$f$ 处理以产生神经元的输出 $y$

● 图 11.24  MP 模型

$$y=f(\boldsymbol{w}^{\mathrm{T}}\boldsymbol{x}-\theta) \qquad (11.95)$$

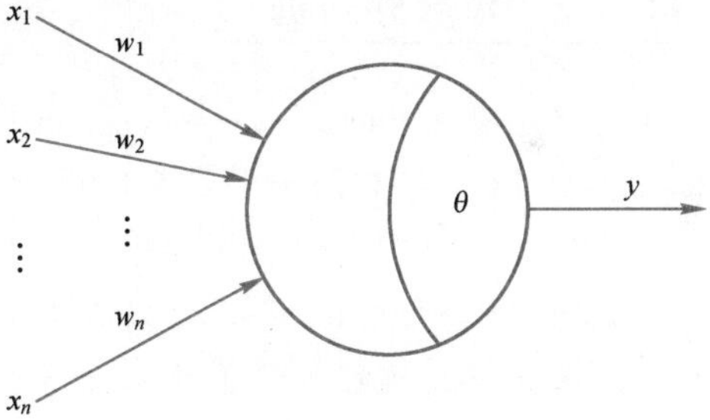

如图 11.25a 所示，理想的激活函数为阶跃函数

$$\mathrm{sign}(x)=\begin{cases}1, & x\geqslant 0 \\ 0, & x<0\end{cases} \qquad (11.96)$$

当总输入 $\boldsymbol{w}^{\mathrm{T}}\boldsymbol{x}\geqslant\theta$ 时，输出 $y=1$，对应神经元兴奋；否则 $y=0$，对应神经元抑制。

在实际应用中，很少用阶跃函数来做激励函数，因为它在 $x=0$ 处不连续，这对通过数值

---

⊖  本节样本采用 $\boldsymbol{x}=(x_1,x_2,\cdots,x_n)^{\mathrm{T}}$ 而非 $\boldsymbol{x}=(x^{(1)},x^{(2)},\cdots,x^{(n)})^{\mathrm{T}}$ 格式，括号上标用于表示感知机的层。

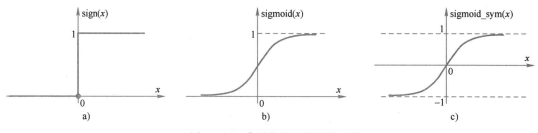

● 图 11.25　典型的神经元激活函数

a）阶跃函数　b）sigmoid 函数　c）对称 sigmoid 函数

最优化方法计算连接权值非常不利。因此，通常使用图 11.25b 所示的 sigmoid 函数作为激活函数

$$\text{sigmoid}(x) = \frac{1}{1+e^{-x}} \tag{11.97}$$

sigmoid 激活函数是连续可导函数，能把较大范围内变化的输入挤压到 $(0,1)$ 输出范围内。此外，常用的还有对称 sigmoid 激活函数

$$\text{sigmoid\_sym}(x) = \beta \frac{1-e^{-\alpha x}}{1+e^{-\alpha x}} \tag{11.98}$$

当 $\alpha = 1$、$\beta = 1$ 时，函数图形如图 11.25c 所示。

### ▶▶ 11.6.2　单层感知机

单层感知机（Single Layer Perceptron，SLP）是由美国学者 Rosenblatt 于 1958 年提出的 [Rosenblatt，1958]，它是一个具有单层计算单元的神经网络。如图 11.26 所示，这是一个由两个输入层神经元和一个输出层神经元组成的 SLP。输入层神经元不具备计算功能，接收外界输入信号后直接传递给输出层，输出层是具有计算功能的 MP 神经元。

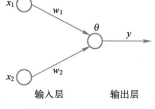

● 图 11.26　单层感知机

SLP 能够实现逻辑与、或和非运算。使用式（11.96）的阶跃函数，根据式（11.95），有：

1）与：令 $w_1 = w_2 = 1$、$\theta = 2$，则 $y = f(1 \times x_1 + 1 \times x_2 - 2)$，仅在 $x_1 = x_2 = 1$ 时，$y = 1$。

2）或：令 $w_1 = w_2 = 1$、$\theta = 0.5$，则 $y = f(1 \times x_1 + 1 \times x_2 - 0.5)$，当 $x_1 = 1$ 或 $x_2 = 1$ 时，$y = 1$。

3）非：令 $w_1 = -0.6$、$w_2 = 0$、$\theta = -0.5$，则 $y = f(-0.6 \times x_1 + 0 \times x_2 + 0.5)$，当 $x_1 = 1$，$y = 0$；当 $x_1 = 0$，$y = 1$。

如图 11.27a~11.27c 所示，上述 SLP 处理的与、或、非问题都是线性可分的问题，即存在一条直线将两类分开。但 SLP 却无法解决简单的异或问题，如图 11.27d 所示，异或问题是一个非线性可分问题，即不存在一条直线能将两类分开。

SLP 的学习算法十分简单。为方便起见，将式（11.95）中的阈值 $\theta$ 也看作一个权值，则输入信号改写为 $\boldsymbol{x}=(x_1,x_2,\cdots,x_n,1)^{\mathrm{T}}$，连接权值改写为 $\boldsymbol{w}=(w_1,w_2,\cdots,w_n,-\theta)^{\mathrm{T}}$，则式（11.95）改写为

$$y=f(\boldsymbol{w}^{\mathrm{T}}\boldsymbol{x}) \tag{11.99}$$

这样，对权值和阈值的学习就统一为对权值的学习。对于训练样本 $(\boldsymbol{x},y)$，若当前的输出为 $\hat{y}$，则权值修正为

$$w_i \leftarrow w_i + \eta(y-\hat{y})x_i \tag{11.100}$$

式中，$0<\eta\leqslant1$ 称为学习率，用于控制修正速度，通常 $\eta$ 不能太大，否则会影响 $w_i$ 的稳定，$\eta$ 也不能太小，否则会造成 $w_i$ 收敛速度太慢。当 $w_i$ 收敛到一定程度，即完成 SLP 的学习。

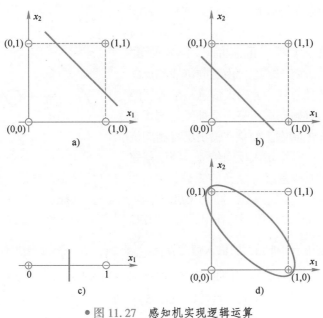

• 图 11.27　感知机实现逻辑运算
a）与　b）或　c）非　d）异或

#### ▶▶ 11.6.3　多层感知机

如果要解决非线性可分问题，就需要用到多层感知机（Multi-Layer Perceptron，MLP）。在 SLP 的输入和输出层之间加上一层或多层隐层神经元，就构成了 MLP。如图 11.28 所示，只加

一层隐层神经元，即可解决异或问题：令 $x_1^{(1)}=1$，$x_2^{(1)}=0$，有

$$x_1^{(2)}=f(1\times x_1^{(1)}-1\times x_2^{(1)}-0.5)=1$$
$$x_2^{(2)}=f(1\times x_1^{(1)}-1\times x_2^{(1)}+1.5)=1$$
$$y=f(1\times x_1^{(2)}+1\times x_2^{(2)}-1.5)=1$$

同样，对于 $x_1^{(1)}=0$、$x_2^{(1)}=1$，也有 $y=1$。

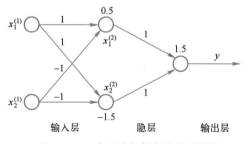

图 11.29 给出了只有一个隐层的 MLP 的结构示意图，每层神经元与下一层神经元全互连，神经元之间不存在同层互连，也不存在跨层互连，这种结构的神经网络也称为多层前馈神经网络（Multi-Layer Feedforward Neural Networks）。

● 图 11.28　多层感知机解决异或问题

对于图 11.29 所示的 MLP，共有 $(n+l+1)m+l$ 个参数需要确定：输入层到隐层的 $n\times m$ 个权值、隐层到输出层的 $m\times l$ 个权值、$m$ 个隐层神经元的阈值、$l$ 个输出层神经元的阈值。与 SLP 不同，MLP 学习算法要复杂得多，一般采用误差反向传播（Error Back Propagation，BP）算法〔Rumelhart，1986〕。BP 算法是一种迭代算法，每一轮迭代由正向传播和反向传播组成。在正向传播过程中，输入信息从输入层经隐层逐层处理，并传向输出层，每一层神经元的状态只影响下一层神经元的状态。如果在输出层得到期望的输出，则迭代终止，否则转入反向传播，将误差信

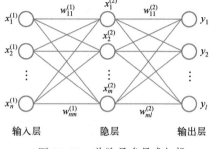

● 图 11.29　单隐层多层感知机

号沿原路返回。通过修改各层神经元的参数，使得误差信号最小，然后开始新一轮的迭代。BP 算法是采用梯度下降算法，以目标的负梯度方向对参数进行修改。

接下来我们以图 11.29 中隐层与输出层之间的权值为例来推导相关公式。为了使推导过程更加简洁，记输出层第 $j$ 个神经元的输入值为 $\beta_j=\sum_{i=1}^{m}w_{ij}^{(2)}x_i^{(2)}$，$w_{ij}^{(2)}$ 为隐层第 $i$ 个神经元与输出层第 $j$ 个神经元之间的连接权值。对训练样本 $(\boldsymbol{x},\boldsymbol{y})$，$\boldsymbol{x}=(x_1,x_2,\cdots,x_n)$、$\boldsymbol{y}=(y_1,y_2,\cdots,y_l)$，假设 MLP 的输出为 $\hat{\boldsymbol{y}}=(\hat{y}_1,\hat{y}_2,\cdots,\hat{y}_l)$，根据式（11.95），有

$$\hat{y}_j=f(\beta_j-\theta_j),\quad j=1,2,\cdots,l \tag{11.101}$$

式中，$\theta_j$ 为输出层第 $j$ 个神经元的阈值。网络在 $(\boldsymbol{x},\boldsymbol{y})$ 上的误差平方和为

$$E=\frac{1}{2}\sum_{j=1}^{l}(\hat{y}_j-y_j)^2 \tag{11.102}$$

式中，1/2 是为了便于后续的求导运算。根据梯度下降法，有

$$\Delta w_{ij}^{(2)}=-\eta\frac{\partial E}{\partial w_{ij}^{(2)}} \tag{11.103}$$

式中，$\eta$ 为学习率。因为反向传播是从输出开始并从那里反向工作，所以误差 $E$ 首先影响输出值 $\hat{y}_j$，再影响输出层第 $j$ 个神经元的输入值 $\beta_j$，最后影响 $w_{ij}^{(2)}$。根据链式法则，有

$$\frac{\partial E}{\partial w_{ij}^{(2)}} = \frac{\partial E}{\partial \hat{y}_j} \frac{\partial \hat{y}_j}{\partial \beta_j} \frac{\partial \beta_j}{\partial w_{ij}^{(2)}} \tag{11.104}$$

根据 $\beta_j$ 的定义，有

$$\frac{\partial \beta_j}{\partial w_{ij}^{(2)}} = x_i^{(2)} \tag{11.105}$$

这里我们使用 sigmoid 函数，有

$$f'(x) = f(x)[1 - f(x)] \tag{11.106}$$

于是，根据式（11.101），有

$$\frac{\partial \hat{y}_j}{\partial \beta_j} = f(\beta_j - \theta_j)[1 - f(\beta_j - \theta_j)] = \hat{y}_j(1 - \hat{y}_j) \tag{11.107}$$

根据式（11.102），有

$$\frac{\partial E}{\partial \hat{y}_j} = \hat{y}_j - y_j \tag{11.108}$$

令

$$g_j = -\frac{\partial E}{\partial \hat{y}_j} \frac{\partial \hat{y}_j}{\partial \beta_j} = \hat{y}_j(1 - \hat{y}_j)(y_j - \hat{y}_j) \tag{11.109}$$

将式（11.109）和式（11.105）代入式（11.104），再代入式（11.103），得

$$\Delta w_{ij}^{(2)} = \eta g_j x_i^{(2)} \tag{11.110}$$

权值修正公式则为

$$w_{ij}^{(2)} \leftarrow w_{ij}^{(2)} + \Delta w_{ij}^{(2)} \tag{11.111}$$

MLP 其他参数的修正公式的推导过程与此类似，感兴趣的读者可以参考［周，2016］。此外，OpenCV 有该算法的源代码［OpenCV，2012］，在这里我们就不再给出具体算法了。

#### ▶▶ 11.6.4 异常检测

与 SVM 一样，作为非概率类模型，MLP 也不具有异常检测能力，但可以通过在训练集中增加"拒绝类"（Reject Class）的策略来实现这一能力［Singh，2004］。构造拒绝类的思路是：首先计算出训练集中每个类的边界，该边界为一超长方体（hypercuboid）；然后在该超长方体外面再构造一超长方体，在两个超长方体间隙中随机生成的样本就是拒绝类样本。

Singh 给出的生成拒绝类的具体算法为：

1）通过去除离群点来清理训练数据。这避免了在周围的超长方体内分布过多的空白空间，从而可以生成更紧凑的随机拒绝类。一种去除离群点的简单方法是，首先根据样本与其类质心的欧氏距离对样本进行排序，然后在每个类中去除离质心最远的 2%~5% 的样本。

2）对于每个特征 $i$，确定其均值和方差 $(\mu_i, \sigma_i)$ 以及最小值和最大值 $(\min_i, \max_i)$。然后在范围 $[\mu_i - 2.5\sigma_i, \mu_i + 2.5\sigma_i]$ 内生成随机数，并去掉范围 $[\min_i, \max_i]$ 内的随机数，剩下的则是在超长方体环中的随机拒绝类样本。选择 $2.5\sigma$，是因为近 95% 的数据（假设它是正态的）位于范围 $[-1.96\sigma, 1.96\sigma]$ 内，拒绝类的数据在这之外的 $0.56\sigma$ 范围内生成。可以选择更大的数字（>0.56）来生成更厚的随机拒绝类，但实验表明，任何更厚的随机拒绝边界都无助于提高异常检测能力。

3）在上述范围内生成的随机拒绝类样本有可能位于其他已知类分布内，因此需要删除那些位于已知类分布内的样本。最后，剩下一些已知分布之外的随机样本则构成了拒绝类。在低维特征空间需要使用该策略，但在高维空间并不需要使用该策略［Steger, 2019］。为了简单起见，假设数据大体上呈球状分布。在一个 $n$ 维空间中，半径为 $r$ 的超球体的体积由 $(r^n \pi^{n/2}) / \Gamma(n/2+1)$ 确定 ⊖，而在超球体外围的超立方体的体积为 $(2r)^n$。当 $n$ 比较大时，超球体与超立方体的体积之比非常小。例如，当 $n=81$ 时，比例接近 $10^{-53}$。因此，拒绝类的随机样本落在已知类分布内是极小概率事件。

4）为拒绝类分配一个新的标记，并将拒绝类合并到原有的训练集中。这样训练出来的神经网络就具有异常检测能力。

下面我们通过一个例子来帮助读者进一步理解 MLP 的异常检测算法。

例 11.11　用 MLP 进行分类及异常检测

如图 11.30 所示（扫码查看彩图），图 11.30a 是与图 11.6a 同样的训练集，每一类数据都服从高斯分布。图 11.30b 是用 MLP 对图 11.30a 的样本空间分类的结果。采用单隐层 MLP，激活函数采用式（11.98）的对称 sigmoid 激活函数。输入层、隐层、输出层神经元数量分别为 2、6、3，输入层神经元数量对应样本点的坐标维数，输出层神经元数量对应 3 个类别，类别标记可以设为 $\{(1,0,0),(0,1,0),(0,0,1)\}$。图 11.30c 为在每类样本周围用 $3\sigma$ 和 $3.5\sigma$ 构造出矩形环状的拒绝类样本空间。在本例中并未采用 Singh 算法，即剔除离群点以及用 $2.5\sigma$ 构造拒绝类样本空间。在图中可以看到，3 个矩形环都有部分落入了正常类的区域。图 11.30d 为在拒绝类样本空间中随机生成的黄色拒绝类样本。需要注意的是，图中的拒绝类样本都避开了正常类区域。将拒绝类加入训练集后，输出层神经元数量改为 4，对应的类别标记改为 $\{(1,0,0,0),(0,1,0,0),(0,0,1,0),(0,0,0,1)\}$。图 11.30e 为用具有异常检测能力的 MLP 对图 11.30a 的样本空间进行异常检测，并将结果叠加到图 11.30a 上，图中黑色部分为异常区域，与本章前面几种分类器的异常检测结果相比，存在一定差异。

---

⊖　$\Gamma(x)$ 表示伽马函数。

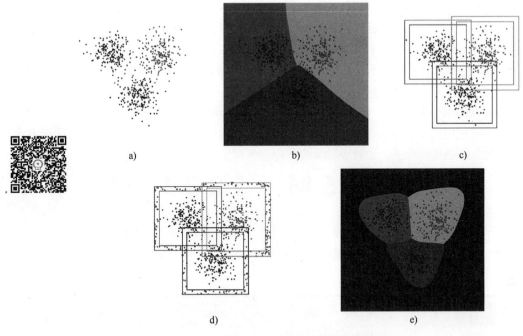

● 图 11.30    MLP 分类及异常检测

a) 训练集  b) 用 MLP 对图 a 的样本空间分类的结果（单隐层，隐层神经元数量为 6，对称
sigmoid 激活函数：$\alpha=0.5$、$\beta=0.8$）  c) 在每类样本周围用 $3\sigma$ 和 $3.5\sigma$ 构造出矩形环状的拒绝类样本空间
d) 在拒绝类样本空间中随机生成的黄色拒绝类样本（共 200 个样本）
e) 用具有异常检测能力的 MLP 对图 a 的样本空间进行异常检测，结果叠加到图 a 上

## ▶▶ 11.6.5    多层感知机在 OCR 中的应用

在这一小节中，我们通过一个例子来探讨 MLP 在 OCR 中的应用，以及不同参数对异常检测的影响。

例 11.12    用 MLP 进行 OCR 及异常检测

在本例中，我们依然使用例 11.7 中的训练集以及测试集。字符分割以及特征提取采用与 11.3.4 节相同的策略。与 SVM 一样，在对 MLP 训练前需要对数据进行预处理，即对训练和测试样本属性进行缩放（见 11.5.5 节）。

我们采用单隐层 MLP，激活函数采用式（11.98）的对称 sigmoid 激活函数。输入层、隐层、输出层神经元数量分别为 81、20、11，输入层神经元数量对应样本的维数（见 11.3.4.2 节），输出层神经元数量对应 10 个正常类别和一个拒绝类，共 11 个类别。隐层神经元数量一般按照输入和输出层神经元的数量级来选择，在这里我们选 20。在许多情况下，如果较小的隐层神经元数量已经导致非常好的分类结果，就不建议选择太大的值。如果隐层神经元数量选择太大，则可能会产生过拟合现象，导致泛化能力下降，即 MLP 可以很好地学习训练数据，但在未知数据上不能返回很好的结果。

拒绝类样本在范围$[\mu-(k+0.5)\sigma,\mu-k\sigma]$和$[\mu+k\sigma,\mu+(k+0.5)\sigma]$内随机生成，不同 $k$ 值下的异常检测结果如图 11.31 所示。当 $k=3$ 时，如图 11.31a 所示，训练集中包含的字符都准确识别出来了，但异常字符"M"却识别成了"7"。这一点与例 8.7 中未进行异常检测的正态贝叶斯分类器检测结果相同；当 $k=2.5$ 时，如图 11.31b 所示，异常字符"M"准确识别出来了。从这个例子可以看出，拒绝类样本如果离正常类样本过远，会使 MLP 丧失异常检测能力。为了生成更加紧凑的拒绝类，一般不建议选择 $k>2.5$。

● 图 11.31　用 MLP 进行字符识别（不同 $k$ 值下的异常检测结果）

a）$k=3$ 时的异常检测结果（对称 sigmoid 激活函数：$\alpha=1$、$\beta=1$）　b）$k=2.5$ 时的异常检测结果

## 11.7　小结

根据不同的训练集，同一个机器学习算法学得的模型可以完成不同的任务，而传统图像处理技术却需要图像处理方面的专家编写不同的代码来完成这些任务，不但开发周期长，而且有可能无法完成某些任务。因此，机器学习降低了图像处理技术在各领域的应用门槛，使得那些具备一定图像处理基础知识的非专业人士也能应对各种图像处理任务的挑战，极大地推广了图像处理技术的应用范围。当然，机器学习也并非完全取代了传统图像处理技术，比如在本章给出的 OCR 和缺陷检测的例子中，在文本检测、字符分割、特征提取和区域分析等处理环节中，都用到了传统图像处理技术。

机器学习是对人的学习行为的模拟，因此机器学习在图像处理中就表现出人对图像信息获取的一些特点，比如在对噪声图像、变形图像分析时具有良好的鲁棒性。但这种对人的学习行为的模拟也会带来一些弊端，人的视觉对图像的分析是一种定性分析，而非定量分析，这就使得机器学习在一些图像处理中，无法达到传统图像处理技术的精度。例如，机器学习算法能够确定图像中的目标位置，却无法做到亚像素精度；另外在尺寸测量中，由于机器学习算法无法确定亚像素边缘，因而也做不到高精度测量。

总之，虽然机器学习功能强大，但传统图像处理技术并非一无是处，二者有各自擅长的领域，通过二者的有机结合，才能发挥更大的作用。

# 图像处理中的数学基础

图像处理涉及大量数学知识，为了降低读者查阅数学工具书的频率，在这一章中我们将介绍与本书有关的数学基础知识，包括集合、复数、线性代数、概率论与数理统计、几何图形拟合以及积分变换，其中部分结论以摘要的形式列出，不加以推导。如果读者想进一步了解这些内容，可以参考［数，1979］［熊，1987］［Lay，2018］［邓，1985］［浙，1979］［南，1989］［同，1982］。

## 12.1 集合

集合是近代数学的基本概念，在数学中占有独特的地位，它的基本概念已渗透到数学的所有领域，在几何、代数、分析、概率论及数理逻辑等各个数学分支中，都有广泛的应用。本节仅介绍图像形态学中涉及集合的一些基础知识。

集合的一些基本名词定义如下。

**集合**：指具有某种特定性质的具体的或抽象的对象汇总而成的集体。常用 $A$，$B$，$C$，$\cdots$ 表示。没有对象的集合称为空集，用符号 $\varnothing$ 表示。

**元素**：构成集合的对象。

如果 $a$ 是集合 $A$ 的一个元素，记为：$a \in A$（读作 $a$ 属于 $A$），如果 $a$ 不是集合 $A$ 的元素，记为：$a \notin A$（读作 $a$ 不属于 $A$）。

集合由两个花括号中的内容表示。当集合由有限个元素构成时可具体写出，如 $A = \{a, b, c\}$。另外，可以通过标明集合的特征表示，如 $A = \{a \mid a = -b, b \in B\}$，其中，$A$ 是元素 $a$ 的集合，而 $a$ 是由 $-1$ 与集合 $B$ 中的每个元素 $b$ 相乘得到的。"$\mid$" 是分离符，前面是元素，后面是条件，有时也用 "$:$" 代替 "$\mid$"。

**样本空间**：给定应用中所有可能集合元素的集合，常用符号 $\Omega$ 来表示。在图像处理中，一

般将 $\Omega$ 定义为包含图像中所有像素的矩形。

**子集**：当且仅当集合 $A$ 的元素都属于集合 $B$ 时，称 $A$ 为 $B$ 的子集，记为：$A\subseteq B$ 或 $B\supseteq A$（读作 $A$ 包含于 $B$ 或 $B$ 包含 $A$）。

**并集**：由 $A$ 和 $B$ 的所有元素组成的集合称为 $A$ 和 $B$ 的并集，记为：$A\cup B$。

**交集**：由 $A$ 和 $B$ 的公共元素组成的集合称为 $A$ 和 $B$ 的交集，记为：$A\cap B$。

**补集**：不包含于 $A$ 的元素组成的集合称为 $A$ 的补集，记为：$A^c$，定义为：

$$A^c=\{x\,|\,x\notin A\} \tag{12.1}$$

**差集**：两个集合 $A$ 和 $B$ 的差，记为：$A-B$ 或 $A\backslash B$，定义为：

$$A-B=\{x\,|\,x\in A,x\notin B\}=A\cap B^c \tag{12.2}$$

图 12.1 给出了一些集合运算关系，图中灰色部分为运算结果，该图也被称为维恩图（Venn Diagram）。

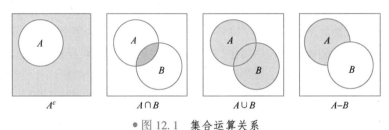

● 图 12.1　集合运算关系

集合还具有以下的运算规律。

**交换律**：$A\cup B=B\cup A$，$A\cap B=B\cap A$。

**结合律**：$A\cup(B\cup C)=(A\cup B)\cup C$，$A\cap(B\cap C)=(A\cap B)\cap C$。

**分配律**：$A\cap(B\cup C)=(A\cap B)\cup(A\cap C)$，$A\cup(B\cap C)=(A\cup B)\cap(A\cup C)$。

**德摩根（De Morgan）律**：$(A\cup B)^c=A^c\cap B^c$，$(A\cap B)^c=A^c\cup B^c$。

## 12.2　复数

### ▶▶ 12.2.1　复数的概念

复数 $z$ 一般表示为 $z=a+\mathrm{j}b$，其中 $\mathrm{j}=\sqrt{-1}$ 称为虚数单位，$a$ 和 $b$ 均为实数，分别称为 $z$ 的实部和虚部，记为 $a=\mathrm{Re}\,z$、$b=\mathrm{Im}\,z$。

两个复数只有当实部和虚部分别相等时才相等。

$|z|=\sqrt{a^2+b^2}$ 称为 $z$ 的模。

$\mathrm{Arg}z=\arctan(b/a)$ 称为 $z$ 的辐角。

$z = a+jb$ 与 $z^* = a-jb$ 互为共轭复数。

### 12.2.2 复数的表示法

1) **坐标表示法**：复数 $z = a+jb$ 可与直角坐标 $(a, b)$ 建立一一对应关系，如图 12.2 所示。

2) **向量表示法**：如图 12.2 所示，把 $a$、$b$ 视为向量 $\overrightarrow{OP}$ 在 $x$ 轴和 $y$ 轴上的投影，则向量 $\overrightarrow{OP}$ 可表示复数 $z = a+jb$。$P$ 点关于 $x$ 轴对称的点记为 $P'$，向量 $\overrightarrow{OP'}$ 可表示共轭复数 $z^* = a-jb$。

3) **三角表示法**：$z = |z|(\cos\theta + j\sin\theta) = r(\cos\theta + j\sin\theta)$。

4) **指数表示法**：$z = |z|e^{j\theta} = re^{j\theta}$。

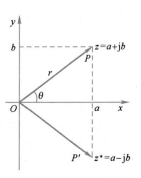

● 图 12.2 复数的表示法

## 12.3 线性代数

线性代数在图像处理的运算中占有极其重要的地位，如矩阵的特征值和特征向量的计算以及线性方程组的求解等。

### 12.3.1 矩阵和向量

**定义**：$m \times n$ 个数 $a_{ij}(i = 1, \cdots, m; j = 1, \cdots, n)$ 排列成 $m$ 行 $n$ 列的表

$$A = \begin{bmatrix} a_{11} & \cdots & a_{1n} \\ \vdots & & \vdots \\ a_{m1} & \cdots & a_{mn} \end{bmatrix} \tag{12.3}$$

称为 $m \times n$ 矩阵，或简称矩阵，$a_{ij}$ 称为 $A$ 中第 $i$ 行第 $j$ 列上的元素。$i = 1, \cdots, m$ 和 $j = 1, \cdots, n$ 称为索引或下标。当 $m = n$ 时，$A$ 称为 $n$ 阶矩阵，也称为 $n$ 阶方阵。若方阵 $A$ 满足 $a_{ij} = a_{ji}$，$A$ 称为对称方阵。

在 $m \times n$ 矩阵 $A$ 中取 $k$ 行、$k$ 列，由这些行、列相交处的元素构成的 $k$ 阶行列式，称为 $A$ 的 $k$ 阶子式。如果 $A$ 中不为 0 的子式的最高阶数是 $r$，那么我们就称 $A$ 的秩是 $r$，如果 $n$ 阶矩阵 $A$ 的秩是 $n$，则称 $A$ 为满秩矩阵。

矩阵 $A$ 的转置是另外一个矩阵，记为 $A^{\mathrm{T}}$，它是通过将 $A$ 的行列互换得到的。式（12.3）的转置矩阵为

$$A^{\mathrm{T}} = \begin{bmatrix} a_{11} & \cdots & a_{1m} \\ \vdots & & \vdots \\ a_{1n} & \cdots & a_{nm} \end{bmatrix} \tag{12.4}$$

是一个 $n×m$ 矩阵。

仅含一行的矩阵称为行向量，仅含一列的矩阵称为列向量，分别表示为

$$\boldsymbol{a} = [a_1, \cdots, a_n], \boldsymbol{b} = \begin{bmatrix} b_1 \\ \vdots \\ b_m \end{bmatrix} \tag{12.5}$$

向量一般用小写黑体字母表示。本书中用 $\boldsymbol{a} = [a_1, a_2, \cdots, a_n]^{\mathrm{T}}$ 表示列向量。

三角形矩阵是指主对角线以下或以上的全体元素都是 0 的 $n$ 阶方阵，分别称为上三角矩阵和下三角矩阵。$n$ 阶的上三角矩阵为

$$\begin{bmatrix} a_{11} & a_{12} & \cdots & a_{1n} \\ & a_{22} & \cdots & a_{2n} \\ & & \ddots & \vdots \\ & & & a_{nn} \end{bmatrix} \tag{12.6}$$

对角矩阵指除主对角线上的元素外，其余元素均为 0 的方阵，或者说，对所有 $i \neq j$，均有 $a_{ij} = 0$。单位矩阵 $\boldsymbol{I}$ 是满足 $a_{ii} = 1$ 的对角矩阵，例如，3×3 的单位矩阵为

$$\boldsymbol{I} = \begin{bmatrix} 1 & 0 & 0 \\ 0 & 1 & 0 \\ 0 & 0 & 1 \end{bmatrix} \tag{12.7}$$

矩阵 $\boldsymbol{A}$ 的迹是一个标量，用 $\mathrm{tr}(\boldsymbol{A})$ 表示，它是矩阵主对角线上元素的总和

$$\mathrm{tr}(\boldsymbol{A}) = \sum_{i=1}^{n} a_{ii} \tag{12.8}$$

矩阵 $\boldsymbol{A}$ 的行列式用 $|\boldsymbol{A}|$ 或 $\det(\boldsymbol{A})$ 表示。

矩阵 $\boldsymbol{A}$ 的下列变换，称为 $\boldsymbol{A}$ 的初等变换：

1）互换 $\boldsymbol{A}$ 的两行或两列。

2）用一个不为 0 的数乘 $\boldsymbol{A}$ 的一行或一列。

3）用一个数乘 $\boldsymbol{A}$ 的一行加到另一行上或乘一列加到另一列上。

把单位矩阵进行一次初等行变换，就得到初等矩阵。

## ▶▶ 12.3.2 矩阵运算

### 1. 矩阵的加法和乘法

若 $\boldsymbol{A}$ 与 $\boldsymbol{B}$ 都是 $m×n$ 矩阵，则它们的和 $\boldsymbol{A}+\boldsymbol{B}$ 也是 $m×n$ 矩阵，各元素为 $\boldsymbol{A}$ 与 $\boldsymbol{B}$ 对应元素的和

$$\boldsymbol{A}+\boldsymbol{B} = \boldsymbol{B}+\boldsymbol{A} = \begin{bmatrix} a_{11}+b_{11} & \cdots & a_{1n}+b_{1n} \\ \vdots & & \vdots \\ a_{m1}+b_{m1} & \cdots & a_{mn}+b_{mn} \end{bmatrix} \tag{12.9}$$

数 $k$ 与矩阵 $A$ 的数乘（标量积）$kA$ 或 $Ak$ 是用 $k$ 乘 $A$ 中的各元素形成的矩阵

$$kA = Ak = \begin{bmatrix} ka_{11} & \cdots & ka_{1n} \\ \vdots & & \vdots \\ ka_{m1} & \cdots & ka_{mn} \end{bmatrix} \tag{12.10}$$

两个大小分别为 $m \times p$ 和 $p \times n$ 的矩阵

$$A = \begin{bmatrix} a_{11} & \cdots & a_{1p} \\ \vdots & & \vdots \\ a_{m1} & \cdots & a_{mp} \end{bmatrix}, \quad B = \begin{bmatrix} b_{11} & \cdots & b_{1n} \\ \vdots & & \vdots \\ b_{p1} & \cdots & b_{pn} \end{bmatrix} \tag{12.11}$$

的乘积是一个 $m \times n$ 的矩阵

$$AB = \begin{bmatrix} c_{11} & \cdots & c_{1n} \\ \vdots & & \vdots \\ c_{m1} & \cdots & c_{mn} \end{bmatrix} \tag{12.12}$$

式中，$c_{ij} = \sum_{k=1}^{p} a_{ik} b_{kj}$。矩阵相乘只对左矩阵的列数等于右矩阵的行数的两个矩阵有定义，如图 12.3 所示。

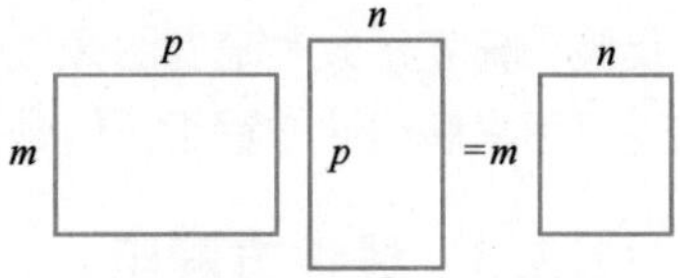

**2. 矩阵的逆**

一个 $n \times n$ 方阵 $A$ 的逆是另外一个 $n \times n$ 方阵，我们将它记为 $A^{-1}$，$A^{-1}$ 满足

$$AA^{-1} = A^{-1}A = I \tag{12.13}$$

• 图 12.3　矩阵乘法

式中，$I = I_n$ 是 $n \times n$ 单位矩阵。若矩阵的逆存在，它就是唯一的。不可逆矩阵有时称为奇异矩阵，而可逆矩阵称为非奇异矩阵。

因为任意满秩矩阵可用行初等变换简化为单位矩阵，因此对于满秩矩阵 $A$，我们有初等矩阵 $E_1, \cdots, E_m$，使得

$$E_m \cdots E_1 A = I \tag{12.14}$$

根据逆矩阵的唯一性，有

$$E_m \cdots E_1 I = A^{-1} \tag{12.15}$$

从以上两式可知，把 $A$ 化为单位矩阵 $I$ 的一系列行初等变换的同时把 $I$ 变成 $A^{-1}$。这就是用行初等变换求逆矩阵的方法。在具体计算时，把 $I$ 放到 $A$ 的右边，构成增广矩阵，当用行初等变换把 $A$ 简化为 $I$ 时，同时就把右边的 $I$ 变成 $A^{-1}$。

**例 12.1　矩阵求逆**

求 $A = \begin{bmatrix} 1 & 2 & 3 \\ 2 & 2 & 1 \\ 3 & 4 & 3 \end{bmatrix}$ 的逆矩阵。我们把 3 阶单位矩阵 $I$ 放到 $A$ 的右边，用初等行变换把 $A$ 简

化为 $I$，具体过程如下。

$$[\boldsymbol{A} \vdots \boldsymbol{I}] = \begin{bmatrix} 1 & 2 & 3 & 1 & 0 & 0 \\ 2 & 2 & 1 & 0 & 1 & 0 \\ 3 & 4 & 3 & 0 & 0 & 1 \end{bmatrix} \sim \begin{bmatrix} 1 & 2 & 3 & 1 & 0 & 0 \\ 0 & -2 & -5 & -2 & 1 & 0 \\ 0 & -2 & -6 & -3 & 0 & 1 \end{bmatrix}$$

$$\sim \begin{bmatrix} 1 & 0 & -2 & -1 & 1 & 0 \\ 0 & -2 & -5 & -2 & 1 & 0 \\ 0 & 0 & -1 & -1 & -1 & 1 \end{bmatrix} \sim \begin{bmatrix} 1 & 0 & 0 & 1 & 3 & -2 \\ 0 & -2 & -5 & -2 & 1 & 0 \\ 0 & 0 & -1 & -1 & -1 & 1 \end{bmatrix}$$

$$\sim \begin{bmatrix} 1 & 0 & 0 & 1 & 3 & -2 \\ 0 & -2 & 0 & 3 & 6 & -5 \\ 0 & 0 & -1 & -1 & -1 & 1 \end{bmatrix} \sim \begin{bmatrix} 1 & 0 & 0 & 1 & 3 & -2 \\ 0 & 1 & 0 & -3/2 & -3 & 5/2 \\ 0 & 0 & 1 & 1 & 1 & -1 \end{bmatrix}$$

于是

$$\boldsymbol{A}^{-1} = \begin{bmatrix} 1 & 3 & -2 \\ -3/2 & -3 & 5/2 \\ 1 & 1 & -1 \end{bmatrix}$$

这种算法就是高斯–若尔当消元法。矩阵求逆广泛用于图像处理，比如根据相机内参矩阵以及镜头畸变系数对畸变图像进行矫正、亚像素角点检测、相机标定和图像匹配等。虽然矩阵求逆可用来解线性方程组，但是比起后面将要介绍的高斯消元法的效率要低。

## ▶▶ 12.3.3　线性方程组

在相机标定、几何变换中都涉及线性方程组的求解。$n$ 阶线性方程组的形式为

$$\begin{cases} a_{11}x_1 + a_{12}x_2 + \cdots + a_{1n}x_n = b_1 \\ a_{21}x_1 + a_{22}x_2 + \cdots + a_{2n}x_n = b_2 \\ \qquad\qquad\qquad \vdots \\ a_{n1}x_1 + a_{n2}x_2 + \cdots + a_{nn}x_n = b_n \end{cases} \tag{12.16}$$

其简写的矩阵形式为

$$\boldsymbol{Ax} = \boldsymbol{b} \tag{12.17}$$

式中，

$$\boldsymbol{A} = \begin{bmatrix} a_{11} & a_{12} & \cdots & a_{1n} \\ a_{21} & a_{22} & \cdots & a_{2n} \\ \vdots & \vdots & & \vdots \\ a_{n1} & a_{n2} & \cdots & a_{nn} \end{bmatrix}, \quad \boldsymbol{x} = \begin{bmatrix} x_1 \\ x_2 \\ \vdots \\ x_n \end{bmatrix}, \quad \boldsymbol{b} = \begin{bmatrix} b_1 \\ b_2 \\ \vdots \\ b_n \end{bmatrix} \tag{12.18}$$

其中 $\boldsymbol{A}$ 称为系数矩阵。

虽然可以通过逆矩阵解线性方程组，但运算量比较大，所以本节介绍常用而有效的算

法——高斯消元法。高斯消元法的原理是先把方程组化成同解的上三角形方程组（称为消去过程或消元过程），然后按相反顺序求解上三角形方程组（称为回代过程），得出原方程组的解。

将式（12.18）中的 $A$ 和 $b$ 构成一个增广矩阵

$$[A \ \vdots \ b] = \begin{bmatrix} a_{11} & a_{12} & \cdots & a_{1n} & \vdots & b_1 \\ a_{21} & a_{22} & \cdots & a_{2n} & \vdots & b_2 \\ \vdots & \vdots & & \vdots & \vdots & \vdots \\ a_{n1} & a_{n2} & \cdots & a_{nn} & \vdots & b_n \end{bmatrix} \tag{12.19}$$

消元过程可以通过对上式做一系列初等变换来实现。

第一步：若 $a_{11} \neq 0$，令 $l_{i1} = a_{i1}/a_{11}$，$i = 2, 3, \cdots, n$，用 $(-l_{i1})$ 乘以式（12.19）第一行加到第 $i$ 行 $(i = 2, 3, \cdots, n)$，得

$$[A^{(2)} \ \vdots \ b^{(2)}] = \begin{bmatrix} a_{11}^{(1)} & a_{12}^{(1)} & \cdots & a_{1n}^{(1)} & \vdots & b_1^{(1)} \\ 0 & a_{22}^{(2)} & \cdots & a_{2n}^{(2)} & \vdots & b_2^{(2)} \\ \vdots & \vdots & & \vdots & \vdots & \vdots \\ 0 & a_{n2}^{(2)} & \cdots & a_{nn}^{(2)} & \vdots & b_n^{(2)} \end{bmatrix} \tag{12.20}$$

式中，$a_{1j}^{(1)} = a_{1j}$，$j = 1, 2, \cdots, n$；$b_1^{(1)} = b_1$；$a_{ij}^{(2)} = a_{ij} - l_{i1} a_{1j}$，$i, j = 2, 3, \cdots, n$；$b_i^{(2)} = b_i - l_{i1} b_1$，$i = 2, 3, \cdots, n$。

第二步：若 $a_{22}^{(2)} \neq 0$，令 $l_{i2} = a_{i2}^{(2)}/a_{22}^{(2)}$，$i = 3, 4, \cdots, n$，用 $(-l_{i2})$ 乘以式（12.20）第二行加到第 $i$ 行 $(i = 3, 4, \cdots, n)$，则将 $a_{i2}^{(2)} (i = 3, 4, \cdots, n)$ 消去。

重复上述操作，完成第 $n-1$ 步后，矩阵化为

$$[A^{(n)} \ \vdots \ b^{(n)}] = \begin{bmatrix} a_{11}^{(1)} & a_{12}^{(1)} & \cdots & a_{1n}^{(1)} & \vdots & b_1^{(1)} \\ 0 & a_{22}^{(2)} & \cdots & a_{2n}^{(2)} & \vdots & b_2^{(2)} \\ \vdots & \vdots & & \vdots & \vdots & \vdots \\ 0 & 0 & \cdots & a_{nn}^{(n)} & \vdots & b_n^{(n)} \end{bmatrix} \tag{12.21}$$

系数矩阵 $A$ 化为上三角矩阵，原方程组（12.16）化为同解的上三角形方程组。

最后，设 $a_{nn}^{(n)} \neq 0$，逐步回代，得原方程组的解

$$x_n = \frac{b_n^{(n)}}{a_{nn}^{(n)}}, \quad x_k = \frac{b_k^{(k)} - \sum_{j=k+1}^{n} a_{kj}^{(k)} x_j}{a_{kk}^{(k)}}, \quad k = n-1, n-2, \cdots, 1 \tag{12.22}$$

高斯消元法中，$a_{kk}^{(k)}$ 称为第 $k$ 步的主元。因为要用它作为除数，消元法要能顺利进行，必须 $a_{kk}^{(k)} \neq 0$，$k = 1, 2, \cdots, n-1$。此外，即使 $a_{kk}^{(k)} \neq 0$，但其绝对值很小，也会对计算结果造成很不利的影响。因此，在高斯消元法要避免小主元的出现，这就需要选主元。所谓选主元，就是选取绝对值最大的元素作为主元。在进行消元法的第一步之前，首先在第一列中选取绝对值最

大的元，比如为 $a_{p1}$，然后调换第一行与第 $p$ 行，再进行消元法的第一步。同样，在第二步之前，在第二列 $a_{i2}^{(2)}(i=2,3,\cdots,n)$ 中选取绝对值最大的元，比如 $a_{q2}^{(2)}$，然后调换第二行与第 $q$ 行，再进行消元法的第二步。以此类推，直到第 $n-1$ 步。这种选主元的方法称为列主元消元法。

高斯消元法的算法如下。

**算法 12.1   高斯消元法**
**输入**：线性方程组阶数 n、系数项 A[n][n]、常数项 b[n]
**输出**：方程组的解 x[n]
**返回**：成功 true，失败 false

```
    //消元
1:  for (k=0; k<n-1; k++) {
2:      sp(n, k, A, b); //选主元函数
3:      if (A[k][k]≠0) {
4:          for (i=k+1; i<n; i++) {
5:              cl=A[i][k]/A[k][k];
6:              for (j=k+1; j<n; j++)
7:                  A[i][j]-=cl*A[k][j];
8:              b[i]-=cl*b[k];
9:          }
10:     }
11:     else return false;
12: }
    //回代
13: x[n-1]=b[n-1]/A[n-1][n-1];
14: for (k=n - 2; k>=0; k--) {
15:     c=0;
16:     for (j=k+1; j<n; j++)
17:         c+=A[k][j]*x[j];
18:     x[k]=(b[k]-c)/A[k][k];
19: }
20: return true;
```

## ▶▶ 12.3.4   特征值和特征向量

矩阵的特征值和特征向量在工程技术中有着广泛的应用。9.1.4 节的脊线提取就用到了黑塞矩阵（Hessian matrix）的特征值和特征向量，9.3.2 节的边缘形状特征中的矩伸长度就是定义为惯性矩阵的特征值之比。

**定义**：$A$ 为 $n \times n$ 矩阵，$x$ 为非零向量，若存在数 $\lambda$ 使

$$Ax = \lambda x \tag{12.23}$$

有非平凡解 $x$，则称 $\lambda$ 为 $A$ 的特征值，$x$ 称为 $A$ 对应于 $\lambda$ 的特征向量，或简称 $A$ 的特征向量。

从式（12.23）可以看出，给向量 $x$ 乘上一个矩阵 $A$，只是相当于给这个向量乘上了一个系数 $\lambda$，并未改变向量的方向，也就是说一个矩阵 $A$ 对向量 $x$ 的作用本质上和一个数 $\lambda$ 相同。

我们通过一个例子来进一步理解特征值和特征向量，设 $A = \begin{bmatrix} 3 & -2 \\ 1 & 0 \end{bmatrix}$，$u = \begin{bmatrix} 1 \\ -1 \end{bmatrix}$，$v = \begin{bmatrix} 2 \\ 1 \end{bmatrix}$。用

$A$ 乘以 $u$ 和 $v$ 的结果如图 12.4 所示，显然，$Av$ 方向与 $v$ 方向一致，并且 $Av = 2v$，$A$ 仅是"拉伸了" $v$，因此 2 是 $A$ 的特征值，$v$ 是 $A$ 的特征向量。而 $Au$ 则改变了 $u$ 的方向，因此 $u$ 不是 $A$ 的特征向量。

$n$ 阶矩阵 $A$ 有 $n$ 个特征值，这些特征值具有以下特性：$\lambda_1 + \lambda_2 + \cdots + \lambda_n = \mathrm{tr}(A)$；$\lambda_1 \lambda_2 \cdots \lambda_n = \det(A)$。

接下来介绍常用的二阶对称矩阵的特征值和特征向量的求法。式（12.23）等价于

$$(A - \lambda I)x = 0 \qquad (12.24)$$

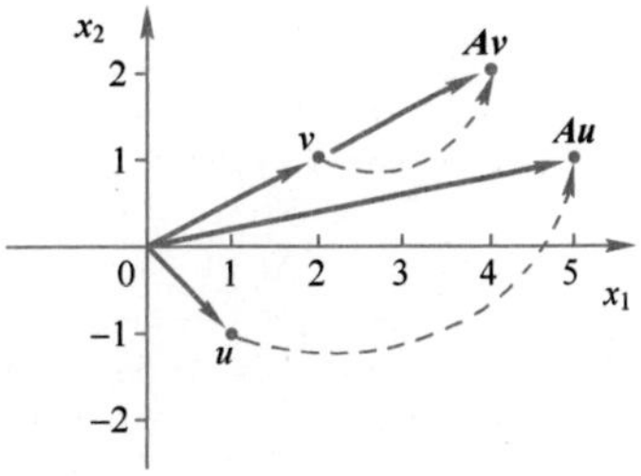

矩阵的特征值是以下特征方程的根

● 图 12.4　特征值和特征向量

$$\det(A - \lambda I) = 0 \qquad (12.25)$$

对于二阶对称矩阵 $A = \begin{bmatrix} a & b \\ b & c \end{bmatrix}$，有

$$\det \begin{bmatrix} a-\lambda & b \\ b & c-\lambda \end{bmatrix} = 0 \qquad (12.26)$$

进一步化简为

$$\lambda^2 - (a+c)\lambda + ac - b^2 = 0 \qquad (12.27)$$

上式的根为

$$\lambda = \frac{(a+c) \pm \sqrt{(a-c)^2 + 4b^2}}{2} \qquad (12.28)$$

将 $\lambda$ 代入式（12.24）可求出对应的特征向量。式（12.24）是齐次线性方程组，并且系数矩阵的秩 $r = 1 < n$（$n = 2$），因此有无穷多个解。我们解第一个方程

$$(a-\lambda)x_1 + bx_2 = 0 \qquad (12.29)$$

得到它的基础解系是 $\begin{pmatrix} b \\ \lambda - a \end{pmatrix}$。所以 $k\begin{pmatrix} b \\ \lambda - a \end{pmatrix}$，$k \neq 0$，是 $A$ 对应于 $\lambda$ 的全部特征向量。

计算二阶对称矩阵的特征值和特征向量的算法［OpenCV, 2012］如下。

```
算法 12.2　计算二阶对称矩阵的特征值和特征向量
输入：二阶对称矩阵的各元素：a、b、c
输出：特征值：l1、l2；对应 l1 和 l2 的特征向量：x1、y1、x2、y2
1:    u=(a+c)*0.5;
2:    v=sqrt((a-c)*(a-c)*0.25+b*b); //sqrt():开方
3:    l1=u+v;l2=u-v;
      //l1 对应的特征向量
4:    x=b;y=l1-a;e=|x|;
5:    if (e+|y|<1e-4) {              //如果过小，用第二个方程计算
6:        y=b;x=l1-c;e=|x|;
7:        if (e+|y|<1e-4){
8:            e=1/(e+|y|);
```

```
9:          x*=e, y*=e;
10:      }
11:  }
12:  d=1/sqrt(x*x+y*y);
13:  x1=x*d; y1=y*d;     //归一化
     //12 对应的特征向量
14:  x=b; y=12 – a; e=|x|;
15:  if (e+|y|<1e-4) {
16:      y=b; x=12-c; e=|x|;
17:      if (e+|y|<1e-4){
18:          e=1/(e+|y|);
19:          x*=e, y*=e;
20:      }
21:  }
22:  d=1/sqrt(x*x+y*y);
23:  x2=x*d; y2=y*d;
```

三阶及三阶以上矩阵的特征值和特征向量可以用乘幂法或雅可比法计算，乘幂法用于计算按模最大的特征值及对应的特征向量，而雅可比法用于计算实对称矩阵的特征值和特征向量。图像处理很少涉及高阶矩阵的特征值和特征向量，因此本书不给出具体的算法。图像处理软件 MATLAB、OpenCV 和 RSIL 中都有相关的计算函数，对于大多数读者来说，直接调用即可。

在第 8 章，我们给出了计算区域惯性主轴角度的公式。除了用该式计算外，还可用惯性矩阵的特征向量来计算，因为最大特征值对应的特征向量的方向就是主轴方向。我们通过一个例子来验证这个结论。

例 12.2  计算惯性主轴角度

现计算图 8.14a 的惯性主轴角度，为了便于阅读，将该图复制到图 12.5。首先用式（8.7）计算出图中白色区域的二阶中心矩：$\mu_{20} = 5937.361$、$\mu_{11} = -2733.567$、$\mu_{02} = 2877.493$。在图像坐标系中，用式（8.19）计算出的主轴角度为 $-30.382°$。将这里的二阶矩代入惯性矩阵式（9.28），用算法 12.2 计算出的最大特征值为 7540.011，对应的特征向量为 $[-0.86266, 0.50577]^{\mathrm{T}}$，特征向量的角度为 $\arctan(-0.50577/0.86266) = -30.382°$。两种算法的结果完全一样。

● 图 12.5  计算惯性主轴角度

## ▶▶ 12.3.5  范数

在图像处理中，我们经常使用称为范数（Norm）的函数来衡量向量的大小。形式上，向量 $\boldsymbol{x} = (x_1, x_2, \cdots, x_n)^{\mathrm{T}}$ 的 $L_p$ 范数定义如下

$$\|\boldsymbol{x}\|_p = \left( \sum_i |x_i|^p \right)^{1/p} \tag{12.30}$$

当 $p = 1, 2, \infty$ 时的 $L_1$ 范数、$L_2$ 范数和 $L_\infty$ 范数分别为

$$\|\boldsymbol{x}\|_1 = \sum_i |x_i| \tag{12.31}$$

$$\|\boldsymbol{x}\|_2 = \left( \sum_i |x_i|^2 \right)^{1/2} \tag{12.32}$$

$$\|\boldsymbol{x}\|_\infty = \max_i |x_i| \tag{12.33}$$

向量 $\boldsymbol{x}$ 的范数用于计算从原点到 $\boldsymbol{x}$ 的距离，$L_1$ 范数、$L_2$ 范数和 $L_\infty$ 范数分别对应城市街区距离（Cityblock Distance）（或称为曼哈顿距离（Manhattan Distance））、欧氏距离（Euclidean Distance）和棋盘距离（Chessboard Distance）。

## 12.4 概率论与数理统计

### 12.4.1 概率论的基本概念

#### 12.4.1.1 随机事件及其运算关系

在一定条件下，可能发生也可能不发生的试验结果称为随机事件，简称事件，用 $A$，$B$，$C$，…表示。随机事件有两个特殊情况，即必然事件和不可能事件，分别记为 $\Omega$ 和 $\varnothing$。

随机事件的运算关系：

1）**包含**：当事件 $B$ 发生时，事件 $A$ 也一定发生，则称 $A$ 包含 $B$ 或 $B$ 含于 $A$ 中，记作 $A \supset B$ 或 $B \subset A$。

2）**等价**：如果 $A \supset B$ 且 $B \supset A$，即事件 $A$ 和 $B$ 同时发生或不发生，则称 $A$ 与 $B$ 等价，记为 $A = B$。

3）**积**：表示事件 $A$ 和 $B$ 同时发生的事件，称为 $A$ 与 $B$ 的积，记作 $A \cap B$（或 $AB$）。

4）**和**：表示事件 $A$ 或事件 $B$ 发生的事件，称为 $A$ 与 $B$ 的和，记作 $A \cup B$ 或（$A+B$）。

5）**差**：表示事件 $A$ 发生而事件 $B$ 不发生的事件，称为 $A$ 与 $B$ 的差，记作 $A \backslash B$（或 $A-B$）。

6）**互斥**：如果事件 $A$ 与 $B$ 不可能同时发生，即 $AB = \varnothing$，那么称 $A$ 与 $B$ 是互斥的。

7）**对立**：如果事件 $A$ 与 $B$ 互斥，又在每次试验中不是出现 $A$ 就是出现 $B$，即 $A \cap B = \varnothing$ 且 $A \cup B = \Omega$，那么称 $B$ 为 $A$ 的对立事件，记作 $B = \overline{A}$。

8）**完备**：如果事件 $A_1, A_2, \cdots, A_n$ 在每次试验中至少发生一个，即 $A_1 \cup A_2 \cup \cdots \cup A_n = \Omega$，则称 $\{A_1, A_2, \cdots, A_n\}$ 构成一个事件完备组。特别地，当 $A_1, A_2, \cdots, A_n$ 又是两两互斥时，就称 $\{A_1, A_2, \cdots, A_n\}$ 是两两互斥的事件完备组。

#### 12.4.1.2 频率与概率

随机事件 $A$ 在 $n$ 次试验中出现 $n_A$ 次，比值 $n_A/n$ 称为事件 $A$ 在这 $n$ 次试验中出现的频率。当

试验次数 $n$ 逐步增多时，$n_A/n$ 在一个常数附近摆动，并逐渐稳定于这个常数。这一统计规律表明事件发生的可能性大小是事件本身所固有的、不以人们主观意志而改变的一种客观属性。事件 $A$ 发生的可能性大小称为事件 $A$ 的概率，记为 $P(A)$。当试验次数 $n$ 足够大时，可用事件的频率近似地表示该事件的概率，即 $P(A) \approx n_A/n$。

### 12.4.1.3 概率的基本性质

概率的基本性质如下。

1）$0 \leqslant P(A) \leqslant 1$。

2）$P(\Omega) = 1$。

3）$P(\varnothing) = 0$。

4）$P(A \cup B) = P(A) + P(B) - P(A \cap B)$。

若 $A$，$B$ 互斥，则 $P(A \cup B) = P(A) + P(B)$。

若 $A_1, A_2, \cdots, A_n$ 两两互斥，则 $P(A_1 \cup A_2 \cup \cdots \cup A_n) = P(A_1) + P(A_2) + \cdots + P(A_n)$。

5）若 $A \supset B$，则 $P(A) \geqslant P(B)$。

6）若 $A \supset B$，则 $P(A) - P(B) = P(A \backslash B)$。

7）对任意事件 $A$，$P(\overline{A}) = 1 - P(A)$。

8）若 $A_1, A_2, \cdots, A_n$ 是两两互斥的事件完备组，则 $P(A_1 \cup A_2 \cup \cdots \cup A_n) = P(A_1) + P(A_2) + \cdots + P(A_n) = 1$。

### 12.4.1.4 概率的计算公式

**1. 条件概率和乘法公式**

在事件 $B$ 发生的条件下，事件 $A$ 发生的概率称为事件 $A$ 在事件 $B$ 已发生的条件下的条件概率，记作 $P(A|B)$，规定

$$P(A|B) = \frac{P(AB)}{P(B)} \tag{12.34}$$

式中，当 $P(B) = 0$ 时，规定 $P(A|B) = 0$。由此得出乘法公式

$$P(AB) = P(B)P(A|B) = P(A)P(B|A) \tag{12.35}$$

$$P(A_1 A_2 \cdots A_n) = P(A_1) \prod_{i=2}^{n} P(A_i | A_1 A_2 \cdots A_{i-1}) \tag{12.36}$$

这个公式又称为概率的链式法则（Chain Rule）。

**2. 独立性公式**

如果事件 $A$ 与 $B$ 满足 $P(A|B) = P(A)$，那么称事件 $A$ 关于事件 $B$ 是独立的，独立性是相互的性质，即 $A$ 关于 $B$ 独立，$B$ 一定关于 $A$ 独立，或称 $A$ 与 $B$ 相互独立。

$A$ 与 $B$ 相互独立的充分必要条件是

$$P(AB) = P(A)P(B) \tag{12.37}$$

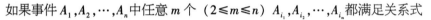

如果事件 $A_1,A_2,\cdots,A_n$ 中任意 $m$ 个 $(2 \leqslant m \leqslant n)$ $A_{i_1},A_{i_2},\cdots,A_{i_m}$ 都满足关系式

$$P\left(\bigcap_{k=1}^{m} A_{i_k}\right) = \prod_{k=1}^{m} P(A_{i_k}) \tag{12.38}$$

则称 $A_1,A_2,\cdots,A_n$ 相互独立。

**3. 全概率公式**

如果事件 $B_1,B_2,\cdots,B_n$ 满足

$$B_i B_j = \varnothing \quad (i \neq j)$$

$$P\left(\bigcup_{i=1}^{n} B_i\right) = 1, P(B_i) > 0, i = 1,2,\cdots,n$$

则对于任意一事件 $A$，有

$$P(A) = \sum_{i=1}^{n} P(A \mid B_i) P(B_i) \tag{12.39}$$

#### 12.4.1.5　贝叶斯公式

我们经常会需要在已知 $P(A \mid B)$ 时计算 $P(B \mid A)$。幸运的是，如果还知道 $P(B)$，就可以用贝叶斯（Bayes）公式来实现这一目的

$$P(B \mid A) = \frac{P(B) P(A \mid B)}{P(A)} \tag{12.40}$$

式中，$P(A)$ 可以通过全概率公式计算：$P(A) = \sum_{B} P(A \mid B) P(B)$。

### ▶▶ 12.4.2　随机变量及其分布

随机变量（Random Variable）是可以随机地取不同值的变量。一个随机变量只是对可能的状态的描述，它必须伴随着一个概率分布来指定每个状态的可能性。随机变量可以是离散的，也可以是连续的。

#### 12.4.2.1　离散型随机变量的概率分布

有些随机变量，它全部可能取到的值是有限个或可列无限多个，这种随机变量叫作离散型随机变量。注意：离散型随机变量的取值不一定是整数，也可能只是一些被命名的状态而没有数值。

一般，设离散型随机变量 $X$ 所有可能取的值为 $x_k(k=1,2,\cdots)$，$X$ 取各个可能值的概率，即事件 $X=x_k$ 的概率为

$$P(X=x_k) = p_k, \quad k=1,2,\cdots \tag{12.41}$$

$P(X=x_k)$ 也可简写为 $P(x_k)$。如果 $p_k$ 满足如下两个条件：

1）$p_k \geqslant 0, k=1,2,\cdots$

2) $\sum_{k=1}^{\infty} p_k = 1$。

则称式（12.41）为离散型随机变量 $X$ 的概率分布或分布律。

概率分布可同时用于多个随机变量，这种多个变量的概率分布称为联合概率分布。例如，$P(X=x, Y=y)$ 表示事件 $X=x$ 和 $Y=y$ 同时发生的概率，也可以简写为 $P(x,y)$。

### 12.4.2.2　连续型随机变量的概率分布

对于连续型随机变量，由于其可能取的值不能一个一个地列举出来，因而不能像离散型随机变量那样可以用分布律来描述它；再者，连续型随机变量通常取任一指定的实数值的概率等于 0，因而只能研究随机变量所取的值落在某一区间的概率。这种情况下我们就需要用概率密度来描述连续型随机变量的概率分布。

如果存在非负函数 $p(x)$，使得随机变量 $X$ 的分布函数 $F(x)$ 能够表示为

$$F(x) = \int_{-\infty}^{x} p(t)\,\mathrm{d}t \tag{12.42}$$

则称 $X$ 是连续型随机变量，$p(x)$ 称为 $X$ 的概率密度函数，简称概率密度。$p(x)$ 具有以下性质：

1) $p(x) \geqslant 0$。

2) $\int_{-\infty}^{+\infty} p(x)\,\mathrm{d}x = 1$。

3) $P(x_1 < X \leqslant x_2) = \int_{x_1}^{x_2} p(x)\,\mathrm{d}x$。

同样，概率密度可同时用于多个随机变量，这种多个变量的概率密度称为联合概率密度。

### 12.4.2.3　边缘分布

有时我们知道了一组变量的联合概率分布，但想要了解其中一个子集的概率分布，这种定义在子集上的概率分布称为边缘概率分布。

设 $(X,Y)$ 是二维离散型随机变量，如果其分布律为

$$P(X=x_i, Y=y_j) = p_{ij}, \quad i,j=1,2,\cdots$$

则 $(X,Y)$ 关于 $X$ 的边缘分布律为

$$P(X=x_i) = \sum_{j=1}^{\infty} p_{ij}, \quad i=1,2,\cdots \tag{12.43}$$

对于连续型随机变量，用积分代替求和

$$p(x) = \int p(x,y)\,\mathrm{d}y \tag{12.44}$$

仿照以上两式，我们可以很容易写出关于 $Y$ 的边缘分布函数。

### ▶▶ 12.4.3 随机变量的数字特征

#### 12.4.3.1 数学期望和方差

随机变量 $X$ 的数学期望（或均值）记作 $E(X)$，它描述了随机变量的取值中心。随机变量 $[X-E(X)]^2$ 的数学期望称为 $X$ 的方差，记作 $D(X)$，而 $D(X)$ 的平方根称为 $X$ 的均方差（或标准差），记作 $\sigma = \sqrt{D(X)}$，它们描述了随机变量的可能取值与均值的偏差的疏密程度。

1）若 $X$ 是连续型随机变量，其概率密度为 $p(x)$，则（当积分绝对收敛时）

$$E(X) = \int_{-\infty}^{+\infty} xp(x)\,\mathrm{d}x \tag{12.45}$$

$$D(X) = \int_{-\infty}^{+\infty} [x - E(X)]^2 p(x)\,\mathrm{d}x \tag{12.46}$$

2）若 $X$ 是离散型随机变量，其可能取值为 $x_k(k=1,2,\cdots)$，且 $P(X=x_k)=p_k$，则（当级数是绝对收敛时）

$$E(X) = \sum_{k=1}^{\infty} x_k p_k \tag{12.47}$$

$$D(X) = \sum_{k=1}^{\infty} [x_k - E(X)]^2 p_k \tag{12.48}$$

#### 12.4.3.2 协方差和相关系数

对于二维随机变量 $(X,Y)$，我们除了讨论 $X$ 与 $Y$ 的期望和方差外，还需要讨论描述 $X$ 与 $Y$ 之间相互关系的数字特征。

随机变量 $X$ 与 $Y$ 的协方差 $\mathrm{Cov}(X,Y)$ 为

$$\mathrm{Cov}(X,Y) = E[(X-E(X))(Y-E(Y))] \tag{12.49}$$

对上式归一化，得

$$\rho_{XY} = \frac{\mathrm{Cov}(X,Y)}{\sqrt{D(X)} \cdot \sqrt{D(Y)}} \tag{12.50}$$

称为随机变量 $X$ 与 $Y$ 的相关系数或标准协方差，是一无量纲的量，取值范围 $[-1,1]$。如果两个变量相互独立，那么 $\rho=0$；如果两个变量正相关，则 $\rho>0$，相关程度越高，$\rho$ 越大；如果两个变量负相关，则 $\rho<0$。

### ▶▶ 12.4.4 极大似然估计法

研究某个问题，它的对象的所有可能观测结果称为总体（或母体），在总体中抽取一部分样品 $x_1,x_2,\cdots,x_n$ 称为总体的一个样本（或子样）。可用样本的数字特征来估计总体的数字特征，其

中最常用的方法就是极大似然估计法（Maximum-Likelihood Estimates，MLE）。极大似然法的中心思想是：如果在一次观察中一个事件出现了，那么我们可以认为该事件出现的可能性最大。

设总体的概率密度的形式 $p(x;\theta)$ 为已知，它只含一个未知参数 $\theta$。由于抽样的随机性和独立性，样本 $x_1,x_2,\cdots,x_n$ 的联合概率密度等于 $\prod\limits_{i=1}^{n} p(x_i;\theta)$［浙，1979］，我们将其记为

$$L = L(x_1,x_2,\cdots,x_n;\theta) = \prod\limits_{i=1}^{n} p(x_i;\theta) \qquad (12.51)$$

并称它为似然函数。根据极大似然法的思想，若存在 $\theta$ 的一个值 $\hat{\theta}$，使得似然函数在 $\theta=\hat{\theta}$ 时

$$L(x_1,x_2,\cdots,x_n;\theta) = \max$$

则称 $\hat{\theta}$ 是 $\theta$ 的一个极大似然估计值。由此可见，求总体参数 $\theta$ 的极大似然估计值 $\hat{\theta}$ 的问题，就是求似然函数 $L$ 的最大值问题。

由于 $L$ 和 $\ln L$ 在同一 $\theta$ 值处取到极值，因此，引入函数

$$\ln L = \ln \prod\limits_{i=1}^{n} p(x_i;\theta) = \sum\limits_{i=1}^{n} \ln p(x_i;\theta) \qquad (12.52)$$

称它为对数似然函数。这样，连乘问题就变成了求和问题，简化了后续的计算。只要解方程

$$\frac{d}{d\theta}\ln L = 0 \qquad (12.53)$$

就可以确定参数 $\theta$ 的极大似然估计值。

如果总体的分布是离散型，只要把上述似然函数中的 $p(x_i;\theta)$ 取为 $P(X=x_i)$ 就可以了。

**例 12.3**  正态总体的参数估计

设总体服从正态分布 $N(\mu,\sigma^2)$，根据样本 $x_1,x_2,\cdots,x_n$ 求 $\mu,\sigma^2$ 的极大似然估计值。

似然函数为

$$L = \prod\limits_{i=1}^{n} \frac{1}{\sqrt{2\pi}\,\sigma} e^{-\frac{(x_i-\mu)^2}{2\sigma^2}} = \left(\frac{1}{2\pi\sigma^2}\right)^{n/2} e^{-\frac{1}{2\sigma^2}\sum\limits_{i=1}^{n}(x_i-\mu)^2}$$

则对数似然函数为

$$\ln L = -\frac{n}{2}\ln(2\pi\sigma^2) - \frac{1}{2\sigma^2}\sum\limits_{i=1}^{n}(x_i-\mu)^2$$

对上式求关于 $\mu$ 和 $\sigma^2$ 的偏导数

$$\frac{\partial}{\partial\mu}\ln L = \frac{1}{\sigma^2}\sum\limits_{i=1}^{n}(x_i-\mu), \qquad \frac{\partial}{\partial\sigma^2}\ln L = -\frac{n}{2}\frac{1}{\sigma^2} + \frac{1}{2\sigma^4}\sum\limits_{i=1}^{n}(x_i-\mu)^2$$

令它们都等于 0，由前一式得 $\mu$ 的估计值

$$\hat{\mu} = \bar{x} = \frac{1}{n}\sum\limits_{i=1}^{n} x_i \qquad (12.54)$$

将此结果代入后一式，得 $\sigma^2$ 的估计值

$$\hat{\sigma}^2 = \frac{1}{n} \sum_{i=1}^{n} (x_i - \overline{x})^2 \tag{12.55}$$

但 $\hat{\sigma}^2$ 是总体 $\sigma^2$ 的有偏估计 [−]，$\sigma^2$ 的无偏估计为

$$\hat{\sigma}^2 = \frac{1}{n-1} \sum_{i=1}^{n} (x_i - \overline{x})^2 \tag{12.56}$$

## 12.5 直线、曲线和曲面拟合

从边缘精密测量、边缘分段到亚像素精度的图像匹配，都涉及将一组数据拟合成直线、曲线或曲面函数，因此函数拟合在图像处理中占有重要地位。函数拟合可以采用极大似然法或最小二乘法，当数据服从正态分布时，极大似然法与最小二乘法结果相同。由于极大似然法需要已知概率分布函数，这往往比较困难，因此本节仅讨论用最小二乘法进行函数拟合 [邓，1985]。此外，本节仅讨论线性最小二乘法问题，而非线性最小二乘法问题则不在本节讨论范围内。

### ▶▶ 12.5.1 最小二乘法

我们首先以直线拟合为例介绍最小二乘法原理。设有一组边缘测量值 $(x_i, y_i)$，$i = 1, 2, \cdots,$ $m$，需要将其拟合成直线 $y = a + bx$。由于边缘本身不是理想直线，外加测量误差，因此测量点不可能全部落在拟合直线上。现实的要求是选取恰当的 $a$ 和 $b$，使所有测量值与计算值之差（称为残差）的和

$$Q_1 = \sum_{i=1}^{m} |y_i - (a + bx_i)| \tag{12.57}$$

为最小。由于不方便对绝对值求导数，因此选择使平方和

$$Q_2 = \sum_{i=1}^{m} [y_i - (a + bx_i)]^2 \tag{12.58}$$

为最小。这也是最小二乘法名称的由来。

接下来将直线拟合推广到更一般的多项式拟合。对于测量值 $(x_i, y_i)$，$i = 1, 2, \cdots, m$，选取适当的系数 $a_0, a_1, \cdots, a_n (n < m)$ 后，使

$$Q = \sum_{i=1}^{m} [y_i - P(x_i)]^2 \tag{12.59}$$

---

[−] 如果参数 $\theta$ 的估计值 $\hat{\theta}$ 满足关系式 $E(\hat{\theta}) = \theta$，则称 $\hat{\theta}$ 是 $\theta$ 的无偏估计。

达到最小的多项式

$$P(x) = a_0 + a_1 x + a_2 x^2 + \cdots + a_n x^n = \sum_{j=0}^{n} a_j x^j \tag{12.60}$$

称为这组观测值的最小二乘法拟合多项式。

由微分学知道，使 $Q$ 取最小值的 $a_k$ 应满足条件

$$\frac{\partial Q}{\partial a_k} = 0, \quad k = 0,1,\cdots,n \tag{12.61}$$

因为

$$\frac{\partial Q}{\partial a_k} = -2 \sum_{i=1}^{m} \left[ y_i - P(x_i) \right] \frac{\partial P(x_i)}{\partial a_k} = -2 \sum_{i=1}^{m} \left( y_i - \sum_{j=0}^{n} a_j x_i^j \right) x_i^k$$

$$= -2 \left( \sum_{i=1}^{m} x_i^k y_i - \sum_{j=0}^{n} a_j \sum_{i=1}^{m} x_i^{j+k} \right)$$

令

$$s_l = \sum_{i=1}^{m} x_i^l, \quad t_l = \sum_{i=1}^{m} x_i^l y_i \tag{12.62}$$

则式（12.61）变为

$$\sum_{j=0}^{n} s_{j+k} a_j = t_k, \quad k = 0,1,\cdots,n \tag{12.63}$$

上式就是 $P(x)$ 系数 $a_0, a_1, \cdots, a_n$ 满足的方程组，称为正规方程组。解该方程组可得最小二乘法拟合多项式 $P(x)$。

接下来以拟合直线 $y=a+bx$ 为例，说明如何用式（12.63）拟合多项式。由于直线方程是一阶方程，所以 $n=1$，$k$ 取 0 和 1。当 $k=0$ 时，式（12.63）为 $s_0 a + s_1 b = t_0$；当 $k=1$ 时，式（12.63）为 $s_1 a + s_2 b = t_1$，则正规方程组为

$$\begin{cases} s_0 a + s_1 b = t_0 \\ s_1 a + s_2 b = t_1 \end{cases}$$

式中，$s_0$、$s_1$、$s_2$、$t_0$ 和 $t_1$ 根据观测值用式（12.62）计算。解该方程组就可求出直线方程的系数 $a$ 和 $b$。不过在下节介绍的直线拟合算法中并没有使用式（12.63），因为直线方程的系数可以用更简单的公式来计算。

式（12.63）仅限于式（12.60）形式的代数多项式拟合，如直线、抛物线等，并不适用于所有曲线和曲面的拟合，因此有必要推广到多元函数。将式（12.60）推广到多元函数

$$P(x_1, x_2, \cdots, x_n) = \sum_{j=0}^{l} a_j \varphi_j(x_1, x_2, \cdots, x_n) \tag{12.64}$$

式中，$\varphi_j(x_1,x_2,\cdots,x_n)$ 为 $n$ 元函数的第 $j$ 项。多元函数的拟合算法与多项式的拟合算法类似，具体算例见 12.5.4 节的抛物面拟合。

此外，在 9.4 节中用最小二乘法拟合亚像素边缘时引入了权重的概念，这些权重 $w_i$ 称为权系数。对于一组测量数据$(x_{1i},x_{2i},\cdots,x_{ni},y_i)$，$i=1,2,\cdots,m$ 和一组权系数 $w_1,w_2,\cdots,w_m(w_i>0,i=1,2,\cdots,m)$，残差平方和为

$$Q = \sum_{i=1}^{m} w_i \left[ y_i - P(x_{1i},x_{2i},\cdots,x_{ni}) \right]^2 \tag{12.65}$$

权重的引入并不会影响拟合算法，依然是取 $Q$ 关于各系数的偏导数，并令它们等于 0，构造出正规方程组。解该方程组可求出各系数的估计值。

## 12.5.2  直线拟合

直线方程的斜截式为

$$y = a + bx \tag{12.66}$$

对于一组观测值$(x_i,y_i)$，$i=1,2,\cdots,n$，根据式（12.59）有

$$Q = \sum_{i=1}^{n} (y_i - a - bx_i)^2 \tag{12.67}$$

取 $Q$ 关于 $a$，$b$ 的偏导数，并令它们等于 0

$$\begin{cases} \dfrac{\partial Q}{\partial a} = -2\sum_{i=1}^{n}(y_i-a-bx_i)=0 \\ \dfrac{\partial Q}{\partial b} = -2\sum_{i=1}^{n}(y_i-a-bx_i)x_i=0 \end{cases} \tag{12.68}$$

得正规方程组

$$\begin{cases} na + n\bar{x}b = n\bar{y} \\ n\bar{x}a + \sum_{i=1}^{n}x_i^2 b = \sum_{i=1}^{n}x_iy_i \end{cases} \tag{12.69}$$

式中，$\bar{x}$和$\bar{y}$为观测值的均值，分别为 $\sum_{i=1}^{n}x_i/n$ 和 $\sum_{i=1}^{n}y_i/n$。这里假设 $x_i$ 不全相同，上式的系数行列式不等于 0，根据克拉默法则，上式有唯一解。解得 $a$、$b$ 的估计值分别为

$$\hat{a} = \bar{y} - \hat{b}\bar{x} \tag{12.70}$$

$$\hat{b} = \frac{\sum_{i=1}^{n}x_iy_i - n\bar{x}\bar{y}}{\sum_{i=1}^{n}x_i^2 - n\bar{x}^2} = \frac{\sum_{i=1}^{n}(x_i-\bar{x})(y_i-\bar{y})}{\sum_{i=1}^{n}(x_i-\bar{x})^2} \tag{12.71}$$

当然，也可以用式（12.63）进行直线拟合，不过并没有用以上两式计算方便。将式（12.70）代入式（12.66），得

$$y-\bar{y}=\hat{b}(x-\bar{x}) \tag{12.72}$$

从上式可以看出，当$(x,y)$取值$(\bar{x},\bar{y})$时，上式成立，说明拟合的直线通过观测值构成的散点图的质心$(\bar{x},\bar{y})$。另外，式（12.71）可以改写为$\hat{b}=\mu_{11}/\mu_{20}$，$\mu_{11}$和$\mu_{20}$为散点图的二阶中心矩（见 8.3.1 节）。

在前面的讨论中，假设$x_i$不全相同，但对于垂直直线来说，$x_i$可能全部相同。解决这个问题的方法就是重新构造一个直线方程

$$x=a+by \tag{12.73}$$

该方程的拟合方法与前面讨论的方法相同，只需要$x$、$y$互换即可。具体选择用式（12.66）还是式（12.73）取决于观测值。

直线方程拟合算法如下。

```
算法 12.3   直线方程拟合算法
输入：一组观测值 (x[0],y[0]), …, (x[n-1],y[n-1])
输出：直线的两个端点 (x1,y1)、(x2,y2)
1:   xba=0; yba=0;              //均值
2:   for (i=0; i<n; i++) {
3:       xba=xba+x[i]; yba=yba+y[i];
4:   }
5:   xba=xba/n; yba=yba/n;
6:   Lxx=0; Lyy=0; Lxy=0; //二阶中心矩
7:   for(i=0; i<n; i++){
8:       Lxx=Lxx+(x[i]-xba)*(x[i]-xba);
9:       Lyy=Lyy+(y[i]-yba)*(y[i]-yba);
10:      Lxy=Lxy+(x[i]-xba)*(y[i]-yba);
11:  }
12:  if (|Lyy|≥|Lxx|) { //x=a+b*y
13:      b=Lxy/Lyy; a=xba-b*yba;
14:      y1=y[0]; x1=a+b*y[0];
15:      y2=y[n-1]; x2=a+b*y[n-1];
16:  }
17:  else{ //y=a+b*x
18:      b=Lxy/Lxx; a=yba-b*xba;
19:      x1=x[0]; y1=a+b*x[0];
20:      x2=x[n-1]; y2=a+b*x[n-1];
21:  }
```

该算法输出拟合后直线的两个端点，相当于给出了两点式直线方程。

## ▶▶ 12.5.3　圆和椭圆拟合

### 1. 圆拟合
圆方程的标准形式为

$$(x-a)^2 + (y-b)^2 = r^2 \qquad\qquad (12.74)$$

式中，$(a,b)$ 为圆心坐标、$r$ 为半径。上式无法化为式（12.60）这样的标准多项式，因此无法直接用式（12.63）计算系数。

对于一组观测值 $(x_i, y_i)$, $i = 1, 2, \cdots, n$，圆的拟合可以通过最小化所有数据点到圆的距离之和实现<sup>⊖</sup>，参考式（12.59），有

$$Q = \sum_{i=1}^{n} \left[ (x_i - a)^2 + (y_i - b)^2 - r^2 \right]^2 \qquad\qquad (12.75)$$

进一步整理为

$$Q = \sum_{i=1}^{n} (x_i^2 + y_i^2 + Ax_i + By_i + C)^2 \qquad\qquad (12.76)$$

式中，$A = -2a$、$B = -2b$、$C = a^2 + b^2 - r^2$。取 $Q$ 关于 $A$、$B$ 和 $C$ 的偏导数，并令它们为 0

$$\begin{cases} \dfrac{\partial Q}{\partial A} = 2 \sum_{i=1}^{n} (x_i^2 + y_i^2 + Ax_i + By_i + C) x_i = 0 \\[2mm] \dfrac{\partial Q}{\partial B} = 2 \sum_{i=1}^{n} (x_i^2 + y_i^2 + Ax_i + By_i + C) y_i = 0 \\[2mm] \dfrac{\partial Q}{\partial C} = 2 \sum_{i=1}^{n} (x_i^2 + y_i^2 + Ax_i + By_i + C) = 0 \end{cases} \qquad (12.77)$$

用高斯消元法解此正规方程组可得 $A$、$B$ 和 $C$，再进一步求出 $a$、$b$ 和 $r$。

拟合圆方程的算法如下。

```
算法 12.4  圆方程拟合算法
输入：一组观测值(x[0],y[0]), …, (x[N-1],y[N-1])
输出：圆心(a,b)、半径 r
1:   Matr_A[3][3]=0;//系数矩阵，清零
2:   Matr_B[3]=0;    //常数项矩阵
3:   Matr_X[3];      //对应式(12.76)中的 A、B 和 C
4:   for (i=0; i<N; i++) {
5:       Txy=x[i]*x[i]+y[i]*y[i];
6:       T[3]={x[i],y[i],1};
7:       for (m=0; m<3; m++) {
8:           for (n=0; n<3; n++)
9:               Matr_A[m][n]+=T[n]*T[m];
10:          Matr_B[m]-=Txy*T[m];
11:      }
12:  }
13:  if(GaussElimination(Matr_A, Matr_B, Matr_X, 3)=true) {   //高斯消元法
14:      a=-Matr_X[0]/2; b=-Matr_X[1]/2;
15:      r=sqrt(a*a+b*b-Matr_X[2]);      //要求 a×a+b×b-Matr_X[2]>0
16:  }
```

---

⊖ 这里点到圆的距离是指点到圆周的最小距离，或者在圆的径向方向上点到圆周的距离。在椭圆拟合中，点到椭圆的距离也是指点到椭圆轮廓的最小距离。

**2. 椭圆拟合**

椭圆的一般方程为

$$Ax^2 + Bxy + Cy^2 + Dx + Ey + 1 = 0 \qquad (12.78)$$

对于一组观测值 $(x_i, y_i), i = 1, 2, \cdots, n$，通过使下式

$$Q = \sum_{i=1}^{n} (Ax_i^2 + Bx_iy_i + Cy_i^2 + Dx_i + Ey_i + 1)^2 \qquad (12.79)$$

为最小值来确定椭圆方程。

显然，椭圆方程并不能直接调用式（12.59），也不方便用类似圆拟合的方法，计算点到椭圆的距离。对于式（12.79）我们可以这样理解：那些使式（12.78）成立的点都是位于椭圆上的理想点，而将非椭圆上的点代入式（12.78），其等号左端的值的绝对值会大于 0，这个值不是一个真正的距离，但具有与距离类似的属性，因此可以通过该值的最小化进行椭圆拟合。事实上，观察直线拟合、圆拟合和椭圆拟合中的式（12.67）、式（12.75）和式（12.79），三个公式本质上是一样的，都是将观测值代入隐式方程。

与圆拟合一样，取 $Q$ 关于 $A \sim E$ 的偏导数，并令它们为 0，得到正规方程组。通过解正规方程组得到椭圆方程的系数。但是需要附加一个条件：二次曲线为椭圆的条件是 $B^2 - 4AC < 0$。算法与圆拟合类似，只是方程数量增加到 5 个，限于篇幅，本书不给出具体算法。根据椭圆方程，可计算出椭圆参数，圆心坐标 $(x, y)$ 为

$$x = \frac{BE - 2CD}{4AC - B^2}, \quad y = \frac{BD - 2AE}{4AC - B^2} \qquad (12.80)$$

长半轴 $a$ 及短半轴 $b$ 为

$$a = \sqrt{\frac{2(Ax^2 + Cy^2 + Bxy - 1)}{A + C - \sqrt{(A-C)^2 + B^2}}}, b = \sqrt{\frac{2(Ax^2 + Cy^2 + Bxy - 1)}{A + C + \sqrt{(A-C)^2 + B^2}}} \qquad (12.81)$$

长轴角度为

$$\theta = \frac{1}{2}\arctan\frac{B}{A - C} \qquad (12.82)$$

## ▶▶ 12.5.4　抛物线和抛物面拟合

**1. 抛物线拟合**

抛物线拟合多用于亚像素边缘提取。一般形式的抛物线方程为

$$y = ax^2 + bx + c \qquad (12.83)$$

是一个标准的代数多项式，因此可以直接用式（12.63）求解系数。我们拟合抛物线，一般是

为了得到其顶点，抛物线的顶点坐标为 $[-b/(2a),(4ac-b^2)/(4a)]$，并且 $a>0$ 时，开口向上，$a<0$ 时，开口向下。

### 2. 抛物面拟合

在图像匹配中，通过多个整像素位置点拟合抛物面，可获得亚像素位置精度。抛物面有旋转抛物面、椭圆抛物面和双曲抛物面，我们仅讨论旋转抛物面。旋转抛物面是抛物线绕着它的轴线旋转而成，其公式为

$$z=a[(x-b)^2+(y-c)^2]+d \tag{12.84}$$

展开后

$$z=ax^2+ay^2-2abx-2acy+ab^2+ac^2+d \tag{12.85}$$

设 $A=a$、$B=-2ab$、$C=-2ac$、$D=ab^2+ac^2+d$，则式（12.85）变为

$$z=A(x^2+y^2)+Bx+Cy+D \tag{12.86}$$

对于一组观测值 $(x_i,y_i),i=1,2,\cdots,n$，通过使下式

$$Q=\sum_{i=1}^{n}[A(x_i^2+y_i^2)+Bx_i+Cy_i+D-z]^2 \tag{12.87}$$

为最小值来确定抛物面方程。取 $Q$ 关于 $A\sim D$ 的偏导数，并令它们为 0，得到矩阵形式的正规方程组

$$\sum_{i=1}^{n}[A(x_i^2+y_i^2)+Bx_i+Cy_i+D-z]\begin{bmatrix}x_i^2+y_i^2\\x_i\\y_i\\1\end{bmatrix}=0 \tag{12.88}$$

用高斯消元法解此正规方程组可求出 $A\sim D$，再进一步求出 $a\sim d$。其顶点坐标为 $(b,c,d)$。拟合旋转抛物面方程的算法如下。

**算法 12.5　旋转抛物面方程拟合算法**
**输入：** 一组观测值 (x[i],y[i],z[i]), i=0,1,…,N-1
**输出：** 式(12.84)的系数 a、b、c、d

```
1:   Matr_A[4][4]=0;    //系数矩阵
2:   Matr_B[4]=0;       //常数项矩阵
3:   Matr_X[4]; //式(12.86)中的A~D
4:   for (i=0; i<N; i++){
5:       T[4]={x[i]*x[i]+y[i]*y[i], x[i],y[i],1};
6:       for (m=0; m<4; m++){
7:           for (n=0; n<4; n++)
8:               Matr_A[m][n]+=T[n]*T[m];
9:           Matr_B[m]+=z[i]*T[m];
10:      }
11:  }
12:  if (GaussElimination(Matr_A, Matr_B, Matr_X, 4)=true){   //高斯消元法解正规方程组
```

```
13:     a=Matr_X[0];
14:     b=-Matr_X[1]/(2*a);
15:     c=-Matr_X[2]/(2*a);
16:     d=Matr_X[3]-a*(b*b+c*c);
17: }
```

## ▶▶ 12.5.5  高斯曲线和高斯曲面拟合

### 1. 高斯曲线拟合

高斯曲线拟合也可用于亚像素边缘提取。一般形式的高斯曲线方程为

$$ce^{\frac{(x-\mu)^2}{2\sigma^2}} = y \tag{12.89}$$

上式并不是一个线性最小二乘法问题，无法通过正规方程组求解系数。为了便于后续的推导，先对上式两端取对数，整理得

$$-\frac{x^2}{2\sigma^2} + \frac{\mu x}{\sigma^2} + \ln c - \frac{\mu^2}{2\sigma^2} = \ln y \tag{12.90}$$

设 $A=-1/(2\sigma^2)$、$B=\mu/\sigma^2$、$C=\ln c - \mu^2/(2\sigma^2)$，于是上式化为标准的多项式

$$Ax^2 + Bx + C - \ln y = 0 \tag{12.91}$$

对于一组观测值 $(x_i, y_i), i=1,2,\cdots,n$，通过使下式

$$Q = \sum_{i=1}^{n} \left[ A x_i^2 + B x_i + C - \ln y_i \right]^2 \tag{12.92}$$

为最小值来确定高斯曲线方程。取 $Q$ 关于 $A \sim C$ 的偏导数，并令它们为 $0$，得正规方程组

$$\sum_{i=1}^{n} \left[ A x_i^2 + B x_i + C - \ln y_i \right] \begin{bmatrix} x_i^2 \\ x_i \\ 1 \end{bmatrix} = 0 \tag{12.93}$$

解此方程组求出 $A$、$B$ 和 $C$ 的值，再进一步求出 $\mu$、$\sigma$ 和 $c$ 的值。高斯曲线的顶点坐标为 $(\mu, c)$。

拟合高斯曲线方程的算法如下。

**算法 12.6  高斯曲线方程拟合算法**
**输入：**一组观测值 (x[i],y[i]), i=0,1,…,N-1
**输出：**式(12.89)中的 $\mu$、$\sigma$、$c$

```
1: Matr_A[3][3]=0;        //系数矩阵
2: Matr_B[3]=0;           //常数项矩阵
3: Matr_X[3];             //式(12.91)中的A~C
4: for (i=0; i<N; i++) {
5:     T[3]={x[i]*x[i],x[i],1};
6:     for (m=0; m<3; m++) {
7:         for (n=0; n<3; n++)
8:             Matr_A[m][n]+=T[n]*T[m];
9:         Matr_B[m]+=log(y[i])*T[m];
```

```
10:    }
11:  }
12:  if (GaussElimination(Matr_A, Matr_B, Matr_X, 3)=true) {
13:      σ=sqrt(-1/(2 * Matr_X[0]));
14:      μ=Matr_X[1] * σ * σ;
15:      c=exp(Matr_X[2]-μ * μ * Matr_X[0]);
16:  }
```

**2. 高斯曲面拟合**

高斯曲面拟合可用于图像匹配的亚像素位置精度的计算。高斯曲面方程为

$$ce^{\frac{(x-x_0)^2+(y-y_0)^2}{2\sigma^2}}=z \tag{12.94}$$

对两端取对数，得

$$-\frac{x^2}{2\sigma^2}-\frac{y^2}{2\sigma^2}+\frac{x_0 x}{\sigma^2}+\frac{y_0 y}{\sigma^2}+\ln c-\frac{x_0^2}{2\sigma^2}-\frac{y_0^2}{2\sigma^2}=\ln z \tag{12.95}$$

设 $A=-1/(2\sigma^2)$、$B=x_0/\sigma^2$、$C=y_0/\sigma^2$、$D=\ln c-x_0^2/(2\sigma^2)-y_0^2/(2\sigma^2)$，于是上式化为

$$A(x^2+y^2)+Bx+Cy+D-\ln z=0 \tag{12.96}$$

对于一组观测值 $(x_i,y_i),i=1,2,\cdots,n$，通过使下式

$$Q=\sum_{i=1}^{n}\left[A(x_i^2+y_i^2)+Bx_i+Cy_i+D-\ln z_i\right]^2 \tag{12.97}$$

为最小值来确定高斯曲面方程。取 $Q$ 关于 $A\sim D$ 的偏导数，并令它们为 0，得正规方程组

$$\sum_{i=1}^{n}\left[A(x_i^2+y_i^2)+Bx_i+Cy_i+D-\ln z_i\right]\begin{bmatrix}x_i^2+y_i^2\\x_i\\y_i\\1\end{bmatrix}=0 \tag{12.98}$$

解此方程组求出 $A\sim D$ 的值，再进一步求出 $x_0$、$y_0$、$\sigma$ 和 $c$ 的值：

$$\sigma=\left(\frac{-1}{2A}\right)^{1/2},\quad x_0=B\sigma^2,\quad y_0=C\sigma^2,\quad c=e^{D-x_0^2 A-y_0^2 A} \tag{12.99}$$

顶点为 $(x_0,y_0,c)$。

具体算法可参见高斯曲线拟合算法，这里不再给出。

## 12.6 积分变换

积分变换部分我们仅介绍图像滤波涉及的傅里叶变换以及卷积和相关。

### ▶▶ 12.6.1 傅里叶积分

任何周期为 $T(=2\pi/\omega)$ 的周期函数，如果满足狄利克雷充分条件，都可以用一系列不同频

率的三角函数 $A_n \sin(n\omega t + \varphi_n)$ 之和来表示，记为

$$f_T(t) = A_0 + \sum_{n=1}^{\infty} A_n \sin(n\omega t + \varphi_n) \tag{12.100}$$

式中，$A_0$、$A_n$、$\varphi_n(n=1,2,3,\cdots)$ 都是常数。

将周期函数按式（12.100）方式展开，它的物理意义是十分明显的，这就是把一个背景复杂的周期运动看成是由许多不同频率的简谐振动的叠加。在电工学上，这种展开称为谐波分析，其中常数项 $A_0$ 称为直流分量；$A_1 \sin(\omega t + \varphi_1)$ 称为一次谐波（又叫作基波）；而 $A_2 \sin(2\omega t + \varphi_2)$ 称为二次谐波，以此类推。

式（12.100）可以进一步改写为

$$f_T(t) = \frac{a_0}{2} + \sum_{n=1}^{\infty} (a_n \cos n\omega t + b_n \sin n\omega t) \tag{12.101}$$

式中，

$$\omega = 2\pi/T$$

$$a_0 = \frac{2}{T} \int_{-\frac{T}{2}}^{\frac{T}{2}} f_T(t) \, \mathrm{d}t$$

$$a_n = \frac{2}{T} \int_{-\frac{T}{2}}^{\frac{T}{2}} f_T(t) \cos n\omega t \, \mathrm{d}t, \quad n = 1,2,3,\cdots$$

$$b_n = \frac{2}{T} \int_{-\frac{T}{2}}^{\frac{T}{2}} f_T(t) \sin n\omega t \, \mathrm{d}t, \quad n = 1,2,3,\cdots$$

这就是三角形式的傅里叶级数。

利用欧拉公式

$$e^{j\varphi} = \cos\varphi + j\sin\varphi \tag{12.102}$$

$$\cos\varphi = \frac{e^{j\varphi} + e^{-j\varphi}}{2} \tag{12.103}$$

$$\sin\varphi = \frac{e^{j\varphi} - e^{-j\varphi}}{2j} = -j \frac{e^{j\varphi} - e^{-j\varphi}}{2} \tag{12.104}$$

式（12.102）中，$\cos\varphi$ 和 $\sin\varphi$ 分别为 $e^{j\varphi}$ 的实部和虚部（见 12.2 节），式（12.101）的傅里叶级数可以写成复指数形式

$$f_T(t) = \frac{1}{T} \sum_{n=-\infty}^{+\infty} \left[ \int_{-\frac{T}{2}}^{\frac{T}{2}} f_T(\tau) e^{-j\omega_n \tau} \, \mathrm{d}\tau \right] e^{j\omega_n t} \tag{12.105}$$

式中，$\omega_n = n\omega(n=0,\pm1,\pm2,\cdots)$。

非周期函数 $f(t)$ 可以看成是由某个周期函数 $f_T(t)$ 当 $T \to +\infty$ 时转换而来的，这时有

$$f(t) = \frac{1}{2\pi} \int_{-\infty}^{+\infty} \left[ \int_{-\infty}^{+\infty} f(\tau) e^{-j\omega\tau} \, \mathrm{d}\tau \right] e^{j\omega t} \, \mathrm{d}\omega \tag{12.106}$$

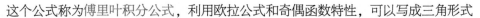

这个公式称为傅里叶积分公式，利用欧拉公式和奇偶函数特性，可以写成三角形式

$$f(t) = \frac{1}{\pi} \int_0^{+\infty} \left[ \int_{-\infty}^{+\infty} f(\tau) \cos\omega(t-\tau) \mathrm{d}\tau \right] \mathrm{d}\omega \tag{12.107}$$

## ▶▶ 12.6.2 傅里叶变换

根据式（12.106），设

$$F(\omega) = \int_{-\infty}^{+\infty} f(t) \mathrm{e}^{-\mathrm{j}\omega t} \mathrm{d}t \tag{12.108}$$

则

$$f(t) = \frac{1}{2\pi} \int_{-\infty}^{+\infty} F(\omega) \mathrm{e}^{\mathrm{j}\omega t} \mathrm{d}\omega \tag{12.109}$$

从上面两式可以看出，$f(t)$ 和 $F(\omega)$ 通过指定的积分运算可以相互表达，式（12.108）叫作 $f(t)$ 的傅里叶变换式，记为

$$F(\omega) = \mathcal{F}[f(t)] \tag{12.110}$$

$F(\omega)$ 叫作 $f(t)$ 的象函数。式（12.109）叫作 $F(\omega)$ 的傅里叶逆变换式，记为

$$f(t) = \mathcal{F}^{-1}[F(\omega)] \tag{12.111}$$

$f(t)$ 叫作 $F(\omega)$ 的象原函数。

将角频率换算成频率，有 $\omega = 2\pi\mu$，式（12.108）和式（12.109）可以写成更常用的形式

$$F(\mu) = \int_{-\infty}^{+\infty} f(t) \mathrm{e}^{-\mathrm{j}2\pi\mu t} \mathrm{d}t \tag{12.112}$$

$$f(t) = \int_{-\infty}^{+\infty} F(\mu) \mathrm{e}^{\mathrm{j}2\pi\mu t} \mathrm{d}\mu \tag{12.113}$$

式（12.112）和式（12.113）共同构成了傅里叶变换对，通常表示为

$$f(t) \Leftrightarrow F(\mu) \tag{12.114}$$

双箭头表明右侧的表达式是通过取左侧表达式的傅里叶正变换得到的，而左侧的表达式是通过取右侧表达式的傅里叶逆变换得到的。

在图像处理中，图像函数总是实值的，所以认为 $f(t)$ 是实函数，而 $F(\mu)$ 是复函数，可以写成

$$F(\mu) = R(\mu) + \mathrm{j}I(\mu) \tag{12.115}$$

式中，$R(\mu)$ 和 $I(\mu)$ 分别为 $F(\mu)$ 的实部和虚部。上式也可以写成指数形式

$$F(\mu) = |F(\mu)| \mathrm{e}^{\mathrm{j}\phi(\mu)} \tag{12.116}$$

式中，

$$|F(\mu)| = \sqrt{R^2(\mu) + I^2(\mu)}$$

$$\phi(\mu) = \arctan[I(\mu)/R(\mu)]$$

式中，$|F(\mu)|$ 称为复频谱或傅里叶频谱，$\phi(\mu)$ 称为相位谱或相位角。频谱的二次方称为功率谱或频谱密度

$$P(\mu) = |F(\mu)|^2 = R^2(\mu) + I^2(\mu) \tag{12.117}$$

式（12.112）是一维傅里叶变换，很容易推广到二维傅里叶变换。函数 $f(x,y)$ 的二维傅里叶变换定义如下

$$F(u,v) = \int_{-\infty}^{+\infty} \int_{-\infty}^{+\infty} f(x,y) \, \mathrm{e}^{-\mathrm{j}2\pi(xu+yv)} \, \mathrm{d}x\mathrm{d}y \tag{12.118}$$

逆变换为

$$f(x,y) = \int_{-\infty}^{+\infty} \int_{-\infty}^{+\infty} F(u,v) \, \mathrm{e}^{\mathrm{j}2\pi(xu+yv)} \, \mathrm{d}u\mathrm{d}v \tag{12.119}$$

式中，参数 $(x,y)$ 表示平面坐标，$(u,v)$ 称为空间频率。

### ▶▶ 12.6.3 卷积和相关

#### 12.6.3.1 卷积

卷积的运算符为"$*$"，两个函数 $f(t)$ 和 $g(t)$ 的卷积定义为

$$f(t) * g(t) = \int_{-\infty}^{+\infty} f(\tau) g(t-\tau) \, \mathrm{d}\tau \tag{12.120}$$

图 12.6 演示了卷积的运算过程［Gonzalez, 1992］［章, 1999］。图 12.6a 为函数 $f(\tau)$，图 12.6b 为函数 $g(\tau)$，将 $g(\tau)$ 沿垂直轴翻转（或旋转 180°），得到图 12.6c 的 $g(-\tau)$，再平移 $t$，得到图 12.6d 的 $g(t-\tau)$。现在对任意 $t$ 值，将 $f(\tau)$ 和 $g(t-\tau)$ 相乘，根据 $t$ 值的不同，$f(\tau)g(t-\tau)$ 如图 12.6e 和图 12.6f 中阴影所示。将这些乘积从 $-\infty$ 到 $+\infty$ 积分（即图 12.6e 或图 12.6f 中的阴影面积）就得到图 12.6g 中的卷积结果。

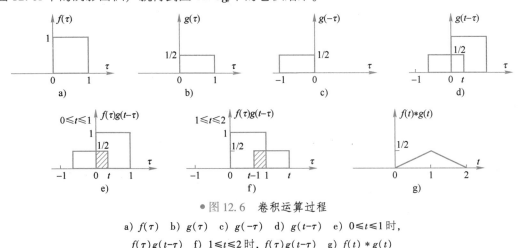

● 图 12.6　卷积运算过程

a) $f(\tau)$　b) $g(\tau)$　c) $g(-\tau)$　d) $g(t-\tau)$　e) $0 \leqslant t \leqslant 1$ 时，$f(\tau)g(t-\tau)$　f) $1 \leqslant t \leqslant 2$ 时，$f(\tau)g(t-\tau)$　g) $f(t) * g(t)$

如果 $\mathcal{F}[f(t)] = F(\mu)$、$\mathcal{F}[g(t)] = G(\mu)$，有如下的卷积定理

$$\mathcal{F}[f(t) * g(t)] = F(\mu) \cdot G(\mu) \tag{12.121}$$

$$\mathcal{F}[f(t) \cdot g(t)] = F(\mu) * G(\mu) \tag{12.122}$$

说明 $f(t) * g(t)$ 和 $F(\mu) \cdot G(\mu)$ 是一个傅里叶变换对，$f(t) \cdot g(t)$ 和 $F(\mu) * G(\mu)$ 也是一个傅里叶变换对，卷积定理表明，在空间域不易实现的卷积操作可以在频率域中通过简单的乘积操作完成。

卷积操作具有如下的性质。

1）**交换律**：$f * g = g * f$。

2）**结合律**：$f * (g * h) = (f * g) * h$。

3）**分配律**：$f * (g + h) = (f * g) + (f * h)$。

将式（12.120）的一维卷积推广到二维，有

$$f(x,y) * g(x,y) = \iint_{-\infty}^{+\infty} f(u,v) g(x - u, y - v) \mathrm{d}u \mathrm{d}v \tag{12.123}$$

### 12.6.3.2 相关

相关的运算符为"∘"，虽然与形态学中的开运算符相同，但定义完全不同。两个不同的函数 $f(t)$ 和 $g(t)$ 的互相关函数定义为［南，1989］

$$R_{fg}(t) = f(t) \circ g(t) = \int_{-\infty}^{+\infty} f(\tau) g(t + \tau) \mathrm{d}\tau \tag{12.124}$$

该式表示两个函数或图像相互混叠的程度或相互依存的程度。

图 12.7 演示了相关的运算过程［Gonzalez，1992］［章，1999］。图 12.7a 为 $f(\tau)$ 函数，图 12.7b 为 $g(\tau)$ 函数，再平移 $t$，得到图 12.7c 的 $g(t+\tau)$。现在对任意 $t$ 值，将 $f(\tau)$ 和 $g(t+\tau)$ 相乘，根据 $t$ 值的不同，$f(\tau)g(t+\tau)$ 如图 12.7d 和图 12.7e 中阴影所示。将这些乘积从 $-\infty$ 到 $+\infty$ 积分（即图 12.7d 或图 12.7e 中的阴影面积）就得到图 12.7f 中的相关结果。

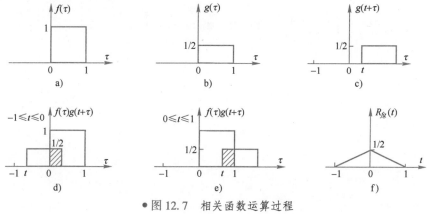

• 图 12.7　相关函数运算过程

a）$f(\tau)$　b）$g(\tau)$　c）$g(t+\tau)$　d）$-1 \leqslant t \leqslant 0$ 时，$f(\tau)g(t+\tau)$

e）$0 \leqslant t \leqslant 1$ 时，$f(\tau)g(t+\tau)$　f）$R_{fg}(t)$

当 $f(t) = g(t)$ 时，则式（12.124）称为 $f(t)$ 的自相关函数，即

$$R(t) = \int_{-\infty}^{+\infty} f(\tau)f(t+\tau)\,d\tau \qquad (12.125)$$

表示一个函数或图像 $f(\tau)$ 与其位移 $f(t+\tau)$ 重叠量或相似程度随位移量 $t$ 的变化情况。

两个相关函数都是对相关性，即相似性的度量。自相关就是函数和函数本身的相关性，当函数中有周期性分量的时候，自相关函数的极大值能够很好地体现周期性。当自相关运算扫描到完全重合时，相似程度达到最大，产生一个峰值。互相关就是两个函数之间的相似性，当两个函数都具有相同周期分量的时候，它的极大值同样能体现这种周期性的分量。因此，互相关函数可作为两幅图像相似程度的测度。

将式（12.124）的一维相关推广到二维，有

$$f(x,y) \circ g(x,y) = \iint_{-\infty}^{+\infty} f(u,v)g(x+u,y+v)\,du\,dv \qquad (12.126)$$

### 12.6.3.3　卷积与相关的关系

卷积与相关并不是同一个概念，相关运算除了满足分配律外，并不满足交换律和结合律。但二者的运算类似，都是两个序列滑动相乘，但是区别在于：互相关的两个序列都不翻转，直接滑动相乘、求和；卷积的其中一个序列需要先翻转，然后滑动相乘、求和。所以，$f(t)$ 和 $g(t)$ 做相关运算等于 $f(t)$ 与 $g(-t)$ 做卷积运算，即

$$f(t) \circ g(t) = f(t) * g(-t) \qquad (12.127)$$

如果 $g(-t)$ 是偶函数，有 $g(-t) = g(t)$，则

$$f(t) \circ g(t) = f(t) * g(t) \qquad (12.128)$$

这一性质如果具体到第 4 章就是：如果滤波器核是关于原点对称的，则相关运算与卷积运算的结果相同。

# 参 考 文 献

［1］崔凤奎，王晓强，张丰收，等．二值图像细化算法的比较与改进［J］．洛阳工学院学报，1997，18（4）：48-52.

［2］邓建中，葛仁杰，程正兴．计算方法［M］．西安：西安交通大学出版社，1985.

［3］胡大盟，黄伟国，杨剑宇，等．改进离散曲线演化的形状匹配算法［J］．计算机辅助设计与图形学学报，2015，27（10）：1865-1873.

［4］黄剑航．基于 HALCON 的圆环区域字符识别实现［J］．现代计算机，2010（7）：58-60.

［5］贾晓艳，萧泽新，邓仕超．基于聚焦评价函数的自动调焦方法的研究［J］．光学技术，2007，33 Suppl.：7-9.

［6］焦李成．神经网络系统理论［M］．西安：西安电子科技大学出版社，1989.

［7］靳斌，郭永彩，杨冠玲，等．一种中值滤波的快速算法［J］．重庆大学学报（自然科学版），1999，22（5）：13-16.

［8］大恒图像．镜头产品目录［Z/OL］．2016. https://www.daheng-imaging.com/.

［9］李航．统计学习方法［M］．2 版．北京：清华大学出版社，2019.

［10］马睿，曾理，卢艳平．改进的基于 Facet 模型的亚像素边缘检测［J］．应用基础与工程科学学报，2009，17（2）：296-302.

［11］南京工学院数学教研组．积分变换［M］．3 版．北京：高等教育出版社，1989.

［12］日盛软件．RSIL［CP/OL］．（2024）. http://www.jqsj.com.cn/.

［13］数学手册编写组．数学手册［M］．北京：人民教育出版社，1979.

［14］田捷，沙飞，张新生．实用图象分析与处理技术［M］．北京：电子工业出版社，1995.

［15］王福生，齐国清．二值图像中目标物体轮廓的边界跟踪算法［J］．大连海事大学学报，2006，32（1）：62-64.

［16］王庆有．CCD 应用技术［M］．天津：天津大学出版社，2000.

［17］熊全淹，叶明训．线性代数［M］．3 版．北京：高等教育出版社，1987.

［18］章毓晋．图像工程：上册　图像处理和分析［M］．北京：清华大学出版社，1999.

［19］章毓晋．图像工程：下册　图像理解与计算机视觉［M］．北京：清华大学出版社，2000.

［20］浙江大学数学系高等数学教研组．概率论与数理统计［M］．北京：高等教育出版社，1979.

［21］周志华．机器学习［M］．北京：清华大学出版社，2016.

［22］ARTHUR D, VASSILVITSKII S. K-Means++: the advantages of careful seeding［C］//Proceedings of the Eighteenth Annual ACM-SIAM Symposium on Discrete Algorithms, SODA, New Orleans, Louisiana, USA, 2007.

［23］AUBUTY M, LUK W. Binomial filters［J］. Journal of VLSI Signal Processing1995, i, 1-8.

［24］BALLARD D H. Generalizing the Hough transform to detect arbitrary shapes［J］. Pattern Recognition,

1981, 13 (2): 111-122.

[25] BARNER D I, SILVERMAN H F. A class of algorithms for fast digital image registration [J]. IEEE Transactions on Computers, 1972, c-21 (2): 179-186.

[26] BAY H, TUYTELAARS T, VAN GOOL L. SURF: speeded up robust features [C]//9th European Conference on Computer Vision, 2006, Part I, LNCS 3951: 404-417.

[27] BELONGIE S, MALIK J, PUZICHA J. Shape matching and object recognition using shape contexts [J]. IEEE Transactions on Pattern Analysis and Machine Intelligence, 2002, 24 (24): 509-522.

[28] BILMES J A. A gentle tutorial of the EM algorithm and its application to parameter estimation for Gaussian mixture and hidden Markov models [R]. Ber keley: International Computer Science Institute and Computer Science Division, University of California at Berkeley, 1998.

[29] BORGEFORS G. Distance transformations in arbitrary dimensions [J]. Computer Vision, Graphics, and Image Processing, 1984, 27 (3): 321-345.

[30] BORGEFORS G. Hierarchical chamfer matching: a parametric edge matching algorithm [J]. IEEE Transactions on Pattern Analysis and Machine Intelligence, 1988, 10 (6): 849-865.

[31] BOX G E P, MULLER M E. A note on the generation of random normal deviates [J]. The Annals of Mathematical Statistics, 1958, 29 (2): 610-611.

[32] CANNY J. A computational approach to edge detection [J]. IEEE Transactions on Pattern Analysis and Machine Intelligence, 1986, 8 (6): 679-698.

[33] CASTLEMAN K R. 数字图像处理 [M]. 朱志刚, 林学间, 石定机, 等译. 北京: 电子工业出版社, 1998.

[34] CHANG C C, LIN C J. LIBSVM: a library for support vector machines [Z/OL]. (2022-08-23). http://www.csie.ntu.edu.tw/~cjlin/papers/libsvm.pdf.

[35] COOLEY J W, TUKEY J W. An algorithm for the machine calculation of complex Fourier series [J]. Mathematics of Computation, 1965, 19: 297-301.

[36] CORTES C, VAPNIK V. Support-vector networks [J]. Machine Leaning, 1995, 20 (3): 273-297.

[37] DEMPSTER A P, LAIRD N M, RUBIN D B. Maximum likelihood from incomplete data via the EM algorithm [J]. Journal of the Royal Statistical Society, Series B (Methodological), 1977, 39 (1): 1-38.

[38] FREEMAN H, SHAPIRA R. Determining the minimum-area encasing rectangle for an arbitrary closed curve [J]. Communications of the ACM, 1975, 18 (7): 409-413.

[39] FRIGO M, JOHNSON S G. FFTW [CP/OL]. (2022-10-02). http://www.fftw.org.

[40] FunInCode. 数之道 [Z/OL]. (2021-01-03). https://space.bilibili.com/152254793.

[41] GEEBELEN D, SUYKENS J A K, VANDEWALLE J. Reducing the number of support vectors of SVM classifiers using the smoothed separable case approximation [J]. IEEE Transactions on Neural Networks and Learning Systems, 2012, 23 (4): 682-688.

[42] GONZALEZ R C, WOODS R E. Digital Image Processing [M]. Boston: Addison-Wesley, 1992.

[43] GONZALEZ R C, WOODS R E. 数字图像处理: 第4版 [M]. 阮秋琦, 阮宇智, 译. 北京: 电子工

业出版社, 2020.

［44］GOODFELLOW I, BENGIO Y, COURVILLE A. 深度学习［M］. 赵申剑, 黎彧君, 符天凡, 等译. 北京: 人民邮电出版社, 2017.

［45］GRAHAM R L. An efficient algorithm for determining the convex hull of a finite planar set［J］. Information Processing Letters, 1972, 1: 132-133.

［46］GUICHARD F, MOREL J. A note on two classical shock filters and their asymptotics［M］//KERCKHOVE M. Scale-space and morphology in computer vision. New York: Springer, 2001.

［47］HARALICK R M. Digital step edges from zero crossing of second directional derivatives［J］. IEEE Transactions On Pattern Analysis and Machine Intelligence, 1984, PAMI-6 (1): 58-68.

［48］HESS R. OpenSIFT［CP/OL］. (2010). http://robwhess. github. io/opensift/.

［49］HONG T H, DYER C R, ROSENFELD A. Texture primitive extraction using an edge-based approach［J］. IEEE Transactions on Systems, Man and Cybernetics, 1980, 10 (10): 659-675.

［50］HOUGH P V C. Machine analysis of bubble chamber pictures［C］//2nd International Conference on High-Energy Accelerators and Instrumentation, 1959: 554-558.

［51］HSU C W, Lin C J. A comparison of methods for multi-class support vector machines［J］. IEEE Transactions on Neural Networks, 2002, 13 (2): 415-425.

［52］HSU C W, CHANG C C, LIN C J. A practical guide to support vector classification［Z/OL］. (2016-05-19). https://www. csie. ntu. edu. tw/~cjlin/papers/guide/guide. pdf.

［53］HUERTAS A, MEDIONI G. Detection of intensity changes with subpixel accuracy using Laplacian-Gaussian masks［J］. IEEE Transactions on Pattern Analysis and Machine Intelligence, 1986, 8: 651-664.

［54］HUFFMAN D A. A Method for the Construction of Minimum-Redundancy Codes［J］. Proceedings of the I. R. E., 1952, 40 (10): 1098-1101.

［55］IMMERKAER J. Fast noise variance estimation［J］. Computer Vision and Image Understanding, 1996, 64 (2): 300-302.

［56］JI Q, HARALICK R M. Efficient facet edge detection and quantitative performance evaluation［J］. Pattern Recognition, 2002, 35 (3): 689-700.

［57］JONKER R, VOLGENANT A. A shortest augmenting path algorithm for dense and sparse linear assignment problems［J］. Computing, 1987, 38: 325-340.

［58］Kena_M.【图像处理】高效的中值滤波［Z/OL］. CSDN. (2015-07-27). https://blog. csdn. net/Kena_ M/article/details/47093639.

［59］KRAMER H P, BRUCKNER J B. Iterations of a non-linear transformation for enhancement of digital images［J］. Pattern Recognition, 1975, 7: 53-58.

［60］LATECKI L J, LAKAMPER R. Convexity rule for shape decomposition based on discrete contour evolution［J］. Computer Vision and Image Understanding, 1999, 73 (3): 441-454.

［61］LAWS K I. Textured image segmentation［D］LOS Angeles: University of Southern California, 1980.

［62］LAY D C, LAY S R, MCDONALD J J. 线性代数及其应用: 原书第5版［M］. 刘深泉, 张万芹, 陈

玉珍，等译. 北京：机械工业出版社，2018.

[63] LIU C L, NAKASHIMA K, SAKO H, et al. Handwritten digit recognition: investigation of normalization and feature extraction techniques [J]. Pattern Recognition, 2004, 37 (2): 265-279.

[64] LOWE D G. Object recognition from local scale-invariant features [C]//Proc. of the International Conference on Computer Vision, 1999: 1150-1157.

[65] LOWE D G. Distinctive image features from scale-invariant keypoints [J]. International Journal of Computer Vision, 2004, 60 (2): 91-110.

[66] MARR D, HILDRETH E. Edge detection theory [C]//Proc. Roy. Soc. London, 1980, B207, 187-217.

[67] MathWorks Inc. MATLAB [CP/OL]. (2024). https://www. mathworks. cn.

[68] Matrox Electronic Systems Ltd. MIL [CP/OL]. (2003). https://www. matrox. com/en.

[69] MCCULLOCH W S, PITTS W. A logical calculus of the ideas immanent in nervous activity [J]. Bulletin of Mathematical Biophysics, 1943, 5 (4): 115-133.

[70] MEYER F. Color image segmentation [C]//IEEE International Conference on Image Processing and Its Applications, Maastricht, Netherlands. London: British Computer Society, 1992: 303-306.

[71] MORI G, BELONGIE S, MALIK J. Efficient shape matching using shape contexts [J]. IEEE Transactions on Pattern Analysis and Machine Intelligence, 2005, 27 (11): 1832-1837.

[72] MVTec Software GmbH. Halcon [CP/OL]. http://www. mvtec. com.

[73] OpenCV [CP/OL]. (2012). https://opencv. org/.

[74] OSHER S, RUDIN L I. Feature-oriented image enhancement using shock filters [J]. SIAM Journal on Numerical Analysis, 1990, 27: 919-940.

[75] OTSU N. A threshold selection method form gray-level histograms [J]. IEEE Transactions on Systems, Man, and Cybernetics, 1979, 9 (1): 62-66.

[76] RAMER U. An iterative procedure for the polygonal approximation of plane curves [J]. Computer Graphics and Image Processing, 1972, (1): 244-256.

[77] ROSENFELD A. 数字图像分析 [M]. 陈彩廷，译. 北京：科学出版社，1987.

[78] ROSENBLATT F. The perceptron: a probabilistic model for information storage and organization in the brain [J]. Psychological Review, 1958, 65 (6): 386-408.

[79] ROSIN P L, WEST G A W. Nonparametric segmentation of curves into various representations [J]. IEEE Transactions on Pattern Analysis and Machine Intelligence, 1995, 17 (12): 1140-1153.

[80] ROSIN P L. Measuring rectangularity [J]. Machine Vision and Applications, 1999, 11 (4): 191-196.

[81] RUMELHART D E, HINTON G E, WILLIAMS R J. Learning representations by back-propagating errors [J]. Nature, 1986, 323 (9): 533-536.

[82] SCHÖLKOPF B, SMOLA A J, WILLIAMSON R C, et al. New support vector algorithms [J]. Neural Computation, 2000, 12: 1207-1245.

[83] SCHÖLKOPF B, PLATT J C, SHAWE-TAYLOR J, et al. Estimating the support of a high-dimensional distribution [J]. Neural Computation, 2001, 13 (7): 1443-1471.

［84］ SINGH S, MARKOU M. An approach to novelty detection applied to the classification of image regions ［J］. IEEE Transactions on Knowledge and Data Engineering, 2004, 16 （4）：396-407.

［85］ SKLANSKY J. Finding the convex hull of a simple polygon ［J］. Pattern Recognition Letters, 1982, 1 （2）：79-83.

［86］ SOILLE P. Morphological Image Analysis ［M］. 2nd ed. Berlin：Springer-Verlag, 2003.

［87］ SONKA M, HLAVAC V, BOYLE R. 图像处理、分析与机器视觉：第 4 版 ［M］. 兴军亮, 艾海舟译. 北京：清华大学出版社, 2016.

［88］ SORKINE-HORNUNG O, Rabinovich M. Least-squares rigid motion using SVD ［Z/OL］.（2017-01-16）. https://igl. ethz. ch/projects/ARAP/svd_rot. pdf.

［89］ STEGER C, ULRICH M, WIEDEMANN C. 机器视觉算法与应用：第 2 版 ［M］. 杨少荣, 段德山, 张勇, 等译. 北京：清华大学出版社, 2019.

［90］ THEODORIDIS S, KOUTROUMBAS K. 模式识别：第 4 版 ［M］. 李晶皎, 王爱侠, 王娇, 等译. 北京：电子工业出版社, 2021.

［91］ TIAN Z, HUANG W L, HE T, et al. Detecting text in natural image with connectionist text proposal network ［C/OL］//ECCV, 2016. https://arxiv. org/pdf/1609. 03605. pdf.

［92］ TOUSSAINT G . Solving geometric problems with the rotating calipers ［C］//Proceedings of IEEE MELECON'83. Los Alamitos, CA：IEEE Press, 1983, A10. 02/1-4.

［93］ ULRICH M, STEGER C. Empirical performance evaluation of object recognition methods ［C］//CHRISTENSEN H I, PHILLIPS P J. Empirical evaluation methods in computer vision. Los Alamitos, CA：IEEE Computer Society Press, 2001：62-76.

［94］ ULRICH M, STEGER C. Performance comparison of 2D object recognition techniques ［C］//International Archives of Photogrammetry and Remote Sensing, 2002, XXXIV, part 3A：368-374.

［95］ ULRICH M, STEGER C. Performance evaluation of 2D object recognition techiques ［R］. München：Technische Universität München, 2002.

［96］ VINCENT L, SOILLE P. Watersheds in digital space：an efficient algorithm based on immersion simulations ［J］. IEEE Transactions on Pattern Analysis and Machine Intelligence, 1991, 13 （6）：583-598.

［97］ WALLACK A, MANOCHA D. Robust algorithms for object localization ［J］. International Journal of Computer Vision, 1998, 27 （3）：243-262.

［98］ WEICKERT J. Coherence-enhancing shock filters ［C］//Joint Pattern Recognition Symposium. Berlin：Springer, 2003.

［99］ WELZL E. Smallest enclosing disks （balls and ellipsoids） ［G］. New Results and New Trends in Computer Science, 2005：359-370.

［100］ YUEN H K, PRINCEN J, ILLINGWORTH J, et al. Comparative study of Hough transform methods for circle finding ［J］. Image and Vision Computing, 1990, 8 （1）：71-77.

［101］ ZIV J, LEMPEL A. A universal algorithm for sequential data compression ［J］. IEEE Transactions on Information Theory, 1977, IT-23 （3）：337-343.